SISTEMA TOYOTA DE PRODUÇÃO

M741s Monden, Yasuhiro.
         Sistema Toyota de produção : uma abordagem integrada ao just-in-time / Yasuhiro Monden ; tradução : Ronald Saraiva de Menezes ; revisão técnica : Altair Flamarion Klippel ; coordenação : José Antonio Valle Antunes Júnior. – 4. ed. – Porto Alegre : Bookman, 2015.
         xl, 512 p. : il. ; 23 cm

         ISBN 978-85-8260-215-7

         1. Sistema Toyota. 2. Programa de produção. I. Título.

         CDU 658.512

Catalogação na publicação: Poliana Sanchez de Araujo – CRB 10/2094

YASUHIRO MONDEN

SISTEMA TOYOTA DE PRODUÇÃO

Uma abordagem integrada ao just-in-time

4ª edição

Tradução:
Ronald Saraiva de Menezes

Revisão técnica desta edição:
Altair Flamarion Klippel
Doutor em Engenharia pelo PPGEM/UFRGS
Sócio-Consultor de Produttare Consultores Associados

Coordenação e supervisão:
José Antonio Valle Antunes Júnior
Doutor em Administração de Empresas pelo PPGA/UFRGS
Professor do Centro de Ciências Econômicas de Unisinos
Diretor de Produttare Consultores Associados

2015

Obra originalmente publicada sob o título
Toyota Production System, 4th Edition
ISBN 9781439820971

Copyright © 2012, Taylor & Francis Group, LLC.
Todos os direitos reservados. Tradução autorizada da edição em língua inglesa publicada por CRC Press, parte de Taylor & Francis Group, LLC.

Gerente editorial: *Arysinha Jacques Affonso*

Colaboraram nesta edição:

Capa: *Maurício Pamplona*

Editoração: *Techbooks*

Reservados todos os direitos de publicação, em língua portuguesa, à
BOOKMAN EDITORA LTDA., uma empresa do GRUPO A EDUCAÇÃO S.A.
Av. Jerônimo de Ornelas, 670 – Santana
90040-340 – Porto Alegre – RS
Fone: (51) 3027-7000   Fax: (51) 3027-7070

É proibida a duplicação ou reprodução deste volume, no todo ou em parte, sob quaisquer formas ou por quaisquer meios (eletrônico, mecânico, gravação, fotocópia, distribuição na Web e outros), sem permissão expressa da Editora.

Unidade São Paulo
Av. Embaixador Macedo Soares, 10.735 – Pavilhão 5 – Cond. Espace Center
Vila Anastácio – 05095-035 – São Paulo – SP
Fone: (11) 3665-1100   Fax: (11) 3667-1333

SAC 0800 703-3444 – www.grupoa.com.br

IMPRESSO NO BRASIL
PRINTED IN BRAZIL
Impresso sob demanda na Meta Brasil a pedido de Grupo A Educação.

O autor

Yasuhiro Monden é professor emérito da Universidade de Tsukuba, no Japão. Atua também como professor visitante no programa de pós-graduação da Universidade de Nagoia de Comércio e Negócios.

Antes de ir para Tsukuba, ele atuou como professor associado na Escola de Economia da Universidade da Prefeitura de Osaka (1971-83) e como pesquisador associado e professor adjunto na Escola de Direito e Economia da Universidade de Aichi (1966-71).

O Dr. Monden adquiriu um valioso conhecimento e experiência prática a partir de suas pesquisas e atividades relacionadas na indústria automobilística japonesa. Sua participação foi fundamental para a introdução do sistema de produção JIT nos Estados Unidos. O *Sistema Toyota de Produção* é reconhecido como um clássico JIT e foi vencedor do Prêmio Nikkei 1984 e do prêmio do *Nikkei Economic Journal*. Suas áreas de pesquisa, no entanto, são amplas, abrangendo não apenas a gestão de produção e de operações como também a contabilidade administrativa e financeira, finanças corporativas e economia empresarial.

As atividades internacionais do Dr. Monden incluem visitas como professor à Universidade Estadual de Nova York, em Bufallo (1980-81), à Universidade Estadual da Califórnia, em Los Angeles (1991-92), e à Escola de Economia de Estocolmo, na Suécia. Ele também trabalhou como diretor regional da Sociedade de Gestão de Produção e Operações (POMS – Production and Operations Management Society) e atuou como diretor internacional da Seção de Contabilidade Administrativa da Associação Norte-Americana de Contabilidade (AAA – American Accounting Association).

Agradecimentos

Este livro é fruto de muita orientação e cooperação de várias pessoas às quais sou muito grato. Acima de tudo, agradeço ao fundador original do Sistema Toyota de Produção, o falecido Sr. Taiichi Ohno (ex-vice-presidente da Toyota). O Sr. Ohno compartilhou generosamente suas ideias sobre o sistema e prefaciou a primeira edição deste livro. Ele também foi meu coeditor num livro escrito em japonês intitulado *Novos Desenvolvimentos do Sistema Toyota de Produção*. Ademais, devo muito à recepção cordial que tive por parte da Toyota, da Daihatsu, da Aisin e de outras empresas quando conduzi minha pesquisa de campo inicial a respeito do STP.

Durante o ano acadêmico de 1980-81, trabalhei como professor visitante de contabilidade na Universidade Estadual de Nova York, em Buffalo. Eu gostaria de agradecer aqueles que me ofereceram oportunidades de pesquisa e ensino, especialmente dois professores na Escola de Administração em SUNY/Buffalo: Ronal J. Huefner, presidente do conselho do Departamento de Análise Operacional e Stephen C. Dunnet, diretor do Instituto Intensivo de Língua Inglesa. O Sr. Joji Arai, diretor da sede norte-americana do Centro de Produtividade do Japão, generosamente organizou a publicação e escreveu a introdução da primeira edição deste livro. A aceitação cordial e o incentivo de meus colegas, colegas de equipe e alunos na SUNY jamais podem ser esquecidos. Todas as minhas atividades além-mar se iniciaram a partir de minhas experiências na SUNY.

Meu agradecimento também precisa ir para o Sr. Irvin Otis, diretor do conselho encarregado pela engenharia industrial da Chrysler; ao Sr. Peter C. Van Hull, consultor-sênior da (hoje falida) Arthur Andersen); e ao Sr. Norman Bodek, fundador da editora Productivity Press, por sua duradoura amizade.

Ao publicar a quarta edição do STP, agradeço muito o apoio da Sra. Maura May, ex-editora da Productivity Press/Taylor & Francis, e do Sr. Michael Sinocchi, da Sra. Lara Zoble e da Sra. Amy Rodriguez, da Productivity Press, e ao IIE por generosamente colaborar com a copublicação bem-sucedida desta edição.

Eu gostaria de expressar meus sinceros agradecimentos a todos aqueles envolvidos na publicação deste livro.

Apresentação à edição brasileira

Os conceitos, princípios, métodos, técnicas e ferramentas do Sistema Toyota de Produção – STP (também conhecido como Sistema de Produção Enxuta, *Lean Manufacturing* e *Just in Time*), após o sucesso de sua implantação na Toyota Motor Company e de sua divulgação no Ocidente, vêm sendo 'copiados', adaptados e implementados em empresas dos mais diferentes segmentos industriais e de serviços.

Yasushiro Monden, autor desta obra que se encontra em sua quarta edição, teve o privilégio de conviver com os construtores do Sistema Toyota de Produção, em especial com Taiichi Ohno, ex-vice-presidente da Toyota, que, nas palavras do autor, "compartilhou generosamente suas ideias sobre o sistema e prefaciou a primeira edição deste livro". Neste sentido, historicamente é possível afirmar que este livro foi seminal e, portanto, essencial para a compreensão em profundidade do funcionamento do Sistema Toyota de Produção no mundo ocidental, em geral, e no Brasil em particular.

Segundo o autor, essa quarta edição tem como objetivo revisar os recentes problemas de qualidade, que causaram os *recalls* em 2009 e 2010 e o excesso de estoque (perdas por superprodução) que ocorreram na Toyota, permitindo questionar: "Por que esses problemas aconteceram? O STP funcionou bem ou não? Qual será o futuro da Toyota?".

Akio Toyoda, presidente da Toyota em depoimento sobre os *recalls* ao Comitê sobre Supervisão e Reforma Governamental, do Congresso dos EUA, em 24 de fevereiro de 2010, disse: "temo que o ritmo do nosso crescimento tenha sido acelerado demais... demos mais ênfase ao crescimento do que ao ritmo em que conseguíamos desenvolver nosso pessoal e nossa organização", mostrando que o crescimento acelerado resultou em uma lacuna em relação à capacidade de gestão da Toyota o que, por evidente, está também relacionada com o desenvolvimento de seus profissionais.

Este fato foi agravado, ainda, pela existência de muitos componentes eletrônicos nos carros atuais, o que exige sistemas de controle eletrônico e de *software* associados e, consequentemente, pessoal qualificado na área de desenvolvimento.

No que tange ao excesso de estoques, o autor cita a queda acentuada nas vendas de carros após a crise mundial em 2008. Outro motivo mencionado é que a financiadora da Toyota apresentava déficit já em março de 2008, ficando óbvio "que a administradora da Toyota não foi capaz de ser ágil e reduzir a produção de carros, recusando-se a se adequar à realidade das vendas em quedas nos Estados Unidos". Em síntese, um dos principais conceitos do Sistema Toyota de Produção, as perdas por superprodução – a pior de todas as perdas –, não foi seguido pela direção da empresa durante a crise de 2009/2010.

E o futuro da Toyota? Na opinião de Monden, em meio a uma recessão global, continua possível e desejável desenvolver pessoas com base nas ideias originais do STP, de forma que elas ofereçam boas ideias para a redução dos custos e o aumento dos lucros com ações de melhoria contínua no ambiente fabril. Isto pode proporcionar a sustentabilidade da empresa. Segundo ele, "o melhor é que façamos mudanças em nós mesmos com base na mentalidade da melhoria contínua, sem esquecer a prioridade das múltiplas metas do STP: primeiro, a segurança; segundo, a qualidade; terceiro, o volume. Se a Toyota retornar à longa tradição de filosofia de seu sistema de produção, ela rapidamente irá recuperar seu desempenho em segurança, qualidade e volume de vendas." Novamente, aqui é possível perceber a defesa do autor da permanente necessidade de revisitar os conceitos, princípios, métodos, técnicas e ferramentas originais do STP para aplicá-los sistematicamente à luz das mudanças objetivas que ocorrem do contexto da economia e do desenvolvimento tecnológico em curso na atualidade. O livro se desenvolve tendo como pano-de-fundo estes relevantes pressupostos.

Este livro é estruturado em quatro Seções. Na Seção 1, compreendendo os Capítulos 1 e 2, é apresentada uma visão geral do STP, suas ideias e objetivos, bem como as ferramentas e medidas para a sua implantação.

A Seção 2, denominada Subsistemas, compreende os Capítulos de 3 a 19. Nesta seção são analisados o sistema *kanban* em detalhes, a sequência de programação, os sistemas de informação para a cadeia de suprimentos e outros aspectos centrais do STP, tais como: a redução do tempo de atravessamento e a produção em fluxo unitário de peças. Finalmente, são debatidos os principais elementos de implantação STP em outros países.

A Seção 3, Técnicas quantitativas, compreende os Capítulos 20 a 24. São abordados o método de sequenciamento para que a linha de montagem de múltiplos modelos realize uma produção sincronizada, o novo método de sequência de programação para sincronização, bem como o cálculo do número de cartões *kanban*, os novos desenvolvimentos do *e-kanban* e o *kanban* como apoio aos sistemas de informação. Enfim, a Seção 3 trata das possibilidades de aprimorar as principais técnicas de operacionalização do STP a partir de uma ótica quantitativa.

A Seção 4, denominada Sistemas de produção humanizados, compreende os Capítulos 25 a 29. Nesta Seção são postuladas as principais questões relacionadas com o "respeito à humanidade" no contexto mais amplo do STP. Na Toyota o tema do desenvolvimento dos ativos do conhecimento (métodos e pessoas) é fundamental. Sendo assim, para que os conceitos e princípios do STP, cristalizados nos seus métodos (ex: *Kanban*, Troca Rápida de Ferramentas), possam ser efetivamente implantados no mundo real é necessário desenvolver os profissionais não só nos aspectos técnicos envolvidos, mas também no que tange aos temas comportamentais.

No Apêndice é analisada a forma como o STP deve ser utilizado para que a cadeia de suprimentos não pare em decorrência de paralisações repentinas de pontos da cadeia, como a ocorrida no terremoto de 2011 no Japão. Por evidente, o STP não está apenas associado ao que ocorre no interior do espaço fabril, mas ao tema do desenvolvimento efetivo da cadeia de suprimentos que é responsável por uma parcela significativa, tanto das novas tecnologias como dos custos totais de produção.

É possível afirmar que a convivência do autor desta obra com os construtores do Sistema Toyota de Produção propiciou condições excepcionais para entender e assimilar não só os conceitos e ferramentas do sistema, mas, principalmente, a cultura desenvolvida durante a construção do sistema e que tem possibilitado o sucesso do mesmo ao longo dos últimos anos. Trata-se de um livro fundamental para compreender o STP tanto do prisma teórico como conceitual. Desejamos a todos uma boa e profícua leitura.

José Antonio Valle Antunes Júnior (Junico Antunes)
Altair Flamarion Klippel

Prefácio à quarta edição

§ 1 A FILOSOFIA BÁSICA DO SISTEMA TOYOTA DE PRODUÇÃO: A MELHORIA CONTÍNUA

Parece bastante apropriado lançar esta quarta edição de *Sistema Toyota de Produção* revisando os recentes problemas de qualidade e excesso de estoque enfrentados pela Toyota e ponderando sobre as perguntas: "Por que esses problemas aconteceram? O Sistema Toyota de Produção (STP) funcionou bem ou não? Qual será o futuro da Toyota?". Uma breve análise ajudará a preparar o terreno para esta nova edição e a dar ênfase à verdadeira eficácia do autêntico Sistema Toyota de Produção.

Em 24 de fevereiro de 2010, o Sr. Akio Toyoda, presidente da Toyota Motors, prestou depoimento em audiências do Comitê sobre Supervisão e Reforma Governamental, do Congresso do EUA, sobre questões de segurança nos automóveis da Toyota, dizendo:

"Em primeiro lugar, gostaria de discutir a filosofia do controle de qualidade da Toyota. Eu mesmo, assim como a Toyota, não sou perfeito. Às vezes, acabamos encontrando defeitos. Mas em tais situações, nós sempre paramos, buscamos entender o problema e fazer mudanças para nos aprimorarmos ainda mais. Em nome da companhia, de sua duradoura tradição e orgulho, jamais fugimos dos nossos problemas ou fingimos não percebê-los. Ao fazermos melhorias contínuas, buscamos seguir oferecendo produtos ainda melhores para a sociedade. Este é o valor fundamental que mantemos o mais perto possível de nossos corações desde a época de fundação da companhia.

"Na Toyota, acreditamos que a chave para fabricar produtos de qualidade é o desenvolvimento de pessoas de qualidade. Cada funcionário pensa por si próprio no que deve fazer, realizando melhorias continuamente, o que, por consequência, ajuda a companhia a produzir carros melhores." (Toyoda, 2010)

Na minha opinião, isso explica a ideia básica de "melhoria contínua" no Sistema Toyota de Produção, assim como nas atividades de garantia da qualidade por parte da Toyota.

§ 2 PROBLEMAS DE QUALIDADE DA TOYOTA E SUAS CONTRAMEDIDAS

Os motivos dos problemas de qualidade e dos sucessivos *recalls* dos carros da Toyota

Atraso no desenvolvimento de recursos humanos por causa do rápido crescimento nos volumes

Os *recalls* de carros da Toyota, de amplo conhecimento público, ocorreram sucessivamente a partir do final de 2009 até 2010. Para dar dois exemplos: (1) em 25 de novembro de 2009, a Toyota anunciou o *recall* de mais de 8 milhões de carros no mundo inteiro para corrigir uma certa incompatibilidade entre tapetes de assoalho e aceleradores: os tapetes podem prender os pedais de acelerador ao assoalho e os pedais "pegajosos" de acelerador não retornam sozinhos para a posição neutra. A Toyota identificou esses defeitos. (2) em 8 de fevereiro de 2010, a Toyota anunciou um *recall* de mais de 100.000 veículos para atualizar o *software* do sistema antitravamento dos freios (ABS – *anti-lock braking system*), como resposta a problemas relatados em veículos híbridos.

O presidente Akio Toyoda explicou os motivos desses problemas de qualidade em seu depoimento no comitê mencionado da seguinte forma:

"Eu gostaria de discutir o que causou os problemas dos *recalls* que estamos enfrentado agora. Nos últimos anos, a Toyota vem ampliando rapidamente os seus negócios. Para falar a verdade, eu temo que o ritmo do nosso crescimento tenha sido acelerado demais. Eu gostaria de destacar aqui que as prioridades da Toyota tradicionalmente sempre foram: Primeiro: Segurança; Segundo: Qualidade; Terceiro: Volume. Estas prioridades acabaram se confundindo, e fomos incapazes de parar, pensar e fazer melhorias, que já fizemos antes, e esquecemos um pouco nossa postura básica de dar ouvidos aos clientes para fabricarmos produtos melhores. Demos mais ênfase ao crescimento do que ao ritmo em que conseguíamos desenvolver nosso pessoal e nossa organização." (Toyoda, 2010)

Desde que a Toyota ultrapassou os 6 milhões de carros/ano em 2002, os volumes de produção e de vendas vêm aumentando continuamente a um ritmo de 500.000 veículos ao ano. Este crescimento tremendamente acelerado resultou em uma falta de tempo para desenvolver um pessoal de qualidade. Ao vender 8.972.000 carros em

2008, a Toyota alcançou a posição de montadora número 1 no mundo, ultrapassando a GM. Em 2010, a Toyota atingiu a capacidade de produção de 10 milhões de carros. Essa busca pelo volume em si não foi sensata. O testemunho do Sr. Toyoda de que a Toyota deu "mais ênfase ao crescimento do que ao ritmo em que conseguíamos desenvolver nosso pessoal e nossa organização" baseia-se nessa reflexão.

Problemas difíceis e recentes no controle de qualidade dos automóveis

Muitos componentes dos atuais modelos de carros são controlados eletronicamente, e o *software* é desenvolvido simultaneamente com as peças. Tal desenvolvimento simultâneo de *hardware* e *software* dificulta o rastreamento de problemas nos sistemas de controle. Em sua maioria, as dificuldades advêm de erros na fase de projeto, e não na fabricação. O *recall* de carros híbridos mencionado anteriormente por causa de problemas com o sistema ABS é um exemplo disso.

No desenvolvimento do projeto de um automóvel, a garantia da qualidade de um grupo de peças com muitas restrições técnicas complicadas implica necessariamente no desenvolvimento ideal simultâneo dos sistemas de controle eletrônico e de seu *software*. Para problemas desta magnitude, as montadoras precisam desenvolver soluções inovadoras.

Opiniões conflitantes da Toyota e do Departamento de Transportes quanto à qualidade dos sistemas de controle eletrônico de aceleração

Embora a Toyota tenha identificado defeitos relacionados com os tapetes de assoalho, que podem prender os aceleradores, e aos pedais "pegajosos" de acelerador, que não retornam para a posição neutra, a empresa sustenta que os incidentes de aceleração repentina envolvendo seus veículos não foram causados por defeitos nos sistemas de controle de aceleração (ETC – *electronic throttle control*). Em 12 de fevereiro de 2010, a Toyota submeteu ao Comitê o relatório de uma pesquisa conduzida por uma consultoria, a Exponent, Inc.; que apoiava a qualidade do ETC da Toyota.

Para investigar mais essa questão controversa, a agência norte-americana responsável pelas estradas federais (NHTSA – National Highway Traffic Administration), filiada ao Departamento de Transportes, analisou 58 casos usando informações recolhidas no gravador de dados eletrônicos (EDR – *electronic data recorder*) dos veículos da Toyota envolvidos em acidentes supostamente causados por aceleração repentina "involuntária". Ela descobriu que os aceleradores estavam no fundo e que os freios não haviam sido acionados no momento das batidas (*Wall Street Journal*, WSJ.com, 2010).

Em 10 de agosto de 2010, o Departamento de Transportes dos Estados Unidos informou ao congresso norte-americano que não encontrara problema algum com o

ETC da Toyota. Em 38 dos 58 casos supostamente causados por aceleração repentina "não intencional", os freios nem chegaram a ser usados antes do impacto, e em nove casos os freios só foram aplicados imediatamente antes dos acidentes, sugerindo falha do motorista.

Contramedidas da Toyota para a futura garantia da qualidade

Em seu último depoimento no Comitê, Akio Toyoda explicou as contramedidas aplicadas na Toyota:

> Eu gostaria de falar sobre o nosso controle de qualidade daqui para frente. [1] Até agora, quaisquer decisões quanto à convocação de *recalls* vêm sendo tomadas pela Divisão de Engenharia de Qualidade ao Consumidor da Toyota Motor Corporation no Japão. Essa divisão confirma se há de fato problemas técnicos e toma uma decisão quanto à necessidade do *recall*. No entanto, refletindo sobre as questões, percebemos que não levamos em conta o ponto de vista dos consumidores. [2] Para garantir melhorias neste ponto, faremos as seguintes mudanças no processo de decisão sobre anúncios de *recall*. Quando decisões sobre *recall* forem tomadas, um passo será adicionado no processo para garantir que a gerência esteja tomando uma decisão responsável do ponto de vista da "segurança do consumidor em primeiro lugar". [3] Para isso, elaboraremos um sistema para que a gerência consiga dar ouvidos de forma ágil e imediata aos consumidores ao redor do mundo, e também um sistema em que cada região consiga tomar suas próprias decisões conforme o necessário. (Toyoda, 2010, numeração de frases importantes acrescentada)

Na minha opinião, a ênfase desta declaração está na expressão *"o ponto de vista do consumidores"*.

§ 3 O PROBLEMA DE ESTOQUE NA TOYOTA E O SISTEMA DE PRODUÇÃO JIT: POR QUE A TOYOTA DEIXOU OS ESTOQUES NAS REVENDAS CHEGAREM AO EQUIVALENTE A MAIS DE 100 DIAS DE VENDAS?

Segundo consta, as montadoras japonesas mantinham um estoque médio equivalente a 30 ou 40 dias nos Estados Unidos, quando as vendas iam muito bem. Enquanto isso, as "Três Grandes" montadoras norte-americanas afirmavam trabalhar com estoques equivalentes a cerca de 100 a 120 dias nas revendas e nas empresas de *leasing* de carros (Shimokawa, 2009, p. 50). As Três Grandes arcavam com os custos das revendas ao garantirem incentivos (bônus por vendas ou subsídios) e abatimentos (dinheiro de volta ou descontos). Ao manterem estoques mais volumosos em suas revendas, elas conseguiam sustentar a alta capacidade de utilização de suas plantas. Mas até a Toyota, a Honda e a Nissan mantiveram estoques equivalentes a mais de 100 dias de vendas em suas revendas após 2008. Graças a reduções imediatas no volume de produção, elas diminuíram seus estoques para o equivalente a 60 dias por volta de março de 2009. Mas cabe ressaltar que elas mantiveram um *excesso* descomunal de estoque durante certo período de tempo.

Um dos motivos para esse alto nível de estoque foi a queda acentuada nas vendas de carros nessa época, que chegou a 35% em outubro de 2008 em comparação com o mesmo período do ano anterior, e 37% em novembro. Devido a essa queda drástica na demanda, os estoques existentes deram um salto em termos de dias de vendas equivalentes, ainda que as montadoras tenham interrompido por completo a operação de muitas de suas plantas.

Esse não foi o único motivo para o excesso de estoque. Na verdade, a financiadora da Toyota apresentava déficit em março de 2008, ainda que em vários anos anteriores tivesse obtido grandes lucros a partir de receitas com financiamento (Shimokawa, 2009, p. 52). Fica óbvio, portanto, que a administração da Toyota não foi capaz de ser ágil e reduzir a produção de carros, recusando-se a se adequar à realidade das vendas em queda nos Estados Unidos.

Em princípio, o Sistema Toyota de Produção utiliza a regra de "produzir o necessário, no momento necessário e na qualidade necessária", que é o conceito do *just-in-time* (JIT). Por que, então, as plantas da Toyota continuaram a produzir e a entregar carros às revendas a despeito do evidente desaquecimento do mercado? Embora o sistema de entrada de encomendas do STP se baseie em estimativas fornecidas pelas revendas, estas encaminham encomendas à Toyota em três patamares: a encomenda mensal, a encomenda para dez dias e a encomenda flutuante diária. Usando esse sistema de entrada de encomendas em três patamares, a Toyota conseguiu alcançar a produção de carros cumprindo com as encomendas mais a curto prazo, o que pode ser considerado um sistema quase *built-to-order* (produção sob encomenda). Mas será que ela obedeceu à sua própria regra do STP rigidamente?

Como explicado anteriormente, o período de forte crescimento em seu mercado, que se sustentou por dez anos até o repentino desaquecimento, levou à crença que qualquer volume produzido poderia ser vendido. O alto escalão da Toyota aparentemente mantêve uma política centrada na montadora no que diz respeito às entregas de carros para as revendas, e estas, por sua vez, aceitaram sem dizer "não!".

Na verdade, o presidente do conselho, o Sr. Fujio Cho, admitiu recentemente que, em situação de crescimento contínuo, os departamentos de produção e de vendas ficaram "muito amigos". No passado, o pessoal de produção costumava dizer: "Nós produzimos porque vocês pediram que vendêssemos", e o pessoal de vendas costumava dizer: "Não podemos vender o que não pode ser vendido". Ambas as partes conversavam abertamente, sem concessões, de tal modo que a produção em excesso era evitada (Cho, 2010). Em outras palavras, as rigorosas regras ou disciplinas mútuas do STP afrouxaram no período de crescimento das vendas.

O objetivo da Toyota de alcançar o primeiro lugar entre as montadoras foi definido no "plano mestre global" preparado em 2002, em que anunciou seus planos a médio e curto prazo em termos de desenvolvimento de produtos, vendas e produção. Este plano mestre se baseou em sua "visão global para 2010", e essencialmente determinou futuras construções de fábricas e alocação de recursos humanos em todo o mundo, buscando alcançar uma capacidade de produção de 10 milhões de carros.

No passado, Taiichi Ohno (fundador do STP), fora sempre muito cuidadoso e relutante com a ideia de construir fábricas, mesmo na era de forte crescimento econômico do pós-guerra. Como uma montadora exige grandes instalações, há sempre o risco da insuficiência de caixa quando as taxas de utilização da capacidade acabam caindo e as plantas ficam ociosas. É por isso que o STP foi desenvolvido na forma de um sistema de suprimento de mercadorias em resposta a encomendas das revendas, que estão próximas da demanda real do mercado.

Acredito firmemente que o pessoal no chão de fábrica jamais deixou de obedecer às regras do STP. Já a administração parece ter esquecido o conceito básico de *just-in-time*, acreditando de maneira equivocada que a taxa de utilização da capacidade jamais cairia – uma ilusão que levou ao plano de ampliar a capacidade de fabricação de 10 milhões de carros em 2010.

§ 4 AGORA É A CHANCE DO STP DEMONSTRAR O VERDADEIRO VALOR DA MELHORIA CONTÍNUA

Em 1998, o volume global de vendas da Toyota foi de 4.640.000 carros, mas como mencionado anteriormente, já em 2008 esse valor havia praticamente dobrado. Foi por isso que a gestão da Toyota acabou introduzindo intensiva e entusiasticamente a produção em massa.

A abordagem de Ohno

Essa atitude e essa mentalidade, porém, estão em franca oposição ao conceito de STP ensinado por Taiichi Ohno. O conceito de STP de Ohno, mesmo nos períodos anteriores de forte crescimento, é diferente daquele incorporado pela alta gerência da Toyota nos últimos anos.

Ohno afirmou,

... [D]urante um período de 15 anos, partir de 1959-1960, o Japão passou por um crescimento econômico poucas vezes visto. Como resultado, a produção em massa, ao estilo norte-americano, ainda era usada com sucesso em muitas áreas. Nós, porém, nunca esquecemos que uma imitação descuidada do sistema norte-americano poderia ser perigosa. A fabricação de muitos modelos em pequenas quantidades e a baixo custo – não seria esse um caminho a desenvolver? (Ohno, 1988, p. 1)

Eu também enfatizei o argumento de Ohno ao final do Capítulo 1de todas as edições deste livro:

De onde vieram essas ideias básicas... Acredita-se que tenham vindo das restrições do mercado que caracterizavam a indústria automobilística japonesa nos anos do pós-guerra – grande variedade em pequenas quantidades. A partir de 1950, aproximadamente, a Toyota se manteve consistente na crença de que seria perigoso imitar cegamente o sistema Ford (que minimizava o custo unitário médio por meio da produção de grandes quantidades). As técnicas norte-americanas de produção em massa funcionaram bem na era do forte crescimento econômico, que durou até 1973 [a crise do petróleo]. Contudo, na era do baixo crescimento econômico após a crise do petróleo, o sistema de produção da Toyota passou a receber mais atenção e a ser adotado por muitas indústrias no Japão visando aumentar os lucros por meio da redução de custos e eliminação do desperdício.

Ao longo de todo o seu mandato após a Segunda Guerra Mundial, o Sr. Ohno, cultivou pessoas com a atitude de que "a Toyota não tem dinheiro, não tem espaço e não tem recursos humanos. Por isso, por que você não apresenta as suas ideias?". O modo como ele prestou consultoria para a planta de Quioto da Daihatsu Motors quando introduziu o STP em 1973 é descrito no Capítulo 25 (um dos novos capítulos desta edição). Embora seja estranho que a maioria das linhas de montagem da Toyota seja de múltiplos modelos, onde três ou quatro modelos diferentes (não apenas variações do mesmo modelo) fluem ao mesmo tempo, o pessoal no departamento de engenharia de produção da Daihatsu de início recusou totalmente a adoção de tal linha de modelos mistos. No entanto, a instrução peremptória de Ohno era de que sem qualquer investimento de capital (isto é, sem o estabelecimento de uma nova planta), dentro de um espaço limitado (isto é, usando as linhas da planta existente) e sem aumento do número de trabalhadores, o novo modelo de carro (chamado "Starlet") precisava ser introduzido na linha que já estava montando o modelo "Publica". A planta de Quioto da Daihatsu não tinha espaço para armazenar as novas peças necessárias para o "Starlet". Ainda assim, Ohno não permitiu que eles construíssem um novo prédio, já que isso acrescentaria novos custos fixos e botaria a perder o alvo planejado de custos para o Starlet. Todo mundo na Daihatsu ficou angustiado e perturbado, mas ninguém podia ignorar as instruções do vice-presidente da Toyota. Por outro lado, Ohno também afirmou: "As pessoas podem oferecer boas ideias quando estão incomodadas". As pessoas na planta tiveram inúmeras ideias e colocaram-nas em prática até que funcionassem bem. O pessoal do processo de estampagem, por exemplo, diminui o tamanho dos lotes pela metade, do equivalente ao trabalho de 12 turnos para o equivalente a 6 turnos, proporcionando a criação do espaço necessário. Esta foi apenas uma dentre diversas ideias.

É desejável que as pessoas desenvolvam suas competências ao lidarem com processos mais árduos, mas devido ao longo período de vacas gordas na Toyota nos últimos anos, os funcionários não passaram por essas boas experiências. Porém, foi nos primórdios de um período como esse de forte crescimento econômico na economia japonesa, em 1962, que Ohno introduziu o "sistema *kanban*" em todas as plantas da Toyota; esse aquecimento econômico durou até a crise do petróleo de 1973. Durante esses 12 anos de forte crescimento, Ohno manteve uma consistente oposição à introdução *às cegas* da produção em massa.

A desvantagem de máquinas e instalações automatizadas era a sua incapacidade de interromper as operações quando um problema acontecia; por isso, o quadro de trabalhadores não podia ser enxugado mesmo com as plantas automatizadas. A despeito dessa realidade, a alta gerência se apressou em introduzir equipamentos automatizados. Como resultado, Ohno desenvolveu o sistema *"jidoka"* (controle autônomo de defeitos) e evitou a introdução de máquinas de produção em massa.

Quando a produção foi reduzida durante a crise do petróleo, o problema do "Te-i-in-se-i" (sistema de quórum) ficou explícito. Exceto pelas máquinas totalmente desvinculadas da presença de um ser humano, cada máquina automática era sempre operada por dois operadores nos pontos de entrada e saída de material, quer estivesse trabalhando em capacidade plena ou reduzida. A fim de evitar tal "Te-i-in-se-i", Ohno desenvolveu o sistema *"shojinka"* (quadro flexível de trabalhadores), que consiste em uma linha com leiaute em U operada por trabalhadores com múltiplas habilidades e com um sistema de interrupção automática das máquinas a cada ciclo.

Conclusões finais sobre o futuro

Na minha opinião, nesta era de recessão global, podemos desenvolver as pessoas com base na ideia original do sistema de Ohno. Ele também acreditava que o STP podia servir como sabedoria para resistir a uma era de *baixo* crescimento econômico.

Quando a demanda está fraca, o pessoal do departamento de vendas saberá como agir, mesmo que as linhas de produção sejam frequentemente interrompidas, porque eles sabem que a produção contínua apenas criará excesso de estoque. Assim, basta "promover a racionalização (ou o melhoria) da eliminação do desperdício por completo", "colocar em prática novamente as regras originais do STP" e "reduzir o desperdício de potencial humano (por meio de '*shojinka*', ou de um quadro flexível de trabalhadores)". Mesmo que os resultados não venham a impactar inicialmente no resultado final, tais acúmulos de melhorias (*kaizen*) podem gerar lucros imediatamente no próximo ciclo econômico positivo.

Mesmo quando a *shojinka* é realizada por meio de várias racionalizações, os funcionários não devem ser demitidos. (Um excesso de funcionários temporários ou não regulares acabará enfraquecendo a capacitação dos recursos humanos. Durante a atual recessão, as empresas japonesas descobriram que devem dar preferência à contratação de funcionários regulares em lugar de não regulares.) Por outro lado, cortes nas horas extras e a introdução de feriados não remunerados podem ser usados para promover uma espécie de *compartilhamento de trabalho*, para que se consiga atingir simultaneamente cortes nos custos com mão de obra e empregos estáveis. Consequentemente, mesmo que ainda exista um excesso de mão de obra, a racionalização das plantas pode ser realizada e os frutos, colhidos rapidamente com o reaquecimento da economia.

Outra ponto forte do STP é que ele representa um sistema de gestão da cadeia de suprimento na indústria como um todo. Coalizões entre empresas são bem executadas na indústria japonesa. Essas redes funcionam bem na fase de desenvolvimento de produtos, assim como na fase de fabricação. O Sistema Toyota de Produção é equivalente ao sistema de gestão das relações interempresariais.

As montadoras, por exemplo, solicitam a colaboração de produtores de aço e ferro desde o estágio inicial de desenvolvimento de produtos. Assim, os fornecedores podem oferecer novos tipos de aço que atendam aos novos modelos de carros. Tais alianças bem administradas entre os fabricantes automotivos e os fornecedores dos principais componentes são um ponto forte da indústria japonesa.

O tempo de atravessamento (*lead time*) para o desenvolvimento de um automóvel é de cerca de dois anos, e o ciclo de vida de um carro no mercado é de quatro anos. Sendo assim, a menos que haja uma relação de confiança mútua, as alianças entre empresas são impossíveis. A Toyota se empenha bastante no cultivo de tais redes em sua cadeia de suprimentos, em vez de formar alianças globais com outras montadoras.

Em resumo, nessa era de recessão global, o melhor é que façamos mudanças em nós mesmos com base na mentalidade da melhoria contínua, sem esquecer a prioridade das múltiplas metas: primeiro, a segurança; segundo, a qualidade; terceiro, o volume. A importância da *integridade de metas múltiplas na busca do sistema just-in-time* foi expressa no subtítulo deste livro já desde a segunda edição.

Tendo em mente que o STP é um sistema de gestão da cadeia de suprimentos, devemos cultivar cuidadosamente as redes interempresariais, ou a confiança mútua nas relações humanas. Uma gestão desse tipo pode compensar os contratempos dos mecanismos de mercado e atuar como uma "*mão invisível*" para coordenar os equilíbrios entre oferta e demanda ao longo de toda a cadeia de suprimentos, e ainda permitir o compartilhamento de lucro (com *preços de incentivo*) para a conquista de relacionamentos ganha-ganha entre as empresas participantes (para detalhes, ver Monden, 1987/88 e 2011).

Por fim, acredito firmemente que a Toyota vai recuperar rapidamente seu desempenho de segurança, qualidade e volume de vendas se retomar à longa tradição da filosofia de melhoria de seu STP.

§ 5 NOVOS CONTEÚDOS DESTA QUARTA EDIÇÃO

PARTE 1   O Sistema Toyota e os passos de implementação

Capítulo 1: seção adicional, "A meta do STP"

Nesta quarta edição, adendos mínimos foram inseridos na maioria dos capítulos, mas o Capítulo 1 inclui uma nova e longa seção intitulada "A meta do STP". Nesta seção, as metas do STP são explicadas em termos de seus efeitos não apenas na redução de custos, mas também no aumento de fluxo de caixa como um resultado da redução de estoque.

Em particular, eu sugiro que, a fim de aumentar a entrada de caixa ao longo da cadeia de suprimentos, a principal empresa do grupo tente aprimorar o parâmetro de medição de desempenho para "*fluxos de caixa JIT*" usando uma declaração de fluxo de caixa consolidada abrangendo toda a cadeia de suprimentos.

Dentre outros adendos da quarta edição, estão os oito capítulos a seguir, inteiramente novos:

PARTE 2   Subsistemas

Capítulo 9: *Produção em fluxo unitário de peças na prática*

Capítulo 15: *Custo* kaizen

Capítulo 16: *Movimentação de materiais em uma montadora*

Capítulo 18: *Sincronização do* kanban

O STP possibilita a produção em fluxo unitário de peças, o que permite que os produtos seja fabricados de maneira contínua, um por vez, assim como a água flui por um rio. As edições anteriores não chegaram a descrever suficientemente este ponto importante, que é elaborado no Capítulo 9 desta edição.

O Capítulo 15 explica o custo *kaizen*, que é realizado em conjunto com a aplicação do STP. O custo *kaizen* é um dentre três técnicas de gestão de custos que abrangem o custo por objetivos na fase de desenvolvimento de produtos, e o custo *kaizen* e o custo padrão nas fases de fabricação.

O Capítulo 16 introduz o manuseio de peças e materiais na linha de montagem da Toyota, uma prática desenvolvida recentemente.

O Capítulo 18 mostra como os cartões *kanban* de fornecedor podem ser coletados numa quantidade *nivelada* ao lado da linha numa planta e também coletados sincronizadamente pelos fornecedores. A coleta de *kanban* no âmbito das plantas e nas entradas das áreas de armazenamento de partes da Toyota precisa ser sincronizada, ou conduzida num ritmo regular. Diversos conceitos e dispositivos específicos são usados para satisfazer essa exigência.

PARTE 3   Técnicas quantitativas

Capítulo 22: *Cálculo do número de cartões* **kanban**

Capítulo 23: *Novos desenvolvimentos em* **e-kanban**

A determinação do número de cartões *kanban* foi um dos meus principais tópicos de pesquisa desde a publicação da primeira edição de *Sistema Toyota de Produção* em 1983. O Capítulo 22 oferece minha explicação mais completa sobre o cálculo do número de cartões *kanban*, e é o capítulo mais elaborado na quarta edição.

O Capítulo 23 explica o mecanismo e as aplicações do "*kanban* eletrônico", ou *e-kanban*, que apresentou um notável desenvolvimento e passou a ser amplamente utilizado no grupo Toyota nos últimos anos. Conforme a Toyota foi expandindo a sua produção global, ela passou a terceirizar cada vez mais tanto os EMS (*electronic manufacturing services*, ou serviços eletrônicos de fabricação, que são produtores OEM [Original Equipment Manufacterer, ou Fabricante Original de Equipamento] de aparelhos eletrônicos) doméstico quanto o externo. Os pedais "pegajosos" de acelerador, por exemplo, que não retornam à posição neutra nos modelos Corolla e Camry, carros-chefe da Toyota, eram fabricados por um EMS norte-americano, a CTC. Conforme sua rede de aquisição de peças se expandiu para outras regiões do planeta, ficou mais difícil para a Toyota fazer a coleta com agilidade usando o seu tipo tradicional de *kanban* de fornecedor. Para dar conta dessa expansão geográfica em sua rede de autopeças, a Toyota desenvolveu e passou a empregar amplamente o *kanban* eletrônico. Esse capítulo introduz um dos desenvolvimentos mais recentes abordados nesta quarta edição.

Os Capítulos 23 e 24 se concentram em aspectos bem técnicos do STP; isso vale especialmente para o Capítulo 24, que explica a utilização de TI na atual cadeia de suprimento global da Toyota. Recomendo que os leitores também estudem as informações adicionais fornecidas no Capítulo 6, a respeito do Sistema de Rede Toyota, que também abrange o uso de TI na aquisição global de peças.

PARTE 4 Sistemas de produção humanizados

Capítulo 25: *Desenvolvendo uma mente* **kaizen** *espontânea*
Capítulo 29: *Minicentrais de lucro e o sistema JIT*

Outra característica desta quarta edição é a extensão do aspecto do sistema de produção humanizado que foi introduzido pela primeira vez na terceira edição. Embora muitas empresas venham implementando ferramentas e técnicas do STP, elas não alcançaram muito sucesso ao tentar incutir a filosofia e a cultura do STP em suas organizações. O Capítulo 25 desenvolve o tema de "cultivar a mentalidade *kaizen* espontânea" a fim de estabelecer o STP holisticamente em uma empresa.

A "minicentral de lucro", conforme explicada no Capítulo 29, é uma equipe de dez membros, situada em uma fábrica ou em departamento administrativo. A criação dessas pequenas unidades descentralizadas proporciona incentivos para a redução de custos e melhoria da qualidade, ao implementar o STP de uma maneira motivada pela conscientização sobre o lucro. Esta é outra prática do STP que tem como foco a motivação humana.

APÊNDICE: reforçando o sistema JIT depois do terremoto março de 2011 no Japão

Por fim, um apêndice foi introduzido a fim de investigar formas de reforçar o sistema JIT para impedir que a cadeia de suprimentos interrompa seu fluxo em função de uma interrupção parcial ao longo da cadeia. Recomendo fortemente a adoção de redes interligadas de cadeias de suprimentos neste caso.

O STP evoluiu continuamente junto com os avanços nos ambientes sociais e econômicos. Agora que conclui o manuscrito desta quarta edição, desejo colocar o STP ainda mais à prova para que ele se harmonize com os desafios ambientais, e não vejo a hora de escrever sobre isso na quinta edição. Rumo a essa meta, avancemos ainda mais, passo a passo.

Yasuhiro Monden
Cidade de Tsukuba, Japão
Professor emérito da Universidade de Tsukuba
Professor visitante da NUCB, MBA Global

Prefácio da terceira edição

Qualquer sistema de gestão no mundo real é um produto do desenvolvimento de suas características iniciais ao longo do tempo. Em outras palavras, um sistema de gestão passa por um processo de evolução.

A evolução implica em mudanças estruturais de um sistema para que ele se adapte a mudanças nos ambientes econômico, tecnológico ou social. O processo de evolução de um sistema é cumulativo: a *continuidade histórica* (a herança de elementos passados) e a *descontinuidade histórica* (a adaptação a novas condições) coexistem ao mesmo tempo (Urabe, 1984).

O Sistema Toyota de Produção contém cláusulas pétreas bem como algumas inteiramente novas. O Sr. Taiichi Ohno, criador desses sistemas, uma vez me disse: "O Sistema de Produção da Toyota precisa 'evoluir' constantemente para dar conta da forte concorrência no mercado global". Disse mais: "precisamos aumentar a lucratividade (lucro operacional) considerando 'todos os aspectos' da empresa e realizar uma 'evolução' contínua do sistema de produção da Toyota". "Todos os aspectos" diz respeito não apenas aos problemas diretamente relacionados com a fabricação, mas também aqueles relacionados com os vários departamentos indiretos incluindo engenharia de produção, desenvolvimento de produtos e escritórios administrativos (Ohno e Monden, 1983).

A administração da Toyota, parte de seu sistema de produção, exercita competências gerenciais e de decisão estratégica como a força motriz para o progresso do sistema.

Pela demonstração de uma capacidade de decisão *administrativa*, o sistema é continuamente aprimorado para alcançar um desempenho melhor, sem jamais recuar do nível já alcançado. Um sistema novo evolui com base nas capacidades inerentes de decisão estratégica e ao levar em consideração todos os aspectos da empresa.

O sistema evolui como resposta a mudanças nas condições econômicas, técnicas e sociais ao analisar os problemas de todos os departamentos da companhia. Desse modo, todo o processo de manutenção, melhoria e evolução forma uma cadeia espiral que torna o sistema continuamente competitivo.

Na primeira edição deste livro (1983), eu expliquei como a lógica (as relações de fins e meios e de causas e efeitos) do Sistema de Produção da Toyota foi desenvolvida ao longo de um período de 30 anos.

Na segunda edição (1993), acrescentei elementos relacionados à tecnologia da informação que intensificam o desempenho do sistema *just-in-time* convencional. Analisei a tecnologia de fabricação (incluindo um sistema de controle de linha de montagem e um sistema especialista para o desenvolvimento de cronogramas sequenciais), bem como um sistema de informação estratégico. Eles evoluíram durante os anos 80 na Toyota.

Nesta terceira edição de *Sistema Toyota de Produção*, eu explico a recente evolução do sistema; especificamente, na busca de respeito pelas pessoas. Em outras palavras, a Toyota desenvolveu uma abordagem para elevar o moral nas fábricas ao (1) dividir a linha de montagem em várias linhas e (2) aprimorar as condições de trabalho pela introdução de dispositivos ergonômicos que aliviam a fadiga.

A Toyota promove essas melhorias para prevenir escassez de mão de obra em suas plantas. É esperado que a oferta de jovens trabalhadores japoneses venha a cair porque:

1. Em meados dos anos 90, a população de jovens com 18 anos de idade era de 2 milhões, mas a previsão é que ela caia para 1,2 milhão (uma redução de 40%) até o ano 2010.
2. Os jovens japoneses não apreciam o trabalho em chão de fábrica. A maioria das tarefas é caracterizada por *3D* (*difficult, dirt and dangerous,* ou dificuldade, sujeira e perigo, chamado em japonês de *3K – Kitsui, Kitanai* e *Kiken*).
3. Exigências internacionais reduziram as horas de trabalho no Japão para uma média de 1.800 ao ano.

Com isso, a administração da Toyota entendeu que a falta de mão de obra seria um problema. Seus esforços se concentraram no projeto de um chão de fábrica atraente e na introdução de um esquema de satisfação de funcionários no local de trabalho a fim de atrair uma mão de obra formada por homens jovens, pessoas mais idosas e mulheres.

Nesta edição, o leitor pode ver como a administração da Toyota colocou em prática suas decisões estratégicas. Essas decisões ou a própria evolução dependem da capacidade da alta gerência em identificar as lacunas entre o alvo e o desempenho na prática e em tomar medidas positivas para zerar essas lacunas (ou solucionar os problemas). Nos anos 80, acreditava-se que a introdução de novas tecnologias nas plantas aumentaria a produtividade. No início dos anos 90, a administração da Toyota descobriu que a satisfação dos funcionários ou o respeito pelas pessoas na fábrica era outro problema importante. A sua gerência está aderindo à melhoria contínua – o eterno conceito do *just-in-time* – enquanto faz análises necessárias para melhorar o desempenho geral.

Nesta edição, adicionei informações a respeito dos sistemas em linhas divididas (Capítulo 24); melhorias ergonômicas (Capítulo 25); TVAL, que é uma fórmula para medir a taxa de fadiga (Apêndice 2) e um sistema de desenvolvimento de cronograma por múltiplos critérios. Com relação aos conceitos e produção sincronizada descritos no Capítulo 4, o Apêndice 4, em coautoria com Henry Aigbedo, apresenta os quatro conceitos principais para a sincronização da produção no contexto do sequenciamento de modelos mistos na linha de montagem.

Espero que esta terceira edição seja como as suas predecessoras – útil para os mundos prático e acadêmico de gestão de produção e de operações.

Yasuhiro Monden
Professor, Ph.D.
Universidade de Tsukuba
Instituto de Política e Ciências de Planejamento

Prefácio da segunda edição

O sistema de fabricação *just-in-time* é o sistema em uso por sua fundadora, a Toyota Motor Corporation, mas que acabou assumindo um novo aspecto.

Sistema Toyota de Produção, Segunda Edição descreve sistematicamente as mudanças que ocorreram no sistema de produção mais eficiente em uso. Desde a publicação da primeira edição deste livro em 1983, a Toyota integrou ao JIT o computador e os sistemas de informação.

A meta do JIT de produzir os itens necessários na quantidade necessária no momento necessário é uma eterna força motriz da gestão de produção e de operações. O acréscimo de tecnologias computadorizadas (incluindo sistemas especialistas por inteligência artificial) e de sistemas informatizados ajuda a reduzir ainda mais os custos, a melhorar a qualidade e a abreviar o tempo de atravessamento (*lead time*). O novo sistema de produção da Toyota analisa como é possível adaptar os cronogramas de produção às mudanças de demanda no mercado, satisfazendo, ao mesmo tempo, as metas de baixo custo, alta qualidade e pronta entrega.

A primeira edição deste livro, *Sistema Toyota de Produção*, publicada em 1983, serve de base para esta edição. Ela foi traduzida para diversas línguas, como espanhol, russo, japonês, e cumpriu um papel bem claro na inspiração de sistemas de gestão de produção por todo o mundo.

Em paralelo com a distribuição da primeira edição deste livro, o Sistema de Produção da Toyota (também conhecido como *just-in-time*) foi implementado em todo o mundo. Isso é uma prova de que o conceito de JIT no âmbito do sistema de produção da Toyota é aplicável em qualquer país, qualquer que seja a sua localização, a sua economia e seu desenvolvimento. Além disso, este sistema de produção pode ser utilizado em companhias de qualquer tamanho e de qualquer setor.

Embora este livro se baseie no meu livro anterior, *Sistema Toyota de Produção*, ele foi reescrito na forma de um livro inteiramente novo. Nove capítulos foram acrescentados, e capítulos da primeira edição foram revisados e ampliados. Escrito tanto para pessoas que trabalha na área quanto para pesquisadores acadêmicos, este novo livro fornecerá uma abordagem ampla e equilibrada a respeito do sistema japonês de fabricação.

As principais diferenças entre o Sistema Toyota de Produção de uma década atrás e o sistema atual são duas: (1) a fabricação integrada por computador (CIM – *computer integrated manufacturing*) e (2) os sistemas estratégicos informatizados. Esses elementos acabaram sendo integrados à abordagem JIT a fim de facilitar a flexibilidade em resposta a demanda dos consumidores. A essência da abordagem JIT convencional são as atividades de melhoria contínua (*kaizen*).

SISTEMA ESTRATÉGICO INFORMATIZADO E A CIM

A conexão de *marketing*, produção (fabricação) e fornecedores por meio de uma rede informatizada (Sistema em Rede da Toyota) permite que cada componente da companhia tome decisões ágeis envolvendo o volume e a variedade de produtos finais. Mudanças nas preferências dos consumidores e nas tendências de vendas para certos tipos de produtos podem ser prontamente repassadas para o pessoal de desenvolvimento de produtos, vendas, produção e fabricação de peças, que podem então responder rapidamente aos dados. O resultado final é uma empresa que rapidamente se adapta.

Dentro do Sistema em Rede da Toyota há um subsistema para informações de produção doméstica chamado de Sistema de Controle da Linha de Montagem (ALC – Assembly Line Control). O ALC inclui informações usadas em fabricação auxiliada por computador e em sistemas de planejamento auxiliados por computador.

No desenvolvimento do sistema estratégico informatizado, a Toyota empregou as premissas básicas encontradas no sistema de produção JIT. O ALC funciona como um sistema de puxar no qual cada linha e cada processo em cada planta solicita, recebe e utiliza apenas as informações de que precisa no momento.

Este livro mostrará em detalhe como as abordagens recém mencionadas são integradas harmoniosamente ao JIT e como a nova abordagem da Toyota pode ser útil de diversas formas para uma variedade de setores industriais.

Yasuhiro Monden
Professor, Ph.D.
Instituto de Política e Ciências de Planejamento
Universidade de Tsukuba
Tsukuba, Japão

Prefácio da primeira edição

A técnica que chamamos de Sistema Toyota de Produção nasceu do esforço para alcançar o ritmo das montadoras de automóveis das nações avançadas do Ocidente ao final da Segunda Guerra Mundial.

Acima de tudo, um dos nossos propósitos mais importantes era aumentar a produtividade e reduzir os custos. Para alcançar esse objetivo, demos ênfase à eliminação de todos os tipos de funções desnecessárias nas fábricas. Nossa abordagem se resumiu a investigar uma a uma as causas das várias "desnecessidades" nas operações de fabricação e descobrir métodos para resolvê-las, muitas vezes por tentativa e erro.

A técnica do *kanban* como meio de produção *just-in-time*, a ideia e o método de sincronização da produção, a autonomação (*jidoka*), e assim por diante, foram todos criados a partir de tais processos de tentativa e erro nos locais de fabricação.

Assim, como o Sistema Toyota de Produção foi criado a partir de práticas reais nas fábricas da Toyota, ele apresenta a característica marcante de enfatizar os efeitos práticos, e de dar preferência à prática e à implementação sobre a análise teórica. Como resultado, observamos que mesmo no Japão foi difícil para pessoas de outras empresas compreenderem o nosso sistema; mais ainda o foi para os estrangeiros.

O professor Monden escreveu este livro fazendo bom uso de suas experiências de pesquisa e ensino nos Estados Unidos. Por isso, estamos muito interessados em como o professor Monden "teorizou" nossa prática a partir de seu ponto de vista acadêmico e de que modo ele a explicou para os estrangeiros. Ao mesmo tempo, desejamos ler e estudar este livro para o nosso próprio progresso futuro.

Em nenhum outro momento da história o problema da produtividade foi tão discutido. Atualmente, já não se trata apenas de um problema econômico; ele também impõe um grave problema político na forma de tensões comerciais. Numa época assim, seria um grande prazer para nós se o Sistema Toyota de Produção que inventamos pudesse ajudar a resolver o problema da produtividade norte-americana.

Ainda que não estejamos absolutamente certos de que nosso sistema *just-in-time* possa ser colocado em prática em países onde o ambiente empresarial, as relações industriais e muitos outros sistemas sociais são diferentes dos nossos, acreditamos firmemente que não há qualquer diferença significativa entre os objetivos finais das empresas e os das pessoas que nelas trabalham.

Portanto, torcemos e esperamos que mais um eficiente sistema norte-americano de produção acabe sendo criado pela utilização deste livro como referência.

Taiichi Ohno
Ex-vice-presidente, Toyota Motor Corporation
Ex-presidente, Associação Japonesa de Gestão Industrial
Ex-presidente do conselho, Toyoda Spinning and Waeving Co., Ltd.

Sumário

SEÇÃO 1   Sistema geral e passos para implementação

Capítulo 1   Visão geral do Sistema Toyota de Produção 3
              § 1 Objetivo principal 3
              § 2 Sistema *kanban* 9
              § 3 Sincronização da produção 11
              § 4 Reduzindo o tempo de preparação 13
              § 5 Estudo de leiaute para redução do tempo de atravessamento
                  e produção em fluxo unitário de peças. 14
              § 6 Padronização das operações 15
              § 7 Autonomação. 16
              § 8 Atividades de melhoria. 17
              § 9 O objetivo do STP 18
              § 10 Resumo. 23

Capítulo 2   Medidas para a implementação do Sistema Toyota de Produção . . . 25
              § 1 A introdução do Sistema Toyota de Produção 25
              § 2 Introdução do JIT na Toyo Aluminium – um estudo de caso . . . 29

SEÇÃO 2   Subsistemas

Capítulo 3   Sistema *kanban* adaptável mantém a produção *just-in-time* 35
               § 1 Sistema de puxar para a produção JIT 35
              § 2 O que é um *kanban*? 36
              § 3 Regras do *kanban* 45
              § 4 Outros tipos de *kanban*. 51

Capítulo 4 *Kanban* de fornecedor e a sequência de programação usada
pelos fornecedores... 59

§ 1 Informações mensais e informações diárias 60
§ 2 Sistema de reabastecimento posterior por *kanban* 61
§ 3 Sistema de retirada sequenciada por sequência
de programação... 65
§ 4 Problemas e contramedidas na aplicação do sistema *kanban*
junto a subfornecedores 70
§ 5 Orientação da comissão de comércio justo com base na lei
dos subfornecedores e na lei antimonopólio.................... 72
§ 6 Circulação de *kanban* de fornecedor no fabricante mãe 78
§ 7 Exemplos práticos de sistema de entrega e ciclo de entrega 83

Capítulo 5 A produção sincronizada ajuda a Toyota a se adaptar a
mudanças na demanda e a reduzir os estoques.................. 88

§ 1 Sincronização da quantidade total de produção............... 88
§ 2 Sincronizando a quantidade de produção de cada modelo..... 92
§ 3 Comparação do sistema *kanban* com o MRP 100
§ 4 Resumo do conceito de sincronização da produção.......... 102

Capítulo 6 Sistema de informação para a cadeia de suprimento entre
a Toyota, suas revendas e os fabricantes de autopeças 104

§ 1 O sistema de informação por ordem de entrada.............. 104
§ 2 O sistema de informações entre a Toyota e os fornecedores
de autopeças.. 109
§ 3 Novo sistema em rede da Toyota........................... 113
§ 4 Sistema de planejamento de produção na Nissan............. 117

Capítulo 7 Como a Toyota reduziu o tempo de atravessamento de produção... 122

§ 1 Quatro vantagens da redução do tempo de atravessamento ... 122
§ 2 Elementos do tempo de atravessamento de produção em
um sentido estrito 123
§ 3 Redução do tempo de processamento por meio da
produção e transporte em fluxo unitário de peças 124
§ 4 Redução do tempo de espera e do tempo de transporte 132
§ 5 Uma abordagem abrangente para a redução do tempo de
atravessamento de produção 136

Capítulo 8 Leiaute de máquinas, trabalhadores multifuncionais
e rotação de tarefas ajudam a criar linhas flexíveis 141

§ 1 *Shojinka*: atendendo a demanda por meio da flexibilidade 141
§ 2 Projeto de leiaute: a célula em forma de U 142
§ 3 Alcançando a *Shojinka* por meio de trabalhadores
multifuncionais 150

Capítulo 9 Produção em fluxo unitário de peças na prática 158

§ 1 Requisitos para a produção em fluxo unitário de peças 158
§ 2 Resistência ao trabalho em pé 159
§ 3 Resistência no desenvolvimento de múltiplas-habilidades 161
§ 4 Barreiras à autonomação 162
§ 5 Instalação de rodas 164
§ 6 Produção sincronizada 165
§ 7 Um exemplo de melhoria para fluxo unitário de peças:
uma fábrica que produz estantes para televisão de tela plana 166

Capítulo 10 Operações-padrão podem garantir uma produção balanceada
com o mínimo de mão de obra 168

§ 1 Metas e elementos das operações-padrão 168
§ 2 Determinação dos componentes das operações-padrão 169
§ 3 Treinamento apropriado e acompanhamento: a chave para
implementar um sistema bem-sucedido 182

Capítulo 11 Redução do tempo de preparação – conceitos e técnicas 184

§ 1 Efeitos da redução do tempo de preparação 184
§ 2 Conceitos de preparação 185
§ 3 Aplicação do conceito 189

Capítulo 12 5S – A base para as melhorias 194

§ 1 5S elimina o desperdício organizacional 194
§ 2 Controle visual 197
§ 3 Regras práticas para *Seiton* 204
§ 4 Seiso, Seiketsu, Shitsuke 211
§ 5 Implementação do sistema 5S 213

Capítulo 13 O controle autônomo de defeitos garante a qualidade
dos produtos... 216
  § 1 Desenvolvimento de atividades de gestão da qualidade....... 216
  § 2 Controle estatístico de qualidade 218
  § 3 Autonomação.. 220
  § 4 Autonomação e o Sistema Toyota de Produção 222
  § 5 Robótica 232
  § 6 Controle de qualidade na companhia como um todo 234

Capítulo 14 Gestão interfuncional para promover a garantia da qualidade
e a gestão de custos na companhia como um todo.............. 236
  § 1 Introdução 236
  § 2 Garantia da qualidade.................................. 237
  § 3 Gestão de custos 238
  § 4 Organização do sistema de gestão interfuncional............ 242

Capítulo 15 Custo *kaizen*... 253
  § 1 O conceito de custo *kaizen*.............................. 253
  § 3 Preparando o orçamento 255
  § 4 Determinação do montante alvo de redução de custos 258
  § 5 Custo *kaizen* por meio de "gestão por objetivos" 259
  § 6 Medidas e análise das variâncias do custo *kaizen*............ 262

Capítulo 16 Movimentação de materiais em uma montadora................ 266
  § 1 O sistema de suprimento de peças em uma montadora....... 266
  § 2 Um sistema de suprimento de peças em conjuntos 266
  § 3 Transporte com "mãos vazias"........................... 270

Capítulo 17 Estudo prático avançado sobre o sistema *kanban*............... 273
  § 1 Número máximo de cartões kanban de produção a
  serem armazenados.. 273
  § 2 *Kanban* de sinalização e *kanban* de requisição de material
  numa linha de prensagem 276
  § 3 Controle de ferramentas e gabaritos por meio do
  sistema *kanban*... 279
  § 4 O sistema de entrega JIT pode aliviar o congestionamento
  e a falta de mão de obra 280

Capítulo 18   Sincronização da coleta de *kanban* 284

§ 1 Obstáculos na coleta de números sincronizados de *kanban* ... 284
§ 2 A relação entre a coleta sincronizada de cartões *kanban* e a entrega de peças 285
§ 3 Sincronização da programação para a coleta de *kanban* 286
§ 4 Invenções de postos de *kanban* no local de produção 288
§ 5 Posto de correio para *kanban* de fornecedor de partida 289

Capítulo 19   A aplicação do Sistema Toyota de Produção em outros países 292

§ 1 Condições para a Internacionalização do Sistema Japonês de Produção 293
§ 2 Vantagens do relacionamento japonês entre fabricante e fornecedor 294
§ 3 Reorganização dos fabricantes externos de autopeças nos Estados Unidos 296
§ 4 Solução para problemas geográficos envolvendo transações externas.. 298
§ 5 Transações externas da NUMMI......................... 300
§ 6 Inovações nas relações industriais....................... 302
§ 7 Conclusão... 307

SEÇÃO 3   Técnicas quantitativas

Capítulo 20   Método de sequenciamento para que a linha de montagem de múltiplos modelos realize uma produção sincronizada.......... 311

§ 1 Metas no controle da linha de montagem 311
§ 2 Método de perseguição de meta: um exemplo numérico 314
§ 3 A abordagem toyota: um algoritmo simplificado............ 320
§ 4 Cumprimento simultâneo de duas metas simplificadas 323

Capítulo 21   Novo método de sequência de programação para sincronização... 325

§ 1 A lógica básica da sequência de programação............. 325
§ 2 Desenvolvimento de uma sequência de programação usando inteligência artificial 331
§ 3 Reduzindo as diferenças entre os tempos de atravessamento de produção 336

Capítulo 22 Cálculo do número de cartões *kanban* 341

§ 1 Cálculo do número de cartões *kanban* 341
§ 2 O sistema de retirada em ciclo constante para computar o número de cartões *kanban* de retirada entre processos 342
§ 2 Cálculo do número de cartões *kanban* de fornecedor 348
§ 4 Sistema de retirada em quantidades constantes para calcular o número de cartões *kanban* de retiradas entre processos. 352
§ 5 Cálculo do número de cartões *kanban* de produção 355
§ 6 Cálculo do ponto de reabastecimento 359
§ 7 Determinação do tamanho do lote 360
§ 8 Mudanças no número de cartões *kanban*. 360
§ 9 Mantendo o número necessário de cartões *kanban* 362

Capítulo 23 Novos desenvolvimentos em *e-kanban*. 365

§ 1 Dois tipos de *e-kanban* 365
§ 2 Método *e-kanban* de retirada sequencial: retirada sequencial de peças combinada à sequência de programação de carregamento do veículo 365
§ 3 *E-kanban* no sistema de reabastecimento posterior: *e-kanban* para as peças necessárias em linhas de montagem de motores etc. 368
§ 4 Informação sequencial para linhas principais, linhas de unidades e linhas de componentes 370
§ 5 *E-kanban* passando através de uma central de coleta (prédio intermediário) 373

Capítulo 24 *Kanban* como apoio aos sistemas de informação 375

§ 1 O Sistema Toyota de Produção é sustentado por muitos sistemas de informação. 375
§ 2 Subsistema para quantidade necessária de material 376
§ 3 Subsistema para plano mestre de *kanban*. 378
§ 4 Subsistema de planejamento de carregamento de processos 380
§ 5 Subsistema de contas a pagar e contas a receber via *kanban* eletrônico 381
§ 6 Subsistema de mensuração do desempenho prático 382

SEÇÃO 4   Sistemas de produção humanizados

Capítulo 25   Desenvolvendo uma mente *kaizen* espontânea.................. 387

§ 1 Desenvolvendo a mentalidade *kaizen* espontânea:
rumo a incorporação do STP................................. 387
§ 2 Como Taichii Ohno se tornou consultor da Daihatsu........ 388
§ 3 Crie uma situação difícil e dê um problema para as
pessoas resolverem... 388
§ 4 Conclusão.. 392

Capítulo 26   Atividades de melhoria ajudam a reduzir a equipe e a elevar
o moral dos trabalhadores................................... 397

§ 1 Solucionando o conflito entre produtividade e fatores
humanos.. 397
§ 2 Melhorias nas operações manuais.......................... 398
§ 3 Redução do número de trabalhadores....................... 400
§ 4 Melhorias em máquinas.................................... 404
§ 5 Melhorias no trabalho e respeito pelo ser humano.......... 406
§ 6 O sistema de sugestões................................... 407
§ 7 *Kanban* e atividades de melhoria........................ 412
§ 8 Círculos CQ.. 415
§ 9 Novo sistema de RH para o pessoal técnico................. 420

Capítulo 27   Subsistema de respeito pelo ser humano no sistema
de produção JIT... 427

§ 1 Respeito pelo ser humano com base na ergonomia........... 427
§ 2 Sistemas JIT convencionais para e o respeito pelas pessoas... 428
§ 3 Melhorias no processo.................................... 429
§ 4 Necessidade de uma avaliação objetiva da carga de trabalho.... 436
§ 5 Conclusão.. 437
§ 6 Apêndice: Modelo TVAl para mensurar a carga de trabalho .. 438

Capítulo 28   Efeitos das linhas autônomas de produção sobre motivação e
produtividade... 443

§ 1 Por que as linhas desmembradas podem elevar o moral e a
produtividade?... 443
§ 2 Problema com a linha de montagem convencional............ 444
§ 3 Estrutura da linha autônoma funcionalmente diversificada... 445
§ 4 As vantagens das linhas autônomas desmembradas.......... 450

Capítulo 29 Minicentrais de lucro e o sistema JIT 459
  § 1 Por que as minicentrais e os sistemas JIT se encaixam
  tão bem? 459
  § 2 Comparação e extensão mútua dos benefícios entre os
  sistemas JIT e MPC 460
  § 3 Fórmula para calcular o lucro das MPCS 467
  § 4 Outro tipo de minicentral de lucros 469
  § 5 Otimização local e otimização global 471
  § 6 O sistema de produção JIT como um prerrequesito para a
  contabilidade MPC 472
  § 7 Contabilidade MPC acaba motivando a redução do
  excesso de estoque 473
  § 8 Conclusão 474

Apêndice: Reforçando o sistema JIT depois do terremoto de março de 2011
no Japão 475

Referências em inglês 481

Referências em japonês 486

Índice 495

Seção 1

Sistema geral e passos para implementação

1
Visão geral do Sistema Toyota de Produção

O Sistema Toyota de Produção foi desenvolvido e promovido pela Toyota Motor Corporation e passou a ser adotado por muitas companhias japonesas como consequência da crise do petróleo de 1973. O principal objetivo do sistema é eliminar, através de atividades de aprimoramento, vários tipos de desperdício que se encontram ocultos dentro de uma companhia.

Mesmo durante períodos de crescimento lento, a Toyota conseguiu se manter lucrativa ao diminuir custos por meio de um sistema de produção que eliminava completamente o excesso de estoque e de pessoal. Provavelmente não seria um exagero afirmar que este é um outro sistema revolucionário de gestão da produção. Ele segue o sistema Taylor (gestão científica) e o sistema Ford (linha de montagem em massa).

Este capítulo examina a ideia básica por trás desse sistema de produção, o modo como ele fabrica produtos e especialmente as áreas em que a inovação japonesa pode ser percebidas. Além disso, a estrutura desse sistema de produção é analisada pela apresentação de suas ideias e objetivos básicos, com as diversas ferramentas e métodos usados para alcançá-los.

§ 1 OBJETIVO PRINCIPAL

Lucro pela redução de custos

O Sistema Toyota de Produção é um método viável para a fabricação de produtos, já que se trata de uma ferramenta eficiente para a produção do objetivo final: o lucro. Para alcançar este propósito, o objetivo principal do Sistema Toyota de Produção é a redução de custos, ou o aumento da produtividade. A redução de custos e o aumento da produtividade são obtidos através da eliminação de diversos desperdícios, tal como o excesso de estoque e o excesso de pessoal.

O conceito de custos nesse contexto é bastante amplo. Trata-se essencialmente de desembolsos monetários (*cash outlays*) para a realização de lucros, efetuados no passado, presente e futuro a partir das vendas. Portanto, os custos no Sistema Toyota de Produção incluem não apensas os custos de fabricação, mas também os custos de vendas, os custos administrativos e até mesmo os custos de capital.

Eliminação da superprodução

A principal consideração do Sistema Toyota de Produção é reduzir os custos por meio da eliminação completa do desperdício. Quatro tipos de desperdício podem ser encontrados nas operações da manufatura:

1. Excesso de recursos de produção
2. Superprodução
3. Excesso de estoque
4. Investimento desnecessário de capital

Em primeiro lugar, o desperdício nos locais da manufatura decorre principalmente da existência de um *excesso em recursos de produção*, que englobam o *excesso de pessoal*, o *excesso de instalações* e o *excesso de estoques*. Quando esses elementos existem em quantidades maiores que o necessário, quer se tratem de pessoas, de equipamentos, de materiais ou de produtos, eles só aumentam o desembolso monetário (os custos) e não adicionam valor algum. Quando se conta, por exemplo, com um excesso de pessoal, isso leva a custos supérfluos com pessoal; quando se conta com um excesso de instalações, isso leva a custos supérfluos de depreciação; e quando se conta com um estoque excessivo, isso leva a desembolsos monetários supérfluos (custo de capital e investimento em estoque).

Além do mais, recursos de produção excessivos criam o desperdício secundário: a superprodução, que era considerada como o pior tipo de desperdício na Toyota. A superprodução se dá ao se continuar trabalhando quando as operações deveriam ser cessadas. Isso acarreta o terceiro tipo de desperdício encontrado em plantas de fabricação: os *estoques excessivos*. Estoques extras criam a necessidade de mais recursos humanos, de mais equipamentos e de mais área de chão para transportar e armazenar o estoque. E esses empregos extras acabarão tornando a superprodução ainda mais invisível.

Considerando-se a existência de recursos excessivos, de superprodução e de excesso de estoques ao longo do tempo, a demanda pelo quarto tipo de desperdício acabará se desenvolvendo. Esse quarto tipo, *investimento desnecessário de capital*, inclui o seguinte:

1. Construção de um prédio para armazenar estoque extra
2. Contratação de trabalhadores extras para transportar o estoque para o novo prédio
3. Aquisição de uma empilhadeira para cada transportador
4. Contratação de um funcionário para verificação de estoque para trabalhar no novo prédio
5. Contratação de um operador para consertar itens danificados no estoque
6. Estabelecimento de processos para gerenciar as condições e as quantidades de diferentes tipos de estoque
7. Contratação de uma pessoa para fazer o controle computadorizado dos estoques

Todas as quatro fontes de desperdício também elevam os custos administrativos, os custos com materiais diretos, os custos com mão de obra direta e indireta e os custos operacionais como depreciação, etc.

Como o excesso de pessoal é o primeiro tipo de desperdício a ocorrer dentro do ciclo e como ele parece dar vazão a desperdícios subsequentes, é muito importante começar pela redução ou pela eliminação desse desperdício. (A Figura 1.1 mostra os processos para a eliminação do desperdício e para se alcançar uma redução de custos.)

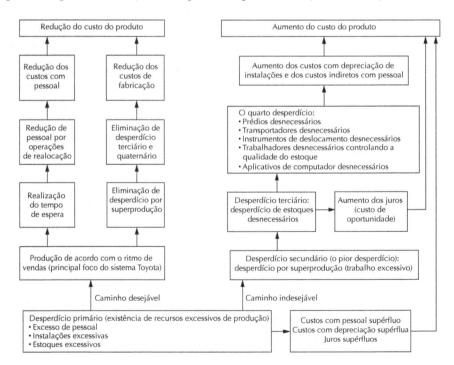

FIGURA 1.1 Processo de eliminação de desperdícios para redução de custos.

Ao esclarecer que um excesso de pessoal cria tempo ocioso (tempo de espera), as operações dos trabalhadores podem ser realocadas a fim de reduzir o número de funcionários. Isso resulta em uma redução dos custos com mão de obra. Além disso, custos adicionais causados pelo segundo, pelo terceiro e pelo quarto tipo de desperdício mencionados anteriormente podem ser reduzidos.

Como já vimos, o principal foco do Sistema Toyota de Produção é o controle da superprodução: assegurar que todos os processos redundem em produtos de acordo com o ritmo de vendas no mercado. Essa capacidade de controlar a superprodução representa a estrutura do Sistema Toyota de Produção.

Controle da qualidade, garantia da qualidade, respeito à condição humana

Embora a redução dos custos seja o objetivo mais importante do sistema, ele precisa primeiramente cumprir com três outras submetas:

1. Controle da qualidade, que permite que o sistema se adapte a flutuações diárias e mensais na demanda por quantidade e variedade
2. Garantia da qualidade, assegurando que cada processo venha a fornecer somente boas unidades para os processos subsequentes
3. Respeito à condição humana, ou moral, que deve ser cultivado enquanto o sistema utiliza recursos humanos para alcançar seus objetivos em termos de custos

Cabe ressaltar aqui que essas três metas não podem existir independentemente ou serem alcançadas de forma independente sem influenciar umas às outras ou ao objetivo principal de redução de custos. Um aspecto especial do Sistema Toyota de Produção é que o objetivo principal não pode ser alcançado sem a realização das submetas, e vice-versa. Todos os objetivos são produtos finais do mesmo sistema; com a produtividade como objetivo final e conceito guia, o Sistema Toyota de Produção luta para realizar cada um dos objetivos para os quais foi projetado.

Antes de discutirmos os conceitos do Sistema Toyota de Produção em detalhe, examinaremos, em primeiro lugar, um esboço geral do sistema. Os dados de saída (resultados) – custos, quantidade, qualidade e respeito à condição humana – bem como os dados de entrada do Sistema Toyota de Produção são exibidos na Figura 1.2.

Just-in-time e Autonomação

Um *fluxo contínuo de produção* através da companhia ou da cadeia de suprimento, ou uma adaptação às mudanças na demanda por quantidades e variedades, é obtido alcançando-se dois conceitos-chave: *just-in-time* e *autonomação*. Esses dois conceitos representam os pilares do Sistema Toyota de Produção.

Capítulo 1 • Visão geral do Sistema Toyota de Produção

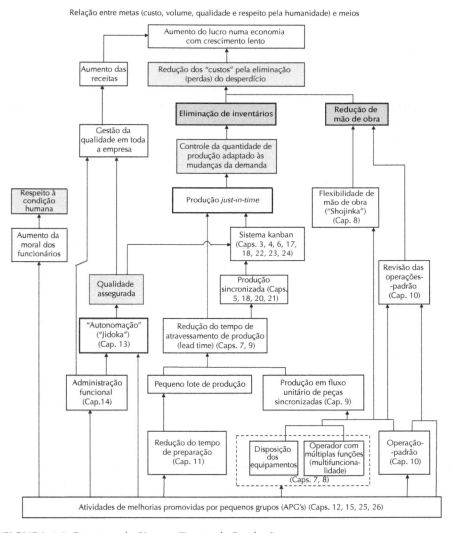

FIGURA 1.2 Estrutura do Sistema Toyota de Produção.

Just-in-time (JIT) significa basicamente produzir as unidades necessárias nas quantidades necessárias dentro do tempo necessário. Autonomação (em japonês *Ninben-no-aru Jidoka*, que costuma ser abreviado como *jidoka*) pode ser interpretado livremente como o controle autônomo de defeitos. Ela apoia o JIT ao jamais permitir que unidades defeituosas provenientes de processos precedentes sejam produzidas e prejudiquem os processos subsequentes (veja Figura 1.2).

Mão de obra flexível e originalidade e engenhosidade

Dois conceitos que também são básicos para o Sistema Toyota de Produção incluem a *mão de obra flexível* (*Stotinka* em japonês), que significa um número variável de trabalhadores para mudanças na demanda, e o *pensamento criativo* ou geração de ideias (*Seiko*), que significa o aproveitamento das sugestões dos trabalhadores.

Para realizar esses dois conceitos, a Toyota estabeleceu os sistemas e os métodos a seguir:

- "Sistema *kanban*" para manter a produção JIT (Capítulos 3, 4, 17, 18, 22, 23, 24)
- Método de sincronização da produção" para se adaptar às mudanças na demanda (Capítulos 5, 20, 21)
- "Redução do tempo de preparação" para reduzir o tempo de atravessamento (*lead time*) de produção (Capítulo 11)
- "Padronização das operações" para alcançar a sincronização das linhas (Capítulo 10)
- "Leiaute das máquinas" e "trabalhadores multifuncionais" para o conceito de mão de obra flexível (Capítulos 7, 8)
- "Atividades de melhoria promovidas por pequenos grupos e por sistema de sugestões" para reduzir o pessoal e elevar o moral dos trabalhadores (Capítulos 12, 25, 26)
- "Sistema de controle visual" para alcançar o conceito de Autonomação (Capítulos 12, 13)
- "Sistema de administração funcional" a fim de realizar um controle de custos em toda a companhia, etc. (Capítulos 14, 15)

Produção JIT

Um exemplo de JIT no processo de montagem de peças de carros é a exigência de que os tipos imprescindíveis de submontagens em processos precedentes cheguem à linha de produção no instante necessário e nas quantidades necessárias. Se o JIT for realizado na empresa como um todo, haverá então uma eliminação completa dos estoques desnecessários na fábrica, tornando desnecessários também os prédios e armazéns. Os estoques associados a custos serão reduzidos e a proporção de giro de capital acabará aumentando. No entanto, é muito difícil implementar o JIT em todos os processos para um produto como um automóvel caso se esteja utilizando a abordagem de planejamento centralizando (*sistema de empurrar* pela técnica MRP – *material requirement planning* [planejamento das necessidades de materiais]), que determina e distribui cronogramas de produção para todos os processos simultaneamente.

Sendo assim, no sistema Toyota é preciso examinar o fluxo de produção ao dejusante para montante; em outras palavras, as pessoas envolvidas em um determinado processo vão até o processo precedente a fim de retirar as unidades necessárias nas quantidades necessárias e no momento necessário. O processo precedente produz apenas unidades suficientes para substituir aquelas que foram retiradas. Esse método é chamado de *sistema de puxar*, o qual se baseia no sistema descentralizado.

§ 2 SISTEMA *KANBAN*

Neste sistema, o tipo e a quantidade de unidades necessárias são escritos num cartão similar a uma etiqueta, chamado *kanban*, que é enviado pelos trabalhadores em um dos processos para os trabalhadores no processo precedente. Como resultado, muitos processos numa planta ficam conectados uns aos outros. Essa conexão de processos numa fábrica permite que haja um controle melhor das quantidades necessárias para vários produtos.

No Sistema Toyota de Produção, o sistema *kanban* é sustentado pelos seguintes itens:

- Sincronização da produção
- Padronização das operações
- Redução do tempo de preparação
- Atividades de melhoria
- Projeto de leiaute das máquinas
- Autonomação

Mantendo o JIT pelo sistema *kanban*

Muitas pessoas chamam incorretamente o Sistema Toyota de Produção de sistema *kanban*. O Sistema Toyota de Produção fabrica produtos; o sistema *kanban* gerencia o método JIT de produção. Em resumo, o sistema *kanban* é um sistema de informações que controla harmoniosamente as quantidades de produção em cada processo. A menos que os diversos pré-requisitos desse sistema sejam implementados com perfeição (tais como o desenho dos processos, a padronização das operações e a sincronização da produção), é bastante difícil realizar o JIT, mesmo quando o sistema *kanban* é introduzido.

Um *kanban* é um cartão que costuma ser colocado em um envelope rectangular de vinil. Dois tipos são geralmente os mais usados: o *kanban de retirada* e o *kanban de produção*. O *kanban* de retirada detalha a quantidade que o sistema subsequente deve retirar, ao passo que o *kanban* de produção indica a quantidade que o processo precedente precisa produzir.

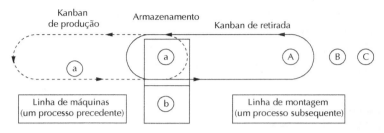

FIGURA 1.3 O fluxo de dois cartões *kanban*.

Informações via *kanban*

Esses cartões circulam dentro das fábricas da Toyota, entre a Toyota e suas diversas companhias cooperativas e dentro das fábricas das companhias cooperativas. Dessa maneira, o *kanban* é capaz de transferir informações quanto às quantidades de retirada e de produção de modo a alcançar a produção JIT.

Suponhamos que estamos fabricando os produtos A, B e C numa linha de montagem (veja a Figura 1.3). As peças necessárias para produzirmos esses produtos são *a* e *b*, que são produzidas pela linha de máquinas precedente. As peças *a* e *b* são armazenadas atrás dessa linha e os cartões *kanban* de produção da linha ficam afixados a elas.

O transportador da linha de montagem que fabrica o produto A irá até à linha de máquinas para retirar a quantidade necessária da peça *a* com um *kanban* de retirada. Em seguida, no local de armazenamento da peça *a*, ele recolhe o número de caixas dessa peça designado no *kanban* que ele traz consigo e destaca os cartões *kanban* de produção afixados nessas caixas. Ele leva, então, essas caixas de volta para a sua linha de montagem, novamente carregando o *kanban* de retirada.

Nesse momento, os cartões *kanban* de produção são deixados no local de armazenamento da peças *a* na linha de máquinas, mostrando o número de unidades retiradas. Esses cartões *kanban* representarão a informação de expedição para a linha de produção. A peça *a* será, então, produzida nas quantidades determinadas pelo número de cartões *kanban*. O mesmo processo é utilizado até mesmo quando uma linha de produção produz mais do que um tipo de peça.

Adaptação a variações nas quantidades de produção

Analisemos agora a sintonia fina da produção com o uso de um *kanban*. Suponha que um processo mecanizado precisa produzir 100 engrenagens por dia. O processo subsequente exige que cinco engrenagens por cada lote individual seja o *kanban* de retirada. Esses lotes são, então, recolhidos 20 vezes por dia, o que totaliza exatamente 100 engrenagens produzidas diariamente.

Sob tal plano de produção, caso seja necessário reduzir todos os processos de produção em 10% como um procedimento de sintonia fina, o processo subsequente neste exemplo precisará retirar engrenagens 18 vezes por dia. Assim, já que o processo de fabricação mecanizada de engrenagens produz apenas 90 unidades em um dia, as 10 horas remanescentes para 10 unidades de produção serão poupadas cessando-se esse processo. Por outro lado, caso seja preciso aumentar as quantidades de produção em 10%, o processo subsequente precisará retirar engrenagens 22 vezes ao dia com o *kanban*. Então, o processo precedente precisará produzir 110 unidades, e as 10 unidades adicionais serão produzidas em hora extra.

Embora o Sistema Toyota de Produção siga a filosofia de gestão de produção segundo a qual as unidades poderiam ser produzidas sem qualquer estoque ocioso ou desnecessário, o risco de variações nas necessidades de produção continuam a existir. Esse risco é enfrentado pelo uso de horas extras e por atividades de melhoria a cada processo. (Veja o Apêndice para informações sobre como lidar com o risco de parada da cadeia de suprimento após um desastre.)

§ 3 SINCRONIZAÇÃO DA PRODUÇÃO

Produção de acordo com a demanda do mercado

A sincronização da produção é a condição mais importante para a produção por *kanban* e para a minimização do tempo ocioso em termos de mão de obra, equipamentos e material em processo (*work-in-process*). A sincronização da produção é a pedra fundamental do Sistema Toyota de Produção.

Como já foi descrito anteriormente, cada processo busca em seu processo predecessor os bens necessários no momento necessário e nas quantidades necessárias. Sob tal regra de produção, caso o processo subsequente venha a retirar peças de uma forma flutuante em termos de tempo ou de quantidade, então os processos precedentes deverão preparar estoques, equipamentos e mão de obra suficientes para se adaptarem ao pico da variação das quantidades demandadas.

Desse modo, a linha de montagem de carros acabados, na condição de processo final na fábrica da Toyota, produzirá e disponibilizará cada tipo de automóvel em conformidade com o seu próprio intervalo de tempo dentro do qual uma unidade do carro pode ser vendida em média. (Isso é chamado de *takt time*.) A linha também receberá de maneira similar as peças necessárias provenientes dos processos precedentes. (Isso é chamado de "sincronização do *mix* de produtos".)

Em resumo, uma linha final de montagem produz igualmente cada tipo de produto em conformidade com o seu próprio *takt time* diário. A variação na quantidade retirada de cada peça produzida em cada linha de submontagem é minimizada, permitindo, assim, que as submontagens produzam cada peça a um ritmo constante ou a uma quantidade fixa por hora. (Isso é chamado de "sincronização do uso de peças".) Tal sincronização da produção pode ser ilustrada pelo exemplo a seguir.

Determinação da sequência de produção diária

Suponhamos uma linha de produção que precisa fabricar 10.000 carros do tipo A dentro de 20 dias operacionais, com oito horas de trabalho cada, em um mês. Os 10.000 carros do tipo A consistem em 5.000 sedãs, 2.500 *hardtops* e 2.500 *wagons*. Dividindo-se esses números por 20 dias operacionais, chega-se a 250 sedãs, 125 *hardtops* e 125 *wagons* por dia. Essa é a sincronização da produção em termos de *número médio diário* de cada tipo de carro produzido

Durante um turno de oito horas de operação (480 minutos), todas as 500 unidades precisam ser produzidas. Portanto, o *takt time unitário*, ou o tempo médio necessário para se produzir um veículo de qualquer tipo, é de 0,96 minutos (480/500), ou aproximadamente 57,7 segundos.

A combinação apropriada, ou a *sequência de produção*, pode ser determinada comparando-se o *takt time* propriamente dito para se produzir um modelo específico do carro tipo A. O tempo máximo, por exemplo, para se produzir um sedã tipo A é determinado pela divisão do tempo do turno (480 minutos) pelo número de sedãs a serem produzidos no turno (250); nesse sentido, o tempo máximo é de 1 minuto e 55 segundos. Isso significa que o *takt time* para um sedã é de 1 minuto e 55 segundos.

Ao se comparar esse intervalo de tempo com o *takt time* médio de 57,5 segundos, fica óbvio que outro carro de qualquer tipo poderia ser produzido entre o instante em que um sedã é completado e o instante em que outro sedã precisa ser produzido. Assim, a sequência básica de produção é sedã, outro, sedã, outro, etc.

O tempo máximo para se produzir um *wagon* ou um *hardtop* é de 3 minutos e 50 segundos (480/125). Comparando-se esse intervalo com o *takt time* de 57,7 segundos, fica óbvio que três carros de qualquer tipo podem ser produzidos entre cada *wagon* ou *hardtop*. Se um *wagon* se seguir ao primeiro sedã na produção, então a sequência de produção seria: sedã, *wagon*, sedã, *hardtop*, sedã, *wagon*, sedã, *hardtop*, etc. Este é um exemplo da sincronização da produção em termos do *takt time* de cada tipo.

Adaptação à variedade de produtos por meio de maquinas universais

Considerando-se os equipamentos de fabricação propriamente ditos, deparamos com um conflito entre a variedade de produtos e a sincronização da produção. Caso não se produza uma grande variedade de produtos, a disponibilidade de equipamentos específicos para a produção em massa será geralmente uma arma poderosa para a redução de custos. Na Toyota, porém, há diversos tipos de carros diferenciados em várias combinações de tipos, pneus, opcionais, cores, etc. Por exemplo: três ou quatro mil tipos diferentes de Coronas são produzidos. Para realizar a produção sincronizada em uma tal variedade de produtos, é preciso contar com *máquinas universais*, ou *flexíveis*. Ao colocar certos instrumentos ou ferramentas nessas máquinas, a Toyota foi capaz de especificar os processos de produção a fim de acomodar suas utilidades gerais.

O conceito de produção sincronizada como uma resposta à variedade de produtos apresenta diversas vantagens. Em primeiro lugar, ele permite que a operação de produção se adapte com agilidade a flutuações na demanda diária ao produzir de maneira equilibrada vários tipos de produtos todos os dias em uma pequena quantidade. Em segundo lugar, a produção sincronizada permite que a fábrica reaja às variações nas encomendas diárias dos consumidores sem precisar depender de estoques de produtos. Em terceiro lugar, se todos os processos alcançarem uma produção de acordo com o *takt time*, o equilíbrio entre os processos aumentará e estoques de material em processo serão eliminados.

A realização de uma produção sincronizada exige a redução do tempo de atravessamento (*lead time*) de produção (o período entre a emissão de uma encomenda de produção por *kanban*, etc., passando pelo processamento, até o armazenamento) para fabricar de forma ágil e imediata vários tipos de produtos. E para se reduzir o tempo de atravessamneto, por sua vez, é preciso reduzir o tempo de preparação para minimizar o tamanho dos lotes. A meta final da redução do tamanho dos lotes é a produção *em fluxo unitário de peças*, o que analisaremos mais adiante.

§ 4 REDUZINDO O TEMPO DE PREPARAÇÃO

O ponto mais difícil na redução da produção sincronizada é o problema da preparação. Em um processo de prensa, por exemplo, o senso comum indica que se use um único tipo de matriz, dando vazão, assim, ao maior lote possível e reduzindo os custos de preparação. No entanto, na situação em que o processo final alcança uma média em sua produção e busca reduzir os estoques entre o processo de perfuração e sua linha subsequente de montagem de carroceria, como se houvesse ali uma esteira rolante "invisível", o departamento de prensagem (estamparia), na condição de um processo precedente, precisa fazer preparações frequentes e rápidas. Isso significa alterar os tipos de matrizes para a prensa correspondendo a uma grande variedade de produtos, que são retirados frequentemente pelo processo subsequente.

Na Toyota, durante o período entre 1945 e 1954, o tempo de preparação para o departamento de prensagem era de duas ou três horas. Ele foi reduzido para 15 minutos nos anos 1955-1964, e após 1970, caiu para apenas três minutos.

Para reduzir o tempo de preparação, é importante fazer uma disponibilização prévia bastante rigorosa dos gabaritos e das ferramentas necessárias e da matriz e dos materiais subsequentes, e remover a matriz e os gabaritos destacados *após* a nova matriz ser encaixada e a máquina começar a operar. Essa fase de preparação é chamada de preparação *externa*. Além disso, o trabalhador precisa se concentrar em fazer as trocas das matrizes, gabaritos, ferramentas e materiais de acordo com as especificações da próxima encomenda *enquanto a máquina está parada*. Essa fase de ações preparatórias é chamada de preparação *interna*. O ponto mais importante é converter o máximo possível da preparação interna em preparação externa.

§ 5 ESTUDO DE LEIAUTE PARA REDUÇÃO DO TEMPO DE ATRAVESSAMENTO E PRODUÇÃO EM FLUXO UNITÁRIO DE PEÇAS

Vejamos o desenho ou a disposição dos processos numa planta. Anteriormente nessa fábrica, cada um dos cinco estandes de torno mecânico, máquinas de fresagem e furadeiras foram dispostos lado a lado, e uma máquina era operada por um único funcionário (por exemplo: um torneiro mecânico operava somente um torno). De acordo com o Sistema Toyota de Produção, a disposição das máquinas seria redesenhada para sincronizar o fluxo de produção. Assim, cada trabalhador operaria três tipos de máquinas. Por exemplo: um trabalhador operaria um torno, uma máquina de fresagem e uma furadeira ao mesmo tempo. Esse sistema é chamado de *operação múltiplos processos*. Em outras palavras, um *trabalhador com uma função única*, um conceito que prevalecia anteriormente nas fábricas da Toyota, acabou se tornando um *trabalhador multifuncional*.

Numa linha de operações com múltiplos processos, um trabalhador opera diversas máquinas de vários processos uma a uma, e o trabalho em cada processo só irá avançar quando o trabalhador completar suas tarefas designadas dentro de um *takt time* específico. Como resultado, a introdução de cada unidade à linha é equilibrada pela finalização de outra unidade de produto acabado, conforme encomendado pelas operações de um *takt time*. Tal produção é chamada de produção e transporte em fluxo unitário de peças com os seguintes benefícios:

- Conforme os produtos são fabricados um a um, é possível reduzir o tempo de atravessamento de fabricação especificado de um produto.
- Estoques desnecessários entre cada processo podem ser eliminados.
- Esse conceito de trabalhador de múltiplos processos pode reduzir o número de trabalhadores necessários, aumentando, assim, a produtividade.
- Conforme os trabalhadores passam a assumir múltiplas funções, eles podem participar do sistema total de uma fábrica, e, assim, podem se sentir mais confortáveis em seus empregos.
- Ao assumirem múltiplas funções, cada trabalhador obtém o conhecimento necessário para trabalhar em equipe e para ajudar uns aos outros.

Tal conceito de trabalhador de múltiplos processos e multifunções representa um método bastante japonês. Até pouco tempo, as plantas norte-americanas e europeias apresentavam um excesso de divisões laborais e de sindicatos de ofícios específicos. Como resultado, trabalhadores sindicalizados eram pagos com base em sua classe empregatícia. Devido a esses acordos, um torneiro mecânico, por exemplo, opera um único torno e não costuma trabalhar em nenhum outro tipo de máquina. No Japão, a condição predominante é um sindicato empresarial para cada companhia, o que facilita bastante a mobilidade dos trabalhadores e as operações de múltiplos processos. Obviamente, essa diferença precisa ser superada pelas companhias norte-americanas e europeias que desejam adotar o Sistema Toyota de Produção.

§ 6 PADRONIZAÇÃO DAS OPERAÇÕES

A operação padronizada na Toyota diz respeito sobretudo à rotina sequencial de várias operações realizadas por um trabalhador que opera os diversos tipos de máquinas de um funcionário multifuncional.

Dois tipos de folhas apresentam operações-padrão: *a folha de rotina de operações-padrão*, que se parece com um gráfico de homem-máquina, e *a folha de operação-padrão*, que é afixada na fábrica para que todos os trabalhadores a possam enxergar. Esta última folha especifica o *takt time*, a rotina de operações-padrão e a qualidade-padrão do material em processo.

Um *takt time*, ou um tempo de ciclo, é o número padrão especificado de minutos e segundos dentro dos quais cada linha precisa fabricar um produto ou uma parte. O rendimento necessário por mês é predeterminado pela demanda do mercado. Esse tempo é computado pelas duas fórmulas a seguir:

$$\text{rendimento necessário por dia} = \frac{\text{rendimento necessário por mês}}{\text{dias operacionais por mês}}$$

$$\textit{takt time} \text{ ou tempo de ciclo} = \frac{\text{horas operacionais por mês}}{\text{rendimentos necessários por dia}}$$

Ao final de cada mês, o escritório de planejamento central repassa para todos os departamentos de produção a quantidade necessária por dia e o *takt time* para o mês seguinte. Esse processo é característico do *sistema de puxar*. Por sua vez, o gerente de cada processo determina quantos trabalhadores são necessários para que seu processo produza uma unidade dentro de um *takt time*. Os trabalhadores da fábrica inteira precisam, então, ser reposicionados para que cada processo seja operado por um número mínimo de trabalhadores.

A rotina de operações-padrão indica a sequência de operações que devem ser assumidas por um trabalhador em múltiplos processos do departamento. Trata-se da ordem para que um trabalhador recolha os materiais, coloque-os em sua máquina e retire-os após o processamento pela mesma. Essa ordem de operações continua para cada máquina que ele opera. Então, a sincronização de linhas, ou equilíbrio de linhas, podem ser alcançada entre os trabalhadores nesse departamento, já que cada trabalhador encerrará todas as suas operações dentro do *takt time*.

A quantidade padrão de material em processo é a quantidade mínima de material em processo dentro de uma linha de produção, o que inclui o trabalho que ainda se encontra junto às máquinas. Sem essa quantidade de trabalho, a sequência predeterminada de diversas máquinas nessa linha como um todo não pode operar simultaneamente. Em teoria, porém, se a *esteira rolante invisível* for implementada nessa linha, não haverá necessidade de armazenar estoque algum entre os processos sucessivos. A *esteira rolante invisível* permite que as peças de operações manuais fluam uma a uma entre os processos sucessivos, ainda que a esteira de fato não exista.

§ 7 AUTONOMAÇÃO

Sistema de controle autônomo de defeitos

Como ressaltado anteriormente, os dois pilares que sustentam o Sistema Toyota de Produção são o JIT e a Autonomação. Para realizar um JIT perfeito, 100% de unidades livres de defeitos precisam fluir para os processos subsequentes, e esse fluxo precisa ser ritmado sem interrupções. Portanto, o controle da qualidade precisa coexistir com a operação JIT por todo o sistema *kanban*. Autonomação significa a construção de um dispositivo para impedir a produção em massa de trabalho defeituoso em máquinas ou linhas de produtos. A palavra Autonomação não significa o mesmo que Automação, e sim a verificação autônoma de qualquer coisa anormal em um processo.

Essa máquina autônoma é um equipamento que traz embutido em si um dispositivo automático de parada. Nas fábricas da Toyota, praticamente todas as máquinas são autônomas, para que a produção em massa de defeitos possa ser impedida e para que as quebras de máquinas sejam automaticamente verificadas. Um mecanismo desse tipo para prevenir trabalhos defeituosos pela colocação de vários dispositivos de verificação nos implementos e nos instrumentos é chamado à prova de erros (*"bakayoke"* ou *"pokayoke"*).

A Toyota expande a Autonomação até a linha de produção manual de uma maneira diferente daquela conhecida como "automação com dispositivo de *feedback*". Caso aconteça algo anormal na linha de produção, o trabalhador pára a linha ao apertar o seu botão de parada, interrompendo, assim, a linha como um todo.

Sistema de controle visual

O *sistema de controle visual* da Toyota vem a ser um quadro de luzes elétricas chamado *andon*, que fica suspenso bem alto dentro da fábrica para que todos consigam enxergá-lo. Quando um trabalhador chama por ajuda e atrasa uma tarefa, ele acende a luz amarela no *andon*. Se ele interromper a linha para ajustar as máquinas, a luz vermelha é ativada.

§ 8 ATIVIDADES DE MELHORIA

O Sistema Toyota de Produção integra e alcança diferentes objetivos (quais sejam: controle da qualidade, garantia da qualidade e respeito à condição humana) enquanto persegue a sua meta final da redução de custos. As atividades de melhoria representam um elemento fundamental do Sistema Toyota de Produção, e são elas que dão vida ao sistema. Cada trabalhador tem a chance de fazer sugestões e de propor melhorias via um pequeno grupo chamado de *círculo de Controle de Qualidade (CQ)*. Tal processo de repasse de sugestões permite melhorias (1) no controle da qualidade, ao adaptar a rotina de operações-padrão a mudanças no *takt time*, (2) na garantia da qualidade, ao impedir a recorrência de trabalhos e máquinas defeituosos, e (3) no respeito pela condição humana, ao permitir que cada trabalhador participe do processo de produção.

§ 9 O OBJETIVO DO STP

O objetivo final do STP (Sistema Toyota de Produção)

O objetivo final do sistema Toyota de produção é aumentar a "eficiência" (ou "produtividade") da companhia em termos de "retorno sobre o investimento" (ROI – Return On Investment) ou "retorno sobre os ativos" (ROA – Return On Assets). Essa medida é uma meta *corporativa*, e, por isso, será o parâmetro de avaliação para a alta gerência da companhia e para o CEO do grupo empresarial (o grupo da cadeia de suprimento como um todo), que precisam usar as demonstrações financeiras consolidadas.

Os elementos do retorno sobre os ativos são os seguintes:

$$\text{Retorno sobre os ativos} = \text{Margem de lucro} \times \text{Giro de ativos}$$
$$= (\text{Rendimento/Vendas}) \times (\text{Vendas/Ativos})$$

Como o ROA consiste tanto em índice de margem de lucro quanto em índice de giro, os pontos de melhoria podem ser divididos nos dois a seguir.

Para aumentar o índice de margem de lucro, os custos precisam ser reduzidos, já que Lucro = Receitas – Custos

No § 1 deste capítulo, o conceito de custos é definido amplamente como **desembolso monetário** (*cash outlay*) para a realização de lucros, despendidos **no passado, presente e futuro** a partir das vendas. Portanto, os custos no Sistema Toyota de Produção incluem não apensas os custos de fabricação, mas também os custos de vendas, os custos administrativos e até mesmo os custos de capital".[1]

Reduções de custos na fase de projeto são possibilitados pela técnica de "custo-alvo". Os itens com custo fixo ou os custos em capacidade podem ser reduzidos na fase de projeto de novos modelos. Reduções de custo na fase de fabricação podem ser obtidos pelas técnicas do STP e do "custo *kaizen*", por meio do qual custos especialmente variáveis, incluindo custos com materiais diretos, como custos com peças, custos com mão de obra direta e custos operacionais variáveis, podem ser

---

[1] Esse conceito de custos baseado em desembolso monetário é o conceito alemão de "Pagatorishe Kosten" Begriff, que se encontra em oposição ao conceito de custo baseado em consumo-valor ("Weltmässige Kosten" Begriff). Um custo é considerado como um desembolso monetário. Mesmo que a sincronia de tempo entre o consumo de valores de recursos possa diferir do desembolso de fundos, algumas suposições são introduzidas para identificar o desembolso monetário. Por exemplo, o custo de aquisição de um seguro também se baseia em desembolso monetário no passado, e podemos supor que fundos foram despendidos para se adquirir a porção de serviço de seguro utilizada durante um dado período (Koch 1958, 355-300).

reduzidos. Como o Sistema Toyota de Produção é aplicado ao estágio da fabricação, ele é especialmente útil para reduzir custos variáveis por meio de atividades de *kaizen* e de custo *kaizen*. (Para mais informações sobre custo *kaizen*, veja o Capítulo 15. Veja também Monden, Y. *Cost Reduction Systems: Target Costing and Kaizen Costing*, Productivity Press, 1996, para detalhes sobre custo-alvo e custo *kaizen*.)

Para aumentar o índice de giro, o tempo de atravessamento precisa ser reduzido

Para aumentar o giro de ativos, a quantidade de ativos precisa ser reduzida em relação às vendas. Contudo, o parâmetro de giro *total* de ativos (total de vendas / *total* de ativos) não necessariamente é útil para os supervisores dos operadores do chão de fábrica; por isso, os ativos devem ficar restritos aos estoques que incluem materiais, material em processo e produtos acabados. Assim, o giro dirá respeito ao giro de estoque ou ao estoque de número de dias (os exemplos numéricos que se seguem são apenas uma ilustração):

$$\text{Giro de estoque} = \frac{\text{Custo dos bens vendido}}{\text{Estoque}} = \frac{\$430.800}{\$35.900} = 12,0$$

Ambos os parâmetros de estoque (vendas/estoque e custo dos bens vendidos/estoque) já é utilizado há muito tempo nos livros-texto de contabilidade.

Um baixo índice de giro de estoque é indicativo de um estoque de lenta movimentação, e um índice que está em queda ou que está abaixo daquele apresentado pela concorrência, ou ambos, é um sinal de perigo em potencial, já que implica o armazenamento de um estoque mais longo por número de dias, o que representa um excesso em relação à demanda média diária.

$$\frac{\text{Número de dias de estoque disponível}}{} = \frac{\text{Estoque}}{\text{Custo dos bens vendidos por dia}}$$

$$= \frac{\$35.900}{\$430.800/365} = 30 \text{ dias}$$

ou

$$= \frac{365 \text{ dias}}{\text{Índice de giro de estoque}} = \frac{365}{12,0} = 30 \text{ dias}$$

Como o estoque por número de dias diz respeito à duração dos períodos, ele é uma parte importante do tempo de atravessamento total, representando o tempo de permanência do estoque. Como o estoque inclui o estoque de materiais (incluindo peças adquiridas), o estoque de material em processo e o estoque de produtos acabados, precisamos reduzir o tempo de atravessamento "total" de produção. Perceba que o estoque de material em processo inclui tanto os estoques intraprocessos quanto os estoques interprocessos. Se algum tempo de atravessamento for reduzido, esse material em processo será reduzido.

Outro parâmetro do objetivo integrado: *"fluxos de caixa JIT"*

Os usos internos das *declarações de fluxos de caixa* pelos gestores de uma corporação incluem os seguintes.

Os "fluxos de caixa operacionais" na declaração de fluxo de caixa podem ser utilizados para:

- Pagar salários de funcionários
- Pagar por estoques junto a fornecedores
- Honrar os passivos de curto prazo e de longo prazo junto a credores
- Pagar pelos investimentos em novas instalações e por fusões e aquisições
- Pagar dividendos aos acionários

O núcleo do fluxo de caixa operacional, ou "Fluxo de Caixa JIT", é o seguinte:

$$\textbf{Fluxo de Caixa JIT} = \text{Rendimento operacional} \\ - (+) \text{ Aumento (diminuição) do estoque} \quad (1.1)$$

ou

$$\textbf{Fluxo de Caixa JIT} = \text{Quantidade de vendas} \\ - \text{Quantidade de materiais diretos } \textit{adquiridos} \\ - \text{Todos os custos de processamentos } \textit{pagos} \\ \textit{pelo caixa} \quad (1.2)$$

A Equação 1.1 se baseia no "método indireto" de mensurar os fluxos de caixa, enquanto a Equação 1.2 se baseia no "método direto". Embora as Equações 1.1 e 1.2 representem métodos alternativos de mensurar o Fluxo de Caixa JIT, elas não são equivalentes entre si, pois a Equação 1.1 não possui uma adição por depreciação no seu lado direito.[2]

Efeitos motivacionais do parâmetro Fluxo de Caixa JIT

Parâmetro de controle na alta gerência sobre toda a cadeia de suprimento

O termo "rendimento operacional" na Equação 1.1 irá motivar atividades de *redução de custos* por meio de "*kaizen*". O termo "– (+) Aumento (diminuição) do estoque" na Equação 1.1 irá motivar a redução do estoque, e, portanto, a *redução do tempo de atravessamento* total.

Dessa forma, a Equação 1.1, quando aplicada ao grupo empresarial consolidado, é capaz de motivar todos os membros da companhia na cadeia de suprimento a reduzirem os seus custos e seus tempo de atravessamento por meio de atividades de *kaizen*. Como as companhias listadas publicamente em um mercado de valores mobiliários são obrigadas por lei a divulgarem sua "declaração consolidada de fluxo de caixa", e como os fluxos de caixa JIT estão embutidos na seção de fluxo de caixa

---

[2] Na Equação 1.1, a despesa por depreciação não está deduzida no lado direito, mas como os custos por depreciação de instalações são considerados como "custo perdido" (*sunk cost*) no sistema de produção JIT, não importa se a depreciação é adicionada ou não na Equação 1.1. Se o fluxo de caixa proveniente das atividades operacionais estão expressos com precisão e detalhe, segue-se que:
Fluxo de Caixa Operacional
= **Rendimento líquido (após juros e impostos)**
 + **Despesas alheias a caixa (Depreciação)**
  – (+) aumento (diminuição) no estoque,
  – (+) aumento (diminuição) nas contas a receber,
  – (+) diminuição (aumento) nas contas a pagar,
  – (+) diminuição (aumento) nos passivos acumulados   (A)
= **Receitas de caixa provenientes de Vendas**
  – **Efluxos de caixa** para:
   aquisição de materiais,
   processamento de custos,
   despesas em vendas,
   despesas administrativas e
   despesas em juros e impostos de renda.   (B)

(Assumimos aqui que os desembolsos para juros e impostos são equivalentes às despesas com juros e ao imposto de renda pagável, respectivamente.)

A Equação A no lado direito diz respeito ao método "indireto", e a Equação B ao método "direto".

Além disso, o método de mensuração do rendimento operacional com base no custeio por absorção é muitas vezes criticado por motivar o aumento intencional do estoque, já que ele irá transferir parte dos custos fixos como depreciação para o estoque, diminuindo, assim, as despesas a serem deduzidas a partir da receita bruta das vendas. Essa crítica, porém, não é válida quando a quantia aumentada de estoque é subtraída do rendimento operacional baseado em custeio por absorção empregado nos fluxos de caixa JIT, já que todos os custos fixos acabarão por ser deduzidos das vendas.

operacional dentro delas, para conseguirem melhorar o desempenho dessa declaração consolidada, a alta gerência e o CEO da companhia-mãe do grupo consolidado da cadeia de suprimento precisariam inevitavelmente ter de aumentar o rendimento líquido por meio da redução dos custos, e reduzir ao mesmo tempo a quantidade de estoque ao longo da cadeia de suprimento.

Entretanto, se as revendas autorizadas não estiverem totalmente incluídas nessa declaração consolidada de fluxo de caixa, como o fabricante do produto final praticamente não possui estoque de revenda (muito embora os fornecedores de peças costumem estar incluídos aí, já que seus estoques são mantidos pelo fabricante do produto acabado ou pela companhia-mãe), os estoques em excesso nas revendas não necessariamente serão reduzidos.

Na minha opinião, contanto que as revendas autorizadas sejam eficientemente controladas ou governadas pelo fabricante dos produtos acabados, elas devem ser incluídas na declaração consolidada de fluxo de caixa do fabricante mesmo que os estoques das revendas não sejam mantidos pelo fabricante. Ou, se as revendas não estiverem consolidadas com o fabricante, o termo *"- (+) aumento (diminuição) nas contas a receber"* (veja a Equação A na nota 2) está incluído na declaração de fluxo de caixa do fabricante. Para diminuir a quantia representada por esse termo, o fabricante final precisa reduzir o excesso de estoques nas revendas por meio de um suprimento rigoroso de seus produtos de acordo com o sistema de ingresso de encomendas em quatro passos. (Veja o Capítulo 6, § 1, O sistema de informação por ordem de entrada).

Parâmetro de controle no âmbito dos gerentes e supervisores do chão de fábrica

Fluxos de Caixa JIT na Equação 1.2 = Montante de vendas
— Montante de materiais diretos *adquiridos*
— Todos os custos de processamento *pagos pelo caixa*

Esse parâmetro é uma espécie de "fractal" do Fluxo de Caixa JIT da corporação como um todo no âmbito do CEO, que é calculado pelo "método direto" da declaração de fluxo de caixa. Portanto, os fluxos de caixa JIT podem ser usados pela alta gerência, pelo médio escalão e pelos sub-gerentes em conformidade com a "implementação dos objetivos" por todos os níveis da organização.

O fluxo de caixa JIT pode ser mensurado mensalmente ou diariamente em cada planta e em cada processo ou linha. Os sistemas de "mini central de lucros" ou de "companhia em linha" (descritos no Capítulo 29) empregam esse tipo de parâmetro, já que ele é tão fácil de computar quanto a contabilidade diária de uma família.

Esse parâmetro é calculado pelo "método direto" da declaração de fluxo de caixa, e você também pode dividir essa cifra de fluxo de caixa JIT pelas horas de mão de obra operacional, como o sistema de mini central de lucros em Kyo-Sera está fazendo.

Medidas de controle no âmbito dos operadores de chão de fábrica

No âmbito dos operadores de chão de fábrica, parâmetros não financeiros são úteis para avaliação de metas e desempenho. Alguns paramentos de unidades físicas e parâmetros temporais serão usados, tais como os seguintes:

- Tempo de atravessamento
- Volume do estoque
- Tempo de preparação
- Paradas de máquinas
- Unidades defeituosas
- Disponibilidade da capacidade

Para reduzir o tempo de atravessamento total para metade do nível atual, o gerente da planta pode sugerir que os operadores reduzam cada uma das metas recém citadas para a metade do nível atual. Os meios para se reduzir essas submetas serão descritos nos capítulos a seguir.

Os gerentes de alto e médio escalão devem reduzir o número de trabalhadores quando a demanda for reduzida no mercado, e devem aumentar o número de trabalhadores quando a demanda crescer. No entanto, numa época de recessão indiscriminada, eles devem tentar manter os empregos por meio de "distribuição de trabalho", ainda que precisem reduzir as despesas totais com salários. A redução do quadro de funcionários (isto é, a demissão propriamente dita de trabalhadores) impedirá atividades de melhoria.

§ 10 RESUMO

O objetivo básico de Sistema Toyota de Produção é o aumento dos lucros ou dos "fluxos de caixa operacionais" pela redução dos custos ou dos "desembolsos monetários" mediante a eliminação completa do desperdício, como o excesso de estoques ou de trabalhadores. Para alcançar a redução de custos, a produção precisa se adaptar de forma ágil e flexível às mudanças na demanda do mercado sem com isso apresentar um tempo ocioso. Tal ideal é conquistado pelo conceito de JIT: a produção dos itens necessários nas quantidades necessárias e no tempo necessário.

Na Toyota, o sistema *kanban* foi desenvolvido como um meio para expedir a produção durante um mês e gerenciar o JIT. A sincronização da produção para nivelar as quantidades e variedades nas retiradas de peças pela linha de montagem final é um aspecto necessário para a implementação do sistema *kanban* (*sincronização do uso de peças*). Tal sincronização exigirá a redução do tempo de atravessamento de produção, já que diversas peças precisam ser prontamente produzidas a cada dia. Isso pode ser alcançado pela produção de lotes pequenos ou pela produção e transporte. A produção de lotes pequenos pode ser alcançada pela redução do tempo de preparação, e a produção no fluxo unitário de peças será realizada pelo trabalhador de múltiplos processos que opera em uma linha de múltiplos processos. Uma rotina de operações-padrão garantirá a conclusão de todas as tarefas para se processar uma única unidade de um produto dentro de um *takt time*. A sustentação da produção JIT por 100% de produtos "bons" será assegurada pela Autonomação (sistemas de controle autônomo de defeitos). Finalmente, as atividades de melhoria contribuirão para o processo em geral pela modificação das operações-padrão, pela correção de certos defeitos e pela elevação do moral dos trabalhadores.

De onde vieram essas ideias básicas? O que estimulou a sua criação? Acredita-se que elas foram suscitadas pelas restrições do mercado que caracterizaram a indústria automobilística japonesa no pós-guerra: uma grande variedade limitada por pequenas quantidades de produção. A partir de 1950, aproximadamente, a Toyota consistentemente passou a considerar que seria perigoso imitar cegamente o sistema Ford (que minimizava o custo unitário médio com a produção de grandes quantidades). Contudo, na era de lento crescimento após a crise do petróleo, o Sistema Toyota de Produção passou a receber mais atenção e a ser mais adotado por muitas indústrias no Japão, visando elevar os lucros por meio da redução de custos e de desperdícios.

O Sistema Toyota de Produção é singular e revolucionário; portanto, ao se implementar esse sistema de produção fora do Japão, é preciso que se dê uma atenção e uma consideração especiais às relações mão de obra-gerência e às transações com as companhias externas. Veja o Capítulo 19 para uma discussão aprofundada sobre o emprego do Sistema Toyota de Produção fora do Japão.

2
Medidas para a implementação do Sistema Toyota de Produção

O que foi descrito até aqui representa os métodos e os conceitos básicos do sistema de produção *just-in-time* (JIT) usado na Toyota. No entanto, não basta apenas estudar o sistema JIT em si para garantir o sucesso da sua implementação. As medidas para introduzir um processo JIT serão discutidas neste capítulo.

§ 1 A INTRODUÇÃO DO SISTEMA TOYOTA DE PRODUÇÃO

1º Passo: A alta gerência cumpre um papel-chave

Mudanças radicais na consciência da alta gerência muitas vezes são desencadeadas por uma crise empresarial causada por mudanças ambientais ou econômicas. A gerência precisa conscientizar cada trabalhador e aumentar os lucros motivando-os a reduzir os custos, pensando em inovações empresariais.

Ao introduzir o JIT, é importante que a alta gerência (não o médio escalão ou os gerentes de linhas) faça o lançamento do esforço para os trabalhadores. Ao fazê-lo com eficiência, a alta gerência estará demonstrando o seu total apoio à mudança e sua determinação em alcançá-la.

A alta gerência precisa prover os recursos necessários para aprimorar as instalações de fabricação. Uma rede de comunicação de entrada de encomendas, um sistema de agendamento e um sistema de entrega para os fornecedores, por exemplo, representam investimentos necessários. A gerência também precisa perceber e reconhecer que as paradas de linha irão aumentar, inicialmente.

2º Passo: Constitua uma equipe de projetos

Uma equipe de projetos, compreendida por gerentes de plantas, de departamentos e de seções, deve ser constituída e treinada na produção JIT. Um líder de projetos, geralmente o gerente de departamento, também é indicado. A equipe de projetos tem dois objetivos principais:

1. Organizar seminários e treinamentos a respeito dos conceitos e das técnicas JIT
2. Organizar uma equipe da prática JIT para gerentes seccionais e subseccionais

3º Passo: Prepare um cronograma de implementação e estabeleça metas a serem cumpridas dentro do cronograma

As metas incluem o tempo de atravessamento total, o estoque de peças e de material em processo, os produtos defeituosos, o tempo de preparação, e assim por diante, para o período designado pelo cronograma.

4º Passo: Selecione um projeto-piloto

Como a introdução de um sistema de produção JIT exige mudanças revolucionárias, é aconselhável começar pensando pequeno. Uma linha de fabricação deve ser escolhida como um projeto-piloto. Assim que a implementação do JIT obtiver sucesso nessa linha, outras linhas podem ser incluídas, até que o JIT esteja implementado na planta como um todo.

5º Passo: Migre de um processo a jusante para um processo a montante

Se considerarmos a linha de montagem final como o processo mais a jusante, as operações a serem realizadas de pé (ao invés de sentado) precisam ser as primeiras a serem introduzidas, e só então a "zona de passagem de bastão" ou a disposição de linha em formato de U (leiaute celular) pode ser introduzida, depois de se remover a esteira rolante. A produção em "fluxo unitário de peças" e seu transporte podem ser introduzidos entre a linha final e a linha precedente. Embora a linha de montagem final já estivesse, em si, conduzindo à produção em "fluxo unitário de peças", o processo precedente deve ser alterado para uma linha através da qual unidades fluem uma a uma, pela introdução do sistema de operação em múltiplos processos.

Ordem de implementação das técnicas JIT

A implementação das técnicas do Sistema Toyota de Produção precisa ser feita na mesma ordem que os passos de melhoria contínua são dados. Uma abordagem básica é o aprimoramento na direção "dos meios para os fins", correspondendo à Figura 2.1,

Capítulo 2 • Medidas para a implementação do Sistema Toyota de Produção

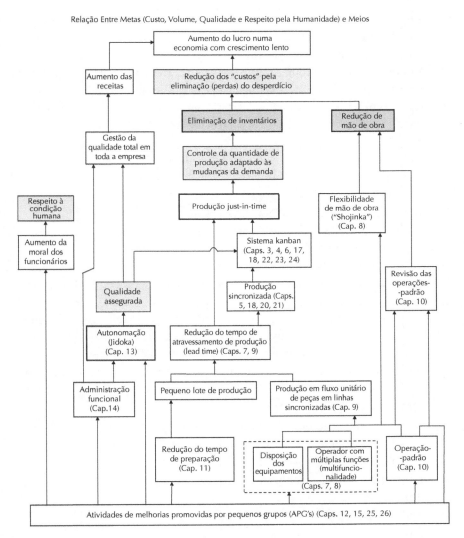

FIGURA 2.1 Estrutura do Sistema Toyota de Produção.

que mostra a relação sistematizada entre metas e meios no Sistema Toyota de Produção. A direção apontará da caixa inferior para a caixa superior na figura, da seguinte forma:

1. Introdução da metodologia 5S para melhoria – a base para melhorias no local de trabalho é o conceito de 5S: Seiri (organização), Seiton, (arrumação), Seiso

(limpeza), Seiketsu (padronização) e Shitsuke (disciplina). Entregas em atraso e bens defeituosos costumam ocorrer quando o 5S não é realizado. Em tais locais, o moral dos trabalhadores geralmente é baixo.

2. Introdução do "fluxo unitário de peças" com a linha sincronizada – assim que o conceito 5S passa a prevalecer na planta, os pré-requisitos fundamentais a seguir devem ser implementados. A criação de um sistema do "fluxo unitário de peças" é o ponto mais importante a ser conscientizado nas melhorias do chão de fábrica.

   a. Mudança de trabalho sentado para trabalho em pé
   b. Disposição das máquinas em sequência de processo
   c. Conexão de processo adjacentes
   d. Construção de linhas em formato de U (leiaute celular)
   e. Implementação de operação em múltiplos processos por trabalhadores com múltiplas habilidades
   f. Aplicação de *jidoka* no sentido de separar as operações humanas do processamento por máquinas. Isso torna possível operação em múltiplos processos

   Muitas vezes, pode haver resistência por parte dos trabalhadores ou dos sindicatos que rejeitam a introdução de "a" até "e" acima. Além disso, a implementação de *jidoka* no sentido usado acima geralmente requer ajuda do pessoal de engenharia de produção, pois exige o aprimoramento das máquinas.

3. Implementação da produção de lotes pequenos e melhoria do método de preparação
4. Introdução de operações-padrão
   a. Determinar o número de trabalhadores necessários para cada linha, com base no *takt time*
   b. Criar uma folha de operações-padrão
5. Implementação da produção sincronizada ao montar produtos em resposta ao ritmo de vendas
6. Autonomação (*jidoka*)
7. Introdução de cartões *kanban*

Em resumo, as medidas introdutórias consistem na elaboração de um cronograma, na definição de uma meta e na proposição de atividades de treinamento. A partir daí, a começar pelo 5S, passe para as atividades de melhoria, indo dos processos a jusante para os processos a montante. Isso inclui a alteração da disposição das máquinas, o estabelecimento de operações-padrão e, por fim, a sincronização da produção.

§ 2 INTRODUÇÃO DO JIT NA TOYO ALUMINIUM – UM ESTUDO DE CASO

Nesta seção, um método JIT adotado pela Toyo Aluminium Corporation, uma planta de folhas de alumínio, será analisado como um exemplo. A seguir temos um esboço geral de como eles começaram.

1. Um comitê de promoção de projeto JIT e uma equipe prática foram formados.
2. A equipe estabeleceu como meta a redução do tempo de atravessamento em 50%. Em seguida, estabeleceu-se quatro submetas para ajudar na realização do objetivo final.
3. O conceito da metodologia 5S foi promovido por meio de círculos de controle de qualidade.
4. Foi desenvolvido um programa de treinamento em 5S, JIT, CQT (Controle de Qualidade Total) e MPT (Manutenção Produtiva Total), abrangendo todos os níveis organizacionais.

A desafiadora tarefa de introduzir o sistema de produção JIT nessa planta foi promovido por meio de uma campanha GO GO e foi seguido por uma campanha Jump 60. A campanha GO GO foi desenvolvida em 1986 para comemorar o 55º aniversário de fundação da companhia. O seu propósito era reduzir cinco itens principais em 50% durante um período de dois anos e meio, de junho de 1985 a dezembro de 1987. O esquema geral desse plano está representado na Figura 2.2.

O objetivo final era reduzir o tempo de atravessamento total em 50%. O primeiro passo da estratégia da empresa para alcançar essa meta foi diminuir a quantidade de material em processo (WIP – *work-in-process*) pela metade e seguir melhorando até a meta ser alcançada. Para reduzir o WIP em 50%, três outros itens também precisariam ser reduzidos: produtos defeituosos, tempo de preparação e paradas de máquinas. A redução desses três itens foi sustentada pela metodologia 5S. A Figura 2.3 mostra a organização para promover a campanha GO GO.

O comitê supervisor da campanha foi formado pelos gerentes divisionais e por cinco a seis equipes de operação formadas por gerentes seccionais. Supervisionados por essas equipes, grupos de treinamento de capatazes de turno foram direcionados para o estudo dos fundamentos da engenharia industrial ou para o método KJ (sistema de cartões para a criação de ideias pelos membros do grupo) em tempo integral, durante oito semanas. Além disso, uma equipe de aumento da eficiência foi criada para ajudar no avanço da campanha, mas as atividades de promoção propriamente ditas forma conduzidas pelos círculos de CQ.

30 Seção 1 • Sistema total e passos para implementação

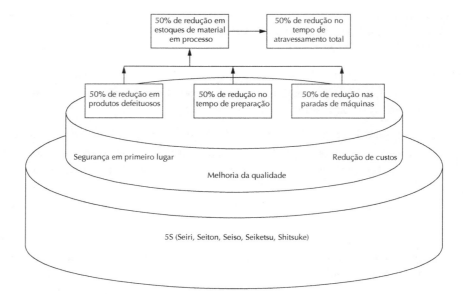

FIGURA 2.2 Objetivo da campanha GO GO.

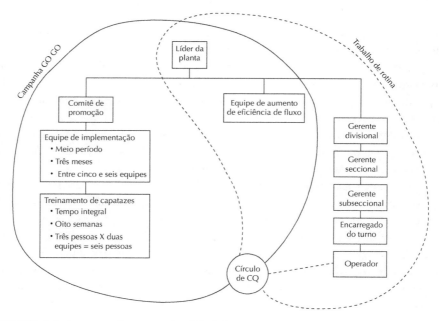

FIGURA 2.3 Estrutura da campanha GO GO.

Capítulo 2 • Medidas para a implementação do Sistema Toyota de Produção

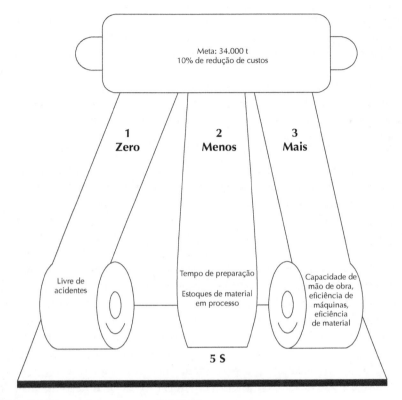

FIGURA 2.4 Metas da campanha JUMP 60.

O objetivo da campanha Jump 60 era aumentar a produtividade e reduzir os custos antes da companhia chegar ao seu 60º aniversário, em 1991. A maioria das metas estabelecidas neste projeto foi cumprida até 1990, muito embora o seu cronograma original estabelecesse três anos (1989 – 1991) para o cumprimento das metas.

A meta de 34.000 t no alto da Figura 2.4 diz respeito ao objetivo de aumentar a capacidade presente de produção de 31.000 t em 10% ao ano sem investimento adicional de capital ou transferências de trabalhadores. Uma submeta era diminuir a quantidade de sucata de modo a encurtar o tempo de atravessamento total de produção. Outra submeta era reduzir os custos de fabricação em 10%.

As três submetas para essas reduções são 1 Zero, 2 Menos e 3 Mais. *1 Zero* significa que a planta estava livre de acidentes. Desde o momento em que a campanha foi lançada até a visita do autor em 4 de outubro de 1989, essa companhia havia alcançado 2.440 dias consecutivos sem acidentes, e foi premiada com o Labor Minister Prize. Um dos seus propósitos era bater esse recorde de dias sem acidentes.

2 Menos significa a redução do tempo de preparação e dos estoques de WIP. A companhia já alcançou a submeta de uma preparação de 30 minutos com certas máquinas-alvo, tanto para ações externas quanto internas; o objetivo desse projeto era estender esse resultado horizontalmente para todas as máquinas. Já em relação às máquinas-alvo, o próximo objetivo será a experiência com um novo método para realizar uma única preparação – preparação em menos de dez minutos.

Uma meta de redução do estoque de WIP foi estabelecida a fim de reduzir em 300 t os estoques de 1.200 t. Para cumprir com essa meta, a produção sincronizada precisa ser implementada, um sistema *kanban* precisa ser aplicado e a eficiência na produção de lotes pequenos precisa ser alcançada.

3 Mais na campanha Jump 60 é composto por três componentes: capacidade de mão de obra, eficiência de máquinas e eficiência de material. A capacidade de mão de obra é administrada pela redução do número de trabalhadores pelo uso de funcionários multifuncionais. Isso exige um investimento em desenvolvimento de habilidades e em treinamento. Seminários sobre JIT, CQT (Controle de Qualidade Total), MPT (Manutenção Produtiva Total) e 5S devem ser oferecidos por toda a companhia. Deve-se permitir que os gerentes de departamentos e de seções conduzam um *benchmark* de outros métodos para solucionar problemas de preparação, paradas de máquinas e prevenção de defeitos. O aumento da eficiência das máquinas requer a eliminação de fatores que perturbam a taxa operacional (a operação a altas velocidades) e a taxa de tempo disponível (tempo de funcionamento das máquinas). O avanço da eficiência dos materiais é verificado pela melhoria contínua da qualidade e pela mensuração da taxa de produtos de boa qualidade.

Ao final, a seguinte fórmula descreve a eficiência total das instalações:

$$\text{taxa de tempo disponível} \times \text{taxa de velocidade operacional} \times \text{taxa de produtos de boa qualidade}$$

Seção 2

Subsistemas

3

Sistema *kanban* adaptável mantém a produção *just-in-time*

O sistema *kanban* é um sistema de informação que controla harmoniosamente a fabricação dos produtos necessários nas quantidades necessárias e no tempo necessário em cada um dos processos de uma fábrica e também no âmbito das companhias. Isso é conhecido como produção *just-in-time* (JIT). Na Toyota, o sistema *kanban* é encarado como um subsistema do Sistema Toyota de Produção como um todo. Em outras palavras, o sistema *kanban* não é equivalente ao Sistema Toyota de Produção, ao contrário do que muita gente erroneamente pensa. Neste capítulo, os vários tipos de *kanban*, os seus usos e as suas regras são descritos. Também analisamos o modo como os cartões *kanban* são conectados a diversas rotinas de apoio nas linhas de produção.

§ 1 SISTEMA DE PUXAR PARA A PRODUÇÃO JIT

A produção JIT da Toyota é um método para se adaptar a mudanças ocasionadas por problemas e por mudanças na demanda ao fazer com que todos os processos produzam os bens necessários no tempo necessário e nas quantidades necessárias. A primeira exigência para a produção JIT é possibilitar que todos os processos estejam associados a uma sincronização precisa e a quantidades requisitadas.

No sistema tradicional de controle da produção, essa exigência é atendida pela realização de várias programações de produção para cada um dos processos: tanto para processos de fabricação de peças quanto para a linha final de montagem. Esses processos produzem as peças em conformidade com as suas programações, empregando o método segundo o qual o processo precedente fornece as peças para os seus processos subsequentes, chamado de *sistema de empurrar*. Porém, esse método torna difícil uma adaptação rápida à mudanças causadas por problemas em algum processo ou por flutuações na demanda. Para se adaptar a essas mudanças durante um mês sob o sistema tradicional, a companhia precisa alterar cada uma das programações de produção para cada processo simultaneamente, e essa abordagem dificulta a alteração frequente das programações. Como resultado, a companhia precisa manter estoques entre todos os processos para conseguir absorver problemas e mudanças na demanda. Desse modo, tal sistema cria muitas vezes um desbalanceamento de estoque entre os processos, o que frequentemente acarreta em estoque desnecessário, em excesso de equipamentos ou em um excedente de trabalhadores quando mudanças no modelo acabam acontecendo.

Por seu lado, o sistema Toyota é revolucionário no sentido de que os processos subsequentes é que recolhem as peças juntos aos processos precedentes, um método conhecido como *sistema de puxar*. Como apenas a linha de montagem final é capaz de conhecer precisamente o ritmo e a quantidade de peças necessárias, ela vai até o processo precedente para obter essas peças na quantidade necessária no momento necessário para a montagem dos veículos. O processo precedente, por sua vez, produz as peças retiradas pelo processo subsequente. Além disso, cada processo produtor de peças retira as peças ou os materiais necessários junto aos processos precedentes ao longo da linha.

Dessa forma, não é preciso fazer programações de produção simultâneas ao longo do mês para todos os processos. Em vez disso, apenas a linha de montagem final pode ser informada sobre uma alteração em sua programação de produção ao montar cada veículo um a um. E para conseguir informar todos os processos a respeito do ritmo e da quantidade de produção de peças, a Toyota utiliza o sistema *kanban*.

§ 2 O QUE É UM *KANBAN*?

Um *kanban* é uma ferramenta para alcançar a produção JIT. Trata-se de um cartão que geralmente é colocado dentro de um envelope retangular de vinil. Há dois tipos principais de *kanban* usados: um *kanban* de retirada e um *kanban* de produção. Um *kanban* de *retirada* especifica o tipo e a quantidade de produto que o processo subsequente deve retirar do processo precedente, enquanto o *kanban* de *produção* especifica o tipo e a quantidade de produto que o processo subsequente deve produzir (Figuras 3.1 e 3.2). O *kanban* de produção é chamado muitas vezes de *kanban* em processo.

O *kanban* na Figura 3.1 mostra que o processo precedente que fabrica essa peça está relacionada ao forjamento, e que o transportador do processo subsequente precisa ir até a posição B-2 do departamento de forjamento para retirar pinhões de acionamento. O processo subsequente diz respeito à usinagem. Cada caixa contém 20 unidades e o formato da caixa é B. Esse *kanban* é o quarto de oito cartões emitidos. O número do item anterior é uma abreviação do item. O *kanban* na Figura 3.2 mostra

Capítulo 3 • Sistema *kanban* adaptável mantém a produção *just-in-time* 37

Nº da Prateleira de Armazenamento **5E215**	Nº do Item anterior **A2-15**	Processo Precedente
Nº do Item **35670S07**		**Forçores B-2**
Nome do Item **Pinhão de acionamento**		
Tipo do Carro **SX50BC**		Processo Subsequente
Capacidade da Caixa / **20**	Caixa Tipo / **B**	Nº do Cartão / **4/8**	**Usinagem m-6**

FIGURA 3.1 *Kanban* de retirada.

Nº da Prateleira de armazenamento **F26-18**	Nº do Item Anterior **A5-34**	Processo
Nº do Item **56790-321**		**Usinagem SB-8**
Nome do Item **Virabrequim**		
Tipo do Carro **SX50BC-150**		

FIGURA 3.2 *Kanban* de produção.

que o processo de usinagem SB-8 precisa produzir o virabrequim para a carro tipo SX50BC-150. O virabrequim produzido deve ser colocado na prateleira de armazenamento F26-18. Veja a Figura 3.3 para uma fotografia de um *kanban* de retirada.

Diversos outros tipos de *kanban* são usados. Para efetuar retiradas de peças ou materiais junto a um fornecedor, um *kanban de fornecedor* é usado. O *kanban* de fornecedor contém instruções determinando que o responsável pelo fornecimento faça a entrega das peças. No caso da Toyota, em princípio, a companhia realiza a retirada das peças junto às fábricas fornecedoras. Contudo, como os custos de remessa são incluídos no preço unitário da peça com base no contrato, o fornecedor geralmente faz a entrega das peças para a Toyota. Caso a própria Toyota realize as retiradas das peças, o custo de remessa precisa ser deduzido do preço da peça. Na prática, portanto, o *kanban* de fornecedor é outro tipo de *kanban* de retirada.

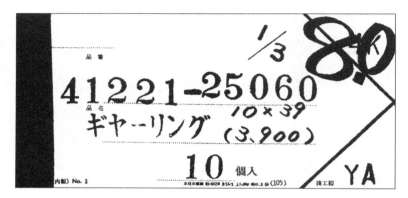

FIGURA 3.3 Um verdadeiro *kanban* de retirada (tamanho real 5 X 10 cm).

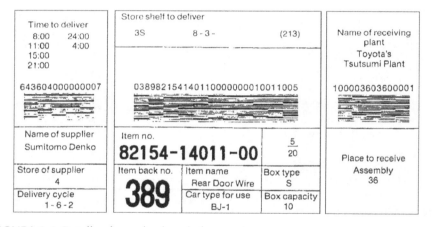

FIGURA 3.4 Detalhe de um *kanban* de fornecedor.

A Figura 3.4 mostra um exemplo de *kanban* usado para as entregas feitas pela Sumitomo Denko (uma fornecedora) para a planta Tsutsumi da Toyota. Embora o *kanban* usado dentro da planta da Toyota não traga código de barras, todos os cartões *kanban* de fornecedores da Toyota possuem código de barras. O número 36 se refere ao posto de recebimento na planta. O cabo metálico da porta traseira entregue na estação 36 será levado para a prateleira de armazenamento 3S (8-3-213). O número do item anterior dessa peça é 389.

Como o Sistema Toyota de Produção produz em pequenos lotes, é preciso haver transporte e entrega todos os dias. Por isso, os tempos de entrega precisam estar explicitamente detalhados nesse *kanban*.

Capítulo 3 • Sistema *kanban* adaptável mantém a produção *just-in-time* 39

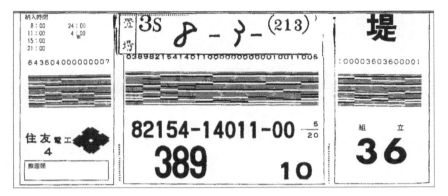

FIGURA 3.5 Um verdadeiro *kanban* de fornecedor.

Além disso, a Toyota não possui qualquer local especial de armazenamento; portanto, o local de recebimento precisa estar claramente impresso nesse *kanban*. Às vezes, no espaço abaixo do nome do fornecedor, vem escrito uma notação, tal como "1-6-2", o que significa que esse item precisa ser entregue seis vezes ao dia e as peças precisam ser transportadas *dois tempos de entrega depois* após o *kanban* em questão ser levado ao fornecedor. A Figura 3.4 se baseia em um *kanban* de fornecedor real retratado na Figura 3.5.

O formato do *kanban* de fornecedor atualmente usado foi levemente alterado. Em vez de três cartões colocados manualmente em um envelope de vinil, o formato usado atualmente foi condensar as informações em um único cartão colocado dentro desse envelope de vinil. Adicionalmente, a forma em código de barras com linhas horizontais em preto e branco foi modificada para a forma vertical.

Além disso, agora todos os cartões *kanban* de fornecedor estão sendo substituídos pelo *kanban* eletrônico. Embora ambos os formatos possam ser lidos por um leitor de código de barras, o *kanban* eletrônico é descartado após ser lido, e os seus dados são automaticamente transmitidos para o fornecedor. O sistema de *kanban* eletrônico é explicado em detalhes no Capítulo 23.

Em seguida, para especificar a produção de lotes nos processos de fundição, perfuração ou forjamento, é usado um *kanban* de sinalização. Como se vê na Figura 3.6, um *kanban* de sinalização é afixado a uma caixa dentro do lote. Caso sejam realizadas retiradas até se chegar à posição desse *kanban*, então a produção deve ser iniciada.

Dos dois tipos de *kanban* de sinalização, o primeiro é um *kanban triangular*. Na Figura 3.6, quando o contenedor posicionado em segundo lugar a partir do chão é retirado, o *kanban* em formato triangular é destacado, e usado para sinalizar ao processo de estampagem número 10 a produzir 500 unidades da porta esquerda; o ponto de reposição é de duas caixas, ou 200 unidades da porta esquerda. A Figura

Kanban de requisição de material

Processo precedente	Armazém 25	⟶ Prensa #10		Processo subsequente
Nº no verso	MA36	Nome do item		Chapa de aço
Tamanho do material	40 X 3' X 5'	Capacidade do contenedor		100
Tamanho do lote	500	Nº do contenedor		5

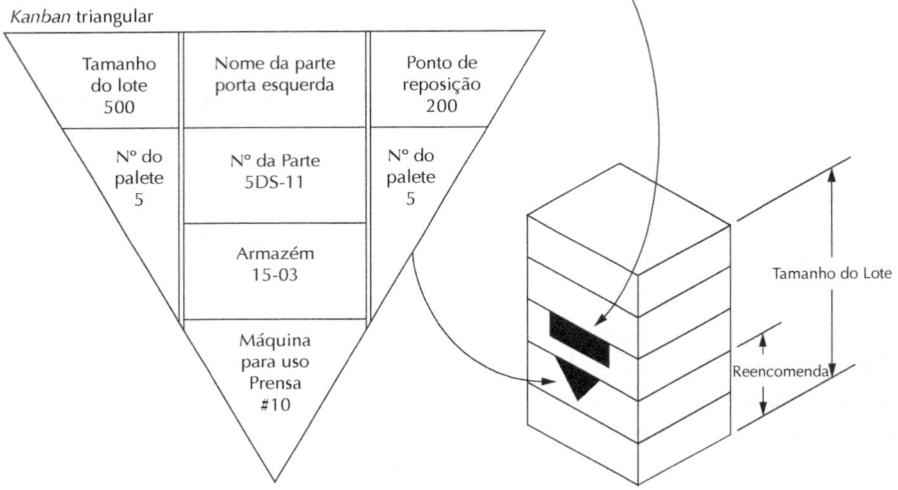

Kanban triangular

- Tamanho do lote: 500
- Nome da parte: porta esquerda
- Ponto de reposição: 200
- Nº do palete: 5
- Nº da Parte: 5DS-11
- Nº do palete: 5
- Armazém 15-03
- Máquina para uso Prensa #10

Tamanho do Lote

Reencomenda

FIGURA 3.6 *Kanban* de sinalização.

3.7 mostra um *kanban* triangular para a montagem de uma cabine de suporte. Um *kanban* triangular é feito com chapa de metal e é bem pesado.

O segundo tipo de *kanban* de sinalização tem o formato retangular e é chamado de *kanban* de *requisição de material*. Na Figura 3.6, quando o contenedor posicionado em terceiro lugar a partir do alto é retirado pela linha de soldagem de carroceria, o processo de prensagem #10 precisa ir até o armazém 25 levando esse *kanban* para retirar 500 unidades de uma chapa de aço. Neste exemplo, o ponto de reposição para as necessidades de material é de três caixas da porta esquerda.

Veja a Figura 3.8 para uma classificação dos principais tipos da *kanban*.

FIGURA 3.7 *Kanban* de sinalização para a montagem de uma cabine de suporte.

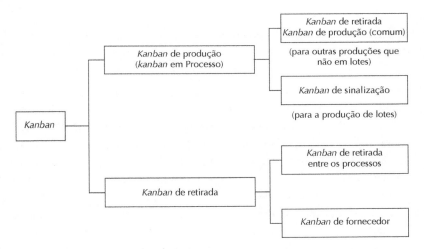

FIGURA 3.8 Resumo geral dos principais tipos de *kanban*.

Como usar os diversos tipos de *kanban*

A Figura 3.9 mostra de que forma o *kanban* de retirada e o *kanban* de produção são usados. A começar pelo processo subsequente, os diversos passos utilizando o *kanban* são os seguintes:

1. O transportador do processo subsequente se dirige até o armazém do processo precedente com o *kanban* de retirada mantido em seu posto de *kanban* de retirada (ou seja, uma caixa ou um arquivo receptor) e os paletes vazios (contenedores) numa empilhadeira. Isto é feito em horários predeterminados.
2. Quando o transportador do processo subsequente recolhe as peças no armazém A, ele destaca os cartões *kanban* de produção que estavam afixados às unidades

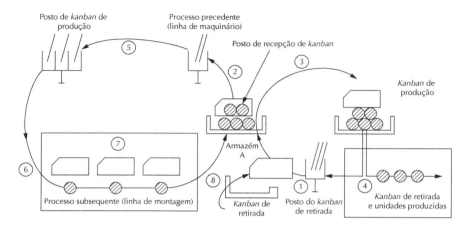

FIGURA 3.9 Passos envolvidos ao se usar um *kanban* de retirada e um *kanban* de produção.

produzidas nos paletes (observe que cada palete possui um cartão de *kanban*) e coloca esse cartões *kanban* no posto de recepção de *kanban*. Ele também deixa os paletes vazios no local designado pelos responsáveis pelo processo precedente.

3. Para cada *kanban* de produção que ele destaca, ele afixa em seu lugar um dos seus cartões *kanban* de retirada. Ao fazer a troca entre os dois tipos de *kanban*, ele compara cuidadosamente o *kanban* de retirada com o *kanban* de produção para garantir a consistência.

4. Quando o trabalho começa nos processos subsequentes, os cartões *kanban* de retirada precisam ser colocados no posto de *kanban* de retirada.

5. No processo precedente, os cartões *kanban* de produção devem ser coletados junto ao posto receptor em algum momento, ou quando um determinado número de unidades tiver sido produzido e precisar ser colocado no posto de *kanban* de produção na mesma sequência em que foram destacados no armazém A.

6. Produza as partes de acordo com a sequência dos cartões *kanban* de produção no posto.

7. As unidades produzidas e os cartões *kanban* precisam ser transportados como um par ao serem processados.

8. Quando as unidades produzidas forem completadas neste processo, elas e os cartões *kanban* de produção são colocados no armazém A, para que o transportador do processo subsequente possa retirá-los a qualquer momento.

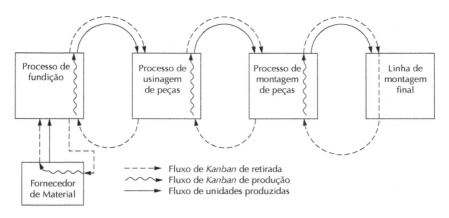

FIGURA 3.10 Cadeia de *kanban* e de unidades produzidas.

Tal cadeia de dois cartões *kanban* precisa existir continuamente em muitos dos processos precedentes. Como resultado, cada um dos processos receberá os tipos necessários de unidades no tempo necessário e nas quantidades necessárias, para que o princípio do JIT seja realizado em todos os processos. A cadeia de *kanban* ajudará a realizar o balanceamento das linhas para que cada processo produza um rendimento em conformidade com o tempo de ciclo (Figura 3.10).

Dois métodos para se utilizar *kanban* de produção

Um método para se usar *kanban* de produção é mostrado na Figura 3.11; ele é usado para emitir diversos cartões de *kanban* de produção. Cada cartão de *kanban* corresponde à capacidade dos contenedores. A produção é encaminhada de acordo com a sequência tradicional em que os cartões *kanban* foram destacados dos contenedores. Quando se está lidando com diversos tipos diferentes de peças, os cartões *kanban* circulam da maneira descrita na Figura 3.11. Os quadros sigilosos no posto de *kanban* e as etiquetas sigilosas no armazém de bens acabados também são mostrados.

O segundo método usa um cartão *kanban* de sinalização (Figura 3.6). No departamento de prensagem, por exemplo, a quantidade de produção é tão grande e o ritmo de produção é tão rápido que o *kanban* de sinalização é usado.

O *kanban* de sinalização pode ser afixado à borda de um palete. No armazém, ele deve ser afixado na posição do ponto de reposição. Quando os bens no armazém são retirados e os paletes são recolhidos, o kanban de sinalização deve ser transferido para o posto de instruções de ponto de reposição. Quando ele for transferido para o posto de expedição, as operações serão iniciadas.

44 Seção 2 • Subsistemas

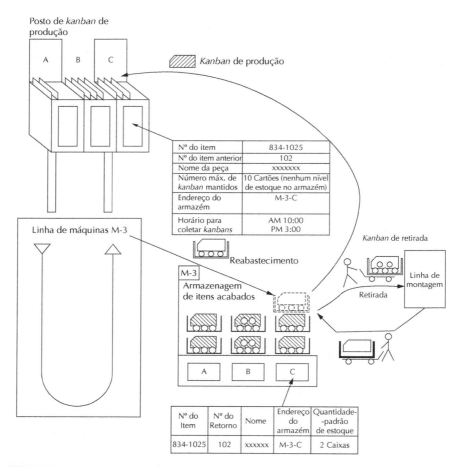

FIGURA 3.11 Sequência tradicional de muitos tipos de *kanban*.

De acordo com o sistema de ponto de encomenda, quando o ponto de reposição e o tamanho do lote são determinados, não é preciso se preocupar com o planejamento e o acompanhamento da produção diária. Basta manter em vista o ritmo das encomendas. Esse ritmo é automaticamente explicitado quando se utiliza o sistema de *kanban* triangular, que encomenda a produção, e de *kanban* retangular, que direciona as requisições de materiais.

Caso diversos tipos de peças forem produzidas em um determinado processo, esses cartões *kanban* triangulares poderão instruir automaticamente qual tipo de peça deve ser processada em primeiro lugar. Ou seja, a produção avançará de acordo com a ordem em que os cartões *kanban* triangulares forem destacados. Para mais detalhes sobre como usar o *kanban* triangular, veja o Capítulo 17.

§ 3 REGRAS DO *KANBAN*

Para realizar o objetivo JIT do *kanban*, as regras a seguir precisam ser obedecidas:

Regra 1 – O processo subsequente deve retirar os produtos necessários do processo precedente nas quantidades necessárias e no momento necessário

Caso o gerente de produção desejasse introduzir por si próprio o sistema *kanban* na fábrica, sua posição seria tão fraca que ele nem seria capaz de implementar a primeira regra do *kanban*. Para implementar essa regra, a alta gerência da companhia precisa arregimentar todos os trabalhadores e deve também tomar uma decisão crítica de subverter o fluxo anterior de produção, transporte e entrega. Essa decisão exige uma mudança completa do sistema de produção existente.

As seguintes sub-regras também acompanharão essa regra:

- Todas as retiradas sem um cartão *kanban* devem ser proibidas.
- Qualquer retirada que seja superior ao número do *kanban* deve ser proibida.
- Um cartão *kanban* sempre deve estar afixado ao produto.

Vale ressaltar que como pré-requisitos do sistema *kanban*, as seguintes condições devem ser incorporadas ao sistema de produção: sincronização da produção, leiaute dos processos e padronização das tarefas.

A sincronização da produção, ou a produção diária balanceada, é uma condição necessária para uma retirada em pequenos lotes e para uma produção em pequenos lotes junto aos processos subsequentes, e é de fundamental importância para a implementação da Regra 1. Se, por exemplo, o sistema *kanban* fosse aplicado apenas à retirada de peças junto a fornecedores externos sem qualquer produção sincronizada na linha de produção do fabricante, o *kanban* representaria uma arma bastante perigosa e o seu objetivo se perderia. Os fornecedores terceirizados precisam contar com uma grande quantidade de estoque, de equipamentos e de mão de obra para responder às demandas flutuantes por parte do fabricante.

Para usar um exemplo do Capítulo 1, na linha de montagem do Corona, os sedãs são montados e transportados a cada intervalo de uma unidade, ao passo que os *hardtops* e os *wagons* são montados e transportados a intervalos de três unidades. O rendimento final, então, é sedã, *hardtop*, sedã, *wagon*, sedã, *hardtop*, e assim por diante.

Contudo, mesmo que a Regra 1 fosse aplicada, a produção JIT não seria facilmente alcançada, pois o sistema *kanban* em si não passa de um meio de expedição para ações de produção propriamente ditas ao longo de cada dia para cada processo. Antes de se ingressar na fase de expedição das tarefas por meio de *kanban*, é preciso fazer um planejamento geral por toda a planta. Com este intuito, todos os meses a Toyota informa cada processo e cada fornecedor a respeito de uma quantidade predeterminada de produção mensal para a produção do mês seguinte, a fim de que cada processo e cada fornecedor, por sua vez, possa preparar com antecedência o seu tempo de ciclo, o número necessário de trabalhadores, a quantidade necessária de materiais, o ponto de melhoria exigido, etc. Com base em tais planos gerais, todos os processos na planta podem começar a aplicar a Regra 1 simultaneamente desde o primeiro dia de cada mês.

Com relação ao métodos de retirada por *kanban*, duas características adicionais devem ser mencionadas. Na Toyota, há dois tipos de sistemas de retirada: o sistema de retirada *em quantidade constante, mas em ciclo inconstante*, e o sistema de retirada *em ciclo constante, mas em quantidade inconstante*. Detalhes desses sistemas são analisados no Capítulo 22; aqui, dois exemplos serão explicados: o método para o transporte de um conjunto de peças diversas em quantidades constantes e o método para o transporte de peças a um ritmo regular com um sistema de carregamento misto em circuito fechado.

Besouro d'água

O besouro-d'água (*whirligig beetle*) é um inseto que gira na superfície da água com grande agilidade. O transportador na fábrica da Toyota também é chamado de besouro-d'água ("Mizusumashi"), porque ele fica se deslocando repetidamente entre processos precedentes e processos subsequentes. Quando, por exemplo, as peças necessárias para a montagem de um pequeno lote de aceleradores (cinco unidades perfazem um lote) precisam ser retiradas, o transportador passa por vários armazéns em diversos processos de usinagem e retira as peças necessárias para a fabricação de um conjunto de cinco aceleradores. O transporte ao estilo besouro-d'água é um exemplo representativo da retirada de peças em quantidades constantes como um conjunto.

Sistema em ciclo constante e de carregamento misto em circuito fechado

O sistema de carregamento misto em circuito fechado é usado pelo fornecedor terceirizado. No que tange as retiradas junto às companhias terceirizadas, são elas que costumam entregar os seus produtos à fabricante. Consequentemente, as horas de transporte passam a ser importantes devido às entregas constantes associadas à produção de lotes pequenos.

Por exemplo: quatro fornecedoras terceirizadas, A, B, C e D estão localizadas em uma mesma área e precisam levar os seus produtos até a Toyota quatro vezes ao dia em lotes de tamanho pequeno. Embora esse esquema de entregas frequentes seja capaz de reduzir os níveis de estoque a olhos vistos, ele acaba sendo inviável para cada fornecedora devido aos altos custos de distribuição.

Dessa forma, a primeira entrega às 9 da manhã poderia ser feita pela fornecedora A, cujo caminhão recolheria também os produtos das companhias B, C e D. A segunda entrega às 11 da manhã poderia ser feita pela companhia B similarmente recolhendo os produtos da A, da C e da D no caminho. A terceira entrega às 2 da tarde seria feita pela companhia C. Isso é chamado de sistema de carregamento misto em circuito fechado em ciclo constante.

Nos Estados Unidos, porém, a aplicação desse sistema pode ser difícil em alguns casos. Devido à ampla geografia do país, às vezes a companhia terceirizada A pode estar situada bem longe das outras fornecedoras B, C e D. Para implementar o sistema *kanban* em tal situação, algumas estratégias adicionais precisam ser desenvolvidas, tal como a exploração das possibilidades de contratar fornecedoras situadas mais perto do fabricante, de reduzir a taxa de dependência junto a companhias terceirizadas ou de fazer a retirada de partes em lotes maiores. Ademais, para que as fornecedoras consigam responder às retiradas frequentes por parte da companhia principal, elas devem adotar o Sistema Toyota de Produção e encurtar o seu tempo de atravessamento de produção.

Regra 2 – O processo precedente deve produzir os seus produtos nas quantidades retiradas pelo processo subsequente

Quando as Regras 1 e 2 do *kanban* são obedecidas, todos os processos de produção são combinados de tal forma que se tornam uma espécie de linha de transporte. O balanceamento do ritmo de produção entre todos os processos será mantido pela observação estrita dessas duas regras. Caso ocorram problemas em qualquer um dos processo, o processo como um todo poderá ser interrompido, mas o balanceamento entre os processos ainda será mantido. Por isso, o Sistema Toyota de Produção é uma estrutura que funciona como uma linha de transporte ideal, e o *kanban* representa um meio de conexão entre todos os processos. Como resultado, o estoque mantido por cada processo precedente será minimizado.

As sub-regras para a segunda regra são:

- Uma produção superior ao número de cartões de *kanban* deve ser proibida.
- Quando vários tipos de peças estão para ser produzidas no processo precedente, a sua produção deve seguir a sequência original na qual cada tipo de *kanban* foi entregue.

Como o processo subsequente exigirá uma só unidade ou um lote de tamanho pequeno para atingir a produção sincronizada, o processo precedente precisa fazer preparações (setups) frequentes para as requisições frequentes vindas do processo subsequente. Por isso, o processo precedente deve completar cada preparação rapidamente.

Regra 3 – Produtos defeituosos nunca devem ser transportados para o processo subsequente

Caso a terceira regra não seja obedecida, o sistema *kanban* em si não irá ocorrer. Se alguns itens defeituosos fossem descobertos pelo processo subsequente, então ele mesmo faria a linha parar, já que ele não conta com unidades extras de estoque, e os itens defeituosos seriam mandados de volta para o processo precedente. Tal interrupção de linha pelo processo subsequente é algo bastante óbvio e visível para todo mundo. O sistema se baseia na ideia de autonomação descrita no Capítulo 1. O seu propósito é simplesmente prevenir a recorrência de tais defeitos.

O significado de defeito é ampliado para incluir operações defeituosas. Uma operação defeituosa é uma tarefa para a qual ainda não foi alcançada uma padronização plena, e na qual existem ineficiências em operações manuais, em rotinas e em horas de mão de obra. Tais ineficiências provavelmente acarretariam também a produção de itens defeituosos; por isso, essas operações defeituosas precisam ser eliminadas para que se possa garantir retiradas ritmadas junto ao processo precedente. A padronização de tarefas é, portanto, um dos pré-requisitos de um sistema *kanban*.

Regra 4 – O número de cartões *kanban* deve ser minimizado

Como o número de cartões *kanban* expressa o estoque máximo de uma peça, ele deve ser o menor possível. A Toyota reconhece o aumento do nível dos estoques como a origem de todos os tipos de desperdício.

A autoridade final sobre a mudança no número de cartões *kanban* é delegada ao supervisor de cada processo. Se ele conseguir aprimorar o seu processo pela redução do tamanho dos lotes e pelo redução de tempo de atravesssamento (*lead time*), então o seu número necessário de cartões *kanban* pode ser reduzido. Tais aprimoramentos em seu processo contribuirão para a observação da Regra 4. Caso se deseje estimular o aumento da capacidade gerencial, é preciso, em primeiro lugar, delegar a autoridade sobre a determinação do número de cartões *kanban*.

O número total de cada *kanban* é mantido constante. Sendo assim, quando a demanda média diária aumenta, o tempo de atravessamento deve ser reduzido. Isso requer a redução do *tempo de ciclo* de uma rotina de operações-padrão pela alteração da alocação de trabalhadores na linha. No entanto, como o número de cartões *kanban* é fixo, um setor específico incapaz de alcançar tais melhorias será prejudicado com interrupções de linha ou será forçado a usar horas extras. Na Toyota, é praticamente impossível para os trabalhadores ocultarem problemas de produção em seu setor, já que o sistema *kanban* torna as dificuldades visíveis na forma de paradas de linha ou de horas extras, e acaba gerando prontamente atividades de melhoria para resolver o problema. Os setores podem aumentar o estoque de segurança ou o número total de cartões *kanban* para se adaptarem a aumentos na demanda. Como resultado, o tamanho do estoque de segurança pode ser um indicador da capacidade de um determinado setor.

Em caso de uma queda na demanda, o tempo de ciclo da rotina de operações-padrão será aumentado. Porém, o provável tempo ocioso dos trabalhadores precisa ser evitado por meio da redução do número de trabalhadores na linha. Detalhes sobre como determinar o número de cartões *kanban* são analisados no Capítulo 22.

Regra 5 – Os cartões *kanban* devem ser usados para se adaptar a pequenas flutuações na demanda (sintonia fina da produção por *kanban*)

A sintonia fina por *kanban* se refere ao recurso mais extraordinário do sistema *kanban*: a sua adaptabilidade a mudanças repentinas na demanda ou nas exigências de produção.

Para ilustrar o que se quer dizer por adaptabilidade, examinaremos primeiro os problemas enfrentados pelas companhias que usam sistemas tradicionais de controle, ou seja, companhias que não usam *kanban*. Essas companhias carecem dos meios para lidar sem problemas com mudanças repentinas e inesperadas na demanda. O sistema tradicional de controle determina de forma centralizada as programações de produção e divulga-os simultaneamente para os processos de produção; desse modo, mudanças repentinas na demanda exigirão um intervalo de pelo menos sete a dez dias até que as programações possam ser revisadas e expedidas novamente pela fábrica – o intervalo de tempo até que o computador compile e calcule os dados atualizados. Como resultado, os diversos processos de produção enfrentarão de tempos em tempos mudanças abruptas e bruscas nas exigências de produção; esses problemas serão agravados pela falta de uma produção sincronizada nos processos.

Companhias que usam o sistema *kanban*, por outro lado, não emitem programações detalhadas de produção simultaneamente para os processos precedentes durante um determinado mês; cada processo só pode saber o que produzir quando o *kanban* de produção for destacado do contenedor em seu armazém. Apenas a linha de montagem final recebe uma sequência de programação para a produção de um dia, e essa programação é exibida em um computador que especifica cada unidade a ser montada a seguir. Como resultado, ainda que o plano mensal predeterminado demandasse a fabricação de seis unidades de A e quatro unidades de B em um dia, essa proporção poderia ser revertida ao final do dia. Ninguém determinou as alterações no plano para todos os processos; na verdade, cada mudança emergiu naturalmente a partir da demanda do mercado e das exigências de produção, de acordo com o número de cartões *kanban* destacados.

Aqui vemos o significado de *produção com sintonia fina*. Onde o *kanban* é usado, e onde a produção é nivelada, torna-se fácil reagir a mudanças no mercado pela produção de menos unidades do que o número predeterminado pela programação. Por exemplo: 100 unidades por dia precisam ser produzidas como parte do plano predeterminado para janeiro, mas no dia 10 de janeiro descobrimos que 120 unidades por dia seriam necessárias para fevereiro. Segundo a abordagem da Toyota, adaptar-nos-emos à mudança produzindo 105 ou 107 unidades ao dia a partir de 11 de janeiro, em vez de nos mantermos na taxa de 100 unidades pelo intervalo de mais uma semana ou dez dias necessário para que a programação de produção seja revisada – como é o caso nos sistemas tradicionais de controle de produção. Acima de tudo, não sentiremos a alteração no plano, já que a produção a cada processo sempre está sujeita a instrução por *kanban*.

Tal sintonia fina da produção só é capaz de se adaptar a pequenas flutuações na demanda. Segundo a Toyota, é possível lidar com variações na demanda na faixa de 10% alterando somente a frequência de transferências de cartões *kanban*, sem precisar revisar o número total de cartões.

No caso de mudanças sazonais bastante grandes, ou de aumento ou redução na demanda real mensal em relação à carga predeterminada ou à carga mensal anterior, todas as linhas de produção precisam passar por um rearranjo. Isto é, o tempo de ciclo de cada setor precisa ser recomputado e o número de trabalhadores em cada processo precisa ser correspondentemente alterado. Caso contrário, o número total de cada *kanban* precisará ser aumentado ou reduzido.

Para dar conta do pico e do mínimo na variação da demanda durante o ano, a alta gerência precisa toma a decisão de ou nivelar o volume de vendas ao longo do ano inteiro ou construir um plano flexível para reprogramar todas as linhas de produção de acordo com as mudanças sazonais durante o ano.

Por fim, com relação à adaptabilidade do *kanban*, cabe observar que ele pode ser empregado para peças cujo uso é inconstante, ainda que o estoque de segurança venha a ser um pouco maior nesse caso. Por exemplo: peças pequenas de ferro chamadas de contrapesos (*balance weights*) precisam ser encaixadas ao eixo cardã de um carro por um trabalhador para impedir qualquer irregularidade em sua rotação. Existem cinco tipos de contrapesos, e eles precisam ser selecionados de acordo com o grau de irregularidade na rotação de um eixo. Se a rotação for uniforme, nenhum contrapeso é necessário. Se a rotação for irregular, um ou mais pesos precisam ser encaixados. Portanto, a demanda por esses cinco tipos de contrapesos é completamente inconstante e não tem como ser nivelada.

Na Toyota, porém, um *kanban* é afixado também a esses contrapesos. Como os níveis de estoque dos cinco tipos de contrapesos não ultrapassarão o número total de cada *kanban*, os níveis de estoque e as quantidades encomendadas passam a ser mensuráveis, e o estoque de segurança também pode ser razoavelmente controlado.

Embora a transferência de cartões *kanban* seja feita em um instante determinado no tempo, o número de cartões *kanban* para cada tipo de contrapeso irá flutuar um pouco dependendo da mudança na demanda. Contudo, se quisermos minimizar tais flutuações de *kanban*, precisamos aprimorar a produção propriamente dita de alguma forma.

§ 4 OUTROS TIPOS DE *KANBAN*

Kanban expresso

Um *kanban* expresso é emitido quando uma peça está em falta. Embora tanto o *kanban* de retirada quanto o *kanban* de produção existam para esse tipo de problema, o *kanban* expresso é emitido apenas em situações extraordinárias e deve ser coletado logo após o seu uso (Figura 3.12).

Como um exemplo, imagine uma situação em que o transportador de um processo subsequente (linha de montagem) vai até o armazém de um processo precedente (linha de usinagem) e descobre que a parte B não foi reabastecida o suficiente e está gravemente em falta (Figura 3.13). Em tal caso, as seguintes medidas serão tomadas:

1. O transportador emite um *kanban* expresso para a parte B e coloca-o dentro do posto de *kanban* expresso (muitas vezes chamado de *posto vermelho*) ao lado do posto de *kanban* de produção no processo de usinagem.
2. Ao mesmo tempo, o transportador aperta um botão para a linha de usinagem que fabrica a parte B. O botão usado para chamar linhas de usinagem está instalado num painel ao lado do posto de *kanban* de produção.
3. Num painel de luzes elétricas chamado *andon*, uma luz correspondente à parte B será ativada, indicando um estímulo na produção da parte B.
4. Naquele ponto da linha onde a luz se acendeu, o trabalhador precisa produzir a parte B imediatamente, e levá-la, por si mesmo, para o processo subsequente (linha de montagem) com um pedido de desculpas pela falta da peça. Se a lâmpada vermelha desaparecer imediatamente, o trabalhador será elogiado.

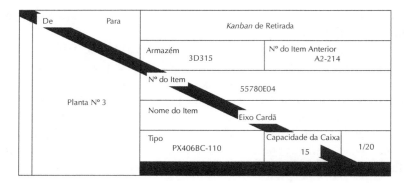

FIGURA 3.12 *Kanban* expresso.

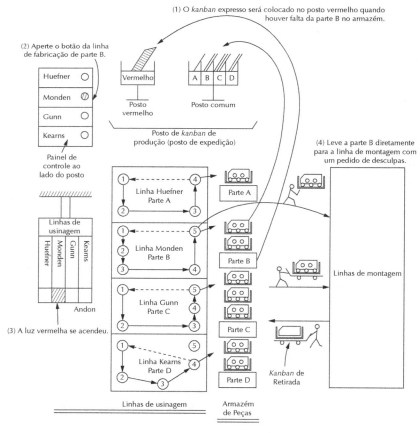

FIGURA 3.13 Como o *kanban* expresso é usado.

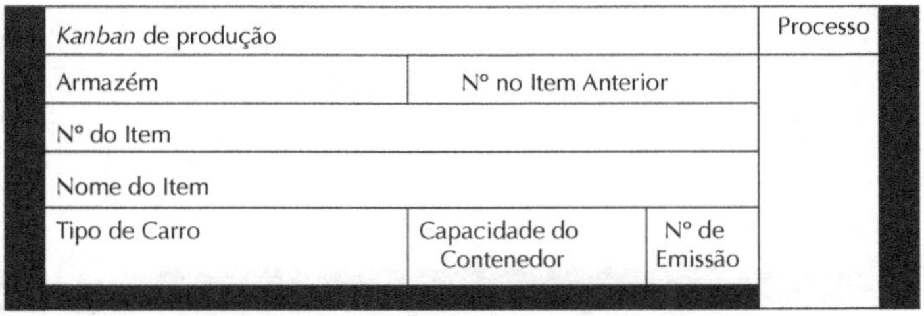

Kanban de produção			Processo
Armazém	Nº no Item Anterior		
Nº do Item			
Nome do Item			
Tipo de Carro	Capacidade do Contenedor	Nº de Emissão	

FIGURA 3.14 *Kanban* de emergência.

Kanban de emergência

Um *kanban* de emergência será emitido temporariamente quando algum estoque for necessário para compensar partes defeituosas, problemas com máquinas, inserções extras ou uma produção-relâmpago numa operação de fim de semana. Esse *kanban* também assume a forma de uma *kanban* de retirada ou de um *kanban* de produção, e precisa ser coletado logo após o seu uso (Figura 3.14).

Kanban de encomenda de tarefa

Enquanto todos os cartões *kanban* citados anteriormente se aplicam à linha de produtos fabricados recorrentemente, um *kanban de encomenda de tarefa* é preparado para uma linha de produção com encomenda de tarefas e é emitido para cada encomenda de tarefa (Figura 3.15).

Kanban de baldeação

Se dois ou mais processos estiverem tão intimamente conectados um ao outro a ponto de poderem ser considerados como um único processo, não é preciso haver troca de *kanban* entre esses processo adjacentes. Nesse caso, um cartão comum de *kanban* é usada por esses múltiplos processos. Tal *kanban* é chamado de *kanban de baldeação* (ou *kanban túnel*), e é similar ao "bilhete de baldeação" usado entre duas linhas férreas adjacentes. Esse *kanban* pode ser usado naquelas linhas de usinagem em que cada peça de um produto fabricado numa linha pode ser transportada imediatamente para a próxima linha por uma calha, uma a uma. Além disso, esse *kanban* também pode ser usado em plantas de processos como tratamento térmico, galvanoplastia, decapagem ou pintura.

Kanban de produção			Processo
Armazém	Nº no Item Anterior		
Nº do Item			
Nome do Item			
Tipo de Carro	Capacidade do Contêiner	Nº de Emissão	

FIGURA 3.15 *Kanban* de encomenda de tarefa.

Kanban comum

Um *kanban* de retirada também pode ser usado como um *kanban* de produção se a distância entre dois processos for bem curta e se um mesmo supervisor for o responsável por ambos os processos.

O transportador do processo subsequente leva as caixas vazias e o *kanban comum* até o armazém do processo precedente. Em seguida, ele leva o *kanban* até o posto coletor de *kanban* (Figura 3.9), e retira tantas caixas quanto o número de cartões *kanban* trazidos. No entanto, ele não precisa fazer a troca de cartões *kanban* no armazém.

Carrinho de transporte ou caminhão como um *kanban*

O *kanban* muitas vezes é bastante eficaz quando usado em combinação com um carrinho de transporte. Na planta Honsha da Toyota, para que a linha de montagem final possa fazer a retirada de grandes peças unitárias como motores ou transmissões, um carrinho é usado, podendo transportar somente uma quantidade limitada.

Nesse caso, o carrinho em si também cumpre o papel de um *kanban*. Em outras palavras, quando o número de transmissões ao lado da linha de montagem final decresce até um determinado ponto de reposição (digamos três ou cinco peças), então imediatamente as pessoas encarregadas de colocarem transmissões dentro de carrinhos irão levar o carrinho vazio até o processo precedente, ou seja, até o processo de montagem de transmissões, e retirarão um carrinho carregado com as transmissões necessárias em troca do carrinho vazio.

Ainda que, como regra, um *kanban* precise estar afixado às peças, o número de carrinhos nesse caso exerce o mesmo significado que o número de cartões *kanban*. A linha de submontagem (departamento de transmissões) só pode continuar a fabricar o seu produto se houver pelo menos um carrinho vazio em seu armazém, evitando, assim, uma produção excessiva.

Como outro exemplo, na planta Obu da Toyota Automatic Loom Works, Ltd. (uma fornecedora da Toyota), os equipamentos de fundição preparam os blocos de cilindros, os virabrequins e as carcaças de motor, e assim por diante. Nessa planta, matérias-primas como ferro-gusa e sucata de ferro são transportadas por um caminhão desde os fornecedores até o cadinho (caldeira). Não existem contenedores ou caixas para contar e carregar esses materiais. Nesse caso, o caminhão é considerado como um cartão de *kanban*.

Etiqueta

Muitas vezes, uma esteira com correias é usada para transportar as peças para a linha de montagem suspendendo-se as peças em ganchos. Uma etiqueta especificando quais peças, em que quantidade e quando as peças serão penduradas é afixada em cada gancho a um intervalo sincronizado. Nesse caso, uma etiqueta é usada como uma espécie de *kanban*, embora não receba esse nome, a fim de instruir o trabalhador encarregado de colocar várias peças no gancho a partir do armazém de peças, ou o trabalhador encarregado de montar várias peças na linha de submontagem. Como resultado, o processo de submontagem só é capaz de produzir as peças necessárias. Um gancho com uma etiqueta é chamado de um *assento invertido* na Toyota.

Uma etiqueta também é aplicada à linha de montagem final a fim de instruir a sequência de programação de modelos mistos a serem montados (Figura 3.16 e Figura 3.17).

Sistema de trabalho integral

Entre os processos automatizados de usinagem ou de montagem em que não há a participação de trabalhadores, como é possível que a máquina precedente produza unidades apenas nas quantidades retiradas? Existem diferenças na capacidade e na velocidade de produção entre diversas máquinas, e a máquina precedente pode continuar o seu processamento sem levar em consideração quaisquer problemas que possam ocorrer no processo da máquina subsequente.

Para isso, o *sistema de trabalho integral* é empregado com processos automatizados. Por exemplo: a máquina A precedente e a máquina B subsequente estão conectadas uma à outra, e o nível-padrão de estoque de trabalho em processo na máquina B é de seis unidades. Se a máquina B tiver apenas quatro unidades em processo, a máquina A automaticamente começará a operar e a produzir a sua parte até que seis unidades estejam situadas na máquina B. Quando a máquina B está com a quantidade predeterminada (seis unidades), um dispositivo limitador automaticamente interrompe a operação da máquina A. Dessa maneira, a quantidade-padrão de traba-

56   Seção 2 • Subsistemas

Nº da Montagem					
			Destinação		
Tipo de carro					
AJ56P-KFH					
Mola traseira	Eixo traseiro	Servofreio	Trava de volante	Alça retrátil	
S		**M**		**A**	
Def. relação de transmissão	Fab. de roda livre	Sistemas elétricos	Escapamento	Transmissão	
400					
Alternador	Filtro de ar	Radiador a óleo	Aquecedor & ar cond.	Guincho frontal	
500Z			**H**		
Óleo para climas frios	Compensação de altitude	LLC	Ventilador	Gancho traseiro	
			D		
EDIC				Destinação para climas frios	
A					

FIGURA 3.16 Amostra de uma etiqueta usada na linha de montagem final.

lho é sempre disponibilizada em cada processo, evitando, assim, um processamento desnecessário no processo procedente (Figura 3.18). Como tal controle elétrico por meio de um interruptor limitador veio da ideia de um *kanban* num local de trabalho onde há trabalhadores e processos situados distantes uns dos outros, o sistema de trabalho integral também é chamado de *kanban eletrônico*.

Como outro exemplo, suponha que a prensa (a máquina que estampa a chapa de metal) produz 90 unidades por minuto, ao passo que a dobradeira no processo de perfuração e dobra produz apenas 60 unidades por minuto. Devido à sua alta

Capítulo 3 • Sistema *kanban* adaptável mantém a produção *just-in-time* 57

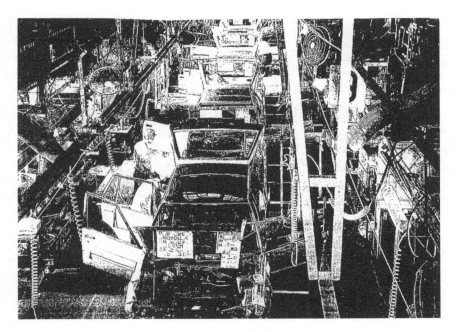

FIGURA 3.17 Amostras de etiquetas (transmissões).

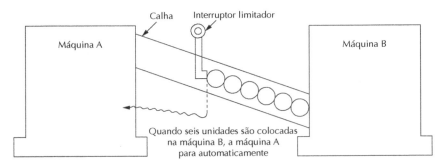

FIGURA 3.18 Sistema de trabalho integrado.

capacidade, a prensa geralmente opera somente durante os dois primeiros terços do mês e fica ociosa durante o último terço. Mas esse método pode produzir estoque desnecessário nesta máquina.

Suponha, então, que ela estivesse diretamente conectada com a dobradeira e uma calha fosse colocada entre as duas. Quando a calha estivesse repleta de metal perfurado, a prensa pararia automaticamente. Caso restassem apenas algumas unidades na calha, a prensa começaria a operar de novo automaticamente. Em outras palavras, a prensa opera por cerca de dois minutos e depois cessa por cerca de um minuto.

Na Toyota, para se alcançar o balanceamento das linhas com relação às quantidades de produção, é adotada a operação intermitente pelo sistema de trabalho integrado em todas as linhas de produção. O sistema acarreta nas seguintes vantagens:

- Eliminação de estoque desnecessário de material em processo
- Aproveitamento da capacidade total das linhas de produção e identificação do processo gargalo
- Redução do tempo de atravessamento
- Minimização do estoque de produtos finais
- Imediata adaptação a mudanças na demanda

4
Kanban de fornecedor e a sequência de programação usada pelos fornecedores

Às vezes um fabricante com bastante poder pode orientar os fornecedores a entregarem suas partes *just-in-time* (JIT). Nesse caso, caso o fabricante implantasse o sistema *kanban* a seus fornecedores sem alterar os seus próprios sistemas de produção, o sistema *kanban* seria trágico para os fornecedores. Embora o sistema *kanban* seja um meio bastante eficiente de realizar o conceito JIT, ele não deve ser implantado a fornecedores sem que haja mudanças correspondentes no sistema geral de produção da companhia demandada. O sistema *kanban* é meramente um subsistema do Sistema Toyota de Produção; o Sistema Toyota de Produção requer uma reorganização geral dos sistemas de produção existentes.

Se o processo subsequente faz a retirada de peças com grande variação em termos de quantidade ou de ritmo, o processo precedente precisa necessariamente dispor de um "pulmão de tempo" em capacidades de mão de obra, instalações e estoques. Da mesma forma, como o fabricante está conectado ao fornecedor através do sistema *kanban*, o fornecedor enfrentaria problemas caso o fabricante viesse a encomendar peças de forma flutuante. Por isso, é preciso envidar esforços para minimizar a flutuação da produção na linha de montagem final da fabricante mãe.

Em 1950, a planta Honsha da Toyota começou a implantar um balanceamento de linhas entre a linha de montagem final e as linhas de máquinas. A partir de então, o sistema *kanban* foi desenvolvido e se difundiu gradualmente para os processos precedentes. Como resultado, desde 1962 o sistema *kanban* passou a ser implantado em *todas* as plantas da Toyota. Assim, foi em 1962 que a Toyota começou a implantar o *kanban* junto a seus fornecedores. Em 1970, a Toyota já havia implantado o *kanban* junto a 60% de seus parceiros. Até o ano de 1982, a Toyota havia implantado o seu *kanban* de fornecedor junto a 98% de seus parceiros, embora apenas 50% dos fornecedores estejam usando *kanban em processo* (ou kanban *de produção*) em suas próprias plantas.

Este capítulo irá abranger os seguintes tópicos:

- Informações mensais e informações diárias repassadas ao fornecedor
- Sistema de reabastecimento posterior por *kanban*
- Sistema de retirada sequenciada por meio da sequência de programação
- Problemas e contramedidas na implantação do *kanban* junto a fornecedores
- Como o *kanban* de fornecedor deve circular dentro da fabricante mãe

O autor coletou dados para esse capitulo por meio de entrevistas e observação junto à Aisin Seiki Company, Ltd., uma das maiores fornecedoras da Toyota.

§ 1 INFORMAÇÕES MENSAIS E INFORMAÇÕES DIÁRIAS

A Toyota repassa dois tipos de informações a seus fornecedores: o primeiro é um plano predeterminado de produção mensal, que é comunicado ao fornecedor em meados do mês precedente. Usando esse plano predeterminado de produção mensal, o fornecedor irá determinar as seguintes datas de planejamento:

1. Tempo de ciclo de cada processo
2. Rotina de operações-padrão que reorganiza a alocação de trabalhadores apropriados para o tempo de ciclo em cada processo
3. Quantidades de peças e materiais a serem encomendadas junto aos subfornecedores
4. Número de cada *kanban* para os subfornecedores

O segundo tipo de informação é a informação diária, que especifica o número propriamente dito de unidades a serem fornecidas à companhia cliente (isto é, a Toyota). Essa informação diária assume duas formas diferentes: um *kanban* ou uma sequência de programação (chamada muitas vezes de tabela de encomenda de unidades). Essas duas formas de informação são implantadas alternativamente, dependendo dos métodos de retirada da Toyota.

A Toyota utiliza dois tipos de métodos de retirada: um sistema de *reabastecimento posterior* e um sistema de *retirada sequenciada*. O sistema de reabastecimento posterior ("*Alto-Hoju*") é um método de uso de um *kanban* de fornecedor. Na Toyota, ao lado da linha de montagem há muitas caixas que contêm peças e *kanban* de retirada. Conforme as peças são usadas pela linha de montagem, essas caixas vão ficando vazias, e então, a intervalos regulares, as caixas vazias e seus *kanban* de fornecedor serão transportados a cada fornecedor por caminhão. Do armazém de peças acabadas do fornecedor, outras caixas repletas de peças serão retiradas pelo caminhão.

Analisemos agora o sistema de retirada sequenciada. Em alguns casos a Toyota pode repassar uma sequência de programação a um fornecedor envolvendo muitas variedades de peças acabadas, permitindo que a Toyota faça a retirada de várias peças em uma sequência, correspondendo a sua própria sequência de programação para a linha de montagem de modelos mistos. Tal sistema é chamado de sistema de retirada sequenciada ("Junjo-Biki"). Se, por exemplo, a sequência de programação de vários automóveis na linha de montagem final da Toyota for:

$$[A - B - A - C - A - B - A - C - ...]$$

então a sequência de programação de várias transmissões a serem submontadas pelo fornecedor precisará ser:

$$[Ta - Tb - Ta - Tc - Ta - Tb - Ta - Tc - ...]$$

onde *Ta* significa a transmissão para o carro A.

§ 2 SISTEMA DE REABASTECIMENTO POSTERIOR POR *KANBAN*

Como o *kanban* de fornecedor deve ser implantado junto ao fornecedor

Conforme representado na Figura 4.1, o fluxo de *kanban* de fornecedor consiste em dois passos:

1. Às 8 da manhã, um motorista de caminhão transporta o *kanban* de fornecedor até o fornecedor. Esse caminhão transporta também as caixas vazias para o fornecedor.
2. Quando o caminhão chega até o armazém do fornecedor, o motorista entrega o *kanban* de fornecedor para os trabalhadores do armazém. Em seguida, o motorista sobe imediatamente em outro caminhão já carregado com as peças e seus cartões *kanban*, e dirige de volta até a Toyota. Nessa situação, duas questões devem ser levadas em consideração:
   a. *O kanban de fornecedor e o tempo de atravessamento de produção do fornecedor.* O número de cartões *kanban* de fornecedor levados até o armazém do fornecedor às 8 da manhã não necessariamente corresponde ao número de caixas que o motorista leva de volta para a Toyota às 8 da manhã. Se, por exemplo, as peças forem transportadas duas vezes ao dia às (8 da manhã

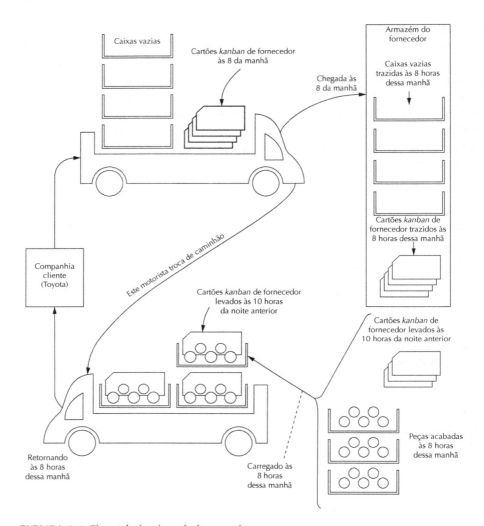

FIGURA 4.1 Fluxo de *kanban* de fornecedor.

e às 10 da noite), podemos assumir que os cartões *kanban* de fornecedor contidos nas caixas repletas às 8 horas dessa manhã são os mesmos cartões *kanban* de fornecedor levados às 10 horas da noite anterior. (Nesse caso, o ciclo *kanban* é "1-2-1". Veja as observações sobre o *kanban* de fornecedor na Figura 4.1. O tempo necessário para carregar as peças no caminhão foi omitido para simplificar a figura.)

b. *Como usar caminhões no sistema kanban: o sistema de três caminhões.* A situação diagramada precisa envolver três caminhões. Um caminhão está sendo dirigido pelo motorista, enquanto os outros caminhões estão estacionados, um deles junto ao armazém da Toyota para descarga das peças transportadas e o outro junto ao armazém do fornecedor para carregamento das peças. Três pessoas participam: o motorista de caminhão e dois trabalhadores encarregados simultaneamente da carga e da descarga.

Dentre as vantagens desse sistema de transporte estão:

- Redução do tempo de transporte entre o fornecedor e a fabricante mãe, já que o motorista não perde tempo com esperas, com carregamento ou com descarga em cada armazém. Como resultado, o tempo de atravessamento total será encurtado. Em outras palavras, o sistema é capaz de eliminar o tempo ocioso do motorista, já que outras pessoas ficam encarregadas da carga e da descarga enquanto outro caminhão está na estrada.
- Ainda que os três caminhões exigidos por esse sistema apresentem um custo de depreciação três vezes maior que o de um único caminhão, o período real de duração é três vezes superior àquele de um único caminhão. A longo prazo, o sistema não aumentará os custos de produção. Por outro lado, se as peças são transportadas por um único caminhão, mais do que duas pessoas são necessárias para carga e descarga a fim de reduzir o tempo total de transporte o máximo possível. Esses trabalhadores adicionais aumentarão os custos de produção.
- Embora o sistema *kanban* requeira transportes frequentes, os méritos da redução de estoques são incomensuravelmente superiores ao aumento nos custos de transporte. Ademais, o leitor deve levar em consideração os benefícios do sistema misto de carregamento/transporte que a Toyota aplica junto a diversos fornecedores, conforme explicado no Capítulo 3.

Como o *kanban* em processo irá circular pela planta do fornecedor

Suponha novamente que haverá retirada de peças pelo fabricante duas vezes ao dia: às 8 da manhã e às 10 da noite. Para corresponder a essa sequência de programação de produção, o posto de produção para um processo de fabricação é dividido em dois quadros, conforme mostrado na Figura 4.2.

O arquivo das 8 da manhã contém tantos cartões *kanban* de produção quanto o número de cartões *kanban* do cliente trazidos às 8 da manhã, e irá ordenar a produção durante o turno do dia. A produção de peças será completada o mais tardar às

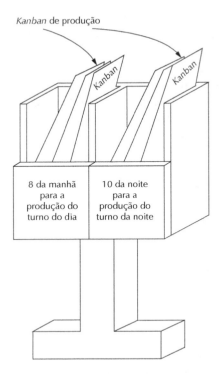

FIGURA 4.2 Posto de *kanban* de produção (posto de expedição).

10 horas dessa mesma noite, e as peças serão carregadas no caminhão às 10 da noite a serem entregues na Toyota.

O arquivo das 10 da noite contém tantos cartões *kanban* de produção quanto o número de cartões *kanban* do cliente trazidos às 10 da noite, e irá ordenar a produção durante o turno da noite.

As peças demandadas serão acabadas o mais tardar às 8 horas da manhã seguinte, e novamente serão carregadas no caminhão às 8 da manhã a serem entregues na Toyota. (Observe que por motivos de simplicidade não está incluída uma folga para os tempos de carregamentos.) Essas operações podem ser vistas na Figura 4.3.

O modo como a companhia mãe determina o número total da cartões *kanban* de fornecedor está detalhado no Capítulo 22. O número da cartões *kanban* de fornecedor que o fornecedor expede para o subfornecedor é determinado aplicando-se a mesma fórmula. Essas fórmulas são calculadas por computador. Além disso, a fórmula que determina o número total de cartões *kanban* em processo está explicada no Capítulo 22.

Capítulo 4 • *Kanban* de fornecedor e a sequência de programação usada ... 65

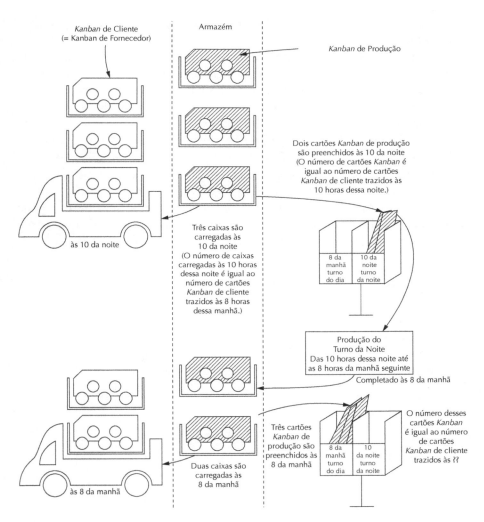

FIGURA 4.3 Posto de *kanban* de produção (posto de expedição).

§ 3 SISTEMA DE RETIRADA SEQUENCIADA POR SEQUÊNCIA DE PROGRAMAÇÃO

Uma vez ao dia, a Toyota comunica a sequência de programação de várias peças para o escritório informatizado da planta do fornecedor. Em alguns casos, essa informação sequencial é gravada em alguma mídia a fim de permitir que o computador im-

66   Seção 2 • Subsistemas

prima as etiquetas que especificam os detalhes das peças a serem montadas uma a uma na linha de montagem do fornecedor.

A planta Shiroyama da Aisin Seiki Company, Ltd. (uma fornecedora da Toyota), por exemplo, dependia anteriormente de uma fita magnética entregue pela Toyota, que especificava a sequência de programação para a produção de transmissões naquele dia. Posteriormente, um sistema computadorizado *online* entre a planta Shiroyama e a Toyota possibilitou a comunicação da sequência de programação em tempo real. Ele se baseia numa rede do tipo VAN (*valued-added network*) (Rede de agragação de valor). Essa tabela de sequência de programação foi chamada de *tabela de encomendas de unidades* e é comunicado para a linha de montagem a cada hora (16 vezes por dia), quatro horas antes a entrega para a Toyota. Essas informações estão representadas na Figura 4.4.

Atualmente, porém, a Toyota transmite as informações sequenciais para peças de tamanho relativamente grande, como transmissões, motores, aceleradores, pneus, chapas e para-choques, a seus fornecedores através do chamado "*e-kanban*" (o novo

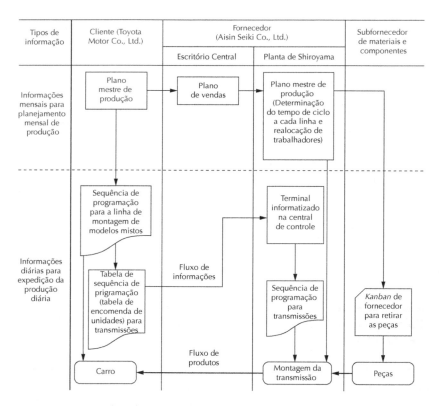

FIGURA 4.4 Sistema de informações sob o sistema de retirada sequenciada.

tipo de *kanban* eletrônico). Graças a esse *e-kanban* componentes de grande porte podem ser levados até as plantas de montagem da Toyota antes que a Toyota os utilize. É por isso que esse *kanban* é chamado de *"e-kanban* de reabastecimento anterior" ou de *"kanban* eletrônico de entrega antecipada". Para detalhes, veja o Capítulo 23.

Por outro lado, há um *kanban* de fornecedor usado pela Aisin nesse caso (veja o lado direito da Figura 4.4). Atualmente esse *kanban* também é substituído por outro tipo de *kanban*, chamado de *"kanban* eletrônico de reabastecimento posterior", cuja função é quase a mesma que a do *kanban* de fornecedor, diferindo apenas no seu modo de transmissão, que é feito via Internet. Novamente, para detalhes, veja, por favor, o Capítulo 23.

Espaço de armazenagem e variedade de produtos

Para reduzir o nível de estoque de um armazém, é necessário também minimizar a sua área espacial. Contudo, o presente estado do sistema de produção JIT por *kanban* assume necessariamente que existe uma determinada quantidade de estoque no armazém de peças acabadas por processos precedentes. As razões para isso são as seguintes:

- Quando o *sistema de retirada em quantidade constante e em ciclo inconstante* é usado, o processo precedente precisa contar com um estoque de peças acabadas a fim de se adaptar a quaisquer irregularidades no ritmo de retiradas. O ritmo de retiradas precisa necessariamente ser irregular sob esse sistema, devido a *demandas* flutuantes no mercado *exterior*.

- Quando o *sistema de retirada em ciclo constante e em quantidade inconstante* é usado, o processo precedente novamente precisa contar com algum estoque a fim de se adaptar às quantidades inconstantes retiradas pelo processo subsequente. Assim, sob esse sistema, a quantidade retirada precisa flutuar devido às flutuações da demanda vinda dos clientes.

Sendo assim, o ideal de produções sem nenhum armazenamento de estoque ainda não foi realizado sob o presente estado da abordagem JIT na Toyota, ainda que os níveis de estoques sejam muito bem controlados pelo sistema *kanban* em si. Caso, obviamente, o ideal de linhas com esteiras rolantes invisíveis for realizado por toda a planta, segue-se que a produção sem nenhum armazenamento de estoque ou a produção *just-in-time* foi alcançada. Ainda assim, a produção na Toyota está longe de seu ideal ulterior, e o termo *just-in-time* é mais apropriado para a situação presente do que o termo *just-on-time*.*

---

* N. de T.: em inglês, *just-in-time* passa a ideia de "justamente dentro de um determinado intervalo de tempo", ao passo que *just-on-time* passa mais a ideia de "justamente no instante certo de tempo" e, consequentemente, de um ideal preferível de produção, ainda que mais utópico.

Na planta Kamigo da Toyota, por exemplo, o armazém de produtos acabados (motores) é classificado para entrega a suas diversas plantas e companhias clientes. Por outro lado, se o armazém for classificado para uma ampla variedade de peças acabadas, as quantidades totais de peças irão aumentar. Portanto, se as peças forem grandes (como, por exemplo, transmissões ou motores), e se a variedade delas for muito grande, o sistema de retirada sequenciada precisa ser aplicado a fim de minimizar o espaço do armazém. Porém, se peça for pequena, o sistema de reabastecimento posterior será aplicado.

Como a sequência de programação é usada nas linhas de montagem de um fornecedor

Examinemos primeiramente a situação da produção na planta Shiroyama da Aisin Seiki Company, Ltd. Os seus principais produtos e os seus volumes mensais de produção (para o ano de 1981) podem ser vistos na Tabela 4.1. As características de produção desses produtos – ampla variedade e prazos curtos – estão retratadas na Figura 4.5.

TABELA 4.1 Principais produtos e seu volume mensal de produção

Produtos	Volume	Clientes
Transmissão manual (T/M)	20.000	Toyota Motor Co., Ltd. Daihatsu Kogyo Co., Ltd.
Transmissão semiautomática (para automóvel) (ATM)	3.000	Suzuki Motor Co., Ltd.
Transmissão semiautomática (para veículo industrial) (T/C)	1.000	Toyota Automatic Loom Works Co., Ltd. International Harvest Co.
Direção hidráulica (P/S)	2.500	Toyota Motor Co., Ltd. Hino Motors Co., Ltd.

Agora analisaremos o modo como a planta Shiroyama está dando conta de tais produções de amplas variedades e a curto prazo. Levando-se em consideração o projeto, é possível desenvolver um modelo básico de transmissão buscando adaptá-lo à grande variedade de carros em que eles serão usados (Figura 4.6).

O projeto está associado a várias linhas de montagem, como visto na Figura 4.7. A linha de montagem está dividida em duas partes (principal e secundária) e dispõe de armazéns para transmissões semiacabadas e acabadas. Essa linha de montagem responde por muitas variedades de encomendas dos clientes. O tempo de atravessamento desde o armazém de peças semiacabadas até o armazém de peças acabadas é de apenas 15 minutos, e o transporte até a Toyota leva uma hora. Como resultado, essas linhas de montagem são capazes de responder à ampla variedade de encomendas

Capítulo 4 • Kanban de fornecedor e a sequência de programação usada ... 69

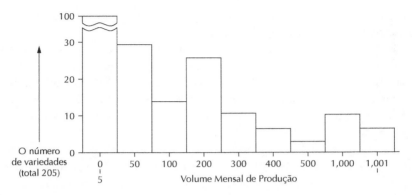

FIGURA 4.5 Características de produção de uma operação para ampla variedade e a curto prazo.

Modelo	Básico	4 velocidades 5 velocidades	Motor gasolina diesel	Carroceria caminhão ônibus	Direção Direita esquerda	Modelo final
Variedade	1	2	8	- - - - -	- - - - -	74

FIGURA 4.6 Projeto a partir de um modelo básico até os modelos finais.

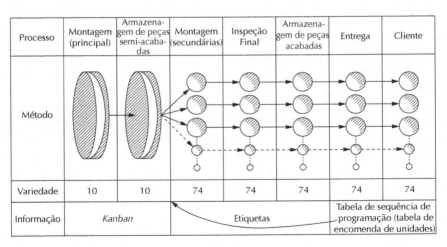

FIGURA 4.7 Informações e métodos de produção nas linhas de montagem.

demandadas pela Toyota – encomendas cujas informações sequenciais são introduzidas apenas quatro horas antes da entrega.

No início da linha de submontagem, uma etiqueta é afixada a cada transmissão, uma a uma, e essas etiquetas serão responsáveis por sequenciar as 74 variedades de transmissões completadas pela linha de montagem principal. Enquanto isso, cada transmissão semiacabada na linha de montagem principal receberá o seu próprio *kanban*, e a produção sucessiva dos dez tipos básicos de transmissão será encomendada por esses cartões *kanban*.

É preciso enfatizar aqui que a transmissão é um exemplo único; ao passo que na maioria dos casos um único cartão *kanban* é responsável pela expedição de diversas – digamos cinco – unidades que serão colocadas sobre um mesmo palete, neste caso da transmissão, cada unidade recebe o seu próprio *kanban*. A razão para isso é que, embora cada transmissão seja uma unidade grande em si, a produção precisa ser capaz de responder por uma ampla variedade de demanda. O *kanban* usado na linha de montagem principal para transmissões foi substituído pelo "*e-kanban*" mencionado anteriormente.

§ 4 PROBLEMAS E CONTRAMEDIDAS NA APLICAÇÃO DO SISTEMA *KANBAN* JUNTO A SUBFORNECEDORES

Precisa haver alguma diferença ente as quantidades de peças que a companhia específica em seu plano predeterminado de produção mensal e as quantidades que ela de fato encomenda durante o mês (com base em *kanban* ou na tabela de sequência de programação). Essa diferença geralmente é de cerca de 10%. No entanto, não há qualquer conceito de revisão de planos nos processos operacionais das plantas, pois somente informações de produção na forma de *kanban* ou de etiquetas são repassadas em tempo real.

Preocupado com a diferença e com outros problemas correlatos que podiam ocorrer nas transações entre uma fabricante mãe e as suas subfornecedoras, o Partido Comunista Japonês, juntamente com a Comissão de Comércio Justo do Governo Japonês, criticou fortemente o sistema Toyota. As seções a seguir abordarão a sua crítica e as suas orientações, bem como as contramedidas por parte da Toyota, além da opinião do autor a respeito do problema.

Crítica do Partido Comunista ao Sistema Toyota de Produção

O Sistema Taylor já foi rechaçado pelos sindicatos trabalhistas norte-americanos, que alegavam que a gestão científica negligenciava a humanidade e enxergava o homem como uma máquina. De fato, a disputa se tornou tão intensa que os Estados Unidos consideraram necessário investigar o tema por meio de um comitê especial.

Da mesma forma que a gestão científica se tornou um problema para a câmara dos deputados dos Estados Unidos, o Sistema Toyota de Produção também se viu sob o escrutínio da câmara dos deputados do Japão.

Em 1977, apenas quatro anos após a crise do petróleo ter afetado o Japão ao final de 1973, e quando a maioria das companhias japonesas ainda estavam padecendo dos seus efeitos e da consequente inflação do iene, Michiko Tanaka, membro da câmara dos deputados e também membro do partido Comunista Japonês questionou o premiê Takeo Fukuda a respeito do Sistema Toyota de Produção da seguinte maneira:

A gestão das pequenas e médias empresas é tão grave que mal pode ser comparada com a das grandes companhias. Entretanto, o orçamento suplementar nesse momento restringe a quantidade de empréstimos e é incapaz de oferecer um futuro promissor para as companhias de menor porte.

Especialmente graves são os problemas enfrentados pelos subfornecedores, que suprem 60% dos fabricantes. A Toyota Motor Company, Ltd., por exemplo, obteve o lucro atual de 210 bilhões de ienes (cerca de 1 bilhão de dólares). Por trás desse lucro gigantesco, quantos subfornecedores verteram lágrimas? O sistema de produção completamente racionalizado da Toyota ordena estritamente os seus subfornecedores a entregarem as peças demandadas no mesmo dia ou até o dia seguinte. Sendo assim, não há um estoque excessivo de peças na Toyota, não havendo, portanto, necessidade de um armazém ou de fundos de reserva para investimentos em estoque.

Porém, os subfornecedores encontram-se numa situação precária se ocuparem posições de terceiro, quarto ou quinto nível na linha vertical entre os fabricantes. Isso porque se eles não conseguirem entregar suas peças a tempo de atender as necessidades da companhia mãe, os contratos serão cancelados. Por isso, eles precisam estimar a produção, e se suas estimativas estiverem erradas, são eles mesmos que têm de arcar com os prejuízos. Ainda que o pagamento permaneça inalterado ou tenha até decrescido, os subfornecedores precisam suportar condições severas para obterem seus contratos.

Ademais, uma séria questão que não pode passar despercebida é que esse sistema Toyota está prevalecendo atualmente em muitas industrias e um vasto número de subfornecedores podem acabar sendo vítimas desse sistema. Caso não haja uma restrição a essa prática de *bullying* aos subfornecedores, a economia japonesa será levada ao caos.

Você afirmou que dará início a uma política compassiva em defesa das pequenas e médias empresas, mas como você lida com esse métodos perversos que assumem uma posição superior? (Ata da Câmara dos Deputados do Japão, N° 4: 7 de outubro de 1977, p. 63)

Fukuda respondeu da seguinte maneira:

Agora, com relação à sua opinião sobre o sistema de produção enxuta da Toyota, ouvi dizer que a Comissão de Comércio Justo está atualmente orientando a companhia. O governo também passará a assegurar que a fabricante mãe não force a sua racionalização sacrificando os interesses do subfornecedor. Essa é minha convicção. (Ata, op. cit. p. 65)

§ 5 ORIENTAÇÃO DA COMISSÃO DE COMÉRCIO JUSTO COM BASE NA LEI DOS SUBFORNECEDORES E NA LEI ANTIMONOPÓLIO

Desse modo, a Comissão de Comércio Justo e a agência de Pequenas e Médias Empresas do governo no Japão passaram a orientar as fabricantes mãe a não violarem a Lei dos Subfornecedores e a Lei Antimonopólio. A Lei dos Subfornecedores é uma abreviação da "Lei Antiadiamento do Pagamento dos Subfornecedores". Essa lei foi promulgada em 1956 a fim de manter um justo comércio de subfornecimento e para resguardar os interesses dos subfornecedores.

Os pontos problemáticos do sistema *kanban* que concerniam a Comissão de Comércio Justo era os seguintes:

1. *Quando a produção é gerenciada pelo sistema kanban, o momento da demanda é obscuro.* De acordo com o Sistema Toyota de Produção, é somente durante os 11 últimos dias do mês anterior que um fornecedor será notificado sobre o plano de produção mensal predeterminada no que diz respeito a itens, quantidades, datas, horários, etc., específicos. Por outro lado, o sistema *kanban* e a sequência de programação especificam informações similares. Portanto, o momento da demanda não é óbvio: trata-se do horário especificado pelo plano de produção mensal predeterminada ou pelo sistema *kanban* e a sequência de programação?

    Contudo, segundo a Lei dos Subfornecedores (Artigo III), muito embora a demanda por parte da fabricante mãe represente uma notificação informal, o instante no tempo em que a instrução é feita de maneira concreta é considerado como o momento da demanda.

2. *De acordo com o sistema kanban, é preciso haver alguma diferença entre a quantidade mensal que é encomendada informalmente e a quantidade verdadeiramente entregue por expedições kanban.* Em outras palavras, a essência do sistema *kanban* se sustenta sobre a sintonia fina da produção ou sobre a realização de adaptações mínimas frente a mudanças na demanda.

Quando a quantidade de bens expedidos pelos cartões *kanban* se mostra menor do que a quantidade originalmente demandada pelo plano mestre de produção comunicado informalmente todos os meses, a diferença precisa ser analisada como uma rejeição da aceitação, já que o Artigo I determina que a damanda propriamente dita ocorre quando o fornecedor recebe instruções a partir da tabela informal de produção.

Além disso, a Lei dos Subfornecedores (Artigo IV-1) proíbe a fabricante mãe de rejeitar, em todo ou em parte, os bens entregues que ele mesmo demandou.

3. O sistema *kanban* de entregas não deve ser imposto ao fornecedor. De acordo com a Lei Japonesa Antimonopólio (Artigo 19): "Uma companhia de negócios não deve usar métodos desleais de comércio". Em 1953, como um exemplo de métodos desleais de comércio, a seguinte ação foi citada: "Ao exercer a sua posição superior em relação a uma companhia dependente, uma companhia de negócios não deve fazer comércio em condições excepcionalmente desfavoráveis para a outra companhia à luz das convenções empresarias normais".

Portanto, ao aplicar o sistema *kanban* junto a seu fornecedor, uma companhia mãe precisa assegurar um acordo com o parceiro terceirizado, e jamais deve força a implementação de modo unilateral. No contrato comercial, deve ser observado que sem tal acordo o sistema *kanban* não será implementado. Além disso, mesmo que o fornecedor concorde com a implementação de *kanban*, ele precisa dispor de um período adequado de preparação para conseguir se ajustar ao novo sistema. Ademais, a companhia mãe não deve estimular a introdução de *kanban* junto a seus parceiros terceirizados sem ajustar os pré--requisitos técnicos de sua própria planta e sem apresentar um conhecimento sobre o Sistema Toyota de Produção como um todo.

Os outros efeitos prejudiciais em potencial que o *kanban* pode ter no subfornecedor são os seguintes (baseando-se no artigo do Sr. Hyogo Kikuchi, gerente de seção subcontratual da Comissão de Comércio Justo).

A maioria dos subfornecedores de primeiro nível que adotaram o sistema *kanban* está usufruindo das mesmas vantagens que a Toyota. Entretanto, os subfornecedores de segundo, terceiro ou quarto níveis precedentes podem ser impactados por certos efeitos prejudiciais pelos quais, essencialmente, as companhias mãe são responsáveis. Esses prejuízos são os seguintes:

- Os subfornecedores podem precisar aumentar o seus estoque para alcançar o nível esperado de produção, já que precisam fazer a entrega de peças o mais rápido possível em resposta às retiradas por *kanban*. Eles também podem se ver obrigados a utilizar horas extras para dar conta do imprevisto. Tal aumento no estoque nos armazéns dos subfornecedores é uma consequência à situação causada pelo Sistema Cook (ou "Sistema de Armazenamento no Próprio Local"), que era popular no Japão após a Segunda Guerra Mundial. No Sistema Cook, um subfornecedor mantém uma certa quantidade de estoque de peças acabadas e arca com o risco por conta própria tomando emprestado uma parte da planta da fabricante mãe. Assim, a fabricante mãe pode usar os itens necessários nas quantidades necessárias e no momento necessário (JIT), e pode solicitar uma demanda no instante da retirada. Esse sistema foi criticado como sendo uma violação da Lei dos Subfornecedores, e as fabricantes mães foram dissuadidas de usá-lo.

- Não obstante os aumentos padronizados na quantidade de entregas mensais, a aplicação do sistema *kanban* acaba aumentando os tempos totais de transporte. Os aumentos resultantes nos custos de transporte obviamente aumentarão os custos totais para o subfornecedor.
- O pré-requisito mais importante da produção JIT é a sincronização da produção, ou a produção de pequenos lotes. Quando implementado por uma fabricante mãe de grande porte, esse processo exige a instalação de máquinas universais e ações muito rápidas de preparação. Isso, porém, faz com que o subfornecedor também seja obrigado a instalar as mesmas máquinas universais e a aprimorar as ações de preparação para conseguir suprir a parte ao preço calculado pela companhia usuária com base em sua própria produção sincronizada e bem equipada.

Como a Toyota está lidando com as críticas

O principal problema apontado pela Comissão de Comércio Justo foi a diferença entre as quantidades demandadas pelo plano predeterminado de produção mensal e as instruções diárias por *kanban* ou pela sequência de programação. A Toyota reagiu a esse problema da seguinte maneira:

- A Toyota está tentando manter as diferenças recém citadas abaixo de 10% do plano mensal, e está solicitando que seus fornecedores pratiquem essa mesma diferença.
- Como um modelo de automóvel costuma ser produzido durante cerca de quatro anos, o fornecedor não sofrerá seriamente com flutuações mensais, já que, ao longo de vários meses, essas flutuações acabam apresentando uma média.

- A Toyota está prometendo a seus fornecedores que ela apresentará uma notificação prévia quando estiver prestes a encerrar a produção de um determinado modelo. Quando isso ocorrer, ela irá estabelecer uma forma de compensação.
- A Toyota está informando a seus fornecedores para só darem início à produção quando orientadas por *kanban*. Sendo assim, é improvável que ocorra superprodução.
- Para que o fornecedor consiga se ajustar a uma produção de acordo com a demanda, ele precisa reduzir o tempo de atravessamento. A Toyota está ensinando como alcançar tais reduções.

Como resultado dessas medidas, praticamente não há conflito entre os fornecedores da Toyota causada por revisões de plano ordenadas por *kanban*. O autor apoia especialmente a contramedida número dois da Toyota. Quando as demandas de um revendedor autorizado estão em queda, a quantidade real de bens retirados por *kanban* provavelmente é menor do que a quantidade mensal predeterminada.

Caso a Toyota fizesse a retirada dessa diferença de quantidade ao final do mês em questão, a quantidade informalmente instruída para o mês seguinte seria correspondentemente menor do que a quantidade que fora prevista, e, como resultado, o subfornecedor ficaria surpreso em ver uma queda acentuada e repentina em suas demandas. Isso jamais aconteceria na Toyota. De acordo com o seu sistema de produção, a Toyota faz a retirada somente da quantidade que corresponde o mais possível à verdadeira demanda durante o mês. Para chegar a essa abordagem, as quantidades demandadas tanto por *kanban* quanto por instrução mensal predeterminada precisam ser sincronizadas em níveis diários de produção. Como resultado, o fornecedor não ficaria surpreso por uma queda repentina nas unidades de fato demandadas. O fornecedor poderia se adaptar sem problemas à mudança na demanda ao realizar uma sintonia fina a cada mês. A vantagem mais notável do sistema *kanban*, a adaptação a mudanças na demanda por meio da sincronização das mudanças de um plano, começarão a funcionar a partir desse ponto.

Com relação aos diversos problemas citados pela seção subcontratual da Comissão de Comércio Justo, o autor sustenta as seguintes opiniões:

- No que tange o risco do subfornecedor de manter um grande estoque, boa parte desse problema será resolvida se a fabricante mãe completar os vários pré-requisitos do sistema *kanban*, sobretudo a sincronização da produção. Portanto, caso esse problema venha mesmo a surgir, o sistema *kanban* não será responsável e a companhia mãe é que deverá ser responsabilizada. Por outro lado, suponha que um fornecedor está suprindo peças para diversos fabricantes e que apenas alguns deles estão implementando o sistema *kanban* junto ao fornecedor. Esse fornecedor poderá ter problemas mesmo que os fabricantes que empregam o *kanban* estejam completando as condições pré-requisitadas. Contudo, como tantas indústrias japonesas já adotaram o *kanban*, esse problema está diminuindo. O uso do *kanban* está especialmente disseminado na indústria automobilística.

- Quanto ao problema do aumento de custos em transporte devido às retiradas mais frequentes, isso pode ser resolvido pelo sistema de cargas mistas em circuito fechado e pelo sistema de três caminhões explicados anteriormente neste capítulo. Caso grandes distâncias geográficas impeçam o uso efetivo de tais sistemas, como no caso dos Estados Unidos, as seguintes abordagens podem ser consideradas:
   a. Em vez de depender de subfornecedores, a fabricante mãe deve incorporar processos de produção de peças em sua própria fábrica. Nos Estados Unidos, fabricantes de automóveis não dependem de subfornecedores tanto quanto as fabricantes do Japão.
   b. Em vez de realizar demandas frequentes a fornecedores em pequenos lotes, a companhia deve demandar lotes maiores. Essa prática pode ser vista no caso das fabricantes automobilísticas japonesas que enviam peças para países estrangeiros para a produção no exterior. A Kawasaki Motors U.S.A. é um bom exemplo de uma companhia que adotou o Sistema Toyota de Produção nos Estados Unidos (1979).
- Quanto à dificuldade que o subfornecedor pode enfrentar ao oferecer uma peça ao preço já combinado, tal problema pode ser solucionado se o próprio subfornecedor adotar o Sistema Toyota de Produção. Esse problema também está relacionado com o primeiro problema. Mesmo que a fabricante mãe tenha sincronizado a sua produção, o subfornecedor pode não conseguir reduzir o seu estoque e lidar ao mesmo tempo com retiradas frequentes, a menos que ele consiga trocar suas matrizes rapidamente.

Embora a Toyota esteja fazendo um esforço para manter as diferenças mensais abaixo de 10%, alguns dos fornecedores já relataram que as diferenças podem chegar a mais ou menos 20% do plano mensal inicial. No entanto, se elas conseguirem se adaptar a tais mudanças na demanda em seus próprios processos, essa diferença não apresentará problemas sérios. A planta Kariya da Aisin Seiki Company, Ltd., por exemplo, mantém um estoque de segurança referente a 0,7 dia pronto para entrega para seu cliente, mantendo, ao mesmo tempo, um estoque de segurança equivalente a duas entregas por dia (isto é, 2/3 = 0,7). O nível de estoque de segurança indica a capacidade de adaptação do fornecedor.

Portanto, os subfornecedores precisam enxugar os seus sistemas de produção. Eles não devem se acomodar, achando que o enxugamento só precisa ser praticado pelas fabricantes mãe, pois o enxugamento reduz custos, e a redução de custos é uma obrigação compartilhada por fabricantes e subfornecedores.

A Figura 4.8 mostra que a maioria dos grandes fornecedores da Toyota já fez parte da Toyota Motor Corporation. Como cada um deles pode ser visto simplesmente como mais um processo de produção da planta da Toyota, os problemas citados anteriormente não existem entre essas companhias.

O Sr. Taiichi Ohno, desenvolvedor original do Sistema Toyota de Produção, afirma:

> Para tornarmos o Sistema Toyota de Produção verdadeiramente eficiente, devemos reconhecer suas limitações. Somente se a Toyota compartilhar a sua metodologia de gestão com os nossos parceiros como se fosse uma companhia única é que ela será capaz de se aproximar da realização perfeita desse sistema. Por isso, a Toyota está aprimorando as capacidades de nossos parceiros ao enviar nosso pessoal de engenharia industrial até eles.

Em resumo, as fabricantes mãe precisam ensinar os fornecedores a implementar o sistema Toyota, e ao mesmo tempo o fornecedor também precisa aceitar tal orientação a fim de alcançar melhorias reais. Com a existência de tal relação de toma-lá-dá-cá, os prédios de armazenamento estão inclusive desaparecendo nos terrenos dos parceiros da Toyota, incluindo dos parceiros de segundo e terceiro níveis.

É preciso acrescentar, porém, que é um tanto difícil para um fornecedor introduzir um sistema *kanban* de forma independente, a menos que a sua companhia mãe faça a expedição dos cartões *kanban* de fornecedor em quantidades sincronizadas.

Finalmente, outro problema precisa ser brevemente mencionado: ainda que não haja uma óbvia resistência contra o Sistema Toyota de Produção entre os trabalhadores da Toyota, algumas pessoas acham que esse sistema acaba forçando uma intensificação do trabalho. No momento atual, é difícil justificar tal alegação com dados objetivos. Se levarmos em consideração o crescente número de sugestões por trabalhador ao ano, vemos que os trabalhadores são bem respeitados nesse sistema. O modo como a Toyota resolveu o conflito entre produtividade e as pessoas é algo que analisaremos no Capítulo 26. (Veja também Muramatsu, Miyazaki e Tanaka, 1980, 1981.) É bastante óbvio que o Sistema Toyota de Produção não pode ser implementado numa companhia ou numa organização em que um sindicato trabalhista se oponha a aumentos na produtividade. Esse ponto pode representar a condição fundamental que irá restringir a implementação do Sistema Toyota de Produção. A menos que haja oposição por parte de um sindicato trabalhista, esse sistema pode ser implantado em qualquer companhia de qualquer país.

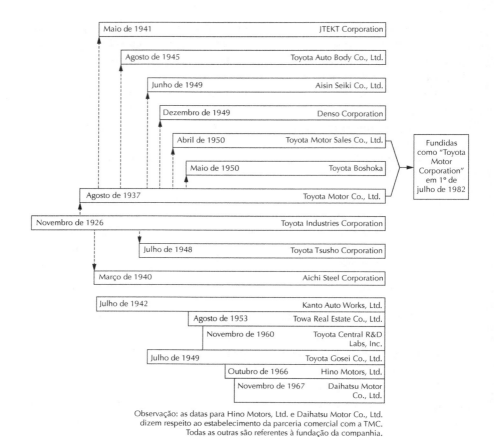

FIGURA 4.8 Constituição do grupo Toyota.

§ 6 CIRCULAÇÃO DE *KANBAN* DE FORNECEDOR NO FABRICANTE MÃE

A linha de produção costuma estar situada a uma pequena distância do armazém de materiais ou de peças, e em tais situações os seguintes passos serão dados para requisitar materiais ou partes junto ao fornecedor (o número de cada passo corresponde ao número na Figura 4.9):

1. Quando um trabalhador na linha de produção vê uma caixa de material se esvaziar, ele aperta o interruptor ao lado da linha.

2. O *andon* de chamada de material situado ao lado do armazém de materiais ativará uma lâmpada logo abaixo da placa de metal que indica o material em questão.
3. Ao mesmo tempo, uma grande luz vermelha se acende no armazém de materiais.
4. O transportador de materiais no armazém observará o *andon* de chamada de material para ver qual placa de metal está acesa.
5. Em seguida, o transportador leva a caixa contendo o material em questão para a linha. Essa caixa também contém um *kanban* de fornecedor, mas o transportador precisa destacá-lo antes de levá-lo até a linha de produção.
6. O *kanban* de fornecedor será levado até um posto de *kanban* de fornecedor, onde esses cartões *kanban* serão classificados para cada fornecedor da mesma maneira que um posto dos correios classificaria cartas para cada endereço.
7. Os cartões *kanban* de fornecedor processados e classificados serão repassados ao motorista do caminhão para a entrega subsequente ao fornecedor. As caixas vazias já foram carregadas para dentro do caminhão do motorista.

A placa de metal para cada tipo de material, que faz parte do *andon* de requisição de material, é essencialmente um tipo de *kanban de retirada*. Na Aisin Seiki Company, Ltd., essa placa é chamada de *kanban*, e não há cartões *kanban* nas caixas de material ao lado da linha de produção. Contudo, embora o autor tenha visto certa vez placas de metal similares na planta Honsha da Toyota, a Toyota estava chamando essa placa de metal de *kanban* "Moeda". Cada uma das caixas de material ao lado da linha contém um *kanban* padrão de fornecedor.

A planta Honsha da Daihatsu Motor Company, Ltd., que tem uma parceria comercial com a Toyota, também está usando um arquivo de placas deslizantes conforme mostrado na Figura 4.10. Nessa planta, a placa de metal, que é realçada por uma lâmpada, é colocada no fichário de placas deslizantes de acordo com a ordem de ativação da sua lâmpada. Em seguida, o transportador retira a placa do fundo desse fichário, coleta os materiais indicados pelas placas em diversos armazéns da planta e leva-os até a linha. O *andon* de chamada de material ou o painel de placas de metal tem a sua forma definida por cada companhia, assumindo diferentes formas em cada uma delas. Os detalhes do *andon* de chamada de material e das placas de metal serão explicados como um *sistema de táxis* no Capítulo 17.

O lado interno de um posto de *kanban* de fornecedor é parcialmente mostrado na Figura 4.11. O posto fica localizado ou ao lado ou dentro da área de armazenagem de material. O *kanban* de fornecedor destacado no processo de fabricação e levado até ali será introduzido no seletor de *kanban* (também chamado de leitor de *kanban*), que

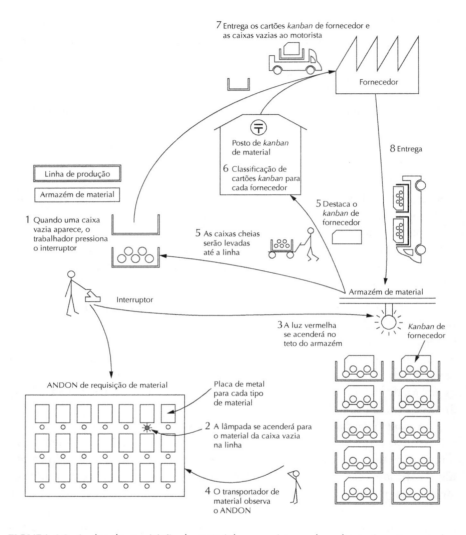

FIGURA 4.9 *Andon* de requisição de material para o sistema de reabastecimento posterior.

faz automaticamente a triagem dos cartões *kanban* de fornecedor para cada fornecedor. Conforme o seletor faz a leitura do código de barras no *kanban*, esses dados podem ser transmitidos de forma simultânea e eletrônica para o fornecedor via EDI (*electronic data interchange*, ou intercâmbio eletrônico de dados) baseado em linhas dedicadas.

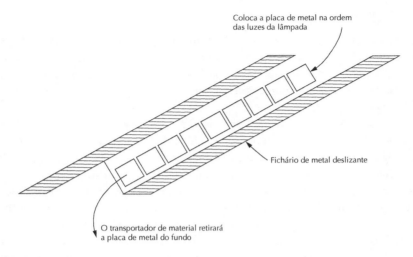

FIGURA 4.10 Fichário deslizante de placas de metal.

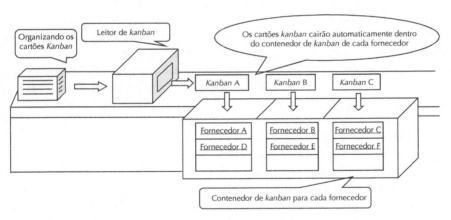

FIGURA 4.11 Posto de *kanban* de fornecedor. (Adaptado de Aoki, M. 2007. *Full Illustration of the Systems of Toyota Production Plant*, Nihon-Jitsugyou Shuppansha, p. 66.)

Nesse posto de correio, um membro do pessoal recolhe os cartões *kanban* divididos dentro do contenedor *kanban* de cada fornecedor e coloca-os no posto de *kanban* de fornecedor ao lado desse contenedor.

Quantidade de estoque de peças compradas

Na planta de soldagem de carroceria da Daihatsu, a quantidade de estoque de peças compradas cujo suprimento se dá duas vezes ao dia é igual a quantidade de uma unidade de entrega mais o estoque de segurança. A quantidade de peças que chegam cinco vezes ao dia é igual a uma entrega, ou a um quinto de um suprimento diário, mais o estoque de segurança.

Na planta Shatai da Toyota, responsável pela montagem de carrocerias, o ciclo de entregas é de 1-10-6. Isso significa que a quantidade de estoque é igual a um tempo de entrega mais o estoque de segurança, um total diário de *dez* entregas são realizadas, e uma entrega demandada por *kanban* é atendida por seis viagens após o *kanban* ter sido expedido para a Toyota Shatai. O tempo de deslocamento desde a fabricante de carrocerias (situada na cidade de Nagoia) até a planta de soldagem é de três horas. Ainda assim, imprevistos na estrada às vezes fazem com que as unidades já iniciadas e unidades em trânsito cheguem até a planta ao mesmo tempo. Nesse caso, é possível, através de um telefonema, fazer a Toyota Shatai interromper o próximo lote, mas é impossível evitar a chegada das peças já a caminho até a planta.

Em termos gerais, o estoque a ser usado durante um quarto de turno – ou seja, para duas ou três operações – deve estar armazenado em conformidade com as peças compradas. No entanto, quando é esperado um aumento na produção de um modelo específico, ou durante uma época de fortes nevascas, o estoque é aumentado.

O número de cartões *kanban* é ajustado mês a mês em conformidade com o volume de produção para cada mês. E se surgirem complicações na sede do fornecedor, acarretando em atraso no suprimento, o que deve ser feito? Dois motivos comuns para atrasos no suprimento são (1) má utilização do *kanban* e (2) problemas nas instalações do fornecedor.

O primeiro caso talvez precise de uma explicação. Um fornecedor no país muitas vezes é pequeno e a sua capacidade de produção pode ser insuficiente para se adaptar às demandas do fabricante sinalizadas via *kanban*. Contudo, a cada mês, as exigências previstas para cada tipo de modelo são comunicadas pela planta com três meses de antecedência para o fornecedor. Além disso, são feitas duas confirmações da demanda real no mês precedente ao da entrega. Dessa forma, o fornecedor deve ser capaz de evitar atrasos causados por limitação de capacidade por meio da produção e da estocagem necessária durante os meses anteriores.

Em contraste, se um fornecedor está situado próximo ao fabricante, este pode expedir transportadores especiais até o fornecedor ou solicitar a entrega de peças rapidamente por táxi. Mesmo que a planta do fornecedor esteja localizada na cidade de Nagoia, peças pequenas como parafusos e rolamentos podem ser transportadas por trem-bala ("trem *shin-kan sen*") e o fabricante (Daihatsu) só precisa esperar pela sua chegada na estação de Shin-Osaka.

Eventualmente, as entregas vindas do distrito de Nagoia para a planta da Daihatsu são feitas em intervalos de dez minutos, e sete ou oito empresas de transporte são usadas. Além disso, o número máximo de entregas por dia feita por um fornecedor em particular é de 20.

§ 7 EXEMPLOS PRÁTICOS DE SISTEMA DE ENTREGA E CICLO DE ENTREGA

A planta de Kyoto da Japan Glass Sheet Company, Ltd. possui cerca de 500 funcionários e produz entre 600.000 e 700.000 metros quadrados de vidro por mês. As entregas para a Toyota são feitas com base no sistema *kanban*; no entanto o sistema *kanban* não é usado no interior da planta. As características do sistema *kanban* nessa planta estão mostrados na Figura 4.12.

A Japan Glass Sheet Company, Ltd. contrata uma empresa de transportes para a entrega de cartões *kanban* pela Toyota. (Na verdade, essa companhia de transportes é uma das muitas companhias afiliadas à Toyota.) Depois de entregues, os cartões *kanban* são colocados em um posto de *kanban* dividido em diversas seções para cada viagem de suprimento. Um *kanban* é inserido, então, em cada palete contendo produtos, com um *kanban* por palete. Se o número total de paletes for diferente que o número de cartões *kanban*, a Toyota precisará manter um estoque em excesso. Para evitar esse problema, os paletes são conferidos para assegurar que os cartões *kanban* apropriados estão afixados.

Número de viagens de suprimento e cronograma de entregas de cada planta

Analisemos agora o número de viagens de suprimento a cada planta da Toyota. A planta Tsutsumi, por exemplo, é abastecida 16 vezes ao dia, e as unidades (vidros) são descarregadas em dois locais da planta. A planta Motomachi é abastecida 10 vezes ao dia em três locais. Detalhes sobre o número de entregas a cada planta são mostrados na Figura 4.13.

O número total de viagens para cada planta totaliza 39. Se todas essas viagens fossem feitas individualmente, os custos com transporte se multiplicariam e seriam bem caros. Como um caminhão de 11 t é usado para essas entregas, a sua capacidade é de mais do que uma viagem. Portanto, um cronograma com um total de 20 viagens foi elaborado. Os destinos e as viagens foram consensados com base em proximidade, quantidade e peso da carga. A combinação de destinos é mostrada na Figura 4.14.

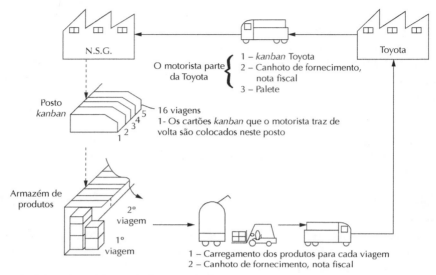

1 – Entrega de produtos a cada viagem por *kanban*
2 – Insere o *kanban* no palete dos produtos
* Faz a correspondência do *kanban* com um cartão de indicação

FIGURA 4.12 Circulação de *kanban* de fornecedor.

Número de Levas para Cada Planta da Toyota/Di
1 para planta Tsutsumi..16 viagens (2 locais)
2 para planta Motomachi..10 viagens (3 locais)
3 para planta Takaoka..6 viagens (3 locais)
4 para planta Tahara..4 viagens (4 locais)
5 para planta Hino...3 viagens (1 local)

FIGURA 4.13 Número de tempos de entrega para cada planta.

Essa tabela de horários se baseia em 16 viagens para a planta Tsutsumi combinadas com viagens para a planta Motomachi e para a planta Takaoka. A primeira viagem para a Tsutsumi, por exemplo, está combinada com a primeira viagem para a Motomachi. Da mesma forma, a segunda viagem para a Tsutsumi está combinada com a segunda viagem para a Motomachi. Em seguida a terceira viagem está combinada com a primeira viagem para a Takaoka.

As quatro viagens para a planta Tahara da Toyota são acrescentadas a essa tabela de horários na forma de viagens independentes, já que a planta encontra-se em um local isolado. Como a quantidade de carga para as três viagens para a Hino Motorcycle

Capítulo 4 • *Kanban* de fornecedor e a sequência de programação usada ...   85

Número de entregas para cada planta				Partida da Japan Glass Sheet Co., Ltd.	Chegada na Toyota	Horário de chegada de *kanban*	* Ciclo de entrega de cada planta
Tsutsumi	Motomachi	Takaoka	Tahara				
1	1			3:20	8:00	13:30	1 – planta Tsutsumi 1 - 16 - 16
2	2			5:10	9:10	15:20	
3		1		4:10	8:20	14:20	
4	3			7:40	11:30	17:30	2 – planta Motomachi 1 - 10 - 10
5		2		7:20	11:20	17:30	
6	4			11:10	14:10	23:20	
7	5			12:20	15:50	0:30	3 – planta Takaoka 1 - 6 - 6
8		3		11:50	15:20	1:00	
9	6			14:20	21:00	2:30	
10	7			16:10	22:10	4:20	4 – planta Tahara 1 - 4 - 5
11		4		15:10	21:20	3:20	
12	8			18:30	0:30	6:50	
13		5		18:20	0:20	6:30	5 – planta Hino 1 - 2 - 4
14	9			0:10	3:40	10:20	
15	10			1:20	4:50	11:30	
16		6		1:50	4:20	11:00	
			1	21:00	7:50	7:00	
			2	5:00	12:50	15:00	
			3	10:00	20:50	20:00	
			4	16:00	1:50	4:00	
Obs.: esse cronograma de entregas se baseia no ciclo da planta Tsutsumi. As entregas para Motomachi e Takaoka são estabelecidas dentro deste ciclo e as entregas para Hino são repassadas na cidade de Toyoda e depois são entregues pela viagem da Toyota.							

FIGURA 4.14 Cronograma de entregas para a Toyota.

Company não é muito grande, elas são incluídas nas 16 viagens para a Tsutsumi e são transportadas com a terceira, a oitava e a décima primeira viagem para a Tsutsumi.

O ciclo de entregas para cada planta está escrito no lado direito dessa tabela. Embora tenhamos mencionado o ciclo de entregas antes no Capítulo 3 (veja a Figura 3.4), examinemos esse conceito novamente com exemplos reais. Os dois primeiros números, 1 e 16, no ciclo de entregas para a planta Tsutsumi (1-16-16) mostram que há 16 viagens de entregas para a Tsutsumi a cada dia. O último número, 16, significa que a entrega enviada por um *kanban* de fornecedor é realizada, na verdade, 16 viagens após o *kanban* de fornecedor chegar à planta de vidros. No caso da planta

Tahara, o ciclo de entrega é 1-4-5. Isso significa que as entregas ocorrem quatro vezes ao dia, mas que elas acontecem cinco viagens após o *kanban* chegar.

O suprimento para Tsutsumi, ordenado por um *kanban* de fornecedor levado de volta para a Toyota com a primeira viagem, é entregue com a primeira viagem do dia seguinte para a Tsutsumi. O último número no ciclo de entregas é determinado pela distância entre a planta da Toyota e a planta do fornecedor, e não pelo tempo de atravessamento de produção da planta do fornecedor. Em resumo, o tempo de transporte é a questão fundamental. Por isso, uma planta de peças perto da Toyota poderia suprir em um ciclo 1-16-4.

O sistema *kanban* e a adaptação a emergências

De que forma o sistema *kanban* consegue se adaptar a emergências? A planta fica a 200 quilômetros de distância da Toyota e a viagem só de ida leva 3,5 horas de caminhão. Caso surjam complicações pelo caminho, o suprimento JIT para a Toyota fica impossível e ela será forçada a interromper as operações. Pode ocorrer, por exemplo, uma forte nevasca em Sekigahara ou um grande engarrafamento num feriado nacional. Para lidar com emergências, a planta dispõe de áreas de armazenamento chamadas de "estações" a 30 minutos de distância da planta. No inverno, o estoque fica armazenado nessas áreas durante dois dias, e durante um dia nas outras estações do ano. Trata-se de um estoque de segurança. Ademais, para evitar um atraso na produção, há uma outra área de armazenamento dentro da planta, ao lado da área de armazenamento de remessas para uso exclusivo de *kanban*, descrita anteriormente. Essa área é capaz de armazenar estoque para 0,6 meses.

Para que o sistema *kanban* seja completamente eficiente, as condições no processo de produção dos fornecedores são muito importantes. Os fornecedores precisam ser flexíveis e se adaptarem a flutuações na produção quando recebem demandas da Toyota. Quebras de máquinas, por exemplo, não devem ocorrer na planta do fornecedor. O sistema *kanban* só pode funcionar da forma apropriada se a planta mantiver uma alta taxa real de operação.

É necessário ter uma estratégia para lidar com os problemas causados por fenômenos climáticos e problemas de tráfego. Rotas rodoviárias alternativas foram estabelecidas para essas ocorrências. Além disso, as plantas contam com o seu próprio processo de três passos para avaliar e lidar com atrasos e emergências. São eles:

    Passo 1 – Atenção: Caso seja esperado um atraso inferior a duas horas, o problema pode ser contornado consultando-se a companhia de transportes.

    Passo 2 – Alerta: Caso haja um atraso superior a duas horas, a própria planta toma as suas medidas e cumpre, assim, um papel central.

Passo 3 – Emergência: Caso haja um atraso superior a três horas, um quartel-general emergencial é acionado nessa planta e o estoque na "estação" da planta perto da Toyota é usado.

Por fim, quando os cartões *kanban* e as unidades não fluem sincronizadamente por causa de um problema na Toyota, ainda que isso seja raro, isso é resolvido ajustando-se o número da cartões *kanban* vindos da Toyota.

5
A produção sincronizada ajuda a Toyota a se adaptar a mudanças na demanda e a reduzir os estoques

O objetivo final do Sistema Toyota de Produção é aumentar o lucro por meio da redução de custos. A redução de custos é alcançada pela eliminação dos desperdícios; os desperdícios são identificados e eliminados pela produção *just-in-time* (JIT). Nas vendas, o conceito de JIT é realizado fornecendo-se produtos vendáveis apenas nas quantidades vendáveis. Essa situação é caracterizada como uma produção adaptável a mudanças na demanda. Como resultado estoques em excesso de produtos acabados podem ser eliminados.

Na Toyota, a forma para adaptar a produção à demanda variável é chamado de *sincronização da produção*. O conceito de sincronização da produção envolve a máxima redução possível da variação de quantidades numa linha de produção. As seções a seguir destacam duas fases do processo de sincronização da produção – *sincronização da quantidade total de produção* e *sincronização da quantidade de produção de cada modelo* – para uma melhor compreensão.

§ 1 SINCRONIZAÇÃO DA QUANTIDADE TOTAL DE PRODUÇÃO

A sincronização da quantidade total de produção é feita para minimizar a oscilação na produção total entre dois períodos subsequentes. Em resumo, a meta da sincronização da produção é produzir a mesma quantidade de produtos a cada período (geralmente, a cada dia).

Embora a demanda por automóveis possa se alterar largamente dependendo da estação do ano, afetando, assim, os volumes mensais de produção, a sincronização da produção permite que os volumes diários de produção permaneçam constantes. Vejamos, por exemplo, a produção em massa do Corolla. Inicialmente, é feito uma programação quantitativa de produção por mês, baseado na previsão de demanda. Esse número é simplesmente dividido, então, pelo número de dias de operação no mês, para calcular o volume diário de produção. Dessa maneira, pode ser possível desenvolver um plano determinando a produção diária desejada de carros. Isso é a *sincronização da quantidade total de produção*.

Usando-se esse conceito, a prioridade é manter a programação de produção diária para o modelo Corolla como um todo. Modelos Corolla que sejam uma variação do modelo básico não são levados em consideração nesse conceito.

Outra consideração é que a quantidade demandada dentro de um mês não é constante. A demanda por carros, por exemplo, no início de um mês pode ser alta e depois cair durante a segunda quinzena. Sob tal condição, se o mesmo número de carros for produzido a cada dia, seriam necessários estoques para suprir carros suficientes para atender à demanda no início do mês, ao passo que um excesso de estoque se acumularia ao final do mês devido à redução na demanda. Consequentemente, quanto menor o período abrangido por um plano mestre de produção, melhor será para executar a *sincronização da quantidade total de produção*; isto é, um plano de 15 dias é melhor do que um plano mensal, enquanto que um plano semanal é ainda mais desejável.

Por outro lado, se o período de tempo do plano mestre de produção for curto demais, então a sincronização da quantidade total de produção desaparecerá. Em outras palavras, ao se fazer um plano de produção de acordo com as demandas propriamente ditas que variam a cada dia, a função da sincronização da quantidade total de produção produziria apenas a média do volume horário de produção e não nivelariam a produção total em um mês. Além disso, grandes flutuações no volume diário de produção forçam a planta a alterar o número de trabalhadores a cada dia, levando, assim, a desperdício de pessoal especialmente numa planta em que a realocação diária de trabalhadores é inviável. Afinal de contas, o objetivo original da sincronização da quantidade total de produção é nivelar ao máximo a quantia diária de produtos fluindo por meio da antecipação de picos e quedas na demanda. Isso é necessário para evitar o surgimento de desperdícios em geral no sistema de produção como um todo.

Existem dois tipos de desperdício. Primeiro, em plantas em que os produtos são produzidos em diversas quantidades, as instalações, as pessoas, os estoques e outros elementos da planta necessários para a produção são preparados e determinados pelo pico da demanda. Como resultado, durante períodos de baixa operação, a planta tende a apresentar desperdícios na forma de pessoal e de estoques, quando comparada a um período de pico. Esses desperdícios surgem a partir de *períodos desnivelados de demanda*.

O segundo tipo de desperdício ocorre em processos (especificamente linhas de montagem final) em que a sincronização da quantidade total de produção ainda não foi implementada e em que a produção ocorre de maneira variada. Como no sistema de puxar um processo precedente prepara as suas unidades de modo apropriado em quantidades correspondendo à quantidade de pico retirada pelo processo subsequente, segue-se daí que haverá a formação de excesso de pessoal e de estoques. Neste caso, o desperdício ocorre *entre processos*.

Oscilações na quantidade total de produção numa linha de montagem final na Toyota forçam os fabricantes de autopeças a terem um excesso de trabalhadores e de estoque, pois o sistema de puxar (*kanban*) conecta os processos na Toyota com as empresas terceirizadas. Para praticar a sincronização da quantidade total de produção sem a ocorrência de desperdícios entre os processos, a linha de montagem final e todos os processos precisam produzir produtos de acordo com o tempo takt*. Isso significa que o equilíbrio entre os processos (sincronização) será completamente realizada se cada processo predecessor finalizar suas operações no mesmo ritmo dentro do tempo takt para todas as especificações. O tempo takt para a operação como um todo é calculado dividindo-se o número de horas operacionais por dia (480 minutos ou 960 minutos) pela média do volume diário de produção na linha de montagem final. A partir da Figura 5.1, fica óbvio que o número de trabalhadores necessários corresponde a esse tempo takt. (A Figura 5.1 mostra o plano mestre de produção com intervalos de duas semanas na planta de motocicletas da Kawasaki Heavy Industries.) Nessa figura, a realocação de trabalhadores dentro de uma linha é feita a cada meio mês.

	Março										
Data	1	2	3	...	14	15	16	17	18	...	30	31
Quantidade de produção	250	245	245	...	250	250	205	200	200	...	205	205
Número total de trabalhadores	54	54	54	...	54	54	44	44	44	...	44	44
Frequência dos trabalhadores	52	52	52	...	51	52	41	42	43	...	42	41
Tempo de parada de linha (min.)	88	80	53	...	90	87	83	80	75	...	84	78
Tempo de ciclo (seg./unidade)	120	120	120	...	121	121	140	144	144	...	140	140

FIGURA 5.1 Plano mestre de produção dividido em intervalos de duas semanas.

*Nota de Revisão: Tempo takt é o tempo necessário para produzir uma unidade de produto ao ritmo ditado pela demanda.

Flutuação da demanda e plano de capacidade de produção

O quadro de funcionários apresentado na Figura 5.1 diz respeito a março, o mês em que a demanda dos clientes se encontra no pico. De acordo com a programação, o volume predeterminado de produção por dia do dia 1º ao dia 15 do mês foi de 250 carros, enquanto entre o dia 16 e o dia 31 ele caiu para cerca de 200. Por isso, 54 trabalhadores foram alocados no início do mês e 44 foram alocados para o final do mês. Na figura, 54 trabalhadores foram alocados para trabalhar no dia 2 de março, mas apenas 52 trabalhadores compareceram de fato, levando a linha a parar por 80 minutos nesse dia. Os tempos de parada da linha costumam aumentar proporcionalmente ao número de faltas ao trabalho.

Adaptação a aumentos na demanda

No final do mês, cada linha é informada da quantidade média diária para o mês seguinte para cada modelo. Essas informações e outros dados para planejamento são calculados por um computador no departamento central de controle de produção.

Depois que um processo de produção recebe a sua programação mensal para a produção média diária, a carga em uma máquina costuma ser ajustada em aproximadamente 90% de sua capacidade total, e cada trabalhador, operando como um funcionário multifuncional, pode dar conta de até dez máquinas. Quando a demanda cresce, trabalhadores temporários são contratados e cada funcionário passa a controlar menos do que dez máquinas, possibilitando, assim, 100% de utilização da capacidade das máquinas. (É preciso, porém, contar com máquinas em que até mesmo recursos humanos recém contratados e sem total qualificação sejam capazes de se tornarem completamente habilitados em três dias.) Nas linhas de montagem, por exemplo, se um único trabalhador cumpria com sua tarefa dentro de um tempo takt de dois minutos, ele será capaz de cumprir com a mesma tarefa dentro de um tempo takt de um minuto depois que o número de trabalhadores tiver aumentado. Como resultado, a quantidade produzida pode dobrar. Essa abordagem também será aplicada a planos de longo prazo para aumento de capacidades de trabalhadores e máquinas.

A Toyota consegue se adaptar a um aumento na demanda num prazo relativamente curto ao antecipar o comparecimento mais cedo no trabalho e realizar horas extras, preenchendo horários não agendados entre o primeiro turno (das 8 da manhã às 5 da tarde) e o segundo turno (das 9 da noite às 6 da manhã). Dessa forma, é possível aumentar a capacidade de produção em mais de 37,5% (o que corresponde a 6 horas adicionais de trabalho/16 horas regulares de trabalho). Além disso, diversas melhorias no âmbito de cada processo produzem tempo extra que pode ser usado durante um período de aumento na demanda.

Adaptação a quedas na demanda

A adaptação a quedas na demanda é consideravelmente mais difícil do que a adaptação a um aumento na demanda. Em processos de fabricação de peças, o número de máquinas operadas por trabalhador acaba aumentando, pois os trabalhadores temporários serão desligados. Na linha de montagem, o tempo takt acaba aumentando devido à quantidade reduzida de demanda. De que modo, então, a mão de obra excedente deve ser utilizada? A Toyota acredita que é preferível dar um descanso aos trabalhadores extras do que optar por produzir estoque desnecessário. A seguir temos exemplos de atividades que podem ser organizadas durante um período ocioso:

- Transferir trabalhadores para outras linhas cuja demanda tenha aumentado.
- Reduzir as horas extras.
- Dar férias remuneradas.
- Promover reuniões de círculo de controle da qualidade.
- Praticar ações de preparação (Setup).
- Realizar serviços de manutenção e de reparo nas máquinas.
- Desenvolver ferramentas e instrumentos aprimorados.
- Realizar serviços de manutenção e conservação na planta.
- Produzir peças previamente compradas de fornecedores.

Embora a meta mais importante seja a melhoria do processo para atender à demanda com um número mínimo de trabalhadores, a Toyota não considera necessário minimizar o número de máquinas. Segundo a sua teoria, o melhor é contar com a capacidade exigida de máquinas para o pico de demanda e contratar trabalhadores adicionais (temporários ou sazonais) quando necessário para que a capacidade de produção efetiva possa ser facilmente ampliada. A maioria das companhias manufatureiras japonesas, inclusive a Toyota, emprega muitos trabalhadores temporários.

§ 2 SINCRONIZANDO A QUANTIDADE DE PRODUÇÃO DE CADA MODELO

A sincronização da quantidade de produção de um modelo é uma ampliação da ideia de sincronização da quantidade total de produção. Tendo em vista que os automóveis apresentam milhares de especificações para diversas combinações de tipos de carroceria (isto é, sedãs, *hardtops*, *wagons*, etc.) o que aconteceria se a linha de montagem final produzisse um único tipo de carroceria o dia inteiro? Vejamos, por exemplo, qual seria a eficiência de uma linha de montagem final que produzisse sedãs num

	Rendimento Mensal	Rendimento por Turno	Tempo Takt
A	9.600 unidades	240 unidades	2' = 480/240
B	4.800 unidades	120 unidades	4' = 480/120
C	2.400 unidades	60 unidades	8' = 480/60
	16.800 unidades/mês	420 unidades/turno	1,14' = 480/420

FIGURA 5.2 Sincronização da quantidade de produção e do tempo takt de cada modelo.

dia, *hardtops* no outro e vans um dia depois. Um processo precedente que fabricasse as autopeças para os sedãs teria trabalho para fazer durante um dia da semana, mas só o retomaria depois de dois dias. O mesmo seria verdade para as linhas dedicadas às vans e aos *hardtops*. Entretanto, se cada linha de submontagem completasse a sua capacidade total de produção de todos os tipos de estoque a cada dia sem qualquer interrupção de operações, a quantidade de autopeças acabadas seria bem grande – cerca de três ou quatro vezes a quantidade produzida pela produção sincronizada. O desperdício associado à superprodução em processos ou submontagens precedentes é considerável. Acaba se tornando aparente, então, que a sincronização da quantidade de produção de cada modelo é uma exigência obrigatória.

Suponha que 16.800 Corollas precisem ser produzidos em um mês que tem 20 dias operacionais. Novecentos e seis sedans (A), 4.800 *hartops* (B) e 2.400 *wagons* (C) são necessários. Sob uma operação em dois turnos por dia, cada turno precisa produzir 240 sedans, 120 *hardtops* e 60 *wagons* por dia. (Veja a Figura 5.2.) Aqui, o tempo takt é determinado dividindo-se 480 minutos pelo volume de produção por turno. De acordo com esse cálculo, um produto A precisa ser produzido em 2 minutos e um produto B, em 4 minutos. Sendo assim, em média, um carro de qualquer tipo precisa ser produzido em 1,14 minuto.

Em resumo, o objetivo da sincronização da quantidade de produção de cada modelo é verificar oscilações no fluxo da variedade de cada produto entre períodos (dias). A meta é nivelar a quantidade de autopeças consumidas e produzidas a cada período, pois se existissem grandes oscilações na quantidade diária consumida de autopeças de uma variedade específica, as linhas de submontagem em questão teriam de manter um enorme excesso de estoque e de mão de obra.

Sequência de programação para a introdução de modelos

Todas as variedades de produtos podem ser produzidas de acordo com o tempo takt de todas as variedades, contanto que o tempo takt de cada modelo seja levado em consideração ao se determinar a sequência de cada modelo. A Figura 5.3 mostra a sequência de programação para a produção sincronizada da Toyota.

A Figura 5.4 mostra a produção em lotes, na qual a produção ocorre na velocidade normal da própria linha, ao invés de na velocidade ditada pela demanda de mercado. Esse tipo de produção pode acarretar em oscilações nos volumes necessários de cada peça de submontagem. No entanto, mesmo usando a produção em lotes, muitas companhias são capazes de alcançar a sincronização da produção utilizando uma quantidade diária de produção. Isso vale em plantas em que o número exigido de produtos é transportado para a loja de varejo uma vez ao dia, assim como acontece com a entrega de autopeças para a companhia. Como resultado, a quantidade de autopeças a serem fornecidas não varia muito. Companhias que empregam a produção em lotes provavelmente nunca alcançarão a máxima sincronização da produção – a reação ao ritmo de vendas de cada produto vendido no mercado. Para ilustrar essa questão, considere o exemplo a seguir.

Assumindo que o método de produção em lotes está sendo usado, suponha que uma planta introduz o sistema *kanban* e força os seus fornecedores a fazerem entregas de autopeças a cada hora. Os fornecedores sofrerão com as grandes oscilações em quantidades retiradas a cada hora. A menos que a quantidade se torne constante, os fornecedores precisarão preparar estoque extra para se adaptarem às demandas horárias.

Na Toyota, o conceito de produção sincronizada também é aplicado à diferença em homem-horas necessárias para produzir carros diferentes na mesma linha. A Toyota classifica os diversos carros numa linha de produção de acordo com a quanti-

FIGURA 5.3 Sequência de programação da produção sincronizada.

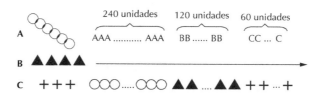

FIGURA 5.4 Produção em lotes.

dade de homem-horas necessárias para cada tipo de produto em três grupos: grande, médio e pequeno. Cada um desses grupos ainda é subidentificado por uma cor específica: vermelho, branco ou amarelo.

Suponha que as homem-horas necessárias para produzir A, B e C na mesma linha são de 70 minutos, 50 minutos e 60 minutos, respectivamente. Se os carros forem produzindo numa certa sequência, como, por exemplo, A, B, C, A, B, C, a linha jamais pararia, pois o tempo takt dessa linha é de 60 minutos. Veja a Figura 5.5. Entretanto, se o produto A (Figura 5.6) for produzido em lotes, essa linha temporal em ciclos de 60 minutos não conseguirá completá-lo, já que A necessita de um tempo de ciclo de 70 minutos. Isso acarretaria numa parada da linha. Para evitar que a linha pare, o número de trabalhadores precisaria ser aumentado para completar o trabalho dentro de 70 minutos, o pico de tempo takt operacional.

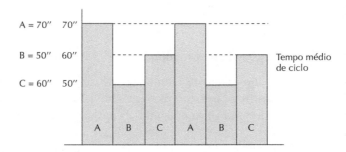

FIGURA 5.5 Sequência de programação que possibilita a montagem dentro do tempo takt.

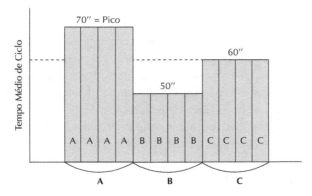

FIGURA 5.6 Sequência de programação que acarreta em parada da linha.

As homem-horas também podem ser sincronizadas da mesma maneira que a sequência de veículos. Essa questão será explicada em mais detalhes no método de perseguição de metas descrito no Capítulo 20.

Incidentalmente, o que suscitou a sincronização da quantidade de produção de cada modelo foi a tendência de se produzir veículos correspondendo à diversificação das necessidades no mercado. Em outras palavras, se o mercado não houvesse demandado tal diversificação, a mera sincronização da quantidade total de produção já seria capaz de satisfazer às mudanças na demanda. Entretanto, conforme aumenta a produção segundo especificações diversas, a realização da sincronização da quantidade de produção de cada modelo se torna mais difícil.

Em primeiro lugar, conforme o número de modelos diversos aumenta, o número de lotes também aumenta, juntamente com as ações de preparação para cada processo precedente. Em contrapartida, caso se deseje uma redução na frequência de preparações nos processos precedentes, o tamanho dos lotes precisaria ser aumentado a cada processo precedente, e pilhas consideráveis de estoque de peças acabariam se formando como resultado.

Exemplo de folha de sequência de programação

Tipicamente, as linhas de montagem de automóveis são caracterizadas como linhas de montagem de modelos diversos em que diferentes modelos de carros são fabricados. Como um exemplo, examinemos uma linha de montagem de motocicletas na Kawasaki Heavy Industries.

Nessa linha de montagem, diferentes tipos de motocicletas são montadas na linha em uma ordem aleatória. O mesmo tipo de motocicleta é fabricado sucessivamente em lotes de cinco unidades, no lugar do tamanho ideal de lote, de uma motocicleta. Todas as autopeças necessárias para a produção de cinco motocicletas são encomendadas como um lote.

Essa planta possui quatro linhas de montagem principais e monta 50 modelos diferentes. O intervalo de tempo de montagem necessário para cada modelo é diferente. Se os tempos de montagem para dois modelos sequenciais forem muito diferentes, eles simplesmente passam a ser montados de forma não sequencial, e alguns modelos dentre os outros cinco tipos de motocicletas são inseridos na linha de produção para aproveitar qualquer tempo ocioso. A Figura 5.7 mostra a sequência de produção propriamente dita para a linha de montagem F-3.

Retirada sequencial de motores

A montagem final é feita da seguinte maneira na fábrica Takaoka da Toyota. Caminhões trazem 12 motores por vez para a planta em intervalos regulares de 10 a 15

Capítulo 5 • A produção sincronizada ajuda a Toyota a se adaptar a... 97

| Folha de Instrução de Produção da Linha F-3 ||||||
| Data ||| Kawasaki Heavy Ind. (motocicletas) Departamento de Fabricação |||
Sequência	Modelo	Espec.	Cor	Tamanho do lote
16-001	ZX 400D	C 101	PRT	5
16-002	ZX 400F	A 101	PRT	5
16-003	ZX 600C	A 402	VER	5
16-004	ZX 400D	C 101	PRT	5
16-005	ZX 600C	A 201	VER	5
16-006	KZ 750P	E 405	VER	5
16-007	ZX 400D	C 101	PRT	5
16-008	ZX 400F	A 101	PRT	5
16-009	ZLT 00A	A 303	AZL	5
16-010	ZX 400D	C 101	PRT	5
16-011	ZX 600C	A 201	VER	5
16-012	ZX 600c	A 402	VER	5
16-013	ZX 400D	C 101	PRT	5
16-014	KX 600A	C 402	PRT	5
16-015	ZX 400D	C 101	PRT	5
16-016	ZX 600C	A 402	BRC	5
16-017	ZX 400F	A 101	PRT	5
16-018	ZX 400D	C 101	PRT	5
16-019	ZX 550A	D 405	PRT	5
16-020	ZX 600C	A 201	VER	5
16-021	KZ 400D	C 101	PRT	5
16-022	ZX 600A	D 401	AZL	5
16-023	ZX 600A	C 402	PRT	5

FIGURA 5.7 Folha de sequência de programação para a linha de montagem F-3.

minutos. Esse processo permite que o estoque seja praticamente zerado. Os motores são descarregados e montados em transaceleradores, transmissões e assim por diante, antes de serem colocados na linha de montagem da carroceria do carro. Esse sistema de retirada sequencial é baseado no princípio de *quantidade constante e ciclo inconstante*.

A fábrica de motores produz motores de acordo com uma programação de produção correspondendo à produção de carrocerias, porque a montagem final começa apenas duas horas depois que a carroceria é pintada. Se a planta de montagem demandar a produção para a fábrica de motores após o processo de pintura, os motores necessários não poderão ser fornecidos a tempo. Se isso acontecer, há geralmente um pequeno estoque adicional de motores armazenados para que ajustes possam ser feitos.

A sequência de produção na linha de montagem final é: pedal acelerador, aquecedor, teto, painel de instrumentos, vidro traseiro lateral, vidro traseiro, fiação, tanque de combustível, motor e pneus. Os carros são suspensos na linha de montagem de chassi para o encaixe dos sistemas de suspensão, dos freios e dos sistemas de exaustão. Após a colocação das maçanetas e dos limpadores de para-brisa, o trabalho de montagem está completo e a detecção e os ajustes são realizados em cada carro.

Duas fases da sincronização da produção

A Figura 5.8 mostra a análise das duas fases da sincronização da produção. A primeira fase mostra a adaptação a mudanças mensais na demanda durante um ano (adaptação mensal), e a segunda fase mostra a adaptação a mudanças diárias na demanda durante um mês (adaptação diária). A primeira fase, da adaptação mensal, será cumprida pelo planejamento mensal da produção – a preparação de um plano mestre de produção que estabelece a média de produção diária de cada processo na planta. Esse plano mestre de produção se baseia numa previsão mensal da demanda.

A fase seguinte, da adaptação diária, é possibilitada pela expedição diária da produção. Aqui, o papel do sistema *kanban* é necessário para a sincronização da produção, já que a expedição diária da produção só pode ser alcançada usando-se o sistema de puxar. O sistema *kanban* e a sequência de programação proporcionam esse sistema. Somente quando uma sequência de programação está preparada para a linha de montagem de múltiplos modelos é que a Toyota realiza retiradas sincronizadas junto a seus fornecedores e submontagens.

Detalhes sobre um sistema de informações referente a programação mensal de produção e sobre a determinação da expedição diária da produção serão descritos no Capítulo 6.

Capítulo 5 • A produção sincronizada ajuda a Toyota a se adaptar a... 99

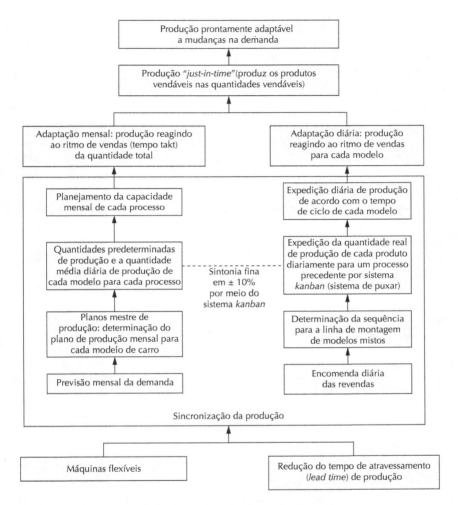

FIGURA 5.8 Estrutura geral da sincronização da produção na Toyota.

Máquinas flexíveis para suportar a produção sincronizada

Como a sincronização da produção requer a produção de diversas variedades de produtos na mesma linha a cada dia, ela necessariamente fica mais complicada e mais difícil de ser realizada conforme a variedade é demandada no mercado. Felizmente, a Toyota desenvolveu instalações para resolver o conflito entre variedade no mercado e o ideal da sincronização da produção, ou seja, máquinas multifuncionais na linha. A máquina com um objetivo exclusivo é um meio poderoso para reduzir os custos de produção em massa, mas ela não é adequada para produções a curto prazo. Sendo assim, é necessário adicionar dispositivos e ferramentas a tais máquinas dedicadas, transformando-as no tipo de máquinas universais exigidas nas plantas da Toyota.

Outra forma mecânica para dar suporte à sincronização da produção é o sistema de fabricação flexível (FMS – *flexible manufacturing system*). Em termos bem definidos, o FMS é um sistema de produção automática que consiste em um instrumento automático das máquinas, um sistema(s) automático de transporte, um sistema(s) de manuseio de material e um sistema de microcomputador que controla esses sistema(s). A função do FMS é controlar automaticamente a alteração das especificações, o tempo das máquinas, o tamanho do lote, etc., usando a programação de produção memorizado no microcomputador.

A introdução do FMS permite que uma fábrica responda a muitas variedades e a produções a curto prazo por meio de *hardware*. Às vezes, porém, tal progresso em *hardware* pode exigir investimentos significativos em instalações para dar suporte à produção. Em tais casos, o sistema pode vir a criar alguns problemas para fabricantes de médio e pequeno porte.

§ 3 COMPARAÇÃO DO SISTEMA *KANBAN* COM O MRP

Do ponto de vista da adaptação da produção a mudanças na demanda durante um mês, tanto o planejamento das necessidades de materiais (MRP – *material requirement planning*) quanto o sistema *kanban* visam realizar uma produção JIT. O MRP é um sistema que utiliza lista de material, estoque, dados de demandas em aberto, tempo de atravessamento (*lead time*) e planos-mestre de produção para calcular as exigências em termo de materiais.

Para a técnica MRP, o conceito de um *pulmão de tempo* (*time bucket*) é muito importante. Nesse sentido, um pulmão de tempo é um intervalo especificamente alocado no qual uma certa quantidade de unidades pode ser produzida. Em certo sentido, o conceito de pulmão de tempo pode ser visto no sistema *kanban* em um dia; porém, a *pulmão de tempo* típico do MRP costuma abranger pelo menos uma semana. Além dela, o MRP requer também o conceito de periodicidade (*phasing*) de tempo, que necessita da elaboração de uma programação entre os pulmões responsável pela expedição de peças para um produto usando dados de tempo de atravessamento.

O sistema *kanban* não necessita em sua essência esse conceito de periodicidade de tempo, já que ele se baseia na produção sincronizada. No entanto, o ciclo de entregas muitas vezes precisa ser levado em consideração na determinação do número de cartões *kanban* com base no tempo de atravessamento do processo de produção. (Confira a Figura 3.4 e o Capítulo 22.) No caso de produções a um prazo bastante curto em que a sincronização da produção é bem difícil de realizar, o MRP pode ser mais apropriado.

Como se pode ver na Figura 5.8, o sistema *kanban* necessita que uma programação geral de produção circule por toda a planta antes que a produção propriamente dita comece. Tal plano geral em MRP é chamado de plano mestre de produção. Esse plano mestre de produção é muito importante para o MRP porque representa um objetivo a ser rigorosamente mantido. Já no sistema *kanban*, o plano geral não estabelece um objetivo rigoroso de produção, estipulando meramente um quadro geral mais vago que prepara a organização de materiais em toda a planta e de trabalhadores em cada processo.

Consequentemente, no sistema MRP, é preciso que se faça uma revisão ao final de cada intervalo planejado – ou pulmão de tempo – comparando a produção planejada com o desempenho real. Se a revisão descobrir uma diferença entre o desempenho planejado e o desempenho real, medidas corretivas precisam ser tomadas. Como os pulmões de tempo são de pelo menos uma semana, o plano mestre de produção precisa ser revisado semanalmente.

O sistema *kanban* não necessita quaisquer comparações entre o desempenho planejado e o desempenho real ao final de um intervalo de produção, isto é, um dia, porque tais comparações necessariamente precisam evoluir a partir do processo em si de produção diária e da expedição diária de produção por *kanban*. Caso o plano diário de produção – a sequência de programação – precise ser revisada, tal revisão se baseará nas encomendas diárias do revendedor e irão mostrar as condições diárias do mercado. Além do mais, como os cartões *kanban* fluem, na verdade, de jusante para montante através da planta desde a linha de montagem final até o processo precedente, somente a linha de montagem final precisa ser informada sobre quaisquer mudanças na produção da planta como um todo, a ser modificada por autonomação e de uma forma descentralizada dentro de cada processo. Desse modo, o sistema *kanban* é caracterizado como um *sistema de puxar*, ao passo que outros meios de expedição das informações de produção, como o MRP, são caracterizados como *sistemas de empurrar*, nos quais o início do processo de produção vem do escritório central de planejamento.

Entretanto, o sistema *kanban* pode ser compatível com o MRP. Após o MRP gerar o plano mestre, o sistema *kanban* poderia ser aplicado como uma ferramenta de expedição no âmbito de cada pulmão de tempo. A Yamaha Motor Company, Ltd. está empregando esse sistema, que ela batizou de Pan Yamaha Manufacturing Control (PYMAC).

§ 4 RESUMO DO CONCEITO DE SINCRONIZAÇÃO DA PRODUÇÃO

Em termos gerais, a sincronização da produção serve para minimizar a oscilação nas quantidades de produção. Em termos mais estritos, porém, há quatro conceitos de sincronização da produção que correspondem às seguintes submetas do *just-in-time*:

(a) A submeta 1 é minimizar a oscilação no uso de peças e/ou de materiais que constituem os produtos finais. A isso se chama de *sincronização do uso de peças*. Essa é a meta mais importante dentre as quatro metas de sincronização com o objetivo de implementar um "sistema de puxar" *kanban*.

(b) O tempo de montagem varia para diferentes produtos que fluem pela linha de montagem final. Se um determinado produto que requer um tempo de montagem mais longo é continuamente introduzido na linha, a linha acabará parando. Para evitar tal situação, produtos com tempos de montagem variados devem ser introduzidos com uma oscilação regular na linha. A isso se chama de *sincronização de carga de trabalho por produto*.

(c) Outra submeta é produzir diariamente tantas unidades de produto quanto possam ser vendidas em um dia médio do mês em questão. Por exemplo: caso se tenha estimado a venda de 200 unidades do produto A no próximo mês, o qual totaliza 20 dias operacionais, então uma média de 20 unidades por dia (200 unidades / 20 dias precisam ser produzidas consistentemente a cada dia durante o próximo mês. Em outras palavras, cada produto precisa ser produzido em conformidade com o seu *takt time*. Como resultado, o excesso de estoque de produtos acabados no mercado de vendas será minimizado. A isso se chama de *sincronização pela taxa de vendas dos produtos*.

(d) Assim como ocorre com a sincronização de carga de trabalho por produto, a linha de montagem de peças (ou linha de submontagem) que está diretamente vinculada à linha de montagem final de produto também fabrica uma variedade de peças, para evitar que produtos com um tempo de montagem mais longo acabem fluindo em sucessão. Isso também serve para evitar paradas de linha, e é chamado de *sincronização de carga de trabalho por peças*. No entanto, esse tipo de sincronização é essencialmente é o mesmo que a sincronização de carga de trabalho por produto (b), e, por isso, podemos considerar que há basicamente três tipos de conceitos de sincronização.

Quais relações podem ser vistas entre os três principais conceitos de (1) sincronização do uso de peças, (b) sincronização de carga de trabalho por produto e (c) sincronização pela taxa de vendas dos produtos? Existe uma correlação positivas entre (a) e (c). Isso foi confirmado pelo experimento de simulação de Aigbedo e

Monden (1996). Contudo, geralmente haverá conflito entre (a) e (b), exigindo alguma coordenação.

Para alcançar qualquer uma das quatro metas de sincronização, o problema central para nós é como determinar a *sequência de programação da linha de montagens de modelos múltiplos*. Para alcançar as quatro metas acima ao mesmo tempo, precisamos de algum método para desenvolver uma programação sequencial multimetas, na qual vários esforços de pesquisa tenham sido conduzidos. Dois métodos estão sendo utilizados na prática: um é o *Método de Perseguição de Metas*, que faz uma função composta objetiva para as metas (a) e (b). O segundo é o *Método de Coordenação de Metas*, que utiliza uma abordagem de inteligência artificial (IA) em conjunto com o método de perseguição de metas. Esses dois métodos serão explicados em detalhes nos Capítulos 20 e 21, respectivamente.

6

Sistema de informação para a cadeia de suprimento entre a Toyota, suas revendas e os fabricantes de autopeças

Neste capítulo, o sistema de informação que vincula a Toyota a suas revendas e aos seus fornecedores de autopeças será examinado. O primeiro tópico diz respeito ao modo como as revendas transmitem dados de vendas para a Toyota e como a Toyota processa esses dados. A seguir, será discutido como a Toyota informa os seus fornecedores de autopeças e de materiais necessários para produzir diferentes modelos de veículos, e depois veremos uma descrição do novo Sistema de Rede Toyota (TNS – Toyota Network System). Por fim, analisaremos o sistema de informação da Nissan Motor Company, que é uma concorrente da Toyota na fabricação de carros.

§ 1 O SISTEMA DE INFORMAÇÃO POR ORDEM DE ENTRADA

A Toyota planeja a sua produção em dois passos. O primeiro passo diz respeito à preparação de um plano mensal de produção, que consiste em um *plano mestre de produção* e uma tabela de *previsão de necessidades de autopeças*. O segundo passo trata do desenvolvimento de uma ordem diária de produção depois da decisão da programação de entrega de produtos e da sequência de programação.

Sistema de produção mensal
Plano mestre de produção e previsão de necessidades de autopeças

Para fazerem o plano mestre de produção e a previsão de necessidades de autopeças, os gestores criam um plano mensal de vendas. Tanto os departamentos de vendas domésticos quanto os estrangeiros são envolvidos nesse planejamento. A cada mês, o departamento doméstico de vendas recebe informações estimando a demanda para os três meses seguintes. As estimativas são listadas para cada modelo (linhas de modelos de carro) e para as principais especificações. As principais especificações de modelos são determinadas pela combinação de diferentes tipos de carroceria, tamanhos de motor, tipos de transmissão, graduações de modelos, e assim por diante. O departamento estrangeiro de vendas também recebe dados estimados de demanda a partir de suas revendas no exterior da mesma forma que acontece com o departamento doméstico de vendas.

Além desses dados sobre vendas, os gestores da Toyota levam em consideração a capacidade de produção de suas plantas ao desenvolverem o plano de produção. Em primeiro lugar, a sincronização da produção é planejada para o mês mais recente (dividindo-se o número total de carros de cada linha de modelo pelo número total de dias de trabalho em um mês). Isso é chamado de *plano mestre de produção*.

O Planejamento das Necessidades Materiais (MRP) é então preparado com base no plano mestre de produção, usando uma lista de materiais. Esse método é usado por todas as montadoras de automóveis, quer chamem-no de MRP ou não. Os materiais e as autopeças necessárias calculados pelo MRP são, então, enviados para cada planta da Toyota e para cada fabricante fornecedor de autopeças. Esta é a *previsão de necessidades de autopeças*. No entanto, como será analisado mais adiante neste capítulo, não é preciso que cada fabricante de autopeças siga essa previsão de necessidade de autopeças para a sua produção diária. Oscilações em sua ordem de produção são mostradas por meio do sistema *kanban* da Toyota.

Sistema de produção diária

A programação de entrega de produtos e a sequência de programação

A programação de produção diária da Toyota é determinado pela programação de entrega de produtos e pela sequência de programação. Informações sobre a produção diária são enviadas pelas revendas e processadas da seguinte maneira:

1. Uma encomenda para 10 dias é enviada pelas revendas para a divisão de vendas da Toyota.
2. A divisão de vendas da Toyota envia a encomenda diária para a divisão de fabricação da Toyota.
3. Uma sequência de programação de produção diária é criada e enviada para as plantas e para os fornecedores da Toyota.

Estes quatro passos são descritos em detalhe a seguir:

Passo 1. Cada revenda envia à divisão de vendas da Toyota as especificações de encomenda para 10 dias para cada modelo, conforme encomendado pelos clientes, incluindo preferências de cor e de opcionais. A quantidade acumulada de três dias de encomenda para 10 dias não pode exceder o volume de produção determinado pela programação mestre de produção mensal. Essa encomenda para 10 dias é enviada via computador de sete a oito dias antes do início de cada período de encomenda de 10 dias (veja a Figura 6.1). Em seguida, com base na encomenda para 10 dias, a quantidade diária de produção para cada linha e para cada planta é planejada. Isso implica na modificação do plano mestre de produção e numa atualização da programação de entregas, conforme mostrado na Figura 6.2.

Passo 2. Estatisticamente, a Toyota pode esperar que as alterações na encomenda para 10 dias fiquem na faixa de 10% (no máximo 23%). Por exemplo: como mostra a Figura 6.2, ao receber a real encomenda para um carro branco em vez de um carro vermelho, a Toyota precisa alterar as suas programações de produção e de entrega, substituindo a produção de um carro branco em favor de um carro vermelho. Esse processo é chamado de alteração diária e é realizado quatro dias antes da saída do produto final da linha de montagem.

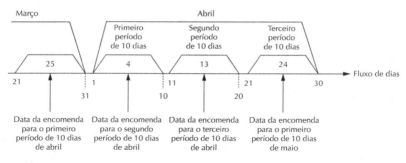

FIGURA 6.1 Encomenda para 10 dias da revenda.

Numero da encomenda \ Mês e dia	Junho									
	1	2	3	4	5	6	7	8	9	10
XXX (Branco)	●				●					
XXX (Vermelho)			●					●		
XXX						●			●	

FIGURA 6.2 Programação de entregas.

Passo 3. O sistema computadorizado da divisão de vendas da Toyota divide as encomendas da revendas em categorias para diferentes tipos de modelos, de carrocerias, de tamanhos de motor, de transmissão, de cores, etc. A divisão de vendas envia, então, essas informações para a divisão de fabricação três dias antes da saída do produto final. Para a divisão de fabricação, é muito importante receber essas informações para que a produção diária possa ser determinada.

Passo 4. Após receber as encomendas diárias da divisão de vendas da Toyota, a divisão de fabricação prepara a sequência de programação de produção para a linha de montagem de múltiplos modelos. A linha de montagem final é informada sobre a sequência de programação de produção apenas dois dias antes da saída do produto final. Cabe ressaltar que essa sequência de programação é revisada e enviada para a linha de montagem todos os dias. A Figura 6.3 ilustra o fluxo das informações de encomenda e de produção desde o passo 2 até o passo 4.

O processo de encomenda em quatro passos permite que o produto final saia da linha de montagem apenas quatro dias após as revendas enviarem suas encomendas. Para facilitar ainda mais a agilidade de produção, a Toyota limita o tempo de atravessamento real de produção entre a linha de soldagem e a linha de montagem final em um dia. Por outro lado, os tempos de atravessamento de entrega e de envio variam devido às diferenças nas localizações geográficas das revendas.

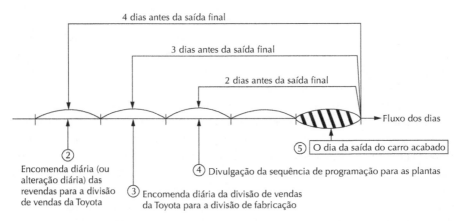

FIGURA 6.3 Passos desde a encomenda diária da revenda até a saída do carro acabado.

Sequência de programação de produção

Todos os trabalhadores na linha de montagem final só precisam saber que tipo de carro eles devem montar. Para obterem essa informação, impressoras e telas computadorizadas são instaladas na linha de montagem final. A sequência de programação de produção determina a ordem dos modelos a serem montados e é enviado *online* do computador central para as impressoras e telas em tempo real. As impressoras são usadas para a sequência de programação de produção porque documentos impressos são necessários na linha de montagem final. Em outras funções de montagem em que documentos por escrito não são necessários, somente as telas são usadas. Além dessas informações, os terminais de computador fornecem etiquetas de especificação, que são afixadas à carroceria dos carros. Cada trabalhador na linha de montagem final é capaz de montar a especificação exata de cada modelo demandado utilizando as autopeças descritas na etiqueta. Linhas de montagem de outras autopeças e fornecedores que produzem autopeças de grande porte, como motores ou transmissões, também usam as etiquetas e a sequência de programação de produção para facilitar a retirada sequenciada de autopeças. As demais linhas, tal como a linha de fundição, de usinagem, etc., bem como os fornecedores, usam *kanban* (sistema de reabastecimento posterior) para controlarem suas quantidades de produção.

Sistema *online* no estágio de distribuição

Para a fabricante automobilística, a redução do tempo de atravessamento em geral – desde a recepção das encomendas dos clientes na revenda até a distribuição do carro para o cliente – é fundamental para garantir a satisfação do cliente. Isso é conseguido em parte mediante a redução do tempo de processamento de encomendas pela revenda.

Quando a Toyota ainda não havia instalado um sistema computadorizado, as revendas enviavam encomendas para 10 dias e alterações diárias por telex. Com esse sistema, levava pelo menos três semanas, e às vezes até dois meses, para que as revendas recebessem os carros que haviam encomendado.

A Toyota desenvolveu o seu atual sistema *online* que a permite reduzir o processo de encomendas e responder prontamente às demandas dos clientes. O sistema em rede de revendas da Toyota utiliza uma nova rota de cabos de fibra ótica que foi instalada por todo o Japão pela principal companhia doméstica de telefonia do país, a NTT. Esses sistema liga o *mainframe* do escritório-sede da Toyota e a filial de Nagoia (divisão de vendas da Toyota) a terminais em cada uma das revendas. Inicialmente, esse sistema em rede foi instalado somente entre as principais companhias japonesas de vendas da Toyota (Tokyo Toyopet, Osaka Toyopet, Aichi Toyota Motor e Kanagawa Toyota Motors). Em janeiro de 1968, quando a Toyota começou a produzir o seu carro de luxo, o "Crown", ela deu início a um sistema de encomendas usando o sistema *online*, e gradualmente ampliou esse sistema por todo o país.

Esse sistema possui três tipos de função: processamento em tempo real, transmissão de arquivos e correio eletrônico. Para utilizar essas funções nas revendas que contavam com sistemas computadorizados diferentes, a Toyota desenvolveu e instalou um protocolo de negócios em cada revenda, que permitia a Interconexão em Sistema Aberto (OSI – Open System Interconnection).

Utilizando o sistema em rede, a Toyota conseguiu aprimorar as suas operações em muitas áreas. Em primeiro lugar, a Toyota agora conhece os estoques em todas as revendas, e as revendas podem transferir estoque para outras revendas conforme necessário. Em segundo lugar, a Toyota pode aplicar uma programação flexível de entregas por meio do qual é possível alterar a destinação de uma entrega conforme necessário. Por exemplo: automóveis a serem enviados para a revenda A podem ser facilmente enviados, em vez disso, para a revenda B. Em terceiro lugar, a Toyota é capaz de informar às revendas a respeito de qual modelo está em alta demanda e qual modelo não está. Ao repassar essas informações, a Toyota consegue aconselhar as revendas quanto ao seu plano de compras. Esse procedimento é similar a um sistema de ponto de venda (POS – *point of sale*), que é usado em supermercados e em lojas de departamentos. O escritório C90 da Toyota era o encarregado da comunicação entre as revendas e a companhia.

§ 2 O SISTEMA DE INFORMAÇÕES ENTRE A TOYOTA E OS FORNECEDORES DE AUTOPEÇAS

Tabela de previsão de necessidade de autopeças

A Toyota envia uma programação de produção válido para três meses, chamado de *tabela de previsão de necessidade de autopeças*, para os seus fornecedores. Informações a respeito das autopeças de fato fornecidas durante o mês mais recente são repassadas como uma previsão final e registradas diariamente. A previsão para os três meses restantes é estimada.

Muito provavelmente, essas estimativas serão alteradas dia a dia. Além disso, o volume real de produção às vezes oscila para cima ou para baixo em relação ao volume informado na tabela de previsão. Esses ajustes na previsão de produção são feitos via sistema *kanban* como uma medida de sintonia fina.

A quantidade de autopeças diferentes a serem fornecidas é projetada na tabela de previsão de necessidade de autopeças mostrada na Figura 6.4. (A Figura 6.4 não mostra a previsão de dois meses devido a limitações de espaço.)

110 Seção 2 • Subsistemas

Para fornecedor XXXXX						PREVISÃO DE NECESSIDADE DE AUTOPEÇAS								Preparado em 22 de abril de 1992
Autopeças	Ciclo de entregas			Número de cartões kanban	Diferença em relação ao número anterior	Número de caixas de autopeças por dia (10 unidades/caixa)								Previsão de necessidade para maio
	dias	vezes	mais tarde			Dia 1	2	3	6	7	Dia 8	29	30	Dia 31	
A	1	14	3	4	−1	8	8	0	8	8	8	8	8	8	1.718
B	1	14	3	3	0	6	5	0	5	5	5	5	5	4	1.020
C	1	10	2	3	−1	7	7	0	7	7	7	7	7	7	1.600
D	1	14	2	19	3	44	44	0	45	44	44	44	44	44	9.761
E	1	14	3	2	−1	5	5	0	5	5	5	5	5	5	1.141
F	1	10	2	1	0	1	0	0	0	0	1	1	0	0	94

FIGURA 6.4 Tabela de previsão de necessidade de autopeças.

Como um exemplo específico, as instruções para a parte C são as seguintes:
- Quantidades estimadas.
  - Quantidade total a ser retirada em maio = 1.600
  - Quantidade total a ser retirada em junho = 1.600*
  - Quantidade total a ser retirada em julho = 1.700*
    - Quantidades previstas para junho e julho não são mostradas. A quantidade total a ser retirada em maio é um número finalmente determinado, contanto que o ajuste por sistema *kanban* durante a produção corrente seja excluído.
- Autopeças por caixa. Cada caixa contém 10 autopeças.
- Quantidade de caixas por dia. O número de caixas a serem fornecidas diariamente em maio está indicado. Observe que a produção diária do fornecedor da parte C é um número sincronizado (constante) de caixas por dia, em que

$$\left(\frac{\text{Número total retirado em maio} = 1.600}{\text{O número de autopeças/caixa} = 10} \right) \times \left(\frac{1}{\text{dias de trabalho totais} = 22} \right)$$
$$= 7 \text{ caixas por dia}$$

- Informações por *kanban*:
  - Frequência de entrega de *kanban*. Os cartões *kanban* são entregues dez vezes por dia, e as autopeças acabadas devem ser entregues na Toyota dois tempos de entrega após fornecedor ter recebido o *kanban*. Portanto, o ciclo de entrega de autopeças C é 1-10-2.
  - Número de cartões *kanban*. Isso especifica o número total de cartões *kanban* usados para a parte pela Toyota. Para o item C, três cartões *kanban* são usados.
- Diferenças em relação ao tempo anterior. Para a parte C, os cartões *kanban* são entregues em vezes alternadas. Uma diferença de "-1" significa que no tempo de entrega *t*, as autopeças correspondendo a dois cartões *kanban* são fornecidas. Mas no ponto *t* + 2 no tempo, autopeças correspondendo somente a um cartão *kanban* são fornecidas (ver Figura 6.5).

Sistema em rede dentro do Grupo Toyota usando VAN

Usando VAN, um sistema do tipo "Value-Added Network" – (Rede de agregação de valor) foi construído entre a Toyota e as principais fornecedoras do grupo Toyota, como a Nippon Denso, a Toyota Fabric e a Toyota Automatic Loom Works. Essa rede é chamada de TNS-S. Recentemente, a Toyota desenvolveu uma rede *online* para se comunicar com fabricantes de carrocerias, como a Toyota Body, a Kanto Auto e a Daihatsu Motor.

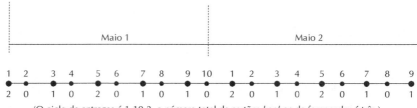

FIGURA 6.5 Ciclo de entregas e número de cartões *kanban* por entrega.

O elo de comunicação dentro dos grupos Toyota usando VAN permite que a tabela de previsão de necessidade de autopeças e a sequência de programação de produção sejam enviados através do sistema computadorizado. Além disso, as plantas de montagem da Toyota são capazes de enviar a sequência de programação de produção para plantas internas de fabricação de motores através de uma linha de comunicação.

O sistema também solucionou o problema que os fornecedores de carrocerias enfrentavam por não conseguirem enviar prontamente informações através do antigo sistema computadorizado para um fabricante de autopeças que também fosse um parceiro terceirizado da Toyota. O sistema permite que a Toyota e o fabricante externo de carrocerias enviem informações referentes a necessidades de autopeças simultaneamente para fornecedores de autopeças.

O sistema de distribuição de autopeças

Essa rede de comunicação é, na verdade, o Sistema de Informações Estratégicas (SIS – Strategic Information System) da Toyota, também chamado de Sistema em Rede da Toyota (TNS – Toyota Network System), e é constituído pelos seis subsistemas a seguir:

1. TNS-D – Rede entre a Toyota e as revendas.
2. TNS-B – Rede entre a Toyota e os fabricantes de carrocerias.
3. TNS-S – Rede entre a Toyota e os fornecedores.
4. Novo sistema ALC – O novo Sistema de Controle de Linha de Montagem (ALC – Assembly Line Controle), que é uma parte do CIM doméstico da Toyota.
5. Sistema de Informação nas companhias de vendas.
6. TNS-O – Rede entre a Toyota e as plantas e revendas no exterior.

Por contar com essa rede de informações, a Toyota consegue se adaptar à demanda do mercado com muita rapidez na forma de uma organização sincronizada como um todo, cujos membros são a fabricante automobilística (Toyota), as revendas (domésticas e estrangeiras), os fornecedores e os fabricantes de carrocerias, e assim por diante. Em outras palavras, a Toyota é capaz de reagir a mudanças nas demandas do mercado (em termos de preferencias dos clientes, produtos, variedade e quantidade, etc.) a cada estágio do desenvolvimento – vendas, fabricação e compra de autopeças.

Como se não bastasse, uma companhia de transporte construiu um prédio de armazenamento entre a Toyota e os seus fornecedores de autopeças. Esse armazém funciona como uma central de distribuição, e cada parte demandada por *kanban* é distribuída a partir dos seus estoque a cada hora. O estoque nessa central de distribuição é o suficiente para somente um ou dois dias de consumo. É importante mencionar que o prédio armazena autopeças vindas de vários fornecedores. Ele atua como uma represa, onde a água proveniente de diversos cursos (fornecedores de autopeças) é represada por um ou dois dias de consumo, e depois é distribuída na forma de uma carga mista em um único curso d'água (Toyota) a cada hora. A Figura 6.6 descreve o sistema de informações em rede como um todo entre a Toyota, suas revendas, os fornecedores de autopeças, os fabricantes de carrocerias, e assim por diante.

§ 3 NOVO SISTEMA EM REDE DA TOYOTA

Implementação da Operadora Tipo II pela Toyota

Com o antigo TNS da Toyota, a transmissão de informações entre a Toyota e cada uma das companhias do Grupo Toyota ocorria individualmente. A construção desse tipo de sistema foi permitida por lei, ao passo que, enquanto uma companhia manufatureira, a Toyota não recebeu permissão para construir uma rede do tipo R-a-R que permitisse que as companhias do seu grupo se comunicassem com a própria Toyota e umas com as outras.

Para início de conversa, o único tipo de companhia com permissão para instalar cabos de fibra ótica e outras linhas de comunicação por conta própria na época eram as "Operadoras Tipo I", como NTT, KDD, DDI e ITJ, enquanto o único tipo de companhia com permissão para fornecer VANs (Value-Added Networks, que utilizam redes para fornecer compartilhamento de informações *hard/soft* e compartilhamento/transmissão de dados) eram as chamadas "Operadoras Tipo II". Essas companhias arrendavam linhas das Operadoras Tipo I para proporcionarem serviços de valor agregado (*value-added*), e se limitavam a bem poucas, como a NTT Data Transmission e a Recruit.

Sendo assim, a Toyota decidiu implementar a sua própria companhia Operadora Tipo II. Com isso, ela passou a ser capaz de receber ajuda de pessoal de apoio e de mobilização de capital dos principais fornecedores pertencentes ao Grupo Toyota, e também de fornecedores de dispositivos eletrônicos e de computadores com os quais ela já nutria íntimas relações.

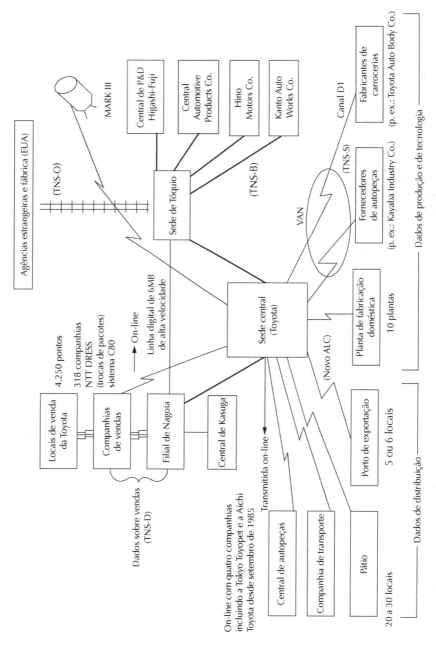

FIGURA 6.6 Sistema Estratégico de Informações (SIS – Strategic Information System) da Toyota.

Dessa maneira, a companhia Operadora Tipo II Toyota Digital Cruise (TDC) foi fundada ao final de março de 1996. Como explicado logo adiante, essa companhia acabou abrindo, mais tarde, o caminho para a implementação do novo TNS da Toyota.

O novo TNS (Sistema em Rede da Toyota)

O sistema TNS da Toyota foi introduzido em 1989 e começou a ser usado no início de 1990, possibilitando que as companhias do Grupo Toyota trocassem dados eletrônicos umas com as outras pela rede. Entretanto, o gargalo no sistema era a falta de compatibilidade, já que as companhias automobilísticas no Japão e no exterior todas utilizam seus próprios sistemas independentes (formatos, etc.).

Isso levou ao surgimento de dois movimentos separados para criar um padrão global: um deles era o CLAS (Computer-Aided Acquisition and Logistic Support, ou Aquisição e Suporte Logístico Auxiliados por Computador) e o outro era o EDI (Electronic Data Interchange, ou Intercâmbio Eletrônico de Dados). O CALS teve sua origem no programa BRP (Business Process Re-Engineering – Reengenharia de Processo de Negócios) do Departamento de Defesa dos Estados Unidos e atualmente é um sistema de padronização para práticas de transações comerciais, como o seu nome mesmo indica (Commerce at Light Speed, ou Comércio à Velocidade da Luz), enquanto o EDI é um acordo para a padronização de protocolos e formatos de comunicações de dados contábeis para o funcionamento de transações comerciais, como o estabelecimento de contas entre duas companhias diferentes. Organizações como a JAMA (Japan Automotive Manufacturer's Association, ou Associação dos Fabricantes Automobilísticos do Japão) assumiram a liderança na promoção da integração entre esses sistemas, e a Toyota também estava envolvida.

A Internet começou a decolar em meados dos anos 90, e os negócios entraram na era do comércio eletrônico (EC – *electronic commerce*) conduzidos por meio de *extranets* que ligavam diferentes companhias.

Na Toyota, a TDC (Toyota Digital Cruise) desenvolveu uma *intranet* para o Grupo Toyota, chamada D-Cruise Net, e o novo TNS, o B-to-B da Toyota (Business-to-Business), foi construído por meio dela. Embora seja chamada de *intranet*, a *intranet* do Grupo Toyota é, na verdade, o que é geralmente chamado de *extranet* intercompanhias. A Figura 6.7 mostra um esboço do novo TNS. Ele é mais rápido que a rede antiga, consegue lidar com arquivos maiores e é capaz de transmitir dados tanto para documentos como para desenhos.

O uso da Internet também alterou a configuração das conexões entre as companhias, saindo do antigo tipo um a um em VANs, em linhas dedicadas e em linhas públicas para o tipo Na N. Ao passo que na antiga era do EDI de uma só companhia a maior parte dos recebimentos de encomendas e das expedições de trabalho se davam entre parceiros específicos, agora se tornou possível para qualquer companhia

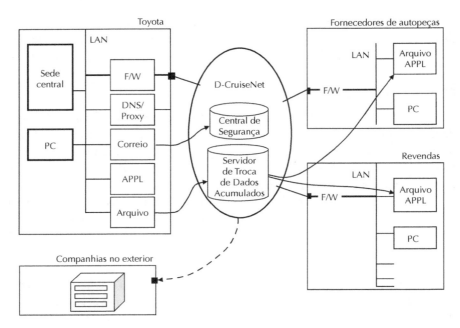

FIGURA 6.7 O novo TNS (Toyota Network System, ou Sistema em Rede da Toyota) (Adaptado de Toda, M. 2006. Toyota Information Systems Supporting the Toyota Way, Nikkankogyou-Sinbun, p. 113.).

acessar a rede via seu navegador da Web usando a Internet. O que também é bem mais barato.

Redes de aquisição de autopeças: JNX e WARP

Em outubro de 1998, a indústria automobilística norte-americana padronizou as suas transações comerciais eletrônicas ao mesmo tempo em que padronizou a sua infraestrutura de rede, criando o sistema conhecido como ANX (Automotive Network Exchange – Rede de Intercâmbio Automotivo), visando facilitar a relação das fornecedoras de autopeças com diversas montadoras de automóveis. Anteriormente, era necessário dispor de uma rede separada para cada fabricante de carros, mas a filiação à ANX possibilitava às fornecedoras de autopeças lidar com muitas montadoras de automóveis por meio de uma única rede.

Como as fabricantes japonesas de autopeças também lidam com diversas montadoras de automóveis, decidiu-se pela construção de uma versão japonesa da ANX, chamada de JNX (Japan Automotive Network Exchange – Rede Japonesa de Intercâmbio Automotivo). A JAMA e a JAPIA abriram caminho para esse desenvolvimento, e o sistema começou a operar em outubro de 1988. Inúmeros provedores foram procurados para gerir e operar as redes compartilhadas, e o TDC da Toyota assumiu uma delas, que foi posteriormente incorporada ao D-Cruise Net.

A ANX e a JNX eram convenientes para os fabricantes de autopeças, enquanto o inverso desses sistemas, um mercado comercial eletrônico conectando montadoras de automóveis a um grande número de fabricantes de autopeças não especificados, também foi desenvolvido. As "Três Grandes" montadoras nos Estados Unidos estabeleceram uma operação para um mercado global de compra de autopeças (o "*e- -marketplace*") na Internet, em separado da ANX. O *site* da Internet para compra de autopeças foi chamado de "Covisint", e as montadoras podiam acessar esse *site* para publicar especificações, quantidades, tempos de atravessamento de entrega e outras informações a respeito das autopeças de que precisavam, além de convidar propostas de fabricantes de autopeças por todo o mundo. A meta era cortar custos otimizando os meios de compra globalmente, bem como acelerar as transações e reduzir os tempos de atravessamento. As Três Grandes também convidaram montadoras japonesas para se integrarem ao Covisint.

Entretanto, a compra de autopeças pela Internet exigia que as montadoras expusessem pelo menos parte das especificações para essas autopeças, o que elas estavam relutantes em fazer no caso dos componentes automobilísticos mais importantes. O uso do sistema, portanto, ficou restrito a autopeças de consumo geral ou padronizadas, e a Toyota não contribuiu com capital algum nessa companhia operacional, atendo-se a se juntar à atividade de compra de autopeças.

Enquanto isso, a própria Toyota também desenvolveu um novo sistema global de compra de autopeças, chamado de WARP (Worldwide Automotive Real-Time Purchasing System, ou Sistema Mundial de Compras Automotivas em Tempo Real), separado da JNX, introduzindo-o primeiramente na sua subsidiária norte-americana de fabricação TMMNA e depois no Japão. Para mais informações, veja Toda, 2006.

§ 4 SISTEMA DE PLANEJAMENTO DE PRODUÇÃO NA NISSAN

A Nissan dispõe de um sistema de planejamento de produção que é bastante similar ao da Toyota (veja a Figura 6.8). O sistema consiste em planejamento de produção para vendas domésticas e em exportação. O planejamento de produção para vendas domésticas será o foco aqui.

Em primeiro lugar, a Nissan desenvolve planos de produção anuais e semestrais. O volume total de produção para o seu modelo Blue Bird, por exemplo, é determinado tendo por base o plano de lucro ou o plano de vendas da companhia, que se baseia em previsões de vendas dos gerentes.

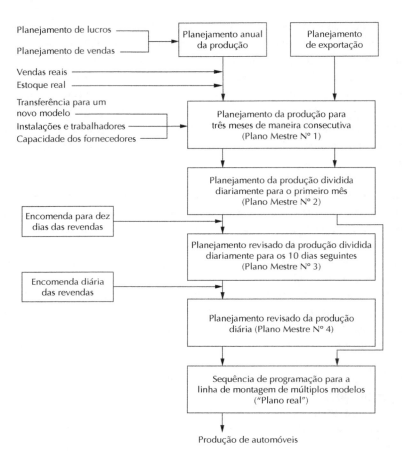

FIGURA 6.8 O sistema de planejamento de produção na Nissan.

Em seguida, um plano de produção de três meses, chamado de *Plano mestre N° 1*, é desenvolvido. As informações no plano de produção do Plano mestre N° 1 são estimadas tendo por base o volume real de vendas e os níveis de estoque do período anterior, e levam em consideração a viabilidade de uso de novas tecnologias, instalações, mão de obra e fabricantes de autopeças. Esse plano também leva em consideração os dados referentes à demanda mensal prevista pelas revendas.

Um mês antes de uma grande demanda sazonal, como a de março (a temporada das transferências de pessoal) ou de julho (o mês das bonificações salariais), os planos precisam produzir automóveis adicionais para o aumento nas vendas no mês seguinte, em acréscimo à demanda do mês corrente. Esse tipo de estoque planejado também está incluído no Plano mestre N° 1.

O *Plano mestre Nº 2* contém o volume diário de produção do mês mais recente do plano de produção para três meses. (O volume total de produção do mês mais recente dividido pelo número total de dias de trabalho no mês.)

Com base nesse plano, o número necessário de trabalhadores para produção é alocado para cada processo produtivo. Esse total necessário de mão de obra é calculado, e um plano de horas extras de trabalho (caso necessárias) é determinado. Em seguida, é realizada uma alocação dos trabalhadores disponíveis para cada dia operacional. Assim que esse plano de trabalho é determinado, ele não pode ser mais modificado durante o mês, pois o volume total de produção está fixado pelo Plano mestre Nº 1. Todos esses planos de produção recém citados se baseiam em previsões de vendas estudadas pela Nissan.

Depois desses passos, as revendas contribuem com dados importantes para o planejamento da produção. Elas enviam as encomendas para 10 dias destacando a demanda por opções de cor, etc. Combinando a encomenda para 10 dias com o Plano mestre Nº 2, a Nissan confecciona, então, o *Plano mestre Nº 3*. Como a encomenda para 10 dias atua, em essência, como uma função de ajuste sobre a previsão de vendas para três meses, o Plano mestre Nº 3 não pode diferir muito do Plano mestre Nº 2.

Em seguida, cada revenda envia uma alteração de encomenda diária que ajusta a encomenda para 10 dias enviada anteriormente para a Nissan. Para a maioria dos modelos, a faixa de ajuste deve ser mantida em cerca de 20 a 50%. No entanto, há alguns modelos que as revendas podem alterar sem limitação. Neste quesito, parece que a Nissan conta com um sistema superior àquele da Toyota, pois com sua facilidade em aceitar alterações de encomenda, a produção da Nissan consegue se aproximar mais das necessidades dos seus clientes. A Nissan recebe alteração de encomenda diária quatro dias antes do final do período de montagem.

As informações incluídas nas alterações de encomenda diária são usadas para desenvolver o *Plano mestre Nº 4*, o plano de produção diária. Com base nesse plano de produção diária, a Nissan faz a estimativa das autopeças necessárias usando MRP, e encaminha as encomendas aos seus fabricantes de autopeças. Este é o aspecto mais diferente do sistema da Nissan quando comparado ao sistema da Toyota, porque a Toyota faz a estimativa das autopeças tendo por base um sistema *kanban*.

Por fim, o plano propriamente dito é fornecido diariamente para a linha de montagem a fim de determinar a sequência de modelos a serem produzidos. A Figura 6.8 ilustra a relação entre os quatro planos-mestre. Também como mostrado na Figura 6.8, o plano de produção para carros exportados não requer os passos 3 e 4. As diferentes localizações geográficas dos destinos de exportação e o tempo de atravessamento associado de entrega impedem a realização de ajustes exatos no plano de produção.

Os sistemas de encomendas da Nissan junto aos fabricantes de autopeças

A Nissan envia quatro tipos diferentes de informação para seus fornecedores. Essas informações representam uma *estimativa* calculada em conformidade com os quatro planos-mestre mencionados anteriormente (veja a Figura 6.9, parte 1). Segue-se daí a ordem *real* de entregas usando quatro formas de encomendas de produção (veja a Figura 6.9, parte 2).

Encomenda diária

Na Nissan, a entrega diária é adotada em 80% dos itens de suprimento de autopeças. A encomenda diária de autopeças é feita um dia após as revendas enviarem alterações de encomenda diária (quatro dias antes da saída final dos carros). Com esse sistema, todas as autopeças necessárias são entregues nas plantas quatro dias antes do acabamento final.

Depois de receber as alterações de encomenda diária, a Nissan determina o seu plano final de produção diária. Em seguida, usando o plano de produção diária e o MRP, cada parte necessária é encomendada. A Toyota implementou o seu sistema de produção descentralizada com um sistema de puxar usando o *kanban*. Como a produção de cada peça é controlada por *kanban*, não é preciso haver um controle centralizado da produção durante o mês. Por outro lado, na Nissan, todo o planejamento de encomenda de entregas é realizado na sede central. A sede central calcula as autopeças necessárias a serem encomendadas usando MRP e envia essa informação aos seus fabricantes de autopeças. Geralmente, as encomendas diárias são entregues em oito vezes ao dia.

Encomenda para 10 dias

Seguida pelo plano de produção para 10 dias (Plano mestre Nº 3), a encomenda de suprimento de autopeças para 10 dias é usada a encomenda de autopeças pequenas,

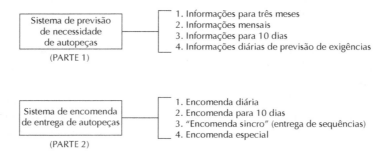

FIGURA 6.9 O sistema de compra de autopeças da Nissan.

em especial autopeças comuns padronizadas necessárias para adaptações na América do Norte. Ademais, no caso de fornecedores bem pequenos, que podem não contar com terminais de computador, a encomenda de 10 dias também é usada no lugar da encomenda de entrega diária, por esta exigir comunicações frequentes pelo sistema computadorizado.

Encomenda sincronizada

A encomenda sincronizada de suprimento cumpre a mesma função que a sequência de programação de produção usado pela Toyota. Ela determina a sequência de diversas autopeças na linha de montagem. Informações a respeito do tipo de autopeças necessárias para um determinado modelo de carro são fornecidas na etiqueta (*broadcast*) do carro na linha de acabamento. Essas mesmas informações são enviadas simultaneamente para os fabricantes de autopeças.

Para os fabricantes de autopeças, o ideal é fazerem a entrega das autopeças necessárias às plantas da Nissan logo antes dos trabalhadores da companhia usarem a última peça em estoque. Como cada fornecedor de autopeças realiza a entrega de seus produtos a cada hora (16 vezes ao dia), o nível médio de estoque na planta da Nissan é igual a um consumo de cerca de 30 minutos. Além do mais, as autopeças entregues por encomenda sincronizada são entregues diretamente às linhas de montagem, em vez de serem entregues no almoxarifado de autopeças ou para inspetores de autopeças. O tempo de produção total (*throughput*) é de aproximadamente quatro a seis horas após cada carro ser levado para a linha de acabamentos. Entretanto, como a encomenda sincronizada é expedida no momento do acabamento, esse sistema não está disponível para as autopeças, as quais são distribuídas por fornecedores que se encontram a uma distância considerável da planta da Nissan. Para que o sistema de encomenda sincronizada seja efetivo, cada fornecedor de autopeças precisa estar localizado a uma distância relativamente próxima das plantas da Nissan.

Encomenda especial

A encomenda especial é um sistema que expede encomendas mensalmente. Esse sistema é usado sobretudo em modelos que não se encontram em alta demanda. Por exemplo: apenas 80% dos carros do modelo President (o modelo de luxo da Nissan) são produzidos a cada mês, o que dá uma média de quatro por dia. Devido ao número limitado de veículos produzidos, a Nissan não permite que as revendas façam alterações diárias de encomenda para este modelo. Consequentemente, as encomendas de autopeças são expedidas mensalmente e não são atualizadas diariamente como no caso dos outros modelos.

7
Como a Toyota reduziu o tempo de atravessamento de produção

§ 1 QUATRO VANTAGENS DA REDUÇÃO DO TEMPO DE ATRAVESSAMENTO

A adaptação ágil para atender à verdadeira demanda diária por vários tipos de automóveis é o objetivo da produção *just-in-time* (JIT) A fabricação de vários produtos e peças também precisa ser agendada numa quantidade constante todos os dias a fim de estabilizar o trabalho diário nas plantas da Toyota e em seus fornecedores de autopeças. Para se ter a flexibilidade para reagir à demanda do mercado e a estabilidade da produção sincronizada é preciso que haja uma redução do tempo de atravessamento (*lead time*) de produção (o intervalo de tempo desde o início da produção até a entrega dos produtos acabados).

Além disso, existe uma diferença de 10% entre as quantidades encomendadas de produção pelo plano mensal predeterminado e as quantidades expedidas diariamente por *kanban* e a sequência de programação. Essa diferença pode causar problemas como o acúmulo de estoque ou de trabalhadores. Para evitar a ocorrência de tais problemas, a Toyota precisa iniciar imediatamente a produção quando a encomenda de uma revenda é recebida. Os fornecedores, em especial, precisam gerenciar meios rápidos de produção, assim que chegam as encomendas. Se eles tentarem antecipar a demanda produzindo autopeças antes mesmo de receberem uma encomenda, arriscam-se produzirem um excedente de estoque ao final do mês. Obviamente, uma produção assim tão em cima da hora exige uma redução considerável do tempo de atravessamento, para que um motor usinado às 8 da manhã, por exemplo, fique pronto para instalação em um carro acabado saindo da montagem final às 5 da tarde.

As seguintes vantagens podem ser atribuídas a esta redução do tempo de atravessamento de produção:

- A Toyota consegue dispor de uma produção voltada para encomenda de tarefas que requer somente um curto período para fazer a entrega de um determinado modelo de carro ao cliente.
- A companhia consegue se adaptar muito depressa a mudanças na demanda no meio do mês, de forma que o estoque de produtos acabados mantido pela divisão de vendas da Toyota possa ser minimizado.
- O estoque de material em processamento pode ser significativamente reduzido pela minimização de ritmos de produção desbalanceados entre os vários processos e também pela redução do tamanho dos lotes.
- Quando é introduzida uma mudança em um modelo, a quantidade de estoque "morto" em mãos é mínima.

O tempo de atravessamento de produção de qualquer produto, assumindo-se que a produção se dá em uma fábrica de múltiplos processos, consiste em três componentes: o tempo de processamento para lotes de suprimento, o tempo de espera entre os processos e o tempo de transporte entre os processos. Como a Toyota consegue minimizar o tempo necessário para cada uma desses componentes é o tópico principal deste capítulo, mas antes de analisar este problema, examinemos primeiramente esses componentes.

§ 2 ELEMENTOS DO TEMPO DE ATRAVESSAMENTO DE PRODUÇÃO EM UM SENTIDO ESTRITO

Estritamente falando, o tempo de atravessamento consiste em tempo de espera antes do processamento, tempo de preparação, tempo de processamento, tempo de espera após o processamento e tempo de movimentação. Os segmentos do tempo de atravessamento de produção são mostrados na Figura 7.1.

A Figura 7.2 ilustra a relação entre esses segmentos em uma produção de múltiplos processos. Usando o processo 2 na Figura 7.2 como um exemplo, o tempo de espera antes do processamento (B_2) compreende o período de tempo em que os trabalhadores ou os materiais precisam esperar antes do processamento. O tempo de espera após o processamento é o tempo que o estoque precisa esperar (I_2) antes de ser transportado para o processo seguinte. Embora haja dois tipos de tempos de espera, encararemos, por enquanto, os dois como se fossem o mesmo. Além disso, consideremos o tempo de preparação somado ao tempo de processamento em si (P_2) como o tempo de processamento em sentido geral. Dessa forma, os segmentos do tempo de atravessamento de produção podem ser divididos em três categorias: tempo de processamento de produtos, tempo de espera e tempo de movimentação.

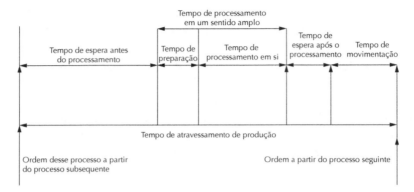

FIGURA 7.1 Os elementos do tempo de atravessamento de produção.

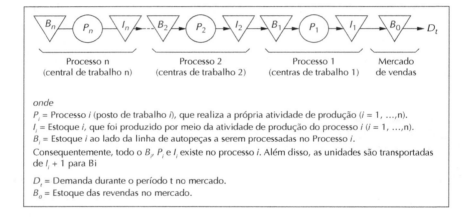

FIGURA 7.2 Uma cadeia de produção de múltiplos processos.

Para alcançar a produção JIT ideal, cada um desses elementos de tempo deve ser reduzido. A Figura 7.3 mostra como os respectivos processos de tempo de atravessamento de produção podem ser reduzidos.

§ 3 REDUÇÃO DO TEMPO DE PROCESSAMENTO POR MEIO DA PRODUÇÃO E TRANSPORTE EM FLUXO UNITÁRIO DE PEÇAS

Como um primeiro passo na redução do tempo de atravessamento, a Toyota refinou o conceito de montagem móvel do sistema de transporte que caracteriza o Sistema Ford.

Capítulo 7 • Como a Toyota reduziu o tempo de atravessamento de produção

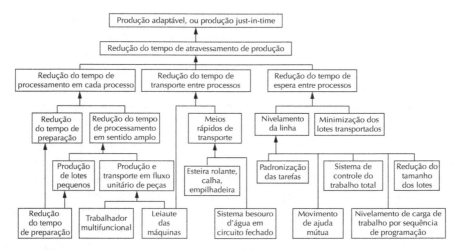

FIGURA 7.3 Estrutura para a redução de tempo de atravessamento.

Esse sistema de transporte, em sua forma padrão, opera em conformidade com um determinado intervalo de tempo em que uma unidade de automóvel acabado leva para sair da linha de montagem final. O tempo de operação e o tempo de transporte de cada um no processo dessa linha precisa ser nivelado. Para tanto, a linha de montagem precisa ser dividida a fim de igualar os tempos de operação de cada posto de trabalho e para fazê-los começar e terminar precisamente ao mesmo tempo. Além disso, os tempos de transporte entre os postos de trabalho pela linha precisam ser nivelados para que eles também iniciem e finalizem ao mesmo tempo. No Sistema Ford, a esteira rolante é usada para fazer esse nivelamento.

A ideia do Sistema Toyota de Produção baseia-se em um conceito similar ao de esteira rolante. De acordo com o sistema de transporte, uma unidade de um automóvel acabado pode ser produzida a cada ciclo de tempo, e, simultaneamente, cada unidade finalizada pelo processo dessa linha será enviada para o processo seguinte. O tempo de ciclo consiste no tempo de operação e no tempo de transporte nivelados. Na Toyota, tal fluxo de produção é chamado de *produção e transporte de cada unidade* ("Ikko-Nagashi", em japonês), ou *produção em fluxo unitário de peças*.

Embora esse conceito de fluxo unitário de peças revele-se bastante preponderante atualmente nos sistemas de linha de montagem da maioria das companhias, os processos para se fabricar autopeças a serem fornecidas para a linha de montagem ainda costumam estar baseados em produção aos lotes. Ademais, o tamanho dos lotes ainda é grande. Já a Toyota, por sua vez, estendeu a ideia de fluxo unitário de peças para processos como usinagem, soldagem, prensagem, etc. Mesmo que um processo não envolva a produção em fluxo unitário de peças, a operação ainda fica limitada à produção de lotes pequenos. Dessa maneira, todas as plantas da Toyota empregam o fluxo unitário de peças, que está todo conectado à linha de montagem. Nesse sentido, o Sistema Toyota de Produção é uma extensão da ideia por trás do Sistema Ford.

Divisão funcional da mão de obra usando trabalhadores especializados com produção e transporte de "lotes"

Imaginemos, agora, uma planta que se assemelhe à fábrica de agulhas de Adam Smith (Smith, 1789, em *Wealth of Nations*, de Skinner, 1970, p. 110), que possui diversas máquinas para várias operações. Como mostrado na Figura 7.4, várias máquinas são necessárias para cada tipo de operação, incluindo tornearia, fresagem, furação, soldagem e polimento. As máquinas são agrupadas por tipo, e trabalhadores especializados são alocados a cada máquina. Essa forma de disposição de máquinas, chamada de leiaute ao estilo *job-shop* (oficina de tarefas), está representado na direção horizontal na Figura 7.4. No Japão, isso é conhecido como operação em várias máquinas.

Operação em várias máquinas por um trabalhador especializado em cada processo

Um trabalhador que lida exclusivamente com uma máquina (por exemplo, torno mecânico) coloca uma unidade de trabalho (material) na máquina, aperta o botão "iniciar", e depois meramente observa até que a operação automática da máquina se encerre. Assim, o trabalhador tem o desperdício do "tempo de espera" a cada ciclo. No entanto, se o trabalhador operar seis tornos, como representado horizontalmente na Figura 7.4, então ele passará para o segundo torno enquanto o torno nº 1 está realizando cortes. Dessa maneira, ele é capaz aumentar a sua produtividade.

Operações com máquinas organizadas dessa forma tendem a produzir o máximo possível de unidades por lote, e, por isso, dependem de uma produção baseada em grandes lotes (isto é, tanto a quantidade de material de entrada quanto a quantidade de saída a ser produzida são grandes). Como resultado, o estoque de produtos ou de material em processo será grande, e o tempo de atravessamento total de produção aumentará em proporção ao tempo de transporte do estoque em desperdício.

Leiaute de fluxo de produtos com trabalhadores com múltiplas habilidades para produção em fluxo unitário de peças

Para superar o inconveniente do tempo de atravessamento mais longo de produção que acompanha o leiaute *job-shop* de máquinas, a Toyota introduziu a trabalhador multifuncional (com múltiplas habilidades) que era capaz de operar diversos tipos de

Capítulo 7 • Como a Toyota reduziu o tempo de atravessamento de produção 127

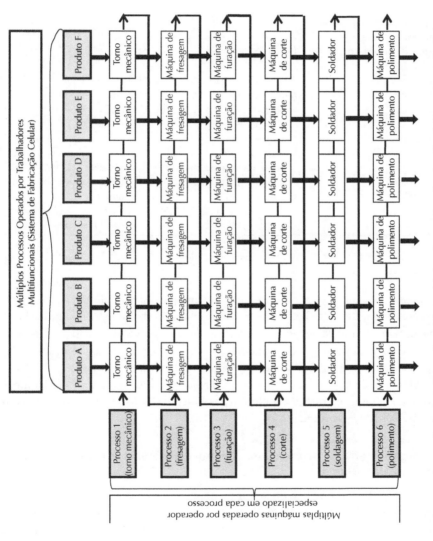

FIGURA 7.4 Fabricação em *"job-shop"* (oficina de tarefas) e fabricação em *"production-flow"* (fluxo de produção).

	Leiaute de Fluxo de Produtos	Leiaute *Job-Shop*
Tamanho do lote	Pequeno (geralmente peça individual)	Grande
Tempo de atravessamento	Curto	Longo
Adaptabilidade a mudanças na demanda	Ágil	Lenta
Estoque de material em processo	Pouco	Muito
Detecção de defeitos	Fáceis de encontrar	Difíceis de encontrar
Habilidade do trabalhador	Multifuncional	Habilidade específica
Máquina	Pequena e menos dispendiosas	Grande e cara
Transporte	Quase nenhum	Muito
Detecção de desperdícios	Fácil de encontrar desperdícios em termos de transporte, espera, etc.	Difícil de encontrar desperdícios em termos de transporte, espera, etc.
Produtividade	Otimização total (aumento de produtividade da planta inteira)	Subotimização (aumento de produtividade de cada máquina)

FIGURA 7.5 Vantagens do leiaute de fluxo de produtos comparados ao leiaute *job-shop*.

máquinas, uma a uma, de acordo com o ritmo em que um produto flui ao longo das diferentes operações. Um leiaute de máquinas para produção em fluxo unitário de peças dessa maneira é chamado de *leiaute de fluxo de produtos* ou *leiaute flow-shop* (oficina em fluxo) em livros-texto modernos de gerenciamento de produção. No Japão, esse leiaute também é chamado de operação de múltiplos processos.

Esse tipo de leiaute está retratado na direção vertical na Figura 7.4. Máquinas de tornearia, fresagem, furação, soldagem e polimento são dispostas em ordem, e um único trabalhador opera todas elas.

Comparação entre divisão funcional de processos e operação de múltiplos processos: um resumo

Os méritos do leiaute de fluxo de produtos comparados ao leiaute *job-shop* estão listados na Figura 7.5. Os leitores podem ver facilmente as desvantagens da divisão funcional de mão de obra de Adam Smith quando encarada a partir do ponto de vista da gestão moderna de produção.

Dentre todos os méritos listados para o leiaute de fluxo de produtos, o mais importante é que ele é capaz de se adaptar rapidamente a mudanças na demanda, já que o tempo de atravessamento de produção pode ser consideravelmente reduzido.

Em termos concretos, quando uma variedade de produtos precisa ser fabricada, o leiaute *job-shop* de Smith mal consegue se adaptar a mudanças na demanda, devido aos grandes lotes sendo produzidos, ao passo que o leiaute de fluxo de produtos consegue suportar facilmente mudanças nas vendas. Suponha, por exemplo, que no meio de um determinado mês as vendas do produto A tenham caído inesperadamente, mas que as vendas do produto B tenham aumentado. Se *trabalhadores multifuncionais* estão realizando uma *produção em fluxo unitário de peças* com um *sistema de múltiplos processos*, eles podem aumentar facilmente a produção do produto B e, ao mesmo tempo, diminuir a produção do produto A em meados do mês. A lógica detalhada por trás desse mecanismo é abordada nas seções a seguir.

Adam Smith afirmou que um sistema de produção baseado na divisão funcional da mão de obra usando trabalhadores especializados poderia aumentar a produtividade. Entretanto, como mencionado anteriormente, tal declaração não necessariamente está correta do ponto de vista das teorias modernas avançadas de gestão da produção, ou do *sistema de fabricação celular usando trabalhadores multifuncionais*. Smith criticou esse sistema por sua baixíssima produtividade (Smith, 1789, em Skinner, 1970, p. 110).

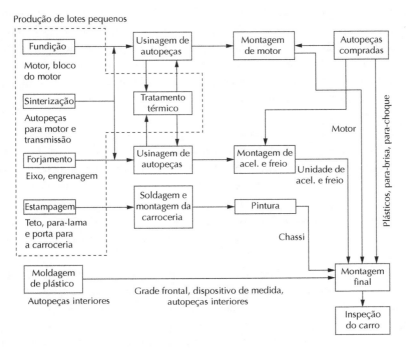

FIGURA 7.6 Processos de produção da Toyota.

Para os fins deste livro, que busca demonstrar o efeito da sinergia criada pela cooperação interempresas, o ponto mais importante é ser capaz de se adaptar a mudanças na demanda do mercado e, dessa maneira, minimizar o risco de superprodução. Isso pode ser alcançado pela redução do tempo de atravessamento de produção. O sistema de produção de operação em múltiplos processos por trabalhadores multifuncionais explicado a seguir possibilita a conquista dessa meta-chave.

De acordo com a produção sincronizada, todos os processos na Toyota idealmente precisam produzir e transportar uma única peça correspondendo a cada unidade individual que sai da linha de montagem. Além disso, cada processo precisa idealmente ter uma peça em estoque, tanto entre máquinas como entre processos. Em resumo, todos os postos de trabalho precisam idealmente evitar a produção de lotes e o transporte de lotes. Embora a Toyota tenha alcançado sucesso na redução do tamanho dos lotes, alguns processos operados com produção de lotes e transporte de lotes continuam existindo. A Figura 7.6 mostra um esboço geral dos processos de produção da Toyota.

Esboço das plantas da Toyota

Os processos podem ser grosseiramente classificados em cinco categorias:

- *Fundição e prensagem.* Inclui o processo de fundição, que inclui principalmente o molde dos motores, o processo de sinterização para autopeças, o processo de forjamento para eixos cardã e engrenagens e o processo de prensagem para carrocerias. Esses processos envolvem produção em lotes, porque eles contam com plantas automatizadas em larga escala. Algumas delas, porém, apresentam lotes pequenos (sobretudo para o uso de dois turnos) devido a ações rápidas de preparação.
- *Usinagem de autopeças.* Focado principalmente na produção de lotes pequenos ou na produção e transporte em fluxo unitário de peças.
- *Montagem de autopeças.* Plantas para montar motores ou unidades de acelerador e freios. Esses processos estão focados na produção e transporte em fluxo unitário de peças.
- *Soldagem de carrocerias.* Plantas que soldam as peças prensadas, constroem a carroceria com as mesmas, lixam, jateam e, por fim, pintam essas peças. A produção e transporte em fluxo unitário de peças é o método usado nesses processos.
- *Linha de montagem final.* Operada por produção e transporte em fluxo unitário de peças de acordo com a sequência de programação. Cartões *kanban* de retirada são afixados às peças nos cavaletes ao lado da linha de montagem final para que os trabalhadores possam apanhá-las com facilidade. Autopeças tais como motores, unidades de acelerador e unidades de freio são montadas na car-

roceria neste processo, e vários dispositivos de medida, plásticos, para-brisas e para-choques, e assim por diante, também são instalados aqui. Após a inspeção, o automóvel é transportado para o pátio da divisão de vendas da Toyota.

Redução do tempo de processamento com a produção de lotes menores

Em processo como fundição, forjamento e estampagem que usam produção em lotes, o tamanho dos lotes precisa ser reduzido para reduzir o tempo de processamento. É bastante lógico que a redução do tamanho dos lotes acaba diminuindo as horas de produção. Suponhamos que o tempo de processamento por unidade da peça A é de um minuto e que o tamanho dos lotes sejam de 3.000, perfazendo, assim, um tempo total de processamento de 50 horas. No entanto, reduzindo-se o tamanho dos lotes para 300, ou seja, um décimo do tamanho inicial, o seu tempo de processamento passa a ser de apenas cinco horas. Neste exemplo, o tempo de processamento da peça A caiu de 50 para 5 horas meramente pela redução do tamanho dos lotes. Essa lógica simples é fundamental para a redução do tempo de atravessamento por meio da redução do tamanho dos lotes.

Contudo, no exemplo anterior, como 3.000 unidades da peça A são necessárias, a produção do lote pequeno (300) precisa ser repetida 10 vezes. Além do mais, as peças B e C, necessárias ao mesmo tempo, também são produzidas em lotes pequenos. Portanto, durante as 10 rodadas de produção da peça A, a produção das peças B e C precisam ser inseridas.

Ademais, se o tempo de preparação na mudança de lotes se mantiver constante, o tempo total de preparação aumentará proporcionalmente ao aumento da quantidade de mudanças entre lotes. Sendo assim, o tempo de preparação também precisa ser reduzido quando o tamanho dos lotes é reduzido.

No exemplo anterior, suponhamos que o tempo de preparação é de uma hora e que o tempo de processamento por unidade é de um minuto. Neste caso, se o lote de produção for de 3.000 unidades, o tempo total de produção (tempo de preparação + tempo total de processamento = uma hora + [um minuto × 3.000]) será de 51 horas. No entanto, ao reduzir o tempo de preparação para 6 minutos, ou um décimo do tempo de preparação inicial, o tamanho do lote de produção pode ser reduzido para 300, ou um décimo do tamanho inicial dos lotes. Isso ocorre porque, mesmo que a produção seja repetida 10 vezes com lotes de 300, o tempo total de produção e o rendimento serão o mesmo que antes. Em resumo, o tempo total de produção ainda é de 51 horas (6 minutos + [um minuto × 300] × 10]).

Em geral, caso o tempo de preparação fosse reduzido para $1/N$ do tempo inicial, o tamanho do lote poderia ser reduzido para $1/N$ do seu tamanho inicial sem que fosse preciso alterar o ritmo de carregamento do processo em questão.

Vantagens de pequenos lotes na produção de diferentes produtos

Suponhamos, novamente, que existem três tipos de peças: A, B e C. O tempo de processamento de quaisquer das peças, por unidade, é de um minuto e o tempo de preparação para a mudança de lotes é de uma hora. Além disso, o tamanho do lote de quaisquer das peças é de 3.000. Assim, para se obter esses três tipos de autopeças, é necessário um tempo total de produção de 153 horas (51 × 3).

Neste caso, se os tamanhos dos lotes das peças A, B e C fossem reduzidos para um décimo do seu tamanho inicial e se o tempo de preparação fosse reduzido para um décimo do seu tempo inicial, o tempo necessário para se produzir esses três tipos de autopeças seria de apenas 15 horas e 18 minutos, em vez das 153 horas originais. A Figura 7.7 ilustra este exemplo.

Dessa maneira, a redução do tempo de processamento sem diminuição da produtividade será conseguida por meio da redução do tempo de preparação e do tamanho dos lotes. Isso é especialmente eficaz quando muitas variedades de produtos são produzidas.

Gráfico de controle da redução do tamanho dos lotes

Como sempre ocorreu na fabricação automotiva, o tamanho dos lotes de autopeças estampadas de um automóvel são grandes. Por isso, um gráfico de controle de redução do tamanho dos lotes, como visto na Figura 7.8, é recomendado.

Nessa figura, a variável tamanho do lote é plotada no eixo vertical (ordenada) e a variável tamanho do lote dividido pela quantidade usada por turno é plotada no eixo horizontal (abscissa). A abscissa mostra quantos turnos são necessários para processar as peças de um lote. Como um lote a ser processado em mais de três turnos é grande demais, a linha vertical no valor três da abscissa foi destacada. Uma linha horizontal cruzando o valor 1.00 no eixo da ordenada é destacada como um padrão. Então, várias peças de estampagem são plotadas na figura. Primeiramente, a maioria delas aparece na parte superior direita, mas uma meta de controle é estabelecida de modo a trazê-las uma a uma para a parte inferior esquerda. Um exemplo de meta, como visto na Figura 7.8, é levar as marcas para as peças A e B para o ponto indicado pelas duas setas.

§ 4 REDUÇÃO DO TEMPO DE ESPERA E DO TEMPO DE TRANSPORTE

O tempo de espera é definido como o tempo durante o qual as autopeças em processo precisam esperar para serem processadas e montadas, ou durante o qual os produtos

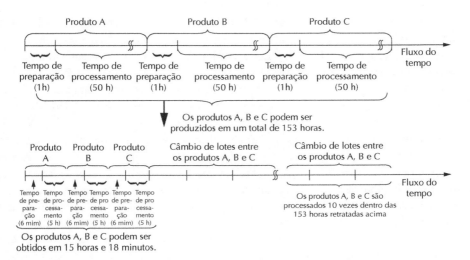

FIGURA 7.7 Redução do tempo de processamento para uma variedade de produtos por meio da produção de pequenos lotes.

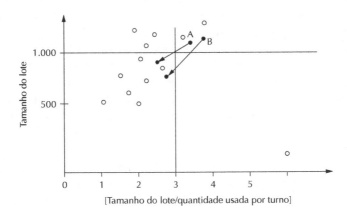

FIGURA 7.8 Gráfico de controle de redução do tamanho dos lotes.

concluídos esperam para serem retirados por um processo subsequente; ele exclui o tempo de transporte. O primeiro tipo de tempo de espera geralmente é causado por um atraso em um processo precedente, obrigando o processo subsequente a aguardar. Já o segundo é frequentemente causado por um atraso em um processo subsequente, obrigando o processo precedente a aguardar. Este último ocorre em muitos casos sob um sistema de puxar como o *kanban*. Ambas as causas são decorrentes de um tempo de produção desbalanceada entre os processos.

Em um sistema de empurrar, um lote grande no processo precedente pode acabar forçando o processo subsequente a esperar. Em tal caso sob o sistema de puxar, o processo precedente tende, ao contrário, a produzir de forma intermitente, interrompendo e iniciando repetidamente sua produção sem uma sincronização. Para reduzir o tempo de espera nesse processo, é preciso que se alcance um balanceamento da linha. A prioridade número um é garantir a produção da mesma quantidade dentro do mesmo intervalo de tempo em cada processo. Embora o tempo takt deva ser o mesmo em todos os processos na linha de montagem, sempre haverá alguma diferença no tempo real de operação entre os processos, dependendo de diferenças nas habilidades e capacidades dos trabalhadores. Para minimizar essas diferenças, é muito importante que haja uma padronização das ações ou das rotinas operacionais, e o supervisor ou o capataz precisa treinar os trabalhadores para que eles dominem as operações-padrão (veja o Capítulo 10).

Ao mesmo tempo, aquilo que a Toyota chama de *movimento de ajuda mútua* deve ser implementado para compensar os atrasos em alguns processos. Na Toyota, o ponto que conecta dois trabalhadores ou dois processos é projetado de tal forma que os dois trabalhadores sejam capazes de ajudar um ao outro. Esse ponto é similar à zona de passagem de bastão em corridas de revezamento. Por exemplo: quando uma peça é completada por uma equipe de trabalhadores em um determinado tempo, a peça precisa ser passada como um bastão para o próximo trabalhador. Se a pessoa no processo subsequente estiver atrasada, o trabalhador precedente deve fazer a preparação e iniciar o trabalho na máquina subsequente. Quando o trabalhador subsequente retornar à sua posição inicial, o trabalhador precedente deve passar o trabalho para ele e voltar imediatamente ao processo precedente. Este mesmo sistema seria aplicado ao inverso caso o trabalhador precedente estivesse atrasado. Amizades podem ser cultivadas por meio de tal trabalho em equipe sob o sistema de ajuda mútua.

O problema mais sério com relação ao balanceamento da linha é a existência de diferenças na capacidade das máquinas usadas em cada processo. O *sistema de controle de trabalho total* descrito no Capítulo 3 é utilizado para dar conta de tais diferenças da capacidade.

Redução do tempo de espera causado pelo tamanho de lote antes de um processo

Para reduzir o tempo de espera causado por um lote grande no processo precedente, o tamanho do lote de transporte só precisa ser minimizado (a menos que haja muitas variedades de peças). Essa abordagem possibilita a produção de lotes grandes para certos tipos de produtos, mas exige também que o produto seja transportado para o processo subsequente em fluxo unitário de peças. Em outras palavras, mesmo que o lote de produtos seja de seiscentas unidades, quando uma unidade ficar pronta, ela deve ser transportada imediatamente para o próximo processo.

O resultado dessa abordagem é ilustrado no exemplo a seguir. Suponhamos que há três processos e que cada um deles leva um minuto para produzir uma unidade. Uma unidade de um produto exigirá três minutos para passar pelos três processos. Se seiscentas unidades precisarem ser produzidas, um processo exigirá seiscentos minutos, ou dez horas, e todos os três processos levarão 30 horas. No entanto, se cada unidade individualmente for transportada para o processo subsequente assim que for processada pelo processo precedente, então os processos 2 e 3 poderão operar ao mesmo tempo que o processo 1. O processo 2 precisará esperar enquanto o processo 1 está acabando a primeira unidade, mas somente por um minuto. O processo 3 precisará esperar enquanto o processo 2 está acabando a sua primeira unidade, mas, novamente, apenas durante um minuto. Para se produzir seiscentas unidades através desses três processos, o tempo total necessário é de:

600 minutos + 1 minuto + 1 minuto = 602 minutos.

A relação está representada na Figura 7.9. Entretanto, se o processo 1 e o processo 2 possuíssem cada um uma unidade em estoque, resultado da produção do mês anterior, o tempo de espera recém mencionado de um minuto desapareceria. Então, levaria apenas seiscentos minutos para produzir seiscentas unidades nos três processos.

Num caso em que a produção de lotes e o transporte de lotes se apliquem a n processos, o tempo total de processamento = nT, onde T = tempo de processamento em cada processo. Mas caso seja implementado o transporte em fluxo unitário de peças a n processos com cada processo precedente tendo produzido uma única unidade de estoque acabado, o tempo total de processamento será de apenas T; ou seja, ele será reduzido em $1/n$.

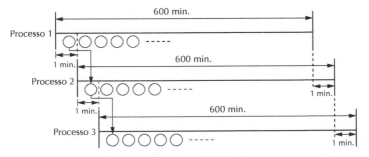

FIGURA 7.9 Relação entre processos e tempos de processamento.

Porém, se o lote sendo transportado for de apenas uma unidade, a frequência de entregas precisará ser aumentada, implicando na questão de minimizar o tempo de transporte.

Duas medidas para melhorar os transportes

A melhoria da operação de transporte pode ser alcançada em dois passos: leiaute das máquinas e implementação de meios rápidos de transporte. O leiaute de diferentes tipos de máquinas deve estar em conformidade com o fluxo de processos, e não por tipo de máquina. Caso haja muitos tipos de produtos, processos comuns ou similares, destes vários produtos devem ser agrupados entre si. Em seguida, meios rápidos de transporte como esteiras rolantes, calhas ou empilhadeiras devem ser usados a fim de conectar esses processos. O uso do sistema besouro d'água e do sistema de cargas mistas em circuito fechado por um parceiro fornecedor ajudará a implementar o fluxo contínuo de produtos entre processos.

§ 5 UMA ABORDAGEM ABRANGENTE PARA A REDUÇÃO DO TEMPO DE ATRAVESSAMENTO DE PRODUÇÃO

O sistema de produção JIT japonês é voltado para a adaptação flexível a flutuações na demanda e na variedade no mercado. Aqui, o termo *"flexível"* significa "com um curto tempo de atravessamento de produção". O tempo de atravessamento de produção é o tempo total para a conclusão de cada uma das operações necessárias para a produção do produto final. As operações necessárias para se produzir produtos são: análise da demanda, planejamento e projeto dos produtos, preparações das instalações (engenharia de produção), fabricação e distribuição dos produtos aos consumidores.

A meta do JIT pode ser alcançada examinando-se todo o tempo de atravessamento necessário para a conclusão de cada uma das operações. A Figura 7.10 mostra o sistema de operações diretamente relacionadas com a produção.

Cinco princípios para a automação ideal de uma fábrica

Observando-se a operação do sistema de produção como um todo, é possível fornecer com agilidade produtos bem feitos demandados pelos clientes. Os produtos serão os melhores em termos de qualidade, função e preço.

No desenvolvimento de um novo produto, por exemplo, é necessário descobrir prontamente qual é a necessidade do mercado e desenvolver o produto a partir desta necessidade. Para isso, é necessário que se implemente novas estruturas organi-

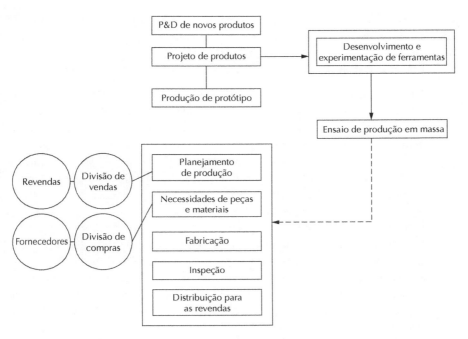

FIGURA 7.10 Sistema de operações envolvendo a produção.

zacionais. A alteração da estrutura organizacional para um tipo mais compacto de hierarquia e a simplificação dos passos para a tomada de decisões possibilitam uma rápida adaptação e permitem a tomada de decisões ágeis tanto no âmbito administrativo quanto no gerencial. Uma rede de informações entre os departamentos e o uso de desenho assistido por computador (CAD – *computer-aided design*) e fabricação assistida por computador (CAM – *computer-aided manufacturing*) para ajudar a reduzir o tempo de atravessamento de projeto também trazem benefícios.

Examinemos em detalhes aqui a preparação de produção e os sistemas de fabricação. A preparação de produção envolve a preparação das instalações, das máquinas de transporte e dos equipamentos de armazenamento (depósitos automáticos), e assim por diante, e geralmente é uma atribuição do Departamento de Engenharia de Produção. Por outro lado, a fabricação consiste em um sistema de controle de produção voltado principalmente para a implementação de um fluxo sincronizado de produtos por toda a planta. O Departamento de Gestão de Produção geralmente é o encarregado pelos tópicos abrangidos pelo sistema de fabricação.

No âmbito do sistema de preparação de produção, o desenvolvimento de ferramentas e a experimentação das ferramentas são candidatos óbvios para a redução do tempo de atravessamento. Se o problema for abordado a partir da perspectiva do controle de produção JIT, também será possível reduzir o tempo de atravessamento de fabricação.

Do ponto de vista JIT, as seguintes preparações de instalações seriam necessárias:

- *Implementação de vários leiautes compactos para permitir a produção de pequenos lotes.* A produção via grandes lotes tende a criar grandes estoques entre os processos, já que as peças precisarão parar e esperar até serem processadas pelo processo seguinte. Também será necessário um tempo mais longo para concluir o processamento de um lote grande. Como resultado, o estoque de produtos acabados também acaba se tornando um grande lote. Numa fábrica de folhas de alumínio, por exemplo, um forno de recozimento amolece bobinas de folha de alumínio prensado e depois remove o óleo residual que se acumula sobre a folha de alumínio. Uma pequena bobina de folha de alumínio pode ser aquecida em um dia, mas uma bobina grande exige vários dias de aquecimento. O forno foi instalado na época de poucas variedades e viagens longas. A ideia era que ela aquecesse lotes grandes de bobinas de alumínio, mas como já foi mencionado, esse processo exige um longo tempo. Sob tal condição, o processo acaba se tornando um gargalo e uma restrição para a redução do tempo de atravessamento de produção como um todo.
- *Desenvolvimento de tecnologia para reduzir o tempo de reação química.* O atraso de um processo se deve muitas vezes à lentidão das reações químicas. A reação na eliminação de óleo da folha de alumínio no forno de recozimento é um exemplo disso. Outro exemplo pode ser encontrado em plantas farmacêuticas ou de cosméticos. Se o tempo de uma reação química para a inspeção de produtos acabados demora muito para ser concluída, acabará surgindo um gargalo ao final do processo, criando atrasos para todos os processos precedentes dentro da planta.
- *Eliminação de leiautes excessivamente rápidos.* A aceleração da velocidade de processamento em cada processo é importante para a redução do tempo total de processamento. Entretanto, a velocidade de processamento é suficiente caso ela for inferior ao tempo takt determinado pela demanda no mercado. Portanto, deve-se dispor de leiautes capazes de produzirem produtos unidade por unidade de acordo com o tempo takt. O tempo takt dos produtos variará dependendo do tipo e das condições de mercado de cada setor.
- *Conexão das máquinas para que os produtos possam fluir rapidamente.* As máquinas ou os processos devem ser ligados por um sistema ao estilo esteira rolante ou por um leiaute celular, e não por um leiaute do tipo *job-shop* ou funcional. Isso é feito construindo-se uma linha de transferência com muitas

máquinas. A linha de transferência deve ter estoques de segurança dispostos em diversos lugares entre as máquinas. Esses estoques de segurança podem evitar uma parada imediata da linha quando ocorre a quebra de uma única máquina na linha. Os estoques de segurança são reabastecidos pelo "sistema de puxar" (um conceito do sistema *kanban* da produção JIT). *Observação*: sob um esquema de produção de grandes lotes, o sistema de puxar não faz sentido algum, pois ele nem reduzirá o tempo de atravessamento de produção nem o estoque. É por isso que o sistema de puxar só deve ser adotado para a produção de pequenos lotes.

- *Planejamento de sistemas flexíveis de fabricação (FMS* – flexible manufacturing systems) *para o futuro*. Vejamos como os FMS devem se parecer no futuro. Atualmente, há três tipos de FMS. Um deles consiste numa célula flexível de usinagem (FMC – *flexible machining cell*), que é uma célula construída por uma central de máquinas (ou por uma central de transformação), por um robô e por um conjunto de paletes. Outro tipo de FMS situa centrais de máquinas em uma linha de fluxo, e o terceiro tipo de FMS é uma variedade de *job-shop* (também chamado de FMS de acesso aleatório). Nesse tipo de FMS, várias peças são transportadas aleatoriamente e identificadas numa máquina em particular, onde são preparadas e processadas. Esse FMS também facilita a troca automática de ferramentas e o controle de estoque de material em processo.

Entre esses três tipos de FMS, a linha em fluxo é a mais desejável para ser implementada com o sistema de produção JIT. No entanto, o FMS em uso atualmente consegue realizar um processamento flexível para um grupo de peças similares. Caso seja desenvolvida uma tecnologia de produção que venha a permitir o processamento flexível até mesmo entre tempos diferentes de peças, o FMS ao estilo linha de fluxo tornará possível processar vários produtos com um tempo de atravessamento rápido. O autor está esperando que tal FMS seja inventado.

No que diz respeito ao sistema de fabricação, os tempos de atravessamento podem ser subdivididos nos seguintes tipos conforme representados na Figura 7.11:

L_1 = tempo de atravessamento de processamento de dados
(desde a previsão da demanda até a expedição da produção)

L_2 = tempo de atravessamento da atividade de fabricação propriamente dita

L_3 = tempo de atravessamento para a entrega de produtos acabados para os clientes

140 Seção 2 • Subsistemas

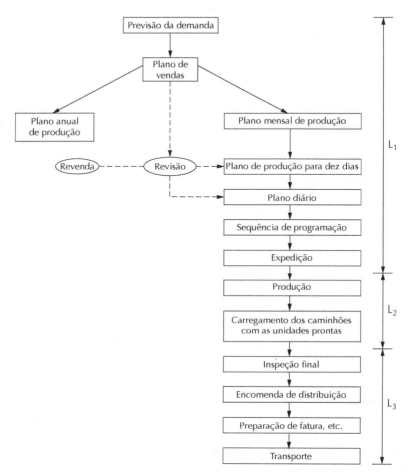

FIGURA 7.11 Três tipos de tempo de atravessamento num sistema da manufatura.

A redução desses tempos de atravessamento dependerá do mercado, da adaptação flexível às flutuações do mercado e da máxima redução possível dos custos. O Sistema Toyota de Produção funciona na redução de um tempo de atravessamento do tipo L_2.

8
Leiaute de máquinas, trabalhadores multifuncionais e rotação de tarefas ajudam a criar linhas flexíveis

A Toyota fabrica uma variedade de automóveis com muitas especificações diferentes. Cada tipo de carro está sempre sujeito a flutuações na demanda. Por exemplo: a demanda pelo carro A pode decrescer, e, ao mesmo tempo, a demanda pelo carro B pode aumentar. Por isso, a carga de trabalho referente a cada carro na planta precisa ser frequentemente avaliada e periodicamente alterada. Seguindo no exemplo, um determinado número de trabalhadores na linha para o carro A precisariam ser transferidos para a linha do carro B, a fim de que cada linha pudessem se adaptar à mudança na demanda com o número mínimo de trabalhadores necessários.

Acima de tudo, muito embora a demanda por todos os tipos de produtos possa cair simultaneamente devido a uma depressão geral na economia ou por alguma restrição estrangeira à exportação, a companhia ainda deve ser capaz de reduzir o número de trabalhadores em qualquer linha por meio do desligamento de trabalhadores temporários ou de trabalhadores extras vindos de companhias relacionadas.

§ 1 *SHOJINKA*: ATENDENDO A DEMANDA POR MEIO DA FLEXIBILIDADE

A conquista da flexibilidade no número de trabalhadores em uma linha a fim de se adaptar a mudanças na demanda é chamado de *Shojinka*. Em outras palavras, *Shojinka* no Sistema Toyota de Produção significa alterar (aumentar ou diminuir) o número de trabalhadores em uma linha quando a demanda por produção é alterada (aumentada ou diminuída).

Shojinka possui um significado especialmente destacado quando o número de trabalhadores precisa ser reduzido por causa de uma queda na demanda. Numa certa linha, por exemplo, cinco trabalhadores realizam tarefas que produzem um determinado número de unidades. Caso a produção nessa linha tenha reduzido para 80%, o número de trabalhadores precisa ser reduzido para quatro (5 × 0,80 = 4); caso a demanda tenha caído em 20%, o número de trabalhadores seria, então, reduzido para um.

Obviamente, então, *Shijonka* é equivalente a aumentar a produtividade pelo ajuste e reorganização dos recursos humanos. Aquilo que se chamou de linhas flexíveis no título deste capítulo é essencialmente uma linha que está alcançando a Shijonka. Para realizar o conceito de Shijonka, três fatores representam pré-requisitos:

1. Leiaute apropriado das máquinas.
2. Um trabalhador versátil e bem treinado – ou seja, um trabalhador multifuncional.
3. Avaliação contínua e revisões periódicas da rotina de operações-padrão.

O leiaute das máquinas para *Shojinka* na Toyota é a de linhas combinadas em forma de U. Sob essa disposição, a quantidade de tarefas pelas quais cada trabalhador é responsável pode ser ampliada ou restringida com muita facilidade. Contudo, essa disposição necessita de trabalhadores multifuncionais.

Os trabalhadores multifuncionais na Toyota são desenvolvidos por meio de um singular *sistema de rotação de tarefas*. E, finalmente, a revisão da rotina de operações-padrão pode ser realizada por meio de melhorias contínuas em trabalhos manuais nas máquinas. O objetivo de tais melhorias é reduzir o número de trabalhadores necessários mesmo no período de aumento na demanda.

A relação entre esses importantes pré-requisitos é mostrada na Figura 8.1. Este capítulo se dedica a explicar os fatores que afetam a ampliação ou a restrição da quantidade de tarefas para cada trabalhador.

§ 2 PROJETO DE LEIAUTE: A CÉLULA EM FORMA DE U

A essência do leiaute celular (em forma de U) é que a entrada e a saída de uma linha ficam na mesma posição. O leiaute celular possui diversas variações, tal como as formas côncavas (⊏⊐) e circulares (Figuram 8.2). A vantagem mais destacada e mais importante desse leiaute é a flexibilidade para se aumentar ou diminuir o número de trabalhadores necessários quando das adaptações às mudanças nas quantidades de produção (mudanças na demanda). Isso pode ser realizado aumentando-se ou reduzindo-se o número de trabalhadores na área interna da célula (Figura 8.2).

A produção *just-in-time* empurrada também pode ser alcançada em cada processo. Uma unidade de material pode passar pela entrada do processo quando uma unidade concluída deixar o processo pela saída. Como tais operações são realizadas

Capítulo 8 • Leiaute de máquinas, trabalhadores multifuncionais... 143

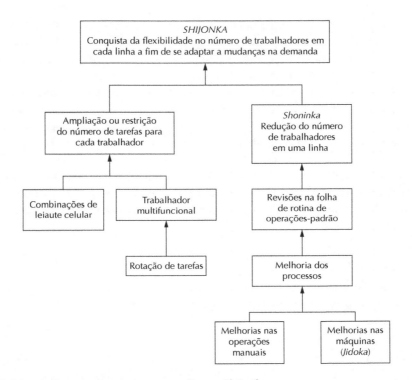

FIGURA 8.1 Fatores casuais para se realizar a *Shijonka*.

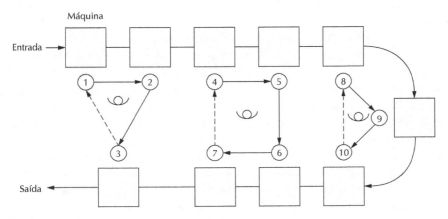

FIGURA 8.2 Leiaute celular (em forma de U).

pelo mesmo trabalhador, a quantidade de material em processo no âmbito do leiaute pode ser sempre constante. Ao mesmo tempo, ao manter uma quantidade padrão de estoque em cada máquina, operações desbalanceadas entre trabalhadores acabarão sendo visíveis, para que as melhorias no processo possam ser realizadas.

Por fim, o leiaute celular permite que regiões ou áreas sejam desenvolvidas para operações com um trabalhador específico. Sistemas que usam máquinas automáticas em larga escala contam muitas vezes com trabalhadores localizados apenas na entrada e na saída. Uma linha com cabides suspensos é um exemplo disso. Se as posições para carga e descarga de material ficam em locais diferentes, sempre serão necessárias duas pessoas, e cada trabalhador desfruta frequentemente de tempo ocioso ou tempo de espera. Já se as posições de carga e descarga forem próximas, no mesmo ponto na linha, um único trabalhador é capaz de realizar ambas as tarefas de entrada e de saída.

Leiautes impróprios

Os leiautes impróprios que a Toyota costuma evitar podem ser divididos em três categorias principais: gaiolas, ilhas isoladas e leiautes lineares.

Leiautes em forma de gaiola

A forma mais simples de leiaute de máquinas exige que um trabalhador seja designado a um tipo de máquina. Esse tipo de leiaute possui uma importante desvantagem: depois que o trabalhador carrega a unidade de trabalho na máquina, ele desfruta de um tempo de espera enquanto a peça é processada. Para evitar tais tempos de espera, duas ou mais bancadas contendo o mesmo tipo de máquina podem ser locadas em torno do trabalhador (Figura 8.3). Esse tipo de leiaute é chamado de gaiola; o seu formato costuma ser triangular, retangular ou rômbico.

Ao fazer com que cada trabalhador opere diversas máquinas ao mesmo tempo, a quantidade de produção por trabalhador pode ser aumentada. Embora este método seja melhorado em muito sob o leiaute de máquina única, a de produção por trabalhador aumenta; assim, o estoque de produtos em processamento ou o estoque intermediário produzido em cada posto de trabalho também aumenta. Como resultado, fica difícil de alcançar o balanceamento entre os postos de trabalhos, e esses produtos em processamento não conseguem fluir sincronizada e continuamente ao longo dos vários processos de produção. A *sincronização* entre as estações fica praticamente impossível. Por sua vez, o tempo de atravessamento para se produzir bens acabados aumenta drasticamente.

Leiautes em ilha isolada

Para evitar estoques intermediários a partir de cada posto de trabalho e para diminuir o tempo de transporte, o leiaute das máquinas precisa ser aprimorado a fim de aumentar a velocidade de produção de um produto acabado. Por isso, o leiaute das máquinas deve estar de acordo com a sequência de processamento de uma peça (veja a Figura 8.4). Esse leiaute assume a existência de um trabalhador multifuncional, e possibilita um fluxo contínuo e sincronizado de produtos entre diferentes tipos de máquinas; ele também assegura uma rota contínua de caminhada com a menor distância para cada trabalhador. Esse tipo de leiaute é chamado de *leiaute em ilha isolada*.

A Toyota rejeita todos os tipos de leiaute em ilha isolada por causa das seguintes desvantagens:

- Quando a fábrica inteira dispõe deste leiaute, os trabalhadores ficam separados uns dos outros e, dessa forma, não podem se ajudar mutuamente. É difícil alcançar um balanceamento total da produção entre os diversos processos. Estoque desnecessário ainda ocorre entre diferentes processos. O movimento de ajuda mútua (Capítulo 7) não pode ser aplicado às ilhas isoladas.

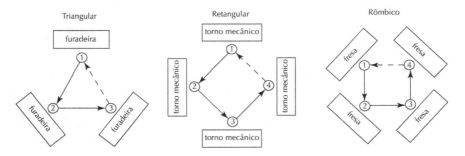

FIGURA 8.3 Leiaute em forma de U.

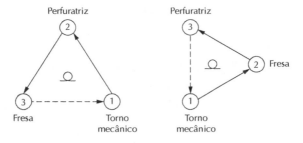

FIGURA 8.4 Leiautes em ilha isolada.

- Como pode existir estoque desnecessário entre ilhas isoladas, o tempo de espera dos trabalhadores será consumido na produção desse estoque. Assim, fica difícil realizar a realocação de operações entre trabalhadores como reação a mudanças na demanda nesse processo.

O leiaute em ilha isolada baseia-se na teoria da engenharia de métodos, segundo a qual um trabalhador jamais deve caminhar enquanto está trabalhado numa certa posição. Tal ideia foi sustentada até mesmo por Henry Ford. Ela está correta quando a produtividade é vista de acordo com a eficiência dos trabalhadores individualmente; no entanto, ela está incorreta quando vista de acordo com o balanceamento da linha na fábrica como um todo e com a minimização do número total de trabalhadores.

No contexto da ilha isolada, o modo de transportar também é importante. Muitas vezes, um transportador é utilizado apenas para transportar produtos do local A para o local B. Neste caso, o trabalhador no local A fica distante do trabalhador no local B, e, portanto, eles não conseguem ajudar um ao outro na tarefa. Em tais situações, a Toyota simplesmente removeria o transportador.

Leiautes lineares

Para superar as desvantagens de um leiaute em ilha isolada, diferentes tipos de máquinas podem ser dispostas numa forma linear (Figura 8.5). Sob esse leiaute, os trabalhadores precisam caminhar entre as máquinas. Essa é uma das características típicas do leiaute da Toyota.

Usando-se esse leiaute linear, uma das maiores desvantagens das ilhas isoladas (o acúmulo desnecessário de unidades acabadas entre os processos) pode ser eliminada, permitindo, assim, que os produtos fluam sincronizada e rapidamente entre as máquinas. Porém, um problema que não pode ser eliminado usando-se o leiaute linear é a impossibilidade de realocação das operações entre os trabalhadores a fim de se adaptarem às mudanças na demanda.

Outro problema associado a esse sistema é que quando as máquinas estão dispostas em uma forma linear, cada linha fica independente das outras linhas. Nesta situação, a realocação das operações entre os trabalhadores em conformidade com a

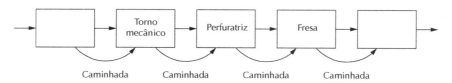

FIGURA 8.5 Leiaute linear.

demanda por produtos requer muitas vezes um número fracionário de trabalhadores, tal como 8,5 pessoas. Como uma força de trabalho de 0,5 não é possível, é preciso arredondar para uma pessoa. Como resultado, o trabalhador terá um tempo de espera, ou alguma produção excessiva acabará ocorrendo.

Como um exemplo, uma unidade foi produzida em um tempo takt de dois minutos por um único trabalhador. Suponha que a demanda por carros aumentou e que o tempo takt foi reduzido para 1,5 minuto por unidade. Neste caso, se um trabalhador consegue normalmente finalizar metade das tarefas para a fabricação de uma unidade de produto dentro de um minuto, então um trabalhador adicional precisa ser adicionado nesse processo para completar a outra metade das tarefas. Consequentemente, cada um dos dois trabalhadores nesse processo terá um tempo de espera de 0,5 minuto a cada tempo takt. Ou, se o primeiro trabalhador realizasse mais tarefas em 1,5 minuto sem qualquer tempo ocioso, o segundo trabalhador terá um minuto inteiro de tempo ocioso.

Combinando linhas em forma de células

Para superar o problema do número fracionado de trabalhadores, a Toyota acabou combinando diversas linhas em forma de célula numa única linha integrada. Usando-se esse leiaute combinado, a alocação de operações entre os trabalhadores em reação às variações nas quantidades de produção de automóveis pode ser alcançada ao se obedecer os procedimentos estabelecidos na rotina de operações-padrão.

O exemplo a seguir mostrará como a *Shojinka* pode ser alcançada usando-se esse conceito. Imagine um processo combinado que consiste em seis linhas diferentes (A – F), e que cada linha fabrica uma engrenagem diferente (Figura 8.6). De acordo com a demanda mensal por produtos em janeiro, o tempo takt desse processo combinado era de um minuto por unidade. Sob esse tempo takt, oito pessoas estavam trabalhando nesse processo (Figura 8.7), e a rota de caminhada de cada trabalhador está descrita pela linha com setas.

Em fevereiro, porém, a demanda mensal por produtos caiu e o tempo takt do processo foi aumentado para 1,2 minuto por unidade. Como resultado, todas as operações dessa linha combinada foram realocadas entre os trabalhadores e cada trabalhador passou a ser responsável por mais operações do que em janeiro. A Figura 8.8 mostra que a rota de caminhada de cada trabalhador foi ampliada sob a nova alocação de operações. Neste caso, o trabalhador 1 fará como tarefa adicional algumas das operações que o trabalhador 2 fazia em janeiro. O trabalhador 2 também realizará tarefa adicional que anteriormente ficava a cargo do trabalhador 3 em janeiro. O resultado da ampliação da rota de caminhada de cada trabalhador é que os trabalhadores

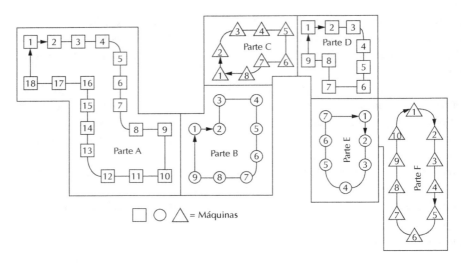

FIGURA 8.6 Linha combinada fabricando seis tipos de partes (A – F).

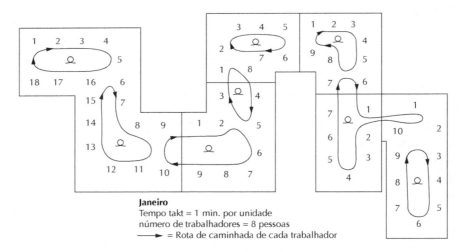

FIGURA 8.7 Alocação de operações entre trabalhadores em janeiro.

7 e 8 podem ser liberados dessa linha combinada. Sendo assim, a força de trabalho fracionada que poderia ter ocorrido em um leiaute em forma linear acabou sendo absorvida em várias linhas individuais sob o leiaute combinado.

Capítulo 8 • Leiaute de máquinas, trabalhadores multifuncionais... 149

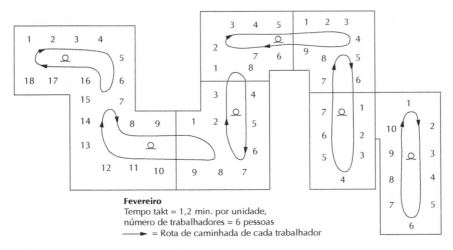

FIGURA 8.8 Alocação de operações entre trabalhadores em fevereiro.

Fabricação celular

Como já foi mencionado, o leiaute em formas de U mostrado na Figura 8.6 abrange uma grande linha de máquinas que fabrica seis tipos de engrenagens. As engrenagens fluem uma por vez através de cada processo no leiaute de em forma de U (obedecendo à "produção de fluxo unitário de peças"). Cada processo é uma espécie de *célula*, onde uma ou duas pessoas trabalham. Entretanto, quando muitas células estão conectadas como na Figura 8.6, torna-se mais fácil aumentar ou diminuir o número de trabalhadores. Esse fenômeno é muitas vezes enfatizado como uma das principais vantagens do chamado sistema celular de fabricação, que é popular nos livros-texto mais destacados de gestão de produção.

Como o processo em forma de U ou a linha em forma de U do Sistema Toyota de Produção é similar ao sistema de produção em células, que é bastante popular no Japão, examinemos brevemente a fabricação celular. A definição desse sistema em termos acadêmicos é analisada a seguir. (Stevenson,1990, pp. 354-356, e Swamidass, 2000.)

O *desenho dos processos* se baseia ou num leiaute de máquinas do tipo *job-shop* ou num leiaute de máquinas do tipo fluxo de produção, como explicado anteriormente. Tanto a fabricação celular, como descrita nos livros-texto, quanto o chamado sistema de produção em células no Japão recaem neste último tipo. Esse tipo de desenho de processos parte do princípio de que produtos *similares* estão fluindo pelos processos. Consequentemente, mesmo nos sistemas em célula do Japão, uma célula específica produz os mesmos produtos, ou similares. Portanto, aplicando-se a "tecnologia de agrupamento", produtos similares são pré-selecionados para processamento na célula. Em outras palavras, para implementar a fabricação celular, itens ou peças com formas físicas similares ou procedimentos de engenharia similares precisam ser agrupados em *famílias de itens* ou *famílias de peças*. Consequentemente, várias máquinas são identificadas pelo grupo de operações de máquinas necessárias para processar conjuntos de itens similares (ou famílias de peças).

Esse é um típico exemplo da aplicação da tecnologia de agrupamento. Profissionais japoneses em locais de produção não necessariamente estão conscientes da aplicação da tecnologia de agrupamento, mas na realidade, sem a aplicação dessa ideia, o "sistema de produção em células" não se sustentaria.

Fabricação celular significa um sistema de produção com um leiaute de máquinas disposto de tal forma que diversas máquinas são agrupadas num local chamado de *célula*. Uma célula é tipicamente uma versão em miniatura de um leiaute do tipo em fluxo. Às vezes, uma célula consiste em uma única máquina, mas geralmente consiste em uma série de máquinas dentre as quais as peças não se movimentam por transportador, ou por linhas de fluxo múltiplo conectadas por um transportador.

A fabricação celular tem diversas vantagens, tal como um ciclo de produtividade (*throughput*) menor, menos transportes, menor estoque de material em processo, menor tempo de preparação e aumento do moral dos trabalhadores.

A partir dessas explicações, fica claro que não existe qualquer diferença entre a fabricação celular, o processo em forma de U da Toyota e o "sistema de produção em células" popular no Japão.

§ 3 ALCANÇANDO A *SHOJINKA* POR MEIO DE TRABALHADORES MULTIFUNCIONAIS

A Figura 8.1 mostrou que a capacidade de ampliar ou de restringir a variedade de tarefas realizadas por cada trabalhador é um ingrediente-chave para se alcançar a *Shojinka*. Leiautes de máquinas cuidadosamente projetados ajudam a desenvolver essa capacidade, mas não são suficientes para alcançar a *Shojinka*.

Lembre-se que o verdadeiro significado de *Shojinka* é a capacidade de alterar rapidamente o número de trabalhadores em cada linha a fim de se adaptar a mudanças na demanda. Quando observada pelo lado de um trabalhador, a *Shojinka* demanda que o mesmo seja capaz de responder a alterações no tempo takt, nas rotinas de operação e, em muitos casos, nos deveres das tarefas individuais. Para conseguir reagir rapidamente, o trabalhador precisa ser multifuncional, ou seja, treinado para estar qualificado a qualquer tipo de tarefa e para qualquer processo.

Desenvolvendo trabalhadores multifuncionais por meio da rotação de tarefas

Obviamente, o desenvolvimento ou o treinamento de um trabalhador para que ele se torne multifuncional representa uma parte importante no alcance da *Shojinka*. A Toyota desenvolve os seus trabalhadores usando um sistema chamado de *rotação de tarefas*, mediante o qual cada trabalhador cumpre um roteiro e realiza cada uma das tarefas em sua linha. Após um determinado período, um trabalhador desenvolve proficiência em cada tarefa e se torna, dessa maneira, um trabalhador multifuncional.

O sistema de rotação de tarefas é constituído por três partes principais. Em primeiro lugar, cada gerente e supervisor precisam cumprir um roteiro passando pelas tarefas e comprovando suas próprias habilidades para os trabalhadores da linha. Em segundo lugar, cada trabalhador na linha cumpre um circuito de treinamento em cada uma das tarefas. O último passo é o desenvolvimento de uma programação para a rotação dos trabalhadores pelas tarefas diversas vezes a cada dia.

A Toyota implementou a rotação de tarefas pela primeira vez na sua Fábrica Tsutsumi (Planta de Usinagem Nº 2), onde diferenciais do eixo traseiro são processados e montados. O Sr. Yuzo Suzuki implementou esse plano na Tsutsumi em 1980. O autor deve agradecimentos pelo seu relato.

A organização da planta está mostrada na Figura 8.9. Observe que cada trabalho, setor e linha contam com um gerente geral, um encarregado e supervisores de linha, respectivamente. Os trabalhadores em geral ficam sob a responsabilidade de cada supervisor de linha, com um total de 220 funcionários trabalhando na planta. A rotação de trabalhadores pelas tarefas foi implementada seguindo os três passos discutidos anteriormente.

1º passo: rotação dos supervisores

Para desenvolver e transformar trabalhadores em trabalhadores multifuncionais, os gerentes e os supervisores precisam primeiro mostrarem-se a si mesmos como modelos ou exemplos de trabalhador multifuncional. Como resultado, todos os supervisores gerais, encarregados e líderes de linha (cerca de 60 pessoas no total) cumpriram um roteiro passando por cada uma das oficinas e das linhas no seu setor. Os encarregados foram transferidos entre as plantas da mesma atividade. Como a rotação de todos os gerentes e supervisores levou três anos para ser completada, o plano de rotação de tarefas foi implementado como parte de um programa de planejamento a longo prazo.

2º passo: rotação de trabalhadores dentro de cada linha

Para cumprir com esse passo, um plano de treinamento em tarefas precisa ser agendado para trabalhadores em geral, como foi planejado para a oficina nº 523 na Fi-

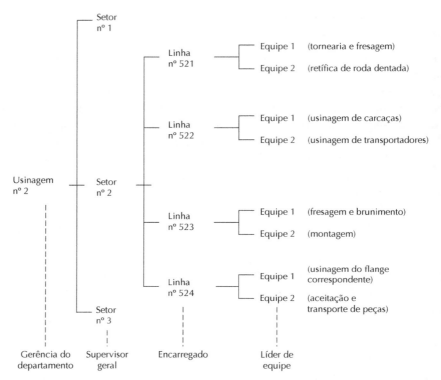

FIGURA 8.9 Organização da planta de usinagem nº 2.

gura 8.10. Esse plano foi desenvolvido pelo supervisor geral para que cada um dos trabalhadores fosse capaz de dominar qualquer tipo de operação e cada processo na sua linha.

Para promover o plano de treinamento, uma taxa de trabalhador multifuncional para cada linha precisa ser calculada usando-se a seguinte fórmula:

$$\frac{\sum_{i=1}^{n} \text{número de processos que cada trabalhador } (i) \text{ controla}}{\text{total de processos na linha} \times n}$$

onde n = número total de trabalhadores na linha.

A meta da Toyota para essa taxa era de 60% para o primeiro ano (1977), 80% para o segundo ano (1978) e de 100% para o terceiro ano (1979). No entanto, a taxa média real atingida em 1979 na Planta Tsutsumi foi de 55%. Esse baixo valor foi

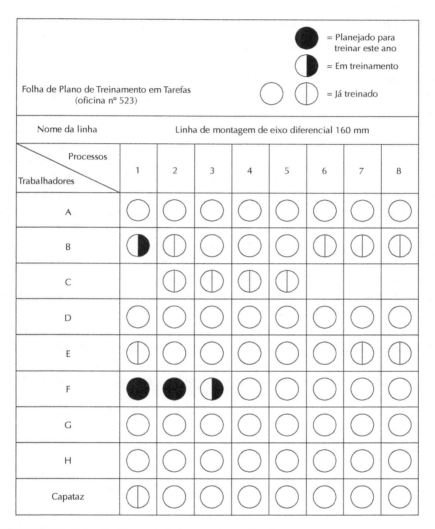

FIGURA 8.10 Folha de plano de treinamento em tarefas.

atribuído à preparação física e à resistência dos trabalhadores, ao número de trabalhadores extras vindos de companhias relacionadas e ao número de trabalhadores temporários e recém empregados. O tempo de treinamento propriamente dito para que um trabalhador passe a dominar cada uma das tarefas varia entre vários dias até várias semanas.

2° passo: rotação de trabalhadores dentro de cada linha

Quando a taxa recém citada de trabalhadores multifuncionais se tornou alta, a *Shojinka* pôde ser realizada, e a rotação de tarefas pôde ser realizada todas as semanas, ou em muitos casos todos os dias. Em alguns casos avançados, foi possível alcançar uma rotação de todos os trabalhadores por todos os processos da linha dentro de um intervalo de duas ou quatro horas.

Um exemplo dessa rotação avançada entre tarefas ocorreu na linha 2 da linha 523. Nessa linha, eixos diferenciais de 160 mm são montados por oito trabalhadores (excluindo-se o chefe da linha como um homem extra) dentro do seu tempo takt de 26 segundos. O leiaute e a rotina de operações-padrão de cada trabalhador estão representados na Figura 8.11. Lembre-se que cada processo corresponde à rotina de operações-padrão, ou, em outras palavras, à rota de caminhada de cada trabalhador. Tal rota de caminhada só será alterada se o tempo takt dessa linha for alterado.

O tempo de operações manuais para se completar uma unidade a cada processo era de 26 segundos para todos os trabalhadores exceto no processo 8. A característica de trabalho e o grau de fatiga associadas a cada processo nessa linha estão descritos na Figura 8.12. O grau de fadiga em cada processo será diferente dependendo das diferenças entre as atividades de cada operação.

A rotação de tarefas na oficina 523 é realizada a intervalos de duas horas. Primeiramente, uma programação predeterminada de rotação de tarefas precisa ser planejada para os cinco dias após o fim de semana. Ao se planejar esse tipo de programação, deve-se observar que a alocação dos vários processos entre os trabalhado-

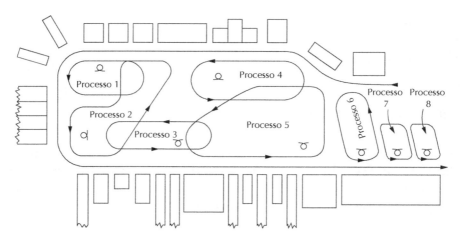

FIGURA 8.11 Leiaute e a rotina de operações-padrão.

Capítulo 8 • Leiaute de máquinas, trabalhadores multifuncionais... **155**

res precisa ser justa; além disso, é preciso pensar no programa de treinamento para os novatos.

A cada manhã, o supervisor geral verifica novamente as condições de saúde e os desejos de todos os trabalhadores, e também reexamina a maneira apropriada de introduzir trabalhadores extras na linha. Por fim, ele determina a programação de rotação de tarefas (Figura 8.13).

N° do processo	Atividades da tarefa em cada processo	Características das operações	Tempo de operações manuais	Grau de fadiga
1	Carcaça do diferencial	É necessária habilidade para trabalho com os dedos	26″	4
2	Montagem da cobertura	É preciso ter habilidade e conhecimento para conferir a qualidade	26″	5
3	Ajuste da carenagem	Caminhadas de longa distância	26″	3
4	Montagem de correia dentada	Trabalho com os dedos, e trabalho pesado com o braço direito	26″	1
5	Ajuste de pré-carregamento	Caminhadas de longa distância carregando material pesado	26″	2
6	Montagem dos mancais	É preciso ter sensibilidade nas mãos e nos dedos	26″	6
7	Fixação do *back-rush*	Trabalho de habilidade, e trabalho pesado com a cintura e com os braços	26″	7
8	Montagem do *rock-bolt*	Tempo de espera de 2 segundos	24″	8

FIGURA 8.12 Características de trabalho e grau de fadiga associadas a cada processo.

Programação de rotação de tarefas   (Linha n° 523)

Tempos de rotação	Intervalo de tempo \ Nome da linha \ N° do processo	Linha de montagem do eixo diferencial de 160 mm							
		1	2	3	4	5	6	7	8
1	8AM–10AM	A	B	C	D	E	F	G	H
2	10AM–12AM	G	A	B	C	D	H	E	F
3	1PM–3PM	E	G	C	A	B	F	D	H
4	3PM–5PM	D	C	G	B	A	H	F	E
5	5PM–7PM	B	D	C	E	E	A	G	H

FIGURA 8.13 Programação de rotação de tarefas para os trabalhadores (A – H).

Nessa programação de rotação de tarefas, as seguintes condições dos trabalhadores H, B e C devem ser levadas em consideração:

- O trabalhador H é um veterano, mas adoentado.
- O trabalhador C é um trabalhador extra a longo prazo vindo de fora da companhia.
- O trabalhador B ainda está em estágio de treinamento para o processo 1.

Portanto, quando o trabalhador B trabalhar no processo 1 em sua quinta vez de rotação, o trabalhador veterano D dará suporte a ele na condição de trabalhador mais próximo.

Nessa linha, todos os trabalhadores exceto C e H irão se envolver em diferentes tipos de tarefas a cada intervalo de duas horas. Como essa linha tem um tempo de ciclo mais curto (vinte e seis segundos), o trabalhador precisa ter uma quantidade menor de tarefas; este é o principal motivo para disponibilizar um tempo de ciclo de duas horas a esse setor. Porém, caso o tempo de ciclo fosse mais longo, os trabalhadores poderia lidar com uma quantidade maior de tarefas, e assim um intervalo de quatro horas poderia ser disponibilizado. Algumas linhas chegam a ter intervalos de oito horas (ou um intervalo de um dia).

Vantagens adicionais da rotação de tarefas

Dentre as vantagens da rotação de tarefas documentadas pela Toyota em sua Planta Tsutsumi encontram-se as seguintes:

- As atitudes dos trabalhadores são renovadas e a fadiga muscular pode ser evitada; consequentemente, os trabalhadores ficam mais atentos e mais cuidadosos em evitar acidentes de trabalho. De fato, a frequência dos acidentes de trabalho diminuiu nessa planta.
- A sensação de injustiça associada aos veteranos tendo de fazer trabalho pesado irá desaparecer. Além disso, no início de cada rotação, há uma conversa entre ou trabalhadores no circuito. Por meio dessas conversas, as relações humanas entre os trabalhadores são aprimoradas, e o movimento de ajuda mútua acaba sendo realçado ainda mais.
- Como os trabalhadores seniores e os supervisores ensinam suas próprias habilidades e repassam o seu conhecimento aos trabalhadores mais jovens e aos subordinados, as habilidades e o *know-how* são difundidos por toda a linha e mantidos em folhas de operação-padrão.
- Como cada trabalhador participa de todos os processos dentro da linha, ele se sente responsável por todas as metas do mesmo, como segurança, qualidade, custo e também quantidade produzida.

- Nas linhas e nos processos novos, todos os funcionários (quer se trate de supervisores ou de trabalhadores subordinados) assumem uma abordagem renovada e, através desse novo ponto de vista, conseguem isolar problemas ou pontos de melhoria. Dessa maneira, aumentarão a olhos vistos o número de ideias e sugestões para aprimorar os processos.

Os diversos benefícios podem ser mais bem resumidos com as simples palavras *respeito pela humanidade*. Esta é uma atitude consideravelmente diferente do que os esquemas tradicionais em que a produção em massa acaba gerando uma divisão de trabalho e, por sua vez, uma especialização do trabalho, uma simplificação das tarefas e, finalmente, a alienação humana.

A importância do líder de linha: dando tempo de descanso e rotação de tarefas aos trabalhadores

Um dos elementos mais importantes que afetam o sucesso do sistema de rotação de tarefas é o papel do líder de linha. Além de orientação, o líder de linha também permite que os trabalhadores tirem tempo de descanso enquanto ainda ocorre a rotação de tarefas. O líder de linha ou o encarregado sempre pode substituir um trabalhador na linha, independentemente dele estar descansando ou trocando de tarefa com outro trabalhador.

Suponhamos que o trabalhador A deseje tirar um momento de descanso (ou passar para outro tipo de tarefa). Nesse instante, ele chama o líder da linha ou o encarregado e explica o seu desejo. O líder da linha assume, então, a tarefa do trabalhador A, e o trabalhador A pode tirar um descanso. Depois de descansar, o trabalhador A pode ir até o trabalhador B e pedir para trocar de tarefa. O trabalhador B deixa, então, o seu processo e o trabalhador A assume a tarefa do B. Se o trabalhador B não quiser tirar um descanso, ele pode solicitar uma troca de tarefas com algum outro trabalhador. O outro trabalhador pode, por sua vez, tirar um descanso quando o trabalhador B assumir a sua nova tarefa.

Dessa maneira, qualquer trabalhador pode tirar um descanso e ainda trocar de tarefa com outro trabalhador. Esse processo pode ocorrer de modo bastante livre sempre que um trabalhador assim o desejar, muito embora a programação de rotação de tarefas (Figura 8.13) tenha sido estabelecida e não haja uma folga para um tempo de descanso na folha de rotina de operações-padrão.

9
Produção em fluxo unitário de peças na prática

§ 1 REQUISITOS PARA A PRODUÇÃO EM FLUXO UNITÁRIO DE PEÇAS

No sistema JIT, o conceito de fazer com que as coisas fluam sincronizadamente através da fábrica uma a uma, como água, sem retenções, é identificado pelo termo *produção em fluxo unitário de peças*. Conforme explicado no Capítulo 7, a produção em fluxo unitário de peças individuais é um sistema no qual o trabalho é passado ao longo da linha uma unidade por vez dentro do *takt time*, obedecendo à sequência de processamento do produto, com produção sincronizada entre cada processo e o seguinte.

Para conseguir implantar tal sistema, os trabalhadores na fábrica não podem ser simplesmente operadores com habilidades exclusivas, cada um responsável por um único processo; eles precisam ser operadores com habilidades múltiplas, cada um sendo capaz de operar diversos processos diferentes. Às vezes, em tentativas de introduzir o JIT em uma fábrica, os trabalhadores fazem objeção à ideia de trabalharem em pé e de aprenderem múltiplas habilidades. Contudo, juntamente com a "autonomação", esses são os três requisitos essenciais para o fluxo de peças individuais:

1. **Trabalhar em pé**: para conseguirem lidar com múltiplos processos, os trabalhadores tem de trabalhar em pé.
2. **Operação de múltiplos processos por trabalhadores com múltiplas habilidades**: como a operação de múltiplos processos significa a operação de várias máquinas diferentes, os trabalhadores precisam ter habilidades múltiplas.
3. **Autonomação**: trata-se da autonomação no sentido de desvincular os trabalhadores de suas máquinas.

Estes três desafios precisam ser superados ao se introduzir a operação de múltiplos processos, e a melhor maneira de conseguir isso é não tentando alcançar a perfeição de uma só vez, e sim trabalhando sob o princípio de que uma melhoria de 50% é melhor do que nenhuma melhoria. Esta é a ideia de melhorar continuamente, um passo por vez.

Este capítulo descreve o que precisa ser feito para se introduzir, de fato, os sistemas de produção necessários para o fluxo unitário de peças numa fábrica, explicando conceitos como trabalho em pé, operação de múltiplos processos, autonomação, linhas em célula, instalação de rodas e produção sincronizada.

§ 2 RESISTÊNCIA AO TRABALHO EM PÉ

Vamos supor que uma fábrica selecionou a "Linha de Montagem do Produto Série A" como seu piloto em seu esforço para a introdução do fluxo unitário de peças. Na reunião matinal do primeiro dia da campanha de melhoria, o gerente de operações coloca-se em frente aos trabalhadores da linha e anuncia que eles deixarão de trabalhar sentados e passarão e trabalhar em pé dali por diante.

Alguns sindicatos de trabalhadores poderão fazer objeção a isso, alegando que tal mudança tornaria as tarefas mais exigentes para os trabalhadores. Eles poderiam dizer que a ordem de mandar os funcionários trabalharem em pé não deveria ser tratada como uma diretriz gerencial, e sim como uma mudança nas condições de trabalho, devendo, portanto, ser discutida entre e os gerentes e os representantes sindicais.

Se isso acontecer, o gerente de operações deve explicar cuidadosamente por que é necessário fazer essa transição para o trabalho em pé.

Necessidade Nº 1: Numa linha de montagem, é bem difícil compartilhar a carga de trabalho de forma equânime entre todos os trabalhadores. Alguns deles estão sempre se apressando para acompanhar o ritmo da linha, enquanto outros sempre parecem ter tempo extra. Em outras palavras, é difícil alcançar um balanceamento da linha. Em tal situação, uma zona de sobreposição pode ser formada entre operadores vizinhos, como a zona de passagem de bastão numa corrida de revezamento. Quando os funcionários estão trabalhando em pé, eles podem entrar e sair livremente dessa zona de sobreposição para ajudarem uns aos outros, o que, na verdade, facilita o trabalho de todos.

Necessidade Nº 2: A explicação a seguir também pode ser dada: muitos de nós trabalhamos sentados quando estamos na fábrica, mas quando estamos em casa em nossa cozinhas, via de regra nós trabalhamos em pé. O fato de que as tarefas necessárias para se fazer um ensopado – por exemplo, lavar e picar os vegetais, cortar a carne, colocar os ingredientes numa panela para ensopá-los, adicionar temperos, arrumar a mesa, servir a refeição, e assim por diante – são todas feitas em pé faz com que o trabalho flua sincronizadamente. Como cada uma das tarefas envolvida na preparação de uma refeição exige uma habilidade diferente, este também é um exemplo de operação de múltiplos processos. Ao cozinharmos uma carne em casa, estamos na verdade praticando um fluxo unitário de peças, conduzindo múltiplos processos sem absolutamente qualquer retenção entre eles que venham a representar desperdícios. Dessa maneira, o trabalho em pé é um pré-requisito fundamental no cerne do Sistema Toyota de Produção, levando a operação de múltiplos processos e ao fluxo unitário de peças.

Necessidade Nº 3: A experiência demonstrou, de fato, que o trabalho em pé permite que o desperdício e o desgaste em cargas de trabalho individuais atribuíveis a um mau balanceamento da linha sejam eliminados, resultando num grande salto de produtividade (definida aqui como "a quantidade que cada operador é capaz de produzir durante horários normais de trabalho em um dia"). Isso também é chamado de *rendimento per capita*. A quantidade produzida por cada operador por hora também pode ser medida. Como o rendimento *per capita* é *a eficiência de trabalho de cada operador, equivalente à sua "velocidade instantânea"*, ele não está relacionado com as vendas e é aumentado quando o trabalho é realizado em pé.

Certamente é verdade que os trabalhadores podem ser sentir mais cansados durante a primeira ou as duas primeiras semanas após a transição do trabalho sentado para o trabalho em pé, até que se acostumem a isso, mas depois desse período, há muitos benefícios. Alguns deles afirmam, por exemplo, que a movimentação representa um bom exercício físico e faz com que se sintam mais saudáveis, enquanto outros afirmam que a sua postura melhorou. Além do mais, como trabalhadores vizinhos podem ser ajudar mutuamente, fica mais fácil para eles combinar a sua taxa de trabalho com o ritmo da linha.

Como o objetivo do trabalho em pé é eliminar o desperdício vinculado a incompatibilidades no equilíbrio da linha e aumentar a eficiência do trabalho (que é o ponto de partida do Sistema Toyota de Produção), ele não resulta numa intensificação do trabalho. Caso surjam problemas quando ele é introduzido, então ainda mais melhorias devem ser realizadas para eliminá-los. Gerentes e supervisores devem se juntar aos operadores na busca por melhorias e na resolução de problemas. Isso acaba inspirando os trabalhadores da linha de frente a elevarem ainda mais a sua capacidade de trabalho (isto é, sua produtividade) e faz com que todos trabalhem juntos para manter a companhia lucrativa.

Não foram poucas as companhias que descobriram, ao tentarem introduzir o Sistema Toyota de Produção, que seus funcionários se recusavam a trabalhar em pé. Como resultado, essas empresas não conseguiram fazer progresso algum e suas tentativas de introduzir o sistema fracassaram.

§ 3 RESISTÊNCIA NO DESENVOLVIMENTO DE MÚLTIPLAS-HABILIDADES

O próximo passo é a operação de múltiplos processos. Embora ele possa ser aplicado também na linha de montagem, este capítulo se atém a explicar como introduzi-lo nas linhas de máquinas (isto é, nos processos imediatamente anteriores à montagem).

O primeiro passo na operação de múltiplos processos consiste em cada trabalhador aprender a realizar as tarefas situadas imediatamente antes ou depois da sua própria tarefa no processo, possibilitando que os trabalhadores auxiliem uns aos outros na zona de passagem de bastão descrita anteriormente.

Entretanto, se certo dia um gerente de departamento anunciar repentinamente para todos os trabalhadores em uma linha de usinagem que a organização existente das máquinas em grupos do mesmo modelo deverá ser substituída por linhas de múltiplos processos dedicadas a componentes específicos, e que todos ali passarão a operar todos os processos necessários para se produzir um componente específico, é bem provável que ele encontrará alguma resistência. Isso porque os trabalhadores estão acostumados a se especializar em determinada operação – torneiros mecânicos talvez não tenham feito outra coisa além de operar tornos durante décadas, por exemplo, e operadores de perfuratriz talvez não tenham feito outra coisa senão retífica de furos. Eles dominaram a arte de sua operação específica, e demonstram orgulho e confiança em suas habilidades profissionais.

O melhor, portanto, é não tentar alcançar o desenvolvimento de habilidades múltiplas do dia para a noite, e sim fazer com que os operadores aprendam a operar máquinas diferentes pouco a pouco, e investir um ou dois meses aumentando gradualmente a variedade de operações que se espera que cada trabalhador venha a dominar.

Para aliviar o descontentamento e a resistência, a necessidade da operação de múltiplos processos deve ser cuidadosamente explicada. É preciso dizer aos trabalhadores que um sistema no qual uma quantidade fixa de itens é fabricada regularmente a cada mês, não importando a qualidade de sua fabricação, já não atende mais às necessidades dos consumidores. O mercado mudou e agora demanda uma ampla variedade de produtos em pequenas quantidades, ao invés de grandes quantidades apenas de alguns poucos tipos diferentes. Exige-se agora que as companhias produzam somente aquilo que pode ser vendido, quando pode ser vendido e na quantidade que pode ser vendida. A produção de peças individuais, alcançada por meio da operação de múltiplos processos, torna isso possível. O tipo de sistema exigido é um que, por exemplo, seja capaz de reagir prontamente a mudanças nos índices de previsão de vendas entre diferentes produtos no meio do mês.

§ 4 BARREIRAS À AUTONOMAÇÃO

Para tornar possível a operação de múltiplos processos, cada operador, após colocar uma peça de trabalho numa máquina e apertar o botão, precisa ser capaz de deixar essa máquina fazer o seu trabalho e se deslocar para a próxima máquina. Isso significa que as máquinas precisam ser capazes de realizarem suas tarefas de processamento automaticamente e se autodesligarem ao acabar. Na Toyota, esse tipo de automação é chamado de *autonomação* ou *automação com inteligência humana*.

Esse tipo de automação é indispensável para a operação de múltiplos processos, que começa com os trabalhadores aprimorando suas próprias habilidades, mas que, no fim das contas, requer que as próprias máquinas sejam aprimoradas. É errado, portanto, pensar que as melhorias dos locais de trabalho sob o Sistema Toyota de Produção consistem apenas em melhorias nos métodos de trabalho, e que o departamento de engenharia de produção (o departamento responsável pela instalação das máquinas) não tem papel algum a cumprir.

A ajuda do departamento de engenharia de produção é necessária para conseguir alcançar a autonomação, e a primeira melhoria que ele precisa fazer é desenvolver mecanismos para que as máquinas parem por conta própria ao encerrar cada tarefa automatizada de processamento. A segunda melhoria que eles precisam fazer é desenvolver mecanismos para fazer com que as máquinas parem automaticamente se algo sair errado enquanto elas estão realizando uma tarefa. A meta da primeira condição é desvincular os operadores de suas máquinas e aumentar a produtividade, enquanto a meta da segunda condição é assegurar a qualidade.

A autonomação é o primeiro requisito para o fluxo unitário de peças, mas assim como a operação de múltiplos processos, ela também leva tempo. Por isso, ainda que o leiaute para a operação de múltiplos processos pudesse ser feito todo de uma vez, uma nova maneira de trabalhar deve ser introduzida gradualmente a fim de permitir que os operadores deem conta da transição.

Como alcançar a autonomação (no sentido de desvincular os operadores de suas máquinas)

A autonomação será explicada tomando-se como exemplo uma máquina de furação de balcão (uma típica máquina-ferramenta). Esse tipo de máquina pode ser visto não apenas em fábricas, mas também em todas as linhas; um exemplo é a máquina elétrica de perfuração mostrada na Figura 9.1 (1), que é usada para fazer dois orifícios no lado esquerdo de uma pilha de documentos para formar um único arquivo.

Com uma máquina elétrica de furação como a mostrada na Figura 9.1, o único movimento produzido automaticamente pelo motor elétrico quando alguém pres-

Capítulo 9 • Produção em fluxo unitário de peças na prática

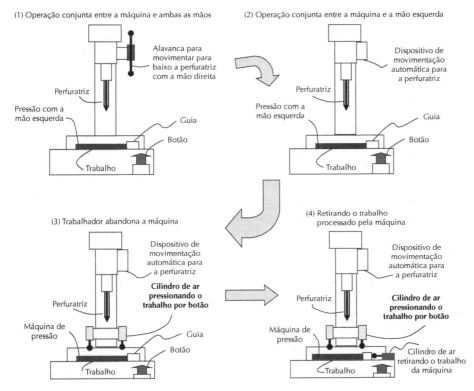

FIGURA 9.1 Separação da operação humana e da máquina. (Adaptado de Hirano, H. 1989. 100 Q&A for JIT Introduction, Nikkan Kogyo Shinbun, p. 69, com revisão parcial.)

siona o botão certo é o *movimento de rotação da perfuratriz* (a ferramenta de corte) para perfurar orifícios no papel. Para fazer a autonomação do processo, seria necessário, portanto, automatizar o *movimento de avanço para perfuração* (*alimentação*) por meio do qual a perfuratriz é movimentada para baixo na direção do papel (a peça de trabalho), o qual é feito atualmente pelo usuário, que baixa a alavanca com a sua própria mão direita. Além disso, como os papeis tendem a se movimentar no lugar enquanto os orifícios estão sendo perfurados (o que poderia fazer com que os orifícios ficassem desalinhados), mesmo que no início da operação eles sejam firmados contra as guias do aparelho, o usuário precisa realizar uma *ação de restrição* pressionando a pilha de papel com a sua mão esquerda para mantê-la no lugar.

Tudo isso significa que as seguintes melhorias são necessárias para libertar o usuário de sua participação na operação da máquina de alesagem:

Primeiramente, o *movimento de avanço para perfuração* (*alimentação*) por meio do qual a perfuratriz é movimentada para baixo na direção do papel precisa ser automatizado, para que, quando o botão de "ligado" estiver pressionado, a perfuratriz desça e perfure os orifícios no papel automaticamente. Isso tornaria desnecessário que o usuário operasse a alavanca com a sua mão direita (veja a Figura 9.1 [2]).

Em seguida, para tornar desnecessário que o usuário segure a pilha de papel no lugar com a sua mão esquerda, a *ação de restrição* precisa ser automatizada instalando-se um dispositivo que faz isso por meio de um cilindro pneumático. Esse dispositivo deve atuar automaticamente quando o botão for pressionado (veja a Figura 9.1 [3]).

A realização dessas melhorias irá liberar ambas as mãos do operador de ter de permanecer junto à máquina enquanto ela está trabalhando. As únicas tarefas restantes a serem feitas dentro da cada ciclo seriam remover da peça de trabalho que fora colocada na máquina no ciclo anterior, colocar a próxima peça de trabalho na máquina e apertar o botão. Essas melhorias por si só permitiriam que o operador passasse diretamente para a próxima máquina depois de colocar a peça de trabalho na primeira máquina e de apertar o botão, tornando possível a operação de múltiplos processos. (Em termos precisos, esse tipo de autonomação – a desvinculação do operador e da máquina – é necessário tanto para a operação de múltiplas máquinas quanto para a operação de múltiplos processos.)

Para levar a autonomação um estágio adiante, as seguintes melhorias adicionais seriam necessárias:

1. **Automatizar a remoção da peça de trabalho após o processamento.** Instale um dispositivo pneumático que empurre automaticamente a peça de trabalho para fora da máquina após ela ter sido processada (veja a Figura 9.1 [3]).
2. **Automatizar a colocação da peça de trabalho na máquina.**
3. **Automatizar a máquina para que ela sempre pare quando um produto defeituoso for produzido.**

A realização de todas essas melhorias tornaria possível alcançar uma produção sem qualquer presença humana.

§ 5 INSTALAÇÃO DE RODAS

O departamento de engenharia de produção também tem um papel a cumprir na instalação de rodas nas bases das máquinas para facilitar a sua livre movimentação em resposta às exigências do momento. Este é um pré-requisito para modificar o leiaute das máquinas, abandonando o leiaute em grupo convencional (por tipo de máquina) em favor de um leiaute em linha com o fluxo de produtos (também conhecido como *leiaute flow-shop*). Na verdade, este é um pré-requisito para o fluxo unitário de peças e é a primeira melhoria que precisa ser feita.

Dessa maneira, os aprimoramentos no chão de fábrica no Sistema Toyota de Produção não se limitam às melhorias nos métodos de trabalho; eles também incluem qualquer modificação nas máquinas que seja necessária para alcançar o tipo de autonomação que permite que os operadores deixem as suas máquinas, a começar pela instalação de rodas nas bases das máquinas. Na verdade, o número de melhorias necessárias de hardware não é negligenciável. Isso significa que, embora o STP não exija um enorme investimento, parte dele requer certa quantia de gastos adicionais.

§ 6 PRODUÇÃO SINCRONIZADA

Produção em processos sequenciados (movimentando continuamente os materiais na ordem dos processos a que eles estão sujeitos) implica em operação de múltiplos processos. Para se conseguir alcançar a sincronização entre os diferentes processos numa linha de processos sequenciados, geralmente ocorre a instalação de linhas separadas para a fabricação de itens específicos, e elas são chamadas de *linhas em célula* ou apenas *células*. O sistema como um todo é chamado de *fabricação celular*.

Entretanto, quando uma ampla variedade de modelos está sendo fabricada, a instalação de linhas em célula com cada célula dedicada à produção de um item específico pode resultar em quantidade excessiva de células, com mais máquinas necessárias do que para um leiaute *job-shop* produzindo a mesma variedade de itens. Nesse caso, a linha de montagem final precisa ser instalada como uma linha de múltiplos modelos, e a produção precisa ser "sincronizada" (isto é, cada modelo é montado uma unidade por vez e acaba saindo da linha a cada batida do *takt time*). Isso permite minimizar o número de linhas de produção instaladas e acaba levando a um aumento da eficiência de investimento.

Em outras palavras, o número de células pode ser minimizado assegurando-se a condução de uma produção sincronizada, no terceiro dos três estágios a seguir da montagem de múltiplos modelos:

1. Produza em sequência, agrupando entre si a quantidade total necessária de cada modelo a cada mês.
2. Produza em sequência, agrupando entre si a quantidade média necessária de cada modelo a cada dia.

3. Produza cada modelo uma unidade por vez, combinando o ritmo do *takt time* a cada modelo.

Além disso, se o número de submontagens feitas nas linhas a montante de uma linha de montagem de vários modelos desse tipo (as linhas de submontagem) for grande, a implementação de linhas dedicadas com fluxo unitário de peças para cada produto diferente também pode prejudicar a eficiência de investimento. Nesse caso, as submontagens (como, por exemplo, de um item T que é afixado ao produto final) são produzidas uma por vez na linha de submontagem na mesma sequência (Ta, Tb, Tc, e assim por diante) que os produtos são montados na linha de montagem final (A, B. C, e assim por diante).

§ 7 UM EXEMPLO DE MELHORIA PARA FLUXO UNITÁRIO DE PEÇAS: UMA FÁBRICA QUE PRODUZ ESTANTES PARA TELEVISÃO DE TELA PLANA

Como o sistema de produção para fabricar estantes para televisões de tela plana é bastante simples, o fluxo unitário de peças pode ser alcançado ao se realizar uma reorganização dos leiautes das máquinas obedecendo-se praticamente a todas as regras de livro-texto do STP.

Na época em que essa fábrica apresentava as suas máquinas agrupadas segundo os mesmos tipos, havia uma quantidade considerável de estoque de material em processo (WIP – *work-in-progress*) a cada grupo de máquinas. Sendo assim, a fábrica alterou a disposição das máquinas e dos balcões de trabalho para um agrupamento por item sendo fabricado, e não mais por tipo de máquina; em outras palavras, ela adotou uma disposição de linhas em formato de U, ou linhas em célula, como, por exemplo, uma linha em que as portas (uma das submontagens para as estantes de TV) são instaladas e processadas, e uma linha em que a madeira é aparada.

A fábrica também transformou a linha em que as estantes de TV são finalmente montadas em uma linha de fluxo unitário de peças obedecendo ao *takt time* de cada modelo do produto. Aliado a isso, ela fez com que o *takt time* da linha de montagem das portas das estantes passasse a corresponder ao *takt time* da linha de montagem final, e tornou possível fabricar uma unidade do produto por vez ao coordenar os modelos de porta com os modelos do produto. Em outras palavras, ela alcançou o fluxo unitário de peças por meio da sincronização da produção baseada na sincronização da linha de montagem final com a linha de componentes. Veja a Figura 9.2.

Capítulo 9 • Produção em fluxo unitário de peças na prática **167**

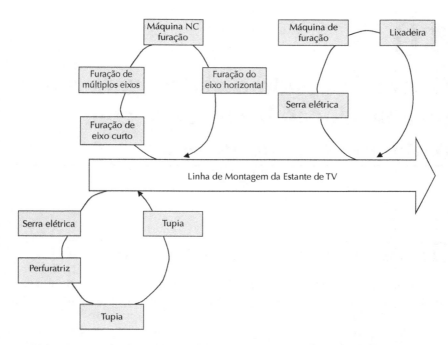

FIGURA 9.2 Exemplo de melhoria de leiaute: operação de múltiplos processos em forma de U na planta de estantes de TV.

10
Operações-padrão podem garantir uma produção balanceada com o mínimo de mão de obra

§ 1 METAS E ELEMENTOS DAS OPERAÇÕES-PADRÃO

O objetivo final do Sistema Toyota de Produção é reduzir os custos relacionados à produção. Para isso, a Toyota busca eliminar as ineficiências de produção como estoques e trabalhadores desnecessários.

As *operações-padrão* visam utilizar um número mínimo de trabalhadores para produção. A primeira meta das operações-padrão é alcançar uma alta produtividade por meio de trabalho intensivo. Porém, na Toyota, trabalho intensivo não significa forçar os trabalhadores a dar duro; na verdade, significa trabalhar eficientemente sem movimentos dispendiosos. Uma ordem padronizada das diversas operações a serem realizadas por um trabalhador, chamada de *rotina de operações-padrão*, é importante para facilitar o atingimento dessa primeira meta.

A segunda meta das operações-padrão da Toyota é alcançar um balanceamento de linha entre todos os processos em termos de ritmo de produção. Nesse caso, o conceito de tempo de ciclo deve ser inserido nas operações-padrão.

A terceira e última meta é que somente a quantidade mínima de material em processo pode se disponibilizar como *quantidade-padrão de material em processo*, ou o número mínimo de unidades necessárias para que as operações-padrão sejam realizadas pelos trabalhadores. Essa quantidade-padrão ajuda a eliminar o excesso de estoques em processo.

Para cumprir com essas três metas, as operações-padrão são constituídas por tempo de ciclo, rotina de operações-padrão e quantidade-padrão de material em processo (Figura 10.1).

Aprofundando-se essas metas, a produção é consolidada de forma a eliminar acidentes e produção defeituosa. Como resultado, a rotina e as posições para

Capítulo 10 • Operações-padrão podem garantir uma produção balanceada ... 169

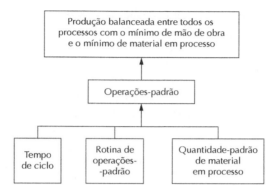

FIGURA 10.1 Elementos das operações-padrão.

assegurar a segurança e a qualidade dos produtos também são padronizadas. Por isso, as precauções de segurança e a qualidade dos produtos representam submetas das operações-padrão da Toyota.

§ 2 DETERMINAÇÃO DOS COMPONENTES DAS OPERAÇÕES-PADRÃO

Os componentes das operações-padrão são determinados sobretudo pelo encarregado (supervisor). O encarregado determina as horas de mão de obra necessárias para se produzir uma unidade a cada máquina e também a ordem das diversas operações a serem realizadas por cada trabalhador. Em outras companhias, as operações-padrão costumam ser determinadas pelo pessoal de engenharia industrial.

O método da Toyota pode não parecer científico, porém, o encarregado possui um conhecimento íntimo do desempenho de cada trabalhador. Além disso, o encarregado típico também utiliza técnicas de engenharia industrial, tal como estudos de tempo e movimento; portanto, tais fatores como a velocidade de movimento determinada podem ser consideradas como apropriadas até mesmo por um observador imparcial. Ademais, para ensinar o trabalhador a compreender e a seguir completamente os padrões, o próprio encarregado precisa dominar e reconhecer os padrões com perfeição.

As operações-padrão são determinadas da seguinte maneira:

1. Determine o tempo de ciclo.
2. Determine o tempo de conclusão por unidade.
3. Determine a rotina de operações-padrão.

4. Determine a quantidade-padrão de material em processo.
5. Prepare a folha de operações-padrão.

Determinação do tempo takt

O tempo takt, ou *takt time*, é o intervalo de tempo em que uma unidade de um produto precisa ser produzida. Esse tempo de ciclo é determinado pela quantidade necessária de rendimento diário e pelo tempo efetivo de operação diária, da seguinte maneira:

$$\text{Tempo takt} = \frac{\text{Tempo efetivo de operação diária}}{\text{Produção diária necessária}}$$

O tempo efetivo de operação diária não deve ser reduzido por quaisquer folgas devido a quebras de máquinas, por tempo ocioso em espera por materiais, por retrabalho ou por fadiga e tempo de descanso. Além disso, a produção diária necessária não deve ser aumentada para produção de itens defeituosos. Ao considerar como desnecessário o tempo gasto na produção de itens defeituosos, esse tempo acaba ficando visível quando ele ocorre em um processo, possibilitando a tomada imediata de medidas para aprimorar o processo. O tempo takt pode ser bem longo se comparado a outras companhias que permitem uma folga por tempo de fadiga e para produção de itens defeituosos ao determinarem o tempo takt. Sobretudo, como é necessário determinar tanto o número de operações diferentes quanto o número de trabalhadores necessários para produzir uma única unidade do item dentro do tempo takt, o número de trabalhadores em qualquer departamento da uma fábrica da Toyota pode ser reduzido caso o ciclo seja relativamente longo.

Às vezes, o tempo takt é determinado erroneamente usando-se a capacidade corrente de máquinas e a capacidade de mão de obra. Ainda que isso apresente um intervalo de tempo provável para a produção de uma unidade do item, esse cálculo não dará o tempo necessário para a realocação dos trabalhadores. Para assegurar que o tempo takt está determinado de modo apropriado, o tempo efetivo de operação diária e a produção diária necessária precisam ser consideradas.

Determinação do tempo de conclusão por unidade

O tempo de conclusão por unidade do item precisa ser determinado para cada processo e para cada peça. Essa unidade de tempo sempre é escrita na *folha de capacidade de produção de peça* que é preenchida para cada peça (Figura 10.9).

O *tempo de operação manual* e o *tempo de processamento automático por máquina* são medidos por meio de um cronômetro. O tempo de operação manual não

Capítulo 10 • Operações-padrão podem garantir uma produção balanceada ... 171

Folha de capacidade de produção de peças										Nº do item		Nome do item		Quantidade necessária por dia	Nome do trabalhador

Ordem dos processos	Descrição das operações	Nº da máquina	Tempo de operação manual		Tempo básico				Troca de ferramentas		Capacidade de produção (960 min)	Referências Operação manual Processamento por máquina
					Tempo de processamento da máquina		Tempo de conclusão por item		Troca do item	Tempo de troca		
			min.	sec.	min.	sec.	min.	sec.			Unidades	
1	Perfuratriz central	CD-300		07	1	20	1	27	80	1'00"	655	
2	Chanfradura	KA-350		09	1	35	1	44	20	30"	549	
3	Mandril	KB-400		09	1	25	1	34	50	30"	606	
4	Mandril	KC-450		10	1	18	1	28	20 40 20	30" 30" 30"	643	
2-1	Fresa	MS-100	(20)		(2	10)	(2	20)	1.000	7'00"	820	$\vdash\!\!\overset{10''}{\rule{0.7cm}{0.4pt}}\!\!\vdash\!\!\overset{10''}{\rule{0.7cm}{0.4pt}}\!\!\vdash\!\!\overset{2'10''}{\rule{1.2cm}{0.4pt}}\!\!\dashv$
2-2	Fresa	MS-101	(15)		(2	10)	(2	15)	1.000	7'00"		$\vdash\!\!\overset{5''}{\rule{0.5cm}{0.4pt}}\!\!\vdash\!\!\overset{10''}{\rule{0.7cm}{0.4pt}}\!\!\vdash\!\!\overset{2'10''}{\rule{1.2cm}{0.4pt}}\!\!\dashv$ $\left[\dfrac{\text{tempo de operação}}{\text{manual por unidade}}\right] = \dfrac{20'' + 15''}{2} = 17,5'' \to 18''$
	(dois estandes de máquinas)		18									
3	Furação	BA-235	(08)			(50)		(58)	500	5'00"	1.947	$\left[\dfrac{\text{tempo de operação}}{\text{manual por unidade}}\right] = \dfrac{8''}{2} = 4''$
	(duas unidades processando ao mesmo tempo)		04					29				
4	Bitola (1/5)		(18)									$\left[\dfrac{\text{tempo de operação}}{\text{manual por unidade}}\right] = \dfrac{18''}{2} = 9''$
	(uma inspeção de unidade a cada cinco unidades)		09									
	Total											

FIGURA 10.2 Elementos das operações-padrão.

deve incluir o tempo de caminhada nos processos. A velocidade e o nível de habilidade para cada operação manual são determinados pelo encarregado.

O *tempo de conclusão por unidade* na coluna de tempo básico representa o tempo necessário para que uma única unidade seja processada. Se duas unidades forem processadas simultaneamente, ou se uma unidade a cada determinado número de unidades for inspecionada pelo controle de qualidade, o tempo de conclusão por unidade será escrito na coluna de referência.

Na coluna de troca de ferramenta, as *unidades de troca* especificam o número de unidades a serem produzidas antes de trocar o torno ou a ferramenta. O tempo de troca se refere ao *tempo de preparação*.

A capacidade de produção na coluna da extrema direita é computada pela seguinte fórmula:

$$N = \frac{T}{C+m}, \text{ ou } \frac{T-mN}{C},$$

onde mN = soma do tempo total de preparação

Notações da Fórmula:
N = Capacidade de produção em termos de unidades
C = Tempo de conclusão por unidade
m = Tempo de preparação por unidade
T = Tempo operacional total

Determinação da rotina de operações-padrão

Após determinar o tempo de ciclo e o tempo de operação manual por unidade para cada operação, o número de operações diferentes a que cada trabalhador deve ser designado precisa ser calculado. Em outras palavras, a rotina de operações-padrão de cada trabalhador precisa ser determinada.

A *rotina de operações-padrão* é a ordem das ações que cada trabalhador precisa realizar dentro de um determinado tempo de ciclo. Essa rotina serve a dois propósitos. Primeiro, ela proporciona ao trabalhador a ordem ou a rotina para pegar o trabalho, colocá-lo na máquina e retirá-lo depois do processamento. Em segundo lugar, ela fornece a sequência de operações que o trabalhador multifuncional precisa realizar em diversas máquinas dentro de um tempo de ciclo.

A essa altura, é importante distinguir entre a ordem do processo a rotina de operações, porque, em muitos casos, essas duas ordens não são idênticas. Se a rotina de operações for simples, ela pode ser determinada diretamente a partir da folha de capacidade de produção de peças (Figura 10.2). Nesse caso, a ordem dos processos na verdade é idêntica à da rotina de operação. No entanto, se a rotina de operações for complicada, talvez não seja fácil determinar se o tempo de processamento automático de determinada máquina se encerrará antes que o trabalhador opere a mesma máquina no próximo ciclo do *takt time*. Consequentemente, a rotina de operações-padrão é usada para determinar a rotina exata de operações (Figura 10.3).

O procedimento para se preparar a folha de rotina de operações-padrão é o seguinte:

1. O tempo de ciclo é desenhado com uma linha vermelha na dimensão do tempo de operações da folha.
2. A variedade aproximada de processos com que um trabalhador pode operar deve ser predeterminada. O tempo total de operações, que é aproximadamente igual ao tempo de ciclo em vermelho, deve ser computado usando-se a folha de capacidade de produção de peças (Figura 10.2). Algum tempo excedente para as caminhadas entre as máquinas deve ser concedido. O tempo de caminhada deve ser medido usando-se um cronometro e registrado em algum memorando.
3. Os tempos de operação manual e de processamento por máquina para a primeira máquina são os primeiros a serem desenhados nessa folha copiando-se os dados a partir da folha de capacidade de produção de peças.
4. Em seguida, a segunda operação desse trabalhador deve ser determinada. É importante lembrar que a ordem dos processos não necessariamente é idêntica à rotina de operações. Além disso, a distância de caminhada entre as máquinas, o ponto no qual a qualidade do produto é verificada e as precauções específicas de segurança precisam ser levados em consideração nessa etapa. Caso seja preciso haver algum tempo de caminhada, o seu intervalo de tempo precisa ser desenhado na folha por uma linha ondulada desde o ponto terminal do tempo da operação manual precedente até o ponto inicial do tempo da operação manual subsequente.
5. Os passos 3 e 4 são repetidos até que a rotina de operações como um todo possa ser determinada. Ao realizar esses passos, se a linha pontilhada do tempo de processamento por máquina alcançar a linha contínua da operação manual seguinte, a sequência de operações não é praticável e alguma outra sequência precisa ser escolhida.
6. Como a rotina de operações foi plotada de modo a abranger por inteiro o número de processos no passo 2, a rotina precisa ser completada na operação inicial do ciclo seguinte. Caso seja preciso haver algum tempo de caminhada para essa retomada, uma linha ondulada precisa ser desenhada.
7. Se o ponto de retomada final encontrar a linha vermelha do tempo de ciclo, a rotina de operações representa uma mistura apropriada. Já se a operação final acabar antes da linha de tempo de ciclo, pense na possibilidade de incluir mais operações.

174 Seção 2 • Subsistemas

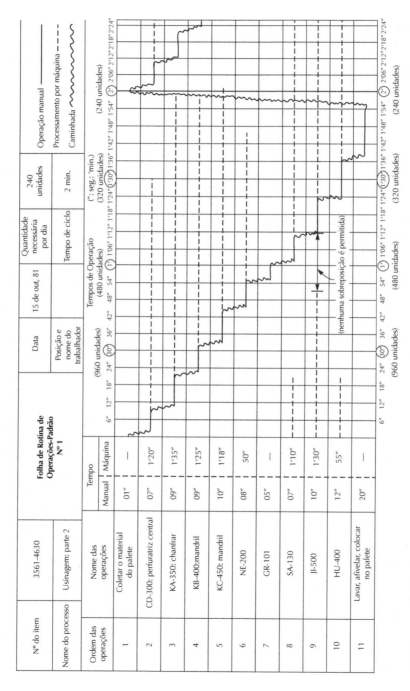

FIGURA 10.3 Folha de rotina de operações-padrão.

Se a operação final ultrapassar a linha do tempo de ciclo, deve-se procurar meios para encurtar essa ultrapassagem. Isso pode ser conseguido por meio do aprimoramento das várias operações desse trabalhador.

8. Por fim, o encarregado deve inclusive tentar realizar a rotina final de operações-padrão. Se ele conseguir finalizá-la confortavelmente dentro do tempo de ciclo, a rotina poderá, então, ser ensinada aos trabalhadores.

A alocação de diversas operações entre os trabalhadores precisa se dar de tal forma que cada trabalhador seja capaz de finalizar todas as suas operações dentro do tempo de ciclo especificado. Além disso, o leiaute dos processos deve ser tal que cada trabalhador tenha o mesmo ciclo, para que o equilíbrio da produção entre vários processos possa ser realizado. Um esquema simplificado dessa alocação de operações e leiaute de processos é mostrado na Figura 10.4.

Se houver tempo de espera demais ao final da rotina de operações na Figura 10.3, um tempo de ciclo duplo pode ser estabelecido para que possa haver operações simultâneas por parte de dois ou mais trabalhadores sujeitos à mesma rotina de operações. Isso ajuda a eliminar qualquer folga no tempo de ciclo (Figura 10.5). Do contrário, por meio da melhoria nas operações do processo em questão, uma operação a mais pode ser inserida no tempo de ciclo.

Sistema *Yo-i-don*

"*Yo-i-don*" significa *preparar, apontar, fogo*. O sistema *Yo-i-don* é um método para balancear o ritmo de produção (sincronização) entre vários processos em que não há uma esteira rolante. Ele também pode ser usado como um método de mensuração da capacidade de produção de cada processo.

Examinemos em detalhe o sistema *Yo-i-don* usando *andon*. Numa planta de soldagem de carrocerias da Daihatsu Motor Company (uma parceria da Toyota), há seis processos *na parte de baixo da carroceria* ($U_1, U_2, \ldots, U_6$), seis processos *nas laterais da carroceria* ($S_1, S_2, \ldots, S_6$) e quatro processos *no corpo da carroceria* ($M_1, M_2, \ldots, M_4$), conforme representado na Figura 10.6. Pelas companhias, a planta de soldagem de carrocerias também é chamada de fábrica de folhas de metal, de linha de montagem de carroceria ou simplesmente de linha de carroceria.

A planta de soldagem de carrocerias precisa produzir uma unidade do seu produto em três minutos e trinta e cinco segundos (o tempo de ciclo dessa fábrica). Dividindo-se esse tempo de ciclo em três porções iguais cumulativamente como 1/3, 2/3 e 3/3 com o decorrer do tempo, o tempo-padrão por unidade de um produto para a conclusão de cada processo é definido. A tabela na Figura 10.7 é chamada de *andon*; ela fica pendurada bem alto no teto da fábrica para que todos os trabalhadores possam enxergá-la.

176 Seção 2 • Subsistemas

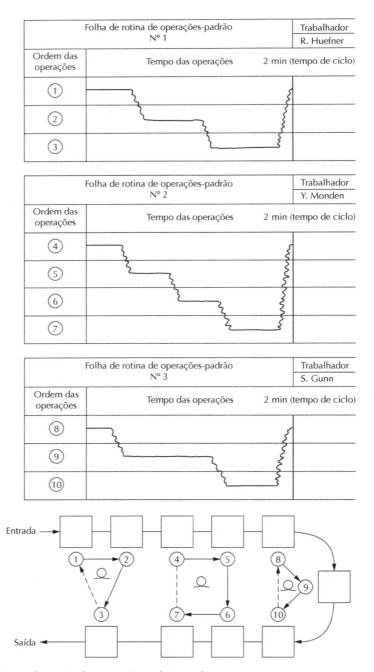

FIGURA 10.4 Alocação de operações e leiaute de processos.

Capítulo 10 • Operações-padrão podem garantir uma produção balanceada ... 177

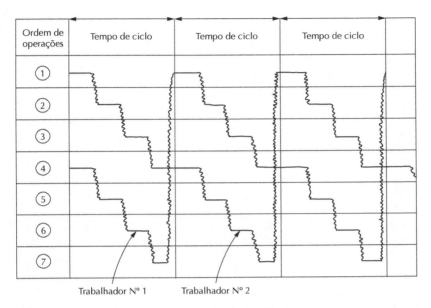

FIGURA 10.5 Tempo de ciclo duplo a ser utilizado por dois trabalhadores.

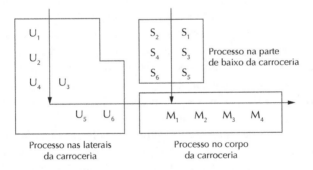

FIGURA 10.6 Processo numa planta de soldagem de carrocerias.

Os trabalhadores dos processos na parte de baixo da carroceria precisam completar suas operações de U_1 a U_6 dentro de três minutos e trinta e cinco segundos, os trabalhadores dos processos nas laterais da carroceria também precisam finalizar as suas tarefas de S_1 a S_6 dentro desse período e os trabalhadores nos processos no corpo da carroceria precisam completar os seus processos de M_1 a M_4 dentro do tempo de ciclo. No ponto inicial do ciclo, cada trabalhador prepara o trabalho no primeiro processo que deve ser realizado. Se cada trabalhador concluir suas operações em todos

1/3		2/3		3/3	
U_1	U_2	U_3	U_4	U_5	U_6
S_1	S_2	S_3	S_4	S_5	S_6
M_1		M_2		M_3	M_4

FIGURA 10.7 *Andon* da planta de carroceria.

os processos sob sua responsabilidade e transferir o trabalho acabado para o processo seguinte dentro do tempo de ciclo, então essa planta de soldagem de carrocerias como um todo conseguirá produzir uma unidade de produto acabado a cada três minutos e trinta e cinco segundos.

O trabalhador em cada processo apertará o botão quando seu trabalho estiver finalizado, e depois que três minutos e trinta e cinco segundos se passarem, a lâmpada vermelha no *andon* só se acenderá naqueles processos em que a tarefa ainda não foi finalizada. Como a lâmpada vermelha indica um atraso no processamento, a linha inteira para quando uma lâmpada vermelha se acende.

A lâmpada vermelha pode estar acesa, por exemplo, nos processos U_4, S_5 e M_2. Quando isso acontece, o supervisor ou os trabalhadores que estiverem por perto ajudam os trabalhadores nesses processos a finalizarem suas tarefas. Na maioria dos casos, todas as lâmpadas vermelhas se apagam dentro de 10 segundos.

Nesse estágio, o tempo de ciclo seguinte se iniciará, e novamente as operações em todos os processos se iniciarão juntas. Isso é chamado de *Yo-i-don*, responsável pela produção balanceada entre todos os processos. Ele utiliza *andon*, tempo de ciclo e operação de múltiplos processos para produção e transporte do fluxo unitário de peças. O *andon* nesse caso também é chamado de *painel de exibição de conclusão de processos*, que, por vezes, encontra-se separado do painel *andon* comum na Toyota.

Em certo sentido, o sistema *Yo-i-don* é uma modificação do chamado sistema *takt*. Sob o sistema *takt* comum, o supervisor fiscaliza o processo como um todo, e quando todos os trabalhadores finalizam suas respectivas tarefas, ele lhes faz um sinal para que passem o produto de cada processo para o processo seguinte. Contudo, sob o sistema *Yo-i-don* na Toyota, tal função é substituída pelo *andon*. Novas considerações e expectativas, entretanto, precisam ser feitas para a introdução de robôs soldadores, esteiras rolantes entre processos e sistemas informatizados centrais controlando as linhas de soldagem de carrocerias.

Capítulo 10 • Operações-padrão podem garantir uma produção balanceada ... **179**

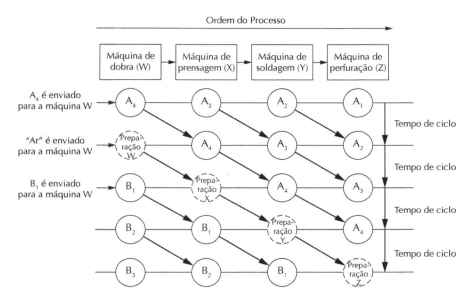

FIGURA 10.8 Preparação em uma rodada.

Preparação em uma rodada

O sequenciamento das máquinas é uma consideração importante em rotinas de operações complexas. Caso haja muitas máquinas diferentes dispostas em sucessão, como o problema da preparação deve ser resolvido?

Suponhamos, por exemplo, que há quatro tipos diferentes de máquinas, como uma máquina de dobra (W), uma máquina de prensagem (X), uma máquina de soldagem (Y) e uma máquina de perfuração (Z) em sucessão em um determinado processo de máquinas (Figura 10.8). Assumamos que essas quatro máquinas são operadas por trabalhador multifuncional e que, embora ele esteja agora processando a parte A, a seguir ele precisa processar a parte B nesse processo de múltiplas máquinas.

Para mudar a produção da peça A para a peça B nessa situação, o trabalhador nunca irá fazer a preparação dessas quatro máquinas após finalizar o processamento de toda a peça A. Tal abordagem iria consumir uma parte considerável do tempo de atravessamento de produção.

Em vez disso, o trabalhador deve começar a preparação de peça B enquanto a peça A ainda está em processo. Perceba que uma única unidade de uma peça pode fluir através de cada máquina dentro de um tempo de ciclo. Portanto, quando a última unidade da peça A acaba de ser processada na primeira máquina W, "ar" deve ser enviado para a máquina W. Enquanto "ar" está fluindo pela máquina W, a ação de preparação pode ser realizada nesta máquina. Em outras palavras, a máquina W pode ser preparada dentro de um determinado tempo de ciclo.

Como resultado, todas essas quatro máquinas podem ser preparadas ao se "matar" a produção de uma única unidade da peça B. Se todas essas quatro máquinas forem operadas por um mesmo trabalhador com múltiplas habilidades, todas elas podem ser preparadas dentro de quatro tempos de ciclo. Já se cada máquina fosse operadas separadamente por um trabalhador diferente, todas as quatro máquinas poderiam ser preparadas dentro de um único tempo de ciclo da primeira hipótese. Na Toyota, tal abordagem de preparação é chamada de *preparação em uma rodada* (*one-shot setup*) (Figura 10.8).

Determinação da quantidade-padrão de material em processo

A quantidade-padrão de material em processo é a quantidade mínima necessária de material em processo dentro da linha de produção; ela consiste principalmente no trabalho colocado e mantido entre as máquinas. Inclui também o trabalho junto à cada máquina. Contudo, o estoque de produtos acabados da linha não pode ser considerado como a quantidade-padrão de material em processo.

Sem essa quantidade de trabalho, as operações rítmicas predeterminadas das diversas máquinas nessa linha não podem ser efetuadas. A quantidade-padrão de material em processo propriamente dita varia de acordo com as seguintes diferenças em leiautes das máquinas e rotinas de operações:

- Se a rotina de operações estiverem de acordo com o ordem do fluxo dos processos, apenas o trabalho junto à cada máquina é necessário; não será necessário armazenar trabalho entre as máquinas. (Considere 7 → 8 na Figura 10.9.)
- No entanto, se as rotinas de operações estiverem na direção oposta à ordem de processamento, será necessário armazenar pelo menos uma peça de trabalho entre as máquinas (Considerar 8 → 7 na Figura 10.9.)

Ademais, ao se determinar a quantidade-padrão de trabalho em processo, os pontos a seguir também devem ser levados em consideração:

- A quantidade necessária para a verificação da qualidade dos produtos nas posições necessárias do processo.
- A quantidade necessária a ser processada até que a temperatura de uma unidade vinda da máquina precedente diminua até certo nível.

A quantidade-padrão em processo deve ser mantida no menor nível possível. Além disso, reduzindo os custos de material em processo, o controle visual na

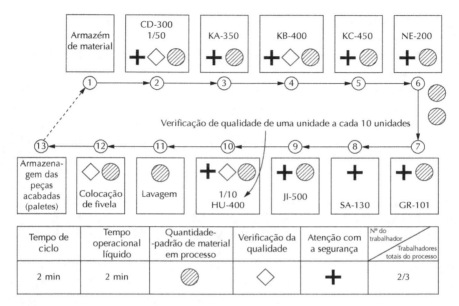

FIGURA 10.9 Folhas de operações-padrão.

verificação da qualidade dos produtos e na melhoria do processo também será facilitado em muito, já que os defeitos se tornarão mais evidentes.

Preparação da folha de operações-padrão

Na Toyota, a folha de operações-padrão é o item final necessário para a padronização das operações. Essa folha (Figura 10.9) contém os seguintes itens:

- Tempo de ciclo
- Rotina de operações
- Quantidade-padrão de material em processo
- Tempo operacional líquido
- Posições para verificação da qualidade dos produtos
- Posições para observar com atenção a segurança do trabalhador

Quando a folha de operações-padrão é colocada em locais onde cada trabalhador do processo consegue vê-la, ela pode ser útil para um controle visual nas três áreas a seguir:

1. Representa um guia de orientação para que cada trabalhador mantenha a sua rotina de operações padronizada.
2. Ajuda o encarregado ou o supervisor a verificar se cada trabalhador está seguindo as operações-padrão.
3. Permite que o gerente avalie a capacidade do supervisor, já que as operações-padrão precisam ser revisadas frequentemente pela melhoria das operações dos processos. Se a folha de operações-padrão não revisada ficar afixada por um longo período, o gerente perceberá que o supervisor não está se esforçando para aprimorar as operações.

§ 3 TREINAMENTO APROPRIADO E ACOMPANHAMENTO: A CHAVE PARA IMPLEMENTAR UM SISTEMA BEM-SUCEDIDO

Assim que as operações-padrão são estabelecidas pelo supervisor (encarrega), ele precisa desempenhar essas operações perfeitamente e então instruir os seus trabalhadores a fazerem o mesmo. O supervisor deve não apenas ensinar as operações, mas também explicar os motivos pelos quais os padrões precisam ser mantidos (isto é, as metas das operações-padrão). Isso dá um incentivo para que os trabalhadores assumam a responsabilidade pela qualidade dos produtos.

Para assegurar que os trabalhadores compreendam profundamente os padrões, duas folhas chamadas de *nota sobre pontos-chave das operações* e *nota de orientação para as operações* são preparadas e entregues aos trabalhadores. A nota sobre pontos-chave das operações descreve os pontos importantes de cada operação na rotina de operações-padrão, enquanto a nota de orientação para as operações explica os detalhes de cada operação em cada linha e também os métodos para a verificação da qualidade dos produtos. Elas também contêm os dados fornecidos pela folha de operações-padrão. Essas folhas também são afixadas a cada processo.

O supervisor sempre deve observar em primeira mão se os padrões estão sendo obedecidos em seu departamento. Caso eles não estejam sendo seguidos, ele deve instruir imediatamente os trabalhadores quanto aos procedimentos apropriados. Caso o problema ocorra em função dos padrões em si, eles devem ser prontamente revisados.

Após a conclusão de cada tempo de ciclo em cada um dos processos, um painel elétrico mostra as quantidades programadas e produzidas na realização de cada tempo de ciclo em cada processo. O supervisor precisa verificar os resultados da implementação das operações-padrão, e caso algo de anormal seja encontrado no processo, ele precisa investigar as razões para isso e tomar medidas corretivas. Essas medidas corretivas do supervisor são consideradas como controle geral ou controle operacional, mas o seu desempenho a cada mês pode ser avaliado pelo tradicional sistema de controle orçamentário.

Por fim, é importante revisar regularmente as operações-padrão, já que elas são sempre imperfeitas e porque melhorias operacionais são sempre necessárias em um processo. A ideia mais fundamental por trás do Sistema Toyota de Produção está resumida na seguinte declaração:

O progresso de uma companhia só pode ser alcançado mediante esforços contínuos por parte de *todos* os membros da companhia em aprimorar as suas atividades.

11
Redução do tempo de preparação – conceitos e técnicas

§ 1 EFEITOS DA REDUÇÃO DO TEMPO DE PREPARAÇÃO

Em 1970, a Toyota conseguiu reduzir para três minutos o tempo de preparação de uma prensa de perfuração de 800 toneladas para capô e para-lamas. Isso é chamado de *preparação em menos de um dígito*, o que significa que o tempo de preparação diz respeito a um número de minutos com um único dígito (ou seja, até de 9min.59 seg.). Atualmente, o tempo de preparação foi reduzido, em muitos casos, para menos de um minuto, ou uma *preparação em um único toque*. Antes de 1981, companhias norte-americanas e europeias passavam muitas vezes de duas a muitas horas – ou pior, um dia inteiro – em ação de preparação.

A necessidade de que a Toyota desenvolvesse um tempo de preparação incrivelmente curto foi reconhecida por Taiichi Ohno, ex-vice-presidente da companhia, que percebeu que pela redução do tempo de preparação a Toyota poderia minimizar o tamanho dos lotes e, portanto, reduzir o estoque de produtos acabados e em processamento.

Por meio da produção em pequenos lotes, o tempo de atravessamento de produção de vários tipos de produtos pode ser reduzido, e a companhia consegue se adaptar com grande rapidez às encomendas dos clientes e às mudanças na demanda. Mesmo que os tipos de carros e as datas de entrega sejam alterados no meio do mês, a Toyota consegue se adaptar rapidamente. A partir deste ponto de vista, também, o estoque de produtos acabados ou em processamento pode ser reduzido.

A razão entre a utilização das máquinas e a sua capacidade plena acabará aumentando devido à redução do tempo de preparação. Deve-se ressaltar, porém, que há uma tolerância para que a taxa de utilização das máquinas seja baixa por se considerar que a superprodução acaba levando a desperdícios, o que representa uma situação pior do que uma baixa taxa de utilização. A minimização dos estoques, uma produção voltada para a ordem das tarefas e uma pronta adaptação a mudanças na demanda são as vantagens mais importantes de uma preparação individual.

A preparação em um único dígito é um conceito inovador inventado pelos japoneses na área da engenharia industrial. Essa ideia foi desenvolvida por Shingeo Shingo, consultor da Toyota, e é hoje adotada no mundo todo. A preparação em um único dígito não deve ser considerada uma técnica. Trata-se de um conceito que exige uma mudança de atitude por parte de todo mundo em uma fábrica. Nas empresas japonesas, a redução do tempo de preparação é promovido não pelo pessoal de EI, e sim por meio de atividades de pequenos grupos de trabalhadores diretos chamados de círculos de controle de qualidade (CQ) ou grupos de defeitos zero DZ (defeito zero). A conquista de uma melhoria nos tempos de preparação e o estímulo do moral dos participantes permitem que os trabalhadores enfrentem desafios similares em outras áreas da fábrica; este é um importante benefício colateral da redução do tempo de preparação.

§ 2 CONCEITOS DE PREPARAÇÃO

Para se reduzir o tempo de preparação, primeiramente quatro conceitos principais precisam ser reorganizados. Além disso, seis técnicas para a aplicação desses conceitos serão descritas logo adiante. A maioria dessas técnicas foi desenvolvida para a aplicação dos conceitos 2 e 3. Para examinar cada conceito e cada técnica, as ações de preparação para a operação da prensa de perfuração serão usadas como exemplo principal, mas a mesma abordagem pode ser aplicada para todos os tipos de máquinas.

Conceito 1: separe a preparação interna da preparação externa

Preparação interna diz respeito àquelas ações que exigem inevitavelmente que a máquina esteja parada. Já a preparação externa se refere a ações que podem ser feitas enquanto a máquina está operando. No caso da prensa de perfuração, essas ações podem ser feitas antes ou depois da troca da matriz.

Esses dois tipos de ações precisam ser rigorosamente separadas. Ou seja, assim que a máquina pára, o trabalhador nunca deve se afastar dela para realizar qualquer tarefa da preparação externa.

Na preparação externa, as matrizes, as ferramentas e os materiais precisam estar perfeitamente preparados ao lado da máquina, e quaisquer consertos necessários nas matrizes devem ser feitos previamente. Na preparação interna, apenas a remoção e a colocação das matrizes precisam ser feitas.

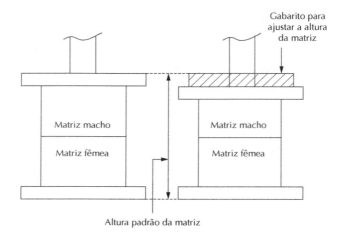

FIGURA 11.1 Usando um gabarito para padronizar a altura da matriz.

Conceito 2: converta o máximo possível a preparação interna em preparação externa

Este é conceito mais importante no que diz respeito à preparação em um único dígito. Dentre os exemplos, podemos citar:

- As alturas das matrizes de uma prensa de perfuração ou de uma máquina de moldagem podem ser padronizadas usando-se um gabarito para que ajustes de movimento sejam desnecessários (Figura 11.1).
- A matriz da máquina de fundição pode ser pré-aquecida usando-se o calor dissipado pelo forno de fundição que pertence a essa máquina. Isso significa que o movimento de teste para aquecer o molde de metal da matriz da máquina de fundição pode ser eliminado.

Conceito 3: elimine o processo de ajuste

O processo de ajuste nas ações de preparação geralmente leva cerca de 50 a 70% do tempo total de preparação interna. A redução deste tempo de ajuste é muito importante para reduzir o tempo total de preparação.

O ajuste costuma ser considerado como essencial e que requer habilidades altamente desenvolvidas, mas essas são noções equivocadas. Operações de preparação como a movimentação da alavanca limitadora da posição de 100 mm para a posição de 150 mm podem ser necessárias, mas assim que ela for levada para uma determinada posição, outras revisões repetitivas na posição de ajuste devem ser eliminadas.

Capítulo 11 • Redução do tempo de preparação – conceitos e técnicas   **187**

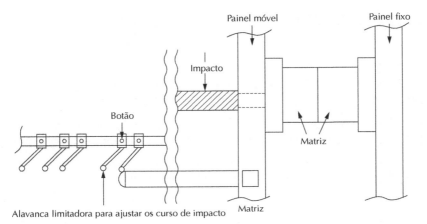

FIGURA 11.2 A instalação de alavancas limitadoras em todas as posições necessárias acelera o ajuste de curso de impacto.

A preparação é um conceito que deve ser considerado como independente de ajuste. Entre os exemplos, podemos citar:

- O fabricante de uma puncionadeira pode produzir uma máquina que é ajustável para as diversas exigências de altura de matriz dos compradores. Porém, cada companhia em particular (cada usuário) poderia padronizar a sua altura de matriz em certo tamanho para que o ajuste do curso pudesse ser eliminado (Figura 11.1).
- Suponha que a máquina de moldagem requer um curso diferente de impacto dependendo da matriz utilizada, de tal forma que a posição da alavanca limitadora precise ser alterada para ajustar o curso. Para conseguir encontrar a posição correta, sempre é necessário haver um ajuste. Numa situação como essa, em vez de uma única alavanca limitadora, cinco alavancas limitadoras podem ser instaladas nas cinco posições necessárias. Além disso, no novo dispositivo, é possível fazer com que corrente elétrica flua para a alavanca limitadora necessária num determinado instante apenas com um um único toque. Como resultado, a necessidade de se ajustar a posição é completamente eliminada (Figura 11.2).
- Para fazer a troca de matrizes na máquina de estampagem, um carrinho com uma mesa giratória pode ser preparado. A ideia por trás desse carrinho com uma mesa giratória é a mesma que o princípio de um revolver (arma). O procedimento é o seguinte (Figura 11.3):

    a. Retire a matriz nº 1 do suporte de matriz da prensa (a produção com essa matriz está concluída).

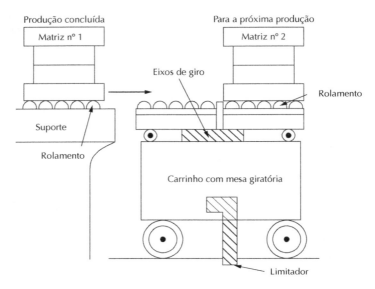

FIGURA 11.3 Carrinho com mesa giratória.

b. Empurre o carrinho-mesa para que ele se aproxime da prensa e em seguida fixe o limitador.
c. Coloque a matriz nº 1 do carrinho-mesa.
d. Gire apenas a parte superior da carrinho-mesa para longe da prensa, e ao mesmo tempo coloque a matriz nº 2 na prensa.

Cabe ressaltar novamente que, muito embora a máquina possa ser capaz de mudar de posições continuamente, apenas um número finito de posições discretas são necessárias. O exemplo das cinco alavancas limitadoras discretas (Figura 11.2) baseia-se nessa ideia. O número de posições de ajuste necessárias em operações reais é bastante limitado. Tal sistema pode ser descrito como o *sistema de posições finitas embutidas*. Esse sistema permitirá a preparação em um único toque.

Conceito 4: busque a eliminação do passo de preparação propriamente dito

Para se livrar completamente da preparação, duas abordagens podem ser praticadas: primeira, use um projeto uniforme de produtos e use a mesma peça para vários produtos; segunda, produza as diversas peças ao mesmo tempo. A última pode ser alcançada por meio de dois métodos. O primeiro método é o sistema de preparação. Por exemplo: na matriz única da puncionadeira, dois formatos diferentes de peças A e B foram confeccionados como um conjunto. Essas duas peças são separadas após ambos os formatos serem continuamente perfurados ao mesmo tempo.

O segundo método é prensar múltiplas peças em paralelo usando-se múltiplas máquinas mais baratas. Por exemplo: um departamento usa um macaco normal para uma função de prensagem, em vez da puncionadeira. Nesse departamento, cada trabalhador utiliza esse pequeno macaco enquanto está envolvido em outras tarefas na condição de um trabalhador multifuncional. Esse macaco está ligado a um pequeno motor e pode desempenhar as mesmas funções que uma puncionadeira pesada. Caso diversos macacos desse tipo estivessem disponíveis, eles poderiam ser usados em paralelo para a produção de vários tipos de peças.

§ 3 APLICAÇÃO DO CONCEITO

A seguir são apresentadas seis técnicas para a aplicação dos quatro conceitos recém explicados.

Técnica 1: padronize as ações de preparação externa

As operações para a preparação de matriz, ferramentas e materiais devem ser transformadas em rotinas padronizadas. Tais operações padronizadas devem ser escritas num papel e afixadas na parede para que todos os trabalhadores possam ver. Então, os trabalhadores devem treinar a si próprios até dominarem essas rotinas.

Técnica 2: padronize somente as partes necessárias da máquina

Se o tamanho e o formato de todas as matrizes forem padronizados por completo, o tempo de preparação será bastante reduzido. Isso, porém, pode acabar custando caro. Por isso, apenas a parte da função necessária para preparações é padronizada. O gabarito explicado sob o Conceito 2 (Figura 11.1) para igualar a altura da matriz é um exemplo dessa técnica.

Se a altura dos suportes de matriz fosse padronizada, a substituição das ferramentas de fixação e os ajustes poderiam ser eliminados (Figura 11.4).

Técnica 3: use um sistema de fixação rápido

Geralmente, um parafuso é a ferramenta mais popular de fixação. Mas como o parafuso só gera fixação na volta final da porca e pode se afrouxar na primeira volta, deve-se desenvolver uma ferramenta conveniente de fixação que permita uma volta única da porca. Alguns exemplos são o uso de um orifício em forma de pera, a arruela em forma de U e a porca e o parafuso endentados, conforme mostrado na Figura 11.5.

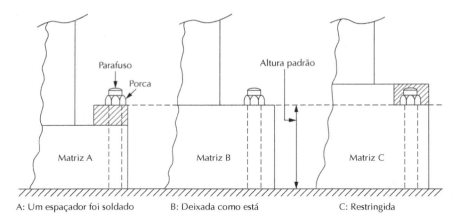

FIGURA 11.4 A padronização da altura do suporte de matriz reduz a necessidade de substituição das ferramentas de fixação.

Uma operação em uma bobina foi desenvolvida por uma empresa. A bobina costumava ser retirada após a porca e a arruela terem sido removidas. Para reduzir o tempo necessário para retirar uma bobina, o diâmetro externo da porca foi ajustado num tamanho menor que o diâmetro interno da bobina, e uma arruela em forma de U passou a ser usada. A bobina podia, então, ser destacada bem depressa soltando-se o parafuso em uma única volta, retirando-se a arruela em formato de U e retirando--se a bobina sem remover a porca.

Havia 12 parafusos na borda externa da fornalha. Mas os orifícios dos parafusos da tampa foram alterados para um formato em pera, e a arruela em formato de U passou a ser usada. Consequentemente, quando a porca é afrouxada numa única volta, a arruela em formato de U deve ser retirada e a tampa deve ser girada para a esquerda para que possa ser aberta pela parte maior dos orifícios em forma de pera sem desprender as porcas dos parafusos.

Três partes da superfície externa do parafuso precisam ser endentadas, e, correspondendo a essas partes, a rosca interna da porca também precisa ser endentada em três lugares. Assim, quando a porca é forçada para baixo ao coincidirem as partes da rosca da porca com as partes endentadas do parafuso, a porca pode fixar a máquina em uma única volta.

Um sistema em cassete que utilize a ideia de ajustamento permite o ajuste em menos de um minuto, ou a preparação em um único toque. Um exemplo é mostrado na Figura 11.6. O bloco-guia deslizante mostrado na figura também foi inventado e o tamanho do suporte de matriz foi padronizado. A Figura 11.6 também ilustra um dispositivo para instalação de matriz usando-se um guia em formato de trapézio.

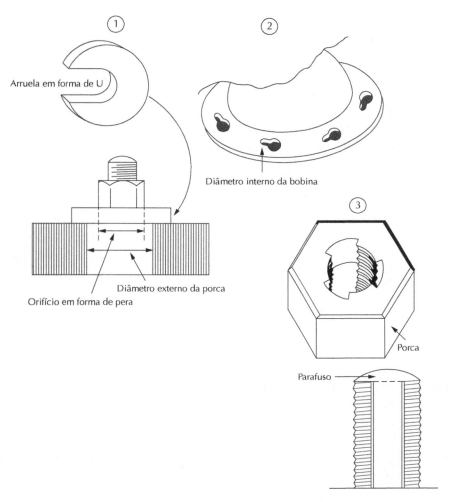

FIGURA 11.5 Exemplos de sistemas de fixação rápidos (Técnica 3): (1) arruela em forma de U; (2) orifício em forma de pera; (3) porca e o parafuso com partes correspondentes endentadas.

Técnica 4: utilize uma ferramenta suplementar

Leva bastante tempo para afixar uma matriz ou um rebite diretamente na puncionadeira ou no mandril do torno mecânico. Por isso, a matriz ou os rebites devem ser fixados à ferramenta suplementar na fase de preparação externa, e depois, na fase de preparação interna, essa ferramenta pode ser colocada na máquina com um único

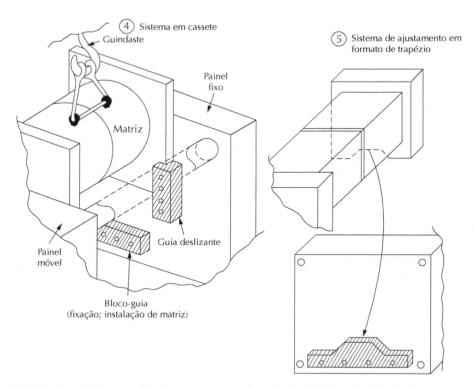

FIGURA 11.6 Sistemas de ajustamento para fixação rápida (Técnica 3): (4) sistema em cassete com bloco-guia deslizante; (5) dispositivo para instalação de matriz com guia em forma de montanha.

toque. Para esse método, as ferramentas suplementares precisam ser padronizadas. O carrinho com mesa giratória na Figura 11.3 é outro exemplo dessa técnica.

Técnica 5: utilize operações simultâneas

A puncionadeira grande ou a máquina de moldagem grande possuem muitas posições de fixação nas suas laterais esquerda e direita. As ações de preparação para uma máquina dessas levarão bastante tempo se conduzidas por um único trabalhador. No entanto, caso fossem aplicadas operações simultâneas por parte de duas pessoas em tal máquina, o desperdício de movimentos seria eliminado e o tempo de preparação seria reduzido. Ainda que o número total de horas de mão de obra não fosse alterado, as horas operacionais efetivas da máquina poderiam ser aumentadas. Se um tempo de preparação de uma hora fosse reduzido para três minutos, o segundo trabalhador seria necessário para este processo por apenas três minutos. Por isso, especialistas em ações de preparação são treinados na puncionadeira, e eles cooperam com os operadores de máquinas.

Técnica 6: use um sistema de preparação mecânico

Para instalar a matriz, pode-se usar pressão a óleo ou pressão a ar para fazer as fixações em várias posições ao mesmo tempo pelo método de um único toque. Além disso, as alturas da matriz de uma puncionadeira podem ser ajustadas por um mecanismo eletricamente operado. Contudo, ainda que tais mecanismos sejam bastante convenientes, um investimento por demais oneroso neles seria o mesmo que "colocar a carroça na frente dos bois".

Embora a Toyota tenha reduzido o tempo de preparação para menos de dez minutos, o tempo reduzido está relacionado ao tempo de preparação interna. O tempo de preparação externa ainda requer de meia hora a uma hora até mesmo na Toyota. Sem esse intervalo de tempo, a matriz para o próximo lote não pode ser substituído. Como resultado, o tamanho do lote ou o número de preparações por dia na Toyota fica essencialmente restrito pelo intervalo de tempo da preparação externa.

Resumindo: para empresas norte-americanas e europeias, e de outros países, a implementação do Sistema Toyota de Produção impõe algumas dificuldades, em relação a sindicatos de trabalhadores e problemas geográficos. No entanto, as abordagens para se reduzir o tempo de preparação aqui descritas podem ser aplicadas em qualquer companhia e acabarão reduzindo o estoque em processo e também reduzindo o tempo de atravessamento de produção, embora não tanto quanto seria possível se acompanhadas pelo sistema *kanban*. A redução do tempo de preparação em muitas máquinas seria uma das maneiras mais fáceis de introduzir o Sistema Toyota de Produção.

12
5S – A base para as melhorias

§ 1 5S ELIMINA O DESPERDÍCIO ORGANIZACIONAL

Numa planta, existem várias oportunidades que frequentemente passam despercebidas e que não são aproveitadas, apesar do seu potencial para gerar lucros. Dentre elas, encontram-se, por exemplo, a limitação dos defeitos de produção, a margem de eficiência operacional (homens-hora), estoques excessivos e o não cumprimento de prazos de entrega. Essas oportunidades negligenciadas, ou desperdícios, são chamadas de *muda* em japonês. *Muda* é essencialmente o desperdício de mão de obra, de resultados, de dinheiro, de espaço, de tempo, de informações, etc.

A teoria organizacional norte-americana reconheceu isso como *desperdício organizacional (organizational slack)*, o que foi descrito pela primeira vez por R. M. Cyert e J. G. March (163). Em épocas prósperas, tais desperdícios não são tocados. Em meio a recessões, porém, quando as empresas enfrentam dificuldades, a prioridade passa a ser a busca por reduzir o desperdício e aumentar o lucro. Os japoneses, entretanto, creem que a redução do desperdício deve ser constante, quer em épocas prósperas ou adversas. A implementação contínua de atividades menores de melhoria é o princípio por trás do *kaizen*, empregado por muitas empresas japonesas.

Kaizen, ou "5S", é um método usado para diminuir o desperdício escondido nas plantas. O 5S representa as palavras japonesas *Seiri, Seiton, Seison, Seiketsu* e *Shitsuke*, que coletivamente podem ser traduzidas como uma atividade de limpeza no local de trabalho.

Com o passar do tempo, muitos tipos de sujeira podem ser acumular na planta e nos escritórios de uma empresa. *Sujeira* em uma fábrica inclui estoques de material em processo (WIP – *work-in-process*); estoques defeituosos; utensílios, ferramentas e medidas desnecessárias; óleo no chão; e carrinhos, equipamentos e mesas desnecessárias, e assim por diante. Em um escritório, documentos, relatórios e materiais desnecessários também representam *sujeira*. O 5S é o processo de lavar toda essa sujeira para conseguir usar as coisas necessárias no tempo necessário e na quantidade necessária. Ao implementar o 5S, os níveis de qualidade, de tempo de atravessamento e de redução de custos podem ser aprimorados. Essas são as três metas principais da gestão de produção. O Sr. Hiroyuki Hirano acredita que pela implementação do 5S, uma planta é capaz de fornecer os produtos que os consumidores desejam, com boa qualidade, a um baixo custo, rapidamente e com segurança, e dessa forma, aumentar o lucro da empresa.

Para alcançar as metas recém citadas, os seguintes desperdícios, ou *muda*, precisam ser diminuídos:

1. ***Tempo excessivo de preparação***. Ficar procurando por matrizes, dispositivos ou ferramentas para a realização da preparação para a operação a seguir é algo que consome tempo. É possível reduzir ou eliminar o tempo de preparação por meio de uma organização prévia rigorosa dos materiais necessários para uma operação de preparação em particular.
2. ***Materiais/produtos defeituosos***. Os defeitos ficarão aparentes numa planta limpa. "Fotografia antes-depois", um conceito que estimula os sentimentos de orgulho e vergonha nos trabalhadores, é usada para motivar os trabalhadores a reduzirem os defeitos. (A fotografia antes-depois será analisada em mais detalhes na conclusão deste capítulo.)
3. ***Áreas de trabalho desarrumadas***. A limpeza e a organização no local de trabalho aumentam a eficiência das operações. O deslocamento dos produtos fica mais fácil depois que se elimina materiais desnecessários espalhados pelo chão. Um local de trabalho limpo eleva o moral dos trabalhadores, aumentando, consequentemente, a frequência. Além disso, como dependências limpas reduzem problemas, o tempo operacional disponível na planta também aumentará.
4. ***Não cumprimento de prazos de entrega***. Para conseguir entregar produtos *just-in-time*, as variáveis para a fabricação de produtos, como mão de obra, materiais e instalações, precisam fluir sincronizadamente. Como a falta de unidades necessárias ficará mais visível numa planta limpa, as encomendas para se reabastecer os suprimentos necessários se tornarão mais eficientes e menos tempo será desperdiçado em espera por materiais.
5. ***Condições inseguras***. Cargas embaladas de modo inadequado, óleo pelo chão, etc., podem causar ferimentos aos trabalhadores e talvez até dano ao estoque, o que elevará os custos e atrasará a entrega de produtos.

O movimento 5S traz consigo diversos outros méritos. Ele cultiva, por exemplo, boas relações humanas numa empresa e eleva o moral. Uma empresa cujas plantas são limpas e organizadas conquistará credibilidade junto a consumidores, fornecedores, visitantes e candidatos a emprego.

Os componentes do 5S são definidos como os seguintes:

Seiri: **separar claramente as coisas necessárias das coisas desnecessárias, e abandonar estas últimas**. Como uma forma de praticar *Seiri*, etiquetas vermelhas retangulares (descritas mais adiante) são usadas, para que somente aquelas coisas necessárias permaneçam na planta.

Seiton: **organizar e identificar cuidadosamente as coisas para facilitar o seu uso**. Traduzida literalmente, a palavra japonesa *Seiton* significa situar as coisas de uma maneira atraente. No contexto do 5S, isso quer dizer organizar os materiais para que todos consigam encontrá-los rapidamente. Para realizar este passo, placas indicadoras são usadas a fim de especificar o nome de cada item e o local onde está armazenado.

Seiso: **limpar tudo, sempre; manter a arrumação e a limpeza**. Trata-se de um processo básico de limpeza mediante o qual uma determinada área é varrida com uma vassoura e depois limpa com um pano de chão. Como o chão, as janelas e as paredes precisam ser limpos, *Seiso* neste sentido é equivalente à atividade de limpeza em larga escala realizada ao final de cada ano em lares japoneses. Embora tais faxinas na companhia como um todo e em larga escala sejam realizadas diversas vezes ao ano, é importante que cada local de trabalho seja limpo diariamente. Tais atividades tendem a reduzir as avarias das máquinas causadas por graxa, poeira ou sujeira. Se um trabalhador, por exemplo, reclamar que uma determinada máquina está apresentando problemas, isso não necessariamente significa que a máquina precisa ser regulada. A bem da verdade, a única coisa necessária talvez seja uma faxina no local de trabalho.

Seiketsu: **manter constantemente os 3Ss mencionado acima – *Seiri*, *Seiton* e *Seiso***. Manter um local de trabalho limpo e sem sujeira ou vazamento de óleo é a atividade do Seiketsu.

Shitsuke: **fazer com que os trabalhadores adquiram o hábito de sempre obedecer às regras**. Segundo o Dr. Eizaburo Nishibori (1985), *Shitsuke* é a disciplina mais importante do 5S. Portanto, uma pessoa responsável por treinar os outros precisa exibir, primeiramente, comportamentos superiores.

Os gerentes não devem simplesmente esperar que seus subordinados sigam as suas orientações: eles devem *inspirar* os seus subordinados e esperar o sucesso deles, em vez de fazerem críticas inócuas. Os gerentes devem dar ouvidos às ideias de seus subordinados e expressar encorajamento dizendo "a sua ideia é interessante". Mesmo quando uma falha fica óbvia, os gerentes devem ensinar os seus subordinados a reconhecerem a falha por conta própria, e/ou fazer uma sugestão ou tolerar a falha. Aqueles gerentes que criticam os subordinados sem, em primeiro lugar, dar a eles a oportunidade de desafiarem a si próprios, acabarão não desenvolvendo subordinados proficientes.

Para que o 5S seja efetivo, os trabalhadores precisam se habituar a colocar as coisas bem à mão para fácil acesso. Não basta que eles tenham meramente conhecimento a respeito do 5S; os trabalhadores precisam praticá-lo incansavelmente. A sua aplicação deve ser um ato espontâneo e natural de sua própria vontade, ao invés de algo que eles são forçados a fazer.

A seguir são apresentadas orientações para a prática do 5S. Quanto a elas, o autor agradece às esplêndidas ideias do Sr. Hiroyuki Hirano (1990), do Sr. Tomoo Sugiyama (1985), e de outros.

§ 2 CONTROLE VISUAL

Para que as atividades de melhoria venham a ocorrer, cada trabalhador – desde a alta gerência até o funcionário de linha de frente – deve nutrir e compartilhar uma sólida consciência de eliminar os desperdícios ocultos, as anormalidades e outros problemas no âmbito da planta. Esses problemas precisam estar visíveis para cada um dos trabalhadores; por isso, *Seiri* e *Seiton* são os dois primeiros passos para a melhoria (ver Figura 12.1).

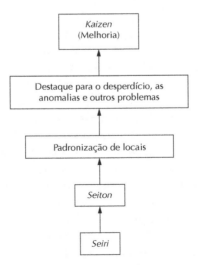

FIGURA 12.1 *Seiri* e *Seiton*: os primeiros passos do *kaizen*.

Para reconhecer itens desperdiçados, os materiais são separados em pilhas divididas como *necessário* e *desnecessário*. Em seguida, um *Seiri* visual" é conduzido utilizando-se etiquetas vermelhas; o "*Seiton* visual" é obtido usando-se placas indicadoras.

Seiri visual

Numa planta, a sujeira acaba se formando ao longo do tempo e permite que os desperdícios se acumulem. Na Toyota, etiquetas vermelhas são usadas para selar os desperdícios e expô-los como tal. Depois disso, eles são completamente descartados.

A técnica das etiquetas vermelhas é constituída pelos seis passos a seguir, que precisam ser realizados cerca de duas vezes por ano:

Passo 1. Estabelecimento de um projeto de etiquetas vermelhas. Existem dois tipos de estratégias de etiquetas vermelhas: *a etiqueta vermelha em cada local de trabalho* e a *etiqueta vermelha no âmbito da companhia como um todo*. A primeira deve ser realizada todos os dias, ao passo que a segunda só deve ser conduzida uma ou duas vezes ao ano. O projeto de etiqueta vermelha no âmbito da companhia como um todo é similar às faxinas de larga escala realizadas nos lares japoneses ao final de cada ano. Para esse tipo de projeto de etiquetação, o entusiasmo por parte da alta gerência é indispensável. O presidente deve ser o cabeça do projeto de etiquetas vermelhas.

Passo 2. Determinação de objetos a serem estampados. Os itens que precisam ser controlados e estampados com etiquetas vermelhas são os estoques, os equipamentos e o espaço. Os estoques incluem materiais, materiais em processo (WIP), peças, produtos semiacabados e produtos acabados. Os equipamentos incluem as máquinas, as instalações, os carrinhos, e os paletes, os gabaritos, as ferramentas, as mesas, as cadeiras, as matrizes, e os veículos. O espaço representa os pisos, as passagens, as prateleiras e os armazéns.

Passo 3. Estabelecimento de um critério de etiquetagem. Embora as instruções sejam de estampar os itens desnecessários com etiquetas vermelhas, por vezes é difícil determinar quais são os itens desnecessários. Portanto, um critério específico precisa ser desenvolvido para traçar uma delimitação clara entre os itens necessários e os desnecessários. Em geral, peças, materiais, máquinas, e assim por diante, que não serão usados durante o mês seguinte serão encarados como redundantes. Conforme o *Seiri* avança, esse critério temporal pode ser reduzido para a semana seguinte.

Passo 4. Preparação de etiquetas. A Figura 12.2 mostra etiquetas contendo a data, o nome do inspector, a classificação do item, o nome do item, a quantidade,

Modelo	SZ-250P	
Nome do produto	porta	(O tamanho real é 13cm × 13cm.)
Tamanho do lote	40	
Quantidade	1 palete	
Processo	soldagem da porta	
Razões	2 de set. de 1990 Endentação	

Classificação	1. Instalações 2. Gabaritos e ferramentas 3. Medidas 4. Materiais 5. Peças	6. Material em processo 7. Produtos semiacabados 8. Produtos acabados	9. Material auxiliar 10. Suprimento de escritório 11. Documentos
Nome do item			
Número			
Quantidade			
Razões	desnecessário, defeituoso		
Departamento			
Data			

FIGURA 12.2 Etiquetas vermelhas-padrão.

o nome do departamento, as ações e as razões para a selagem (como, por exemplo, unidades defeituosas, unidades não essenciais ou unidades desnecessárias). Mesmo que seja difícil avaliar se um item deve ou não ser selado, a etiqueta vermelha deve ser aplicada. Todos os itens etiquetados serão agrupados e avaliados mais uma vez antes de serem descartados.

Passo 5. Etiquetagem. Um membro da gerência deve ser responsável pela etiquetagem propriamente dita. O pessoal da gerência é capaz de avaliar as condições mais objetivamente do que algum funcionário do próprio local de trabalho.

Passo 6. Avaliação dos itens selados e ações recomendadas. Estoques selados são classificados em quatro grupos: defeitos, estoque morto, itens estagnados e materiais de sobra. Nesse estágio, os defeitos e o estoque morto (ou seja, modelos antigos fora de uso) devem ser jogados fora, enquanto os itens estagnados (estoque em excesso) devem ser transferidos para o armazém de etiquetas vermelhas. Os materiais de sobra (descartes) devem ser examinados quanto à sua utilidade. Material de sobra não utilizável é descartado, ao passo que peças utilizáveis são colocadas num armazém de etiquetas vermelhas.

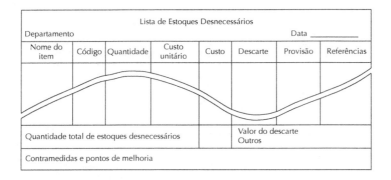

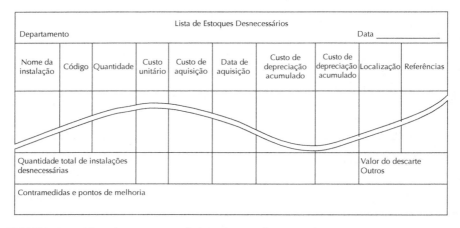

FIGURA 12.3 Lista de estoques e de instalações desnecessários.

Depois de concluído o processo de selamento, os resultados devem ser resumidos numa *lista de estoques desnecessários* e numa *lista de instalações desnecessárias*, conforme mostrado na Figura 12.3. Cada lista deve ser concluída por uma recomendação de ação e/ou de contramedida.

Placa indicadora para *Seiton* visual

Após o processo de eliminação por etiquetagem, restarão apenas os itens necessários. O passo a seguir é demonstrar de forma bem clara onde (posição), o que (item) e quantos (quantidade) materiais existem, para que possam ser facilmente reconhecidos.

O *Seiton* visual, permite que os trabalhadores identifiquem e busquem facilmente as ferramentas e os materiais, e devolvam-nas prontamente a um local próximo ao ponto de uso. Placas indicadoras são usadas para facilitar a fácil localização e busca dos materiais necessários. Os passos a seguir são dados antes que as placas indicadoras sejam afixadas aos materiais:

1. Decidir-se quanto à localização do item.
2. Preparar contenedores.
3. Indicar a posição para cada item.
4. Indicar o código do item e a sua quantidade.
5. Tornar o *Seiton* um hábito.

Passo 1 – Decidir-se quanto à localização do item

O princípio por trás da determinação de um local para cada item é definir os itens que são usados frequentemente e então guardá-los perto dos trabalhadores que fazem uso deles. Outros itens usados com menos frequência são guardados mais distante. Além disso, os itens devem ser guardados numa altura entre o ombro e a cintura dos trabalhadores. Esse método reduz a quantidade de tempo e de energia despendida em caminhadas para ir e retornar das áreas de armazenamento.

Passo 2 – Preparar contenedores

Depois que os locais são decididos, contenedores como caixas, armários, prateleiras, paletes, etc., devem ser preparados. Deve-se, no entanto, evitar a todo custo a compra de novos contenedores, já que o objetivo final do projeto é reduzir o espaço e minimizar o tamanho e a quantidade dos estoques.

Passo 3 – Indicar a posição para cada item

Placas indicativas contendo *códigos de local* são criadas e suspensas pelo teto. O código do local é o endereço da localização do item. Ele é composto pelo *endereço do local* e pelo *endereço do ponto* (veja a Figura 12.4). Além dessas placas indicativas, placas em local específico são colocadas em cada prateleira.

Passo 4 – Indicar o código do item e a sua quantidade

Os códigos e as quantidades dos itens são especificados no item propriamente dito por meio de um *rótulo codificador de item* e na prateleira que o item ocupa por meio de uma *placa codificadora de item*. A aplicação dessas placas codificadoras de itens é similar ao sistema de designação de vagas num estacionamento. Neste exemplo, a placa de cada carro corresponde ao rótulo de codificação do item. As placas de codificação de itens correspondem àquelas placas situadas logo acima de cada vaga de estacionamento mostrando o nome do proprietário e o número da placa (Figura 12.5).

Em relação à indicação de quantidade, as quantidades máxima (tamanho do lote) e mínima (ponto de reposição) dos estoques são especificadas. Em vez de se usar

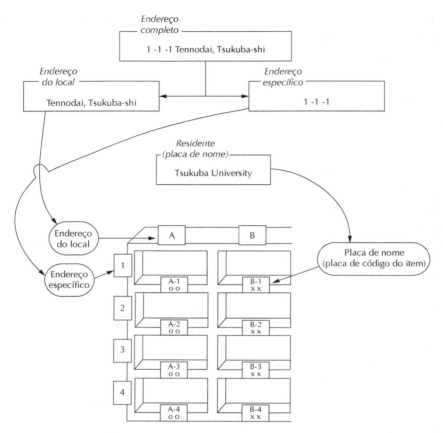

FIGURA 12.4 Placa de local, placa de ponto específico e placa de código do item.

números escritos para essas quantidades, o melhor é expressar a quantidade desejada visualmente, traçando-se uma linha colorida bem chamativa na posição apropriada. Isso permitirá que o operador perceba já de relance os níveis máximo e mínimo de quantidade, sem que ele seja obrigado a ler cada número escrito. (ver Figura 12.6).

Passo 5 – Tornar o Seiton um hábito

Para que a ordem na planta seja continuamente mantida, *Seiri* e *Seiton* precisam ser realizados de modo adequado. Essas ações incluem a separação visual dos materiais necessários e dos desnecessários, a organização do estoque frequentemente usado em locais próximos e o uso de placas codificadoras de local, placas codificadoras de item e linhas indicadoras de quantidade.

Capítulo 12 • 5S – A base para as melhorias   **203**

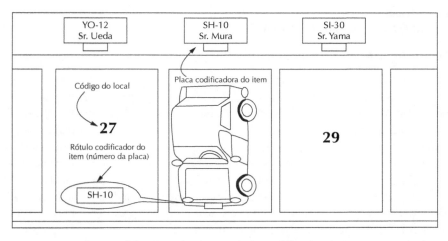

FIGURA 12.5 Placa codificadora do item e rótulo codificador do item num estacionamento.

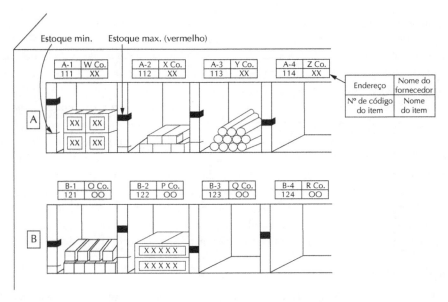

FIGURA 12.6 Indicação das quantidades máxima e mínima de estoques.

§ 3 REGRAS PRÁTICAS PARA *SEITON*

Seiton de material em processo

Geralmente, *Seiri* e *Seiton* são aplicados a materiais em processo (*work-in-progress* – WIP). O Sistema Toyota de Produção confere uma ênfase específica à importância da redução de estoque. As atividades de melhoria só conseguirão progredir com facilidade se a existência de desperdícios, anormalidades ou problemas for percebida por todos na planta inteira. Esses problemas incluem estoques excessivos de materiais em processo, unidades defeituosas e estoques que não podem ser completados devido a dificuldades com máquinas em postos de trabalho subsequentes de montagem.

Para que um operador consiga reconhecer a ocorrência de anomalias, a localização dos itens é padronizada usando-se placas indicativas. Com um breve vislumbre, por exemplo, qualquer pessoa conseguirá perceber facilmente se as caixas de um determinado item estão ou não onde deveriam estar, ou se elas excederam a linha limitadora de quantidade máxima.

As regras para *Seiton* serão analisadas a seguir.

Regra 1: Primeiro a Entrar, Primeiro a Sair

No *Seiton*, é muito importante efetuar corretamente o carregamento e a preparação do material em processo. O princípio do Primeiro a Entrar, Primeiro a Sair (First-In, First-Out – FIFO) precisa ser obedecido para que as primeiras coisas as ingressarem no sistema sejam as primeiras a serem usadas. É preferível empregar o FIFO do que uma outra regra de carregamento, a do Último a Entrar, Primeiro a Sair (Last-in, First-Out – LIFO), segundo a qual as novas peças são empilhadas sobre as antigas. Com o LIFO, apenas as peças novas são usadas e as antigas permanecem no fundo, não usadas, o que pode criar um problema de controle de qualidade.

Ao se efetuar o armazenamento de estoque com uma empilhadeira, a posição de cada palete será determinada pela direção do braço mecânico. Sendo assim, se os paletes forem colocados na direção mostrada na Figura 12.7a, eles não podem ser retirados de acordo com a regra FIFO. Isso só poderá ser feito se houver um espaço de passagem para os transportadores, como mostrado na Figura 12.7b. As gôndolas de armazenamento precisam ser amplas em largura e curtas em profundidade, como uma cômoda, ou então disporem de muitas entradas e pouca profundidade.

Regra 2: preparação voltada a um fácil manuseio

Afirma-se que entre 30 e 40% dos custos de processamento e entre 80 e 90% do tempo de processamento são gastos com manuseio de material. Por isso, a melhoria do manuseio de material é bastante importante para a operação eficiente de uma planta.

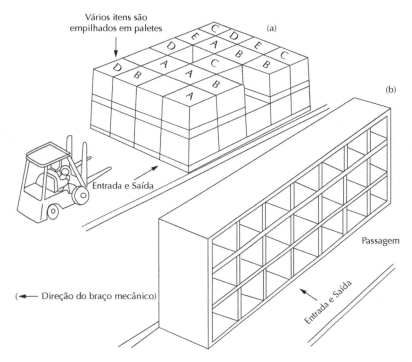

FIGURA 12.7 "Primeiro a Entrar, Primeiro a Sair" requer larguras amplas e profundidades rasas.

O uso de um *índice de atividade para movimentação de material*, como mostrado na Figura 12.8, pode ajudar a determinar o melhor método de transporte, isto é, palete, carrinho, empilhadeira, etc.

O índice de atividade é calculado classificando-se o número de tarefas necessárias em cinco níveis de atividade. Então, a soma dos níveis é dividida pelo número de passos no processo (ver Figura 12.9).

Com esse índice, a atividade de movimentação de material pode ser analisada conforme mostrado na Figura 12.9. Se o índice médio de atividade para movimentação de material for inferior a 0,5, deve-se preparar contenedores, paletes e carrinhos, ao invés de colocar os itens diretamente no chão. Se o índice médio for menor do que 1,3, recomenda-se um uso muito maior de paletes, carrinhos e empilhadeiras.

Regra 3: considere o espaço de estocagem como parte da linha de fabricação

Como uma planta lida com um tremenda variedade de partes, materiais, gabaritos e ferramentas, é necessário que estes itens sejam posicionados de forma que os usuários

Classificação	Índice de atividade	Número de tarefas necessárias	Variedade de tarefas necessárias				Condições
			Agrupar	Elevar	Erguer	Levar	
A granel	0	4	O	O	O	O	Deixado a granel diretamente no chão ou em mesas
Unificado numa caixa ou num lote	1	3	--	O	O	O	Colocado num contenedor ou agrupado num lote
Numa caixa com suportes	2	2	--	--	O	O	Elevado em paletes ou esteiras
Num carrinho de transporte	3	1	--	--	--	O	Colocado em carrinhos ou em algo com rodinhas
Em movimento	4	0	--	--	--	--	Deslocando-se por esteira rolante, calha ou carrinhos

FIGURA 12.8 Índice de atividade para movimentação de material.

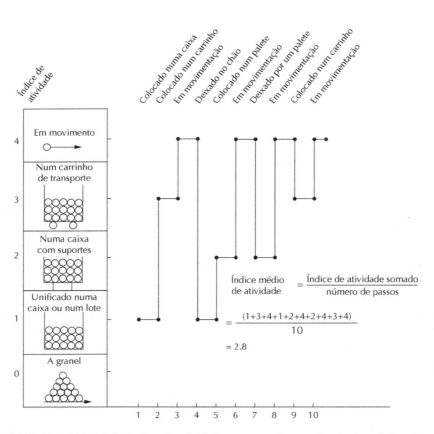

FIGURA 12.9 Médias do índice de atividade para movimentação de material.

tenham fácil acesso a eles. Caso o usuário esteja trabalhando numa situação de fábrica de tarefas (*job-shop*), as peças devem estar armazenadas com base na similaridade de funções. Caso o usuário esteja trabalhando na produção em massa de um produto, as peças devem estar organizadas e armazenadas de acordo com a linha de produção.

Em ambos os métodos, é importante separar os itens defeituosos dos itens em perfeito estado, e tornar essa separação deve ser fortemente perceptível. Portanto, o armazenamento de itens defeituosos deve ser sinalizado na cor vermelha, localizado fora das linhas de produto e colocado peça por peça.

Seiton de gabaritos e ferramentas

Talvez os itens mais usados numa planta de fabricação de automóveis sejam as ferramentas e os gabaritos, e existem muitas variedades de cada. Como já examinamos, é importante que os itens estejam cuidadosamente organizados bem perto do trabalhador, mas é igualmente importante elaborar uma maneira para que o trabalhador devolva esses materiais com facilidade após cada uso. A seguir são listadas algumas considerações para cumprir com essa meta:

Ponto 1: os gabaritos e as ferramentas podem ser eliminados? Confira se uma função pode ser realizada de maneira eficiente sem gabaritos ou ferramentas. Suponha, por exemplo, que um parafuso é atualmente fixado usando chave de boca. Se a fixação puder ser modificada para uma forma de fixação rápida, a função poderá ser realizada a mão.

Ponto 2: a variedade de gabaritos e de ferramentas pode ser diminuída? Confira se a variedade de operações de fixação de posição pode ser consolidada numa variedade mais restrita padronizando-se o estágio de projeto.

Ponto 3: as ferramentas estão posicionadas de modo ergonômico? Movimentos dispendiosos e possibilidade de ferimentos ao trabalhador podem ser evitados colocando-se na altura da cintura e dos ombros do trabalhador aqueles itens usados mais frequentemente.

Ponto 4: o trabalhador é capaz de identificar facilmente os locais onde as ferramentas ficam guardadas? Se o perfil de uma ferramenta ou de um gabarito estiver delineado claramente no local onde ele deve ser guardado, o trabalhador poderá reconhecer facilmente o local para onde ele deve ser devolvido. Essa é uma das três abordagens para o cumprimento do *Seiton* no que tange a armazenagem de ferramentas (ver Figuras 12.10 e Figura 12.11).

Outro método, o *retorno às cegas*, no qual os itens são colocados em bolsões, em vez de ficarem em um painel suspenso em local específico, permite que o trabalhador solte a ferramenta numa posição aproximada sem que precise acompanhá-la com os olhos.

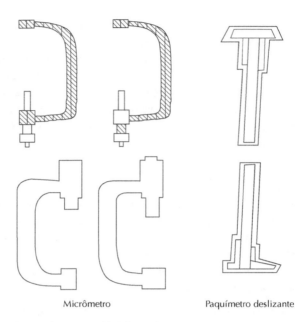

Micrômetro   Paquímetro deslizante

FIGURA 12.10 Controle por perfil delineado.

A terceira alternativa talvez represente o método mais ideal, pois permite que os trabalhadores devolvam as ferramentas de modo imediato e inconsciente. Trata-se do método de suspender as ferramentas em cabos suspensos a partir do teto.

Seiton de ferramentas de corte, medidas e óleo

A armazenagem de ferramentas de corte como furadeiras, punções esmeris, etc., deve ser determinada com base na frequência de uso de cada ferramenta. Se as ferramentas forem usadas em diversas máquinas para produção em massa, o sistema de linha de produto (discutido anteriormente) será o mais adequado. Se, por outro lado, eles forem usados numa situação de operação por tarefas (*job-shop*), as ferramentas devem ser armazenadas de acordo com sua função.

Como essas ferramentas têm pontas afiadas, é importante ter muito cuidado no modo como eles são armazenados. Deve-se permitir um espaço adequado entre as lâminas, a fim de protegê-las e de facilitar a manutenção (lubrificação). A Figura 12.12 ilustra como e em que tipo de superfície as ferramentas de corte devem ser armazenadas.

Outras ferramentas sensíveis como paquímetros, bitolas, micrômetros, réguas retas, etc., também requerem uma atenção especial. Para manter esses ferramentas de medida precisas, é imperativo protegê-las do pó, da sujeira e de vibrações. Algumas

Capítulo 12 • 5S – A base para as melhorias **209**

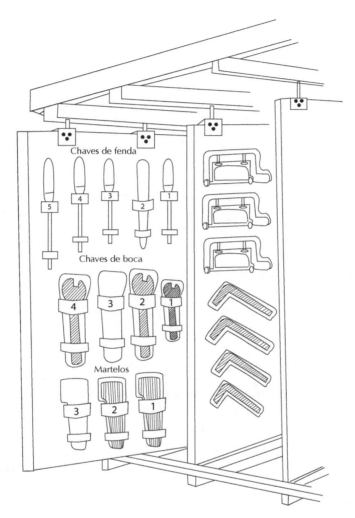

FIGURA 12.11 Retorno às cegas e um armário com desenhos exclusivo para ferramentas.

delas precisam ser azeitadas para evitar que enferrujem. A régua reta deve ser pendurada em posição perpendicular para evitar que fique empenada.

Diversos tipos e classes de óleo são usados em plantas de manufatura. Muitas vezes, o óleo chega em grandes recipientes e posteriormente é transferido para recipientes menores e mais manuseáveis. Para evitar que eles acabem sendo misturados, um sistema de codificação por cores deve ser implementado. Tonéis de óleo e seus respectivos alimentadores de óleo devem ser pintados ou marcados com a mesma

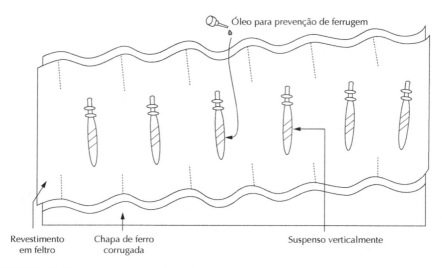

FIGURA 12.12 Manutenção de instrumentos de corte.

cor. Além disso, a estação de abastecimento devem estar marcada com a mesma cor que o tonel e o alimentador.

Controles visuais para padrões limitantes

Indicadores visuais são extremamente eficientes quando usados para limites de controle, já que podem ser facilmente reconhecidos por todo mundo num rápido relance. Alguns exemplos são descritos a seguir:

- Uma indicação de fronteira entre zonas é usada para separar uma zona de perigo de uma zona normal. O indicador pode ser uma cor ou uma linha. O método de zonas também é usado para indicar a quantidade mínima permitida de estoque de material em processo.
- Marcas de encaixe são linhas que são desenhadas, por exemplo, da cabeça de um parafuso até uma porca na posição apropriada de rosca. Quando as respectivas partes da linha no parafuso e na porca não coincidem entre si, então o parafuso está frouxo. Essa ideia possui amplas aplicações.
- Para se manter um determinado nível ou condição, uma agulha pode ser usada para marcar cada limite de controle em cada medida. Quando a agulha cruzar o ponto limite, condições anormais se tornarão aparentes. Uma marca na janela de nível de óleo de uma fornalha a óleo é um exemplo disso.

- Marcações pontuais e linhas de interrupção são usadas para delimitar a posição de um item e para representarem a posição de parada. Para se ajustar, por exemplo, o centro de uma matriz, um alfinete centralizador ou uma marca pontual indica a posição precisa da matriz na mesa de prensa.
- Linhas de separação desenhadas com tinta branca ou com fita vinílica dividem áreas de passagem e áreas de local de trabalho, mantendo, assim, o alto nível de segurança em uma planta. Linhas similares devem ser usadas para indicar locais de armazenamento de carrinhos, produtos em processo, gabaritos, instrumentos e ferramentas de limpeza.

§ 4 SEISO, SEIKETSU, SHITSUKE

Os três últimos termos no 5S estão intimamente inter-relacionados. "Seiso", manter continuamente a arrumação na planta, depende de "Seiketsu", que é a padronização das atividades de limpeza para que essas ações sejam específicas e fáceis de fazer. "Shitsuke" diz respeito ao método usado para motivar os trabalhadores a realizarem e a participarem continuamente das atividades de Seiso e Seiketsu.

Atividades diárias de manutenção preventiva e atividades gerais de limpeza podem revelar as seguintes condições nos chãos de fábrica:

- Sujeira
- Vazamentos de água e de óleo
- Marcas de pneus
- Poeira espalhada por materiais de corte

Uma vez reveladas, é necessário investigar as causas e as origens da sujeira e implementar, então, um sistema para prevenção futura.

Medidas contra a sujeira precisam ser tomadas na fonte. Se, por exemplo, rastros de pneu de uma empilhadeira forem encontrados no chão, pode-se deduzir que arrancadas e freadas bruscas são a causa. Uma placa dizendo "Arrancadas e freadas bruscas geram sujeira" pode ajudar a evitar a ocorrência futura dessas marcas. As empilhadeiras também podem ser equipadas com uma escova de lavagem de pneus ou com um esfregão para limpar as passagens.

É provável que maior a fonte de sujeira nos locais de trabalho seja proveniente dos instrumentos de corte (tais como poeira, óleo, aparas). Como visto na Figura 12.13, em sua maioria, as proteções instaladas ao redor de um esmeril são inapropriadas. A melhoria necessária pode ser identificada testando-se o esmeril com um pedaço de giz. Quando moído, o giz mostrará a área que deveria estar coberta a fim

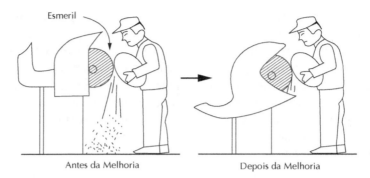

FIGURA 12.13 Uso de proteções para coleta de poeira.

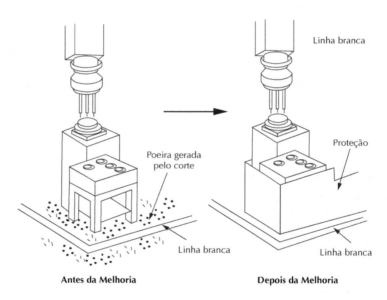

FIGURA 12.14 Proteções em torno das pernas das máquinas e das mesas para uma rápida limpeza.

de coletar as partículas de poeira. Além da instalação de uma proteção para coletar a poeira no ponto de esmeril, a poeira também pode ser controlada cobrindo-se as pernas das máquinas. Assim, o trabalho de limpeza debaixo das máquinas e das mesas poderá ser feito de forma mais fácil e mais rápida – talvez em até 50%. Observe que as proteções precisam ser desenhadas para fácil remoção, para quando se realizar as atividades de manutenção das máquinas (ver Figura 12.14).

Shitsuke, a motivação dos trabalhadores para realizarem atividades de manutenção e de melhoria de contínua, é considerado a etapa mais árdua do 5S. Para essa atividade, espera-se que os trabalhadores japoneses exercitem o *autocontrole* – ao invés de serem controlados pela gerência.

Inicialmente, os japoneses seguiam a crença ocidental de que o controle podia ser alcançado estabelecendo-se metas para um trabalhador e então recompensando-o, ou "dando-lhe uma cenoura", se a meta fosse cumprida. Caso a meta não fosse cumprida, seria oferecido a ele disciplina, ou "uma vara". No entanto, os trabalhadores japoneses não responderam como o esperado; na verdade, eles ficavam ofendidos com as regras estritas a obedecer.

Mais tarde, a noção de autocontrole foi implementada. O papel da gerência nesse caso era de apenas informar os seus subordinados quanto aos objetivos de suas tarefas, e confiar a eles todos os detalhes do trabalho. O resultado foi o desenvolvimento de subordinados que não apenas produziam coisas, mas que também nutriam um senso de responsabilidade pela qualidade dos produtos que fabricavam.

Descobriu-se que as emoções de orgulho e vergonha influenciavam mais os trabalhadores japoneses do que o sistema de incentivo da "cenoura na ponta da vara". A consciência do trabalhador era o motivador. Os trabalhadores são avaliados com base na comparação entre seus próprios desempenhos presentes e futuros e em relação aos desempenhos dos outros trabalhadores. Em outras palavras, o desejo de aprimorar a si próprio e uma noção de rivalidade foram usados para motivar as pessoas a controlarem a si mesmas. Embora receba meramente uma descrição do propósito de seu trabalho, cada subordinado tem consciência da necessidade de manter um autocontrole para se tornar parte da equipe. Sob tal condição, espíritos desafiadores e competitivos servem como fortes motivadores para o aprimoramento.

Motivação para melhorar, ou Shitsuke, é a essência do sistema de gestão japonês.

§ 5 IMPLEMENTAÇÃO DO SISTEMA 5S

A implementação do 5S depende de decisões da alta gerência. Quando se está implementando qualquer processo de melhoria contínua como o 5S, sempre há aqueles na gerência que nutrem dúvidas quanto ao sucesso do processo. Eles dizem: "Em quanto a produtividade aumentará de fato? " ou "O quanto o 5S contribuirá para os lucros propriamente ditos?".

Antes de se implementar um processo como o 5S, será preciso que as pessoas mudem seus modos de pensar e suas atitudes em relação ao trabalho. Todos os membros da companhia precisam ter uma compreensão suficiente quanto ao significado e o objetivo desse processo, e eles precisam integrar seus entendimentos por meio de seminários no âmbito da companhia como um todo e de cada local de trabalho. É útil também pendurar alguns cartazes com *slogans* como: "Locais de trabalho limpos são criados usando-se o poder de todos" ou "Não existe desperdício num local de trabalho limpo", e assim por diante.

Como as atividades 5S requerem esforços contínuos a longo prazo, é necessário que a companhia inteira compreenda o seu objetivo. Alguns membros da gerência podem achar que elas nada têm a ver com *Seiri* ou *Seiton*, e assim por diante, encarando-as como questões no âmbito de chão de fábrica dos locais de trabalho. É exatamente por isso que a estrutura organizacional existente em uma companhia deveria ser utilizada na implantação do 5S por toda a planta.

O sucesso ou o fracasso do 5S depende dos desejos da alta gerência e do avanço ou não da iniciativa. O estabelecimento de um projeto 5S deve ser liderado pela alta gerência, e o líder de cada local de trabalho precisa ser o primeiro a praticá-lo e a dar um bom exemplo. Se a gerência e os líderes dos locais de trabalho demonstrarem um forte comprometimento para com o 5S, seus subordinados farão o mesmo e o 5S será bem-sucedido.

Registro fotográfico

Para concluir, examinaremos o *registro fotográfico*, um método que é considerado como uma forte ferramenta motivacional para o 5S.

O registro fotográfico consiste na prática de tirar fotos da mesma posição do local de trabalho a partir da mesma direção e com a mesma câmera antes e depois da aplicação do 5S. Essas fotografias são então mostradas aos trabalhadores a fim de serem comparadas. O registro fotográfico funciona com base nos sentimentos de orgulho ou vergonha quando os trabalhadores veem as comparações. Deve-se fazer um esforço especial para que as fotografias abranjam áreas que os trabalhadores não queiram que sejam vistas pelos outros, tal como instalações com vazamentos de óleo, poeira de corte espalhada, ferramentas desorganizadas e quaisquer outros pontos que apresentem insegurança.

Um *painel de registro fotográfico*, retratado na Figura 12.15, é usado para exibir as fotografias. Ele contém um espaço para a data em que a foto foi tirada, uma coluna para a avaliação por fiscais de segurança ou por outros e um espaço para conselhos por parte de um superior e comentários bem-humorados de outros colegas.

A cada vez que se faz uma melhoria, uma foto deve ser tirada e postada ao lado da última foto tirada para mostrar uma série cronológica de melhorias. Se a data dos registros fotográficos forem conhecidos previamente e puderem ser claramente identificados no painel, isso se torna uma meta e ajudará a motivar ainda mais os trabalhadores a demonstrarem melhorias até essa data. Essas tabelas também são usadas pelos superiores para fins de avaliação.

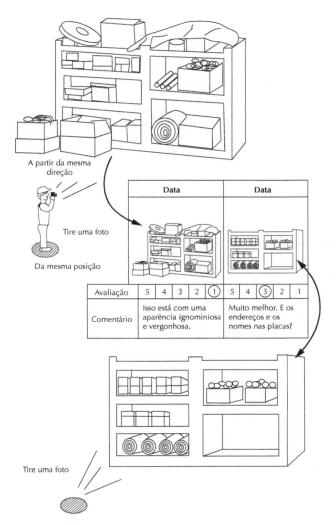

FIGURA 12.15 Método do registro fotográfico.

O registro fotográfico é um estimulante incrível para os trabalhadores e permite que a gerência efetivamente dê continuidade às atividades de melhoria. Por meio do registro fotográfico, os trabalhadores são capazes de visualizar o orgulho ou a vergonha de seu ofício. A percepção da necessidade de se fazer melhorias se torna uma reação espontânea a uma fotografia embaraçosa. Já se o registro fotográfico revelar que as regras do 5S foram obedecidas, o trabalhador terá dado um bom exemplo e será admirado por seus colegas.

13
O controle autônomo de defeitos garante a qualidade dos produtos

§ 1 DESENVOLVIMENTO DE ATIVIDADES DE GESTÃO DA QUALIDADE

No Japão, o controle da qualidade (CQ), ou garantia da qualidade (GQ), é definido como o desenvolvimento, o projeto, a fabricação e o serviço de produtos que irão satisfazer às necessidades dos consumidores ao menor custo possível. Como a definição implica, a satisfação dos consumidores com a qualidade dos produtos é um fim em si mesmo na Toyota. Ao mesmo tempo, porém, a qualidade dos produtos é uma parte indispensável do Sistema Toyota de Produção, já que sem o controle de qualidade o fluxo contínuo de produção (sincronização) seria impossível.

A evolução da abordagem japonesa para com o controle de qualidade e a sua aplicação para necessidades e problemas específicos com o Sistema Toyota de Produção serão examinadas neste capítulo. Como mostra a Figura 13.1, o controle de qualidade começou com inspetores independentes e métodos de amostragem estatística, mas logo passou a abranger um método de "autoinspeção de todas as unidades", que se baseia no controle autônomo de defeitos no âmbito do próprio processo de fabricação. O controle de qualidade virou agora uma preocupação da companhia como um todo, que se estende para fora a partir da fabricação para as unidades de gestão funcional da Toyota.

Até 1949, as atividades de controle de qualidade no Japão envolviam, em sua maioria, inspeções rigorosas conduzidas por inspetores especializados: uma abordagem que foi praticamente abandonada nos atuais programas de controle de qualidade. Hoje no Japão, menos de 5% dos funcionários das fábricas são inspetores, e nas principais companhias, menos de 1%. Em contraste, nos Estados Unidos e na Europa,

I Ênfase em inspeção: problemas em inspeções por inspetores independentes e amostragem estatística.

II Ênfase em autoinspeção no âmbito do processo de fabricação:

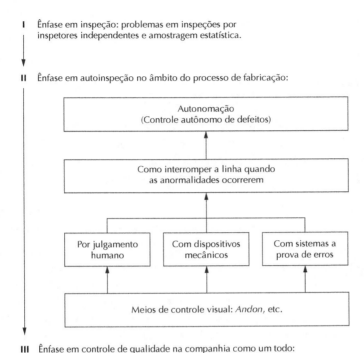

III Ênfase em controle de qualidade na companhia como um todo: gestão funcional da Toyota

FIGURA 13.1 Evolução das atividades de controle de qualidade na Toyota.

onde as atividades de controle de qualidade raramente são confiadas a trabalhadores na linha, quase 10% do todos os funcionários das fábricas são inspetores.

No Japão, as inspeções por inspetores especializados foram minimizadas por diversas razões: inspetores cujas atividades recaem fora do processo de fabricação realizam operações que não agregam valor e, portanto, adicionam custos sem aumentarem a produtividade. Ademais, as contribuições dos inspetores para com o processo de fabricação geralmente acabam levando tanto tempo que as peças ou produtos defeituosos continuam a ser produzidos durante algum tempo após o problema ter sido descoberto.

Sob o atual sistema, o fabricante ou o processo de fabricação é ele próprio responsável pelo controle de qualidade; aqueles mais diretamente relacionados com a produção de peças defeituosas ficam imediatamente cientes dos problemas e passam a ser encarregados com a responsabilidade de corrigi-los. Como resultado, poucos procedimentos de inspeção acabam sendo atribuídos a inspetores especializados; geralmente as inspeções finais são feitas a partir do ponto de vista do consumidor ou da gerência e não consistem em inspeções na busca de defeitos que afetariam o fluxo de produção.

§ 2 CONTROLE ESTATÍSTICO DE QUALIDADE

O controle estatístico da qualidade (CEQ) se originou nos Estados Unidos nos anos 1930 como uma aplicação industrial da tabela de controle elaborada pelo dr. W. A. Shewhart. Ele foi introduzido na indústria japonesa após a Segunda Guerra Mundial, em grande parte como o resultado de uma turnê de palestras ministradas pelo dr. W. E. Deming em 1950.

Embora o controle estatístico da qualidade ainda seja uma técnica importante nos sistemas de QC japoneses, ele também apresenta algumas inconveniências:

- No CEQ, o nível aceitável de qualidade (NAQ), o qual determina os produtos que foram aprovados, mas que apresentam a mínima qualidade aceitável, é fixado em 0,5% ou em 1%. Nenhum dos níveis, porém, é satisfatório do ponto de vista das companhias que visam uma altíssima qualidade de produção (tal como uma taxa de defeitos de um em um milhão). Na Toyota, por exemplo, a meta do controle de qualidade é obter 100% de boas unidades, ou uma taxa de zero defeito. A razão para isso é bem simples: mesmo que a Toyota possa produzir e vender milhões de automóveis, um consumidor individual compra apenas um. Se o carro dele possuir defeitos, ele irá pensar – e dizer aos seus amigos – que os Toyotas são "uma porcaria".
- Sob o Sistema Toyota de Produção, o excesso de estoque é um tipo de desperdício e, portanto, não é permitido. Além disso, a produção *just-in-time* (JIT), ou a capacidade de acompanhar as mudanças na demanda com um tempo de atravessamento (*lead time*) mínimo, também torna necessário a minimização do estoque. Se itens defeituosos de trabalho ocorrerem em qualquer estágio do processo, o fluxo de produção será interrompido e a linha inteira será paralisada.

Por ambos os motivos, então, a Toyota não pode se fiar exclusivamente em amostragem estatística e se viu forçada, em vez disso, a elaborar meios baratos de conduzir inspeções em todas as unidades ("inspeção total") a fim de assegurar zero defeito.

A amostragem estatística ainda é praticada em certos departamentos em que ocorre a produção de lotes. Numa puncionadeira de alta velocidade, por exemplo, na qual lotes de 50 ou 100 unidades são mantidos numa calha, somente a primeira e última unidade são inspecionadas. Se ambas forem boas, todas as unidades na calha são consideradas boas. Porém, se a última unidade for defeituosa, será feito uma pesquisa a partir da primeira unidade, todas as unidades defeituosas na calha serão removidas,

Capítulo 13 • O controle autônomo de defeitos garante a qualidade dos produtos **219**

e medidas corretivas serão tomadas. Para que nenhum lote escape de ser inspecionado, a puncionadeira é ajustada para parar automaticamente ao final de cada lote.

O uso da amostragem estatística é na verdade uma inspeção total, já que ela é usada somente quando uma operação foi totalmente estabilizada por meio de uma cuidadosa manutenção de equipamento e das ferramentas e quando defeitos esporádicos não ocorrem. Em tais casos, a distribuição da variação de dados do produto (6 × o desvio padrão) será relativamente pequena quando comparada à tolerância projetada, e o desvio da média dos dados a partir do valor central da especificação estabelecida também será pequeno (Figura 13.2). Sob tais condições, o plano de inspeção por amostragem garantirá a qualidade de todas as unidades na calha.

De fato, então, todas as inspeções de unidades ou seus equivalentes foram substituídos por amostragem estatística ordinária, da mesma forma que as inspeções no âmbito do próprio processo de fabricação foram desenvolvidas para substituir inspeções por inspetores independentes. Em ambos os casos, métodos mais tradicionais de controle de qualidade acabaram substituídos por autoinspeção de todas as unidades com interesse de reduzir ainda mais o número de unidades defeituosas. Essa abordagem frente ao controle de qualidade é chamado de *jidoka* ou *autonomação*.

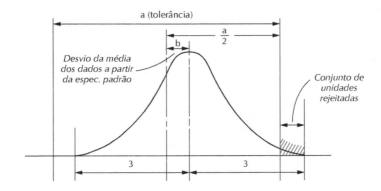

Índice de capacidade do processo (Cp) = $\frac{a}{6\sigma}$

Grau do desvio (β) = $\frac{b}{a/2}$

Condição para a não produção de unidades rejeitadas:

ou $\quad b + 3\sigma < a/2$
$\quad\quad Cp(1 - \beta) > 1$.

$Cp \geq 1{,}33$ ou $\geq \beta\,\sigma$ no grupo Toyota

FIGURA 13.2 Capacidade de processo para qualidade e o desvio.

§ 3 AUTONOMAÇÃO

Em japonês, *jidoka* possui dois significados e é escrito com dois ideogramas diferentes (Figura 13.3). Um ideograma significa automação no sentido usual: passar de um processo manual para um processo mecânico. Com esse tipo de automação, a máquina opera por conta própria assim que o interruptor é acionado, mas não dispõe de qualquer dispositivo de *feedback* para detectar erros e nenhum dispositivo para interromper o processo caso ocorra um mal-funcionamento. Como esse tipo de automação pode levar a um grande número de peças defeituosas em caso de ocorrência de um mau funcionamento das máquinas, ele é considerado insatisfatório.

O segundo significado de *jidoka* é *controle automático de defeitos*, um significado desenvolvido pela Toyota. Para distinguir os dois significados de *jidoka*, a Toyota muitas vezes se refere ao segundo tipo de *jidoka* como *jidoka* "Ninben-no-aru", ou, traduzido literalmente, *automação com um toque humano. Jidoka* em português pode ser traduzido como autonomação. (Autonomação num sentido amplo também significa elaborar dispositivos para fazer com que a máquina pare automaticamente quando encerrar cada tarefa automatizada de processamento. Veja a Seção 4 do Capítulo 9, e a Figura 9.1.)

Embora a autonomação envolva frequentemente algum tipo de automação, ela não se limita a processos de máquinas. Ela também pode ser usada com operações manuais. Trata-se de um ponto diferente daquele da técnica de Detroit chamada "Automação por Feedback". Em ambos os casos, trata-se de uma técnica usada sobretudo para detectar e corrigir defeitos de produção e sempre incorpora um mecanismo para detectar anormalidades ou defeitos, e um mecanismo para interromper a linha ou a máquina quando ocorrerem anormalidades ou defeitos.

Em resumo, a autonomação na Toyota sempre envolve controle de qualidade, já que isso torna impossível que peças defeituosas passem despercebidas através da linha. Na ocorrência de um defeito, a linha é interrompida, forçando uma atenção imediata ao problema, uma investigação sobre suas causas e o início de ações corretivas para impedir que defeitos similares ocorram novamente. A autonomação também tem outras consequências e efeitos igualmente importantes: redução de custos, produção adaptável e um maior respeito pela humanidade (Figura 13.4).

Jidoka =
1. 自動化 = Automação
2. 自働化 = Autonomação

FIGURA 13.3 Dois significados de *jidoka*.

Capítulo 13 • O controle autônomo de defeitos garante a qualidade dos produtos

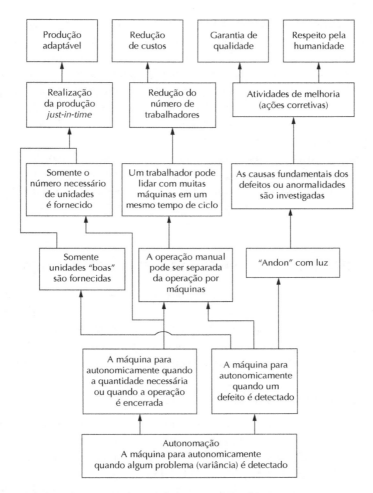

FIGURA 13.4 Como a autonomação alcança os seus objetivos.

Redução de custos por meio da redução no número de trabalhadores. Com equipamentos projetados para pararem automaticamente quando a quantidade necessária é alcançada ou quando ocorrem defeitos, não é preciso que um trabalhador fique supervisionando as operações das máquinas. Como resultado, as operações manuais podem ser separadas das operações das máquinas, e um trabalhador que tenha acabado o seu trabalho na máquina A pode ir operar a máquina B enquanto a máquina A ainda está funcionando. Sendo assim, a autonomação cumpre um importante papel na redefinição da rotina de operações-padrão: a capacidade do trabalhador de lidar com mais de uma máquina ao mesmo tempo possibilita uma redução do pessoal, levando, portanto, a uma redução do custo de produção.

Adaptabilidade a mudanças na demanda. Como todas as máquinas param automaticamente após terem produzido o número necessário de peças, e como elas só produzem peças livres de defeitos, a autonomação elimina o excesso de estoque, possibilitando, assim, uma produção JIT e uma pronta adaptabilidade a mudanças na demanda.

Respeito pela humanidade. Como o controle de qualidade baseado na autonomação exige uma atenção imediata a defeitos ou problemas no processo de produção, ele estimula atividades de melhoria, aumentando, assim, o respeito pela humanidade.

§ 4 AUTONOMAÇÃO E O SISTEMA TOYOTA DE PRODUÇÃO

Após termos examinado os objetivos da autonomação, analisaremos agora a sua implementação no Sistema Toyota de Produção; ou seja, os tipos específicos de dispositivos usados para interromper a linha quando ocorrem defeitos, as técnicas empregadas para acostumar os trabalhadores com a produção autonomatizada e os meios para monitorar a produção e corrigir anormalidades quando elas ocorrem.

Métodos para paralisar a linha

Em geral, há duas maneiras de paralisar a linha quando da ocorrência de anormalidades: confiando no julgamento humano e por meio de dispositivos automáticos.

Cada trabalhador dispõe do poder e da responsabilidade para paralisar a linha caso alguma das operações não esteja sendo ou não possa vir a ser realizada em conformidade com a rotina de operações-padrão. As causas podem ser uma redução no número de trabalhadores (Shojinka), que resulta num tempo de ciclo curto demais, tornando necessário que o trabalhador no processo seguinte paralise a linha. Se um trabalhador leva, por exemplo, 80 segundos para completar as operações a ele delegadas e se o seu tempo de ciclo é de 70 segundos, ele precisa paralisar a linha por dez segundos a cada ciclo. Caso contrário, ele não conseguirá acabar o seu trabalho e defeitos ocorrerão. Quando a linha é paralisada, os supervisores e os engenheiros precisam investigar o problema e realizar atividades de melhoria a fim de reduzirem o tempo real de operações de 80 para 70 segundos. Tais atividades podem incluir a eliminação de ações dispendiosas, a redução das distâncias de caminhada, etc.

Unidades defeituosas produzidas em processos precedentes geralmente aparecem quando reduções no estoque intermediário sob o sistema *kanban* ou reduções no número de trabalhadores tornam impossível que se substitua as unidades defeituosas com o próprio estoque ou que elas sejam corrigidas durante o tempo de espera. Como resultado, a linha precisa ser paralisada quando os defeitos aparecem, o que acaba chamando a atenção para o problema e apresenta a oportunidade para mais atividades de melhoria. Defeitos de projeto, por exemplo, ou uma operação continuamente omitida no processo precedente podem acabar emergindo dessa forma (Figura 13.5)

No caso de paralisações de linha por causa de unidades defeituosas ou revisões na rotina de operações-padrão, a responsabilidade do supervisor é dobrada. Em primeiro lugar, ele precisa ensinar os trabalhadores a paralisarem a linha sempre que ocorrerem defeitos, para que apenas unidades em bom estado sejam entregues. Em segundo lugar, ele precisa descobrir e corrigir a causa dos defeitos que acabaram paralisando a linha. No caso de peças de trabalho defeituosas entregues pelo processo

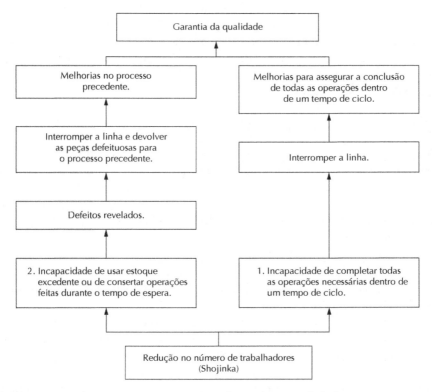

FIGURA 13.5 Relacionamento entre causas de paralisações de linha.

precedente, por exemplo, ele precisa devolver as peças para a estação anterior, investigar a causa do problema e, se necessário, implantar mudanças para impedir que os defeitos voltem a ocorrer.

A chave para se evitar defeitos por meio de julgamento humano é conferir a cada trabalhador o poder de paralisar a linha. Neste aspecto, o sistema de produção da Toyota é não apenas mais eficaz no controle de qualidade, se comparado à linha de produção em série de Henry Ford, como também é mais humanístico.

Na Toyota, o moral dos trabalhadores é por vezes tão elevado que eles acabam muitas vezes deixando de paralisar a linha quando deveriam, e chegam a atuar no processo seguinte para completarem as operações a eles delegadas; ou seja, eles forçam a si mesmo a completarem suas tarefas, apesar das instruções do supervisor para que paralizem a linha se estiverem atrasados ou cansados.

Problemas similares também podem se desenvolver com trabalhadores em meio período ou trabalhadores em tempo integral temporários, que muitas vezes passam adiante os produtos sem instalarem todas as peças ou sem apertarem todos os parafusos e arruelas. Em ambos os casos, métodos de controle de qualidade baseados exclusivamente em julgamento humano podem fracassar como resultado da relutância do trabalhador em desacelerar a produção e em chamar a atenção para si ao paralisar a linha. Uma série de dispositivos foi instalada para paralisar a linha automaticamente caso o trabalhador deixe de completar a operação que lhe foi delegada dentro de um determinado período.

Verificações mecânicas para auxiliar no julgamento humano

Numa determinada linha, por exemplo, os trabalhadores realizam sua operação enquanto caminham por baixo de uma esteira suspensa. Entre os processos, encontra-se um capacho igual àqueles que abrem automaticamente as portas em supermercados e aeroportos. Se o trabalhador exceder a distância alocada para a conclusão do seu trabalho, ele pisará no capacho e a linha será interrompida. Numa operação similar, a ferramenta usada para instalar arruelas em rodas fica pendurada a um trilho suspenso e se movimenta juntamente com o trabalhador conforme ele caminha pela linha. Se o usuário da ferramenta passar de um certo ponto no trilho, a linha será automaticamente paralisada a fim de evitar que o trabalhador atue no processo seguinte para completar a sua tarefa.

No início, os trabalhadores demonstraram resistência até mesmo a essas formas limitadas de controle automático, pois eram forçados a completarem suas tarefas dentro de um ciclo de tempo definido. Por isso, foi necessário que os supervisores explicassem o objetivo do sistema e suas vantagens para o trabalhador: libertá-lo da tarefa de ações dispendiosas ao identificar e corrigir diversos problemas na linha. Como resultado, os trabalhadores passaram a aceitar completamente o sistema, o controle de qualidade melhorou e o tempo total consumido por paralisações de linha acabou sendo inclusive reduzido.

Sistemas à prova de erros indicam paralisação da linha

Sistemas à prova de erros são similares em operação às verificações mecânicas descritas aqui e são amplamente usados tanto em operações manuais quanto em máquinas. Ao contrário das verificações mecânicas, contudo, os sistemas à prova de erros são usados para eliminar defeitos que possam vir a ocorrer devido a um lapso por parte do trabalhador, e não para ganhar tempo no ciclo ou por indisposição em interromper a linha.

Um sistema à prova de erros consiste num instrumento de *detecção*, numa ferramenta de *restrição* e num dispositivo de *sinalização*. O instrumento de detecção percebe as anormalidades ou desvios na peça de trabalho ou no processo, a ferramenta de restrição paralisa a linha e o dispositivo de sinalização dispara uma sirene ou acende uma lâmpada para atrair a atenção do trabalhador. No processo de embalagem mostrado na Figura 13.6, por exemplo, o sistema de elevação ou o produto

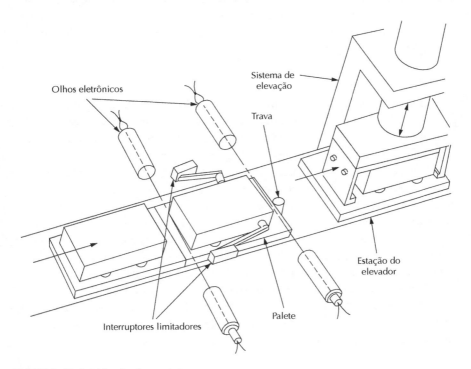

FIGURA 13.6 Método de contato.

podem ser danificados caso o produto não se encontre no centro do palete. Para evitar isso, um par de interruptores limitadores detecta a posição transversal do produto e um par de olhos eletrônicos confere a sua posição longitudinal. Se o produto estiver incorretamente posicionado, uma trava impedirá que o palete continue ao longo da linha até o sistema de elevação e uma sirene soará para chamar a atenção do trabalhador para o problema. Neste caso, os interruptores limitadores e os olhos eletrônicos são os instrumentos de detecção, a trava é a ferramenta de restrição e a sirene é o dispositivo de sinalização.

Geralmente, os dispositivos de detecção recaem em uma dentre três categorias e são ditados pelo tipo de método à prova de erros sendo usado.

Método de contato

Interruptores limitadores ou olhos eletrônicos como os mostrados na Figura 13.6 são usados para detectar diferenças no tamanho ou na forma do produto e, dessa forma, verificam a presença de tipos específicos de defeitos. Quando se deseja usar o método de contato, por vezes formas e tamanhos singulares são intencionalmente desenvolvidos para peças essencialmente similares. Dispositivos que distinguem uma cor da outra também fazem parte do método de contato, muito embora o contato seja feito com luz refletida, ao invés de interruptores limitadores ou olhos eletrônicos.

Método combinado

Diferentemente do método de contato, que é usado principalmente para verificar a presença de uma característica particular ou para assegurar que um passo específico foi realizado corretamente, o método combinado é usado para garantir que todas as partes de uma operação tenham sido completadas com sucesso. Um sistema combinado é usado, por exemplo, para verificar se o trabalhador coloca de fato todas as peças necessárias e uma folha de instruções na caixa de expedição (Figura 13.7). Para desenvolver o dispositivo à prova de erros, olhos eletrônicos foram instalados em frente ao contenedor de cada uma das peças, para que a mão do trabalhador paralize o feixe de luz sempre que remover uma peça ou folha de instrução do seu respectivo contenedor. O aparador só será liberado quando todos os feixes tiverem sido paralisados, e só então a caixa poderá deixar a estação do trabalhador.

Outros processos controlados pelo método combinado utilizam um contador para evitarem descuidos. Numa estação de soldagem de pontos, por exemplo, um dispositivo contador registra o número de soldas e dispara uma sirene caso haja uma diferença entre o número computado e o número necessário.

Capítulo 13 • O controle autônomo de defeitos garante a qualidade dos produtos **227**

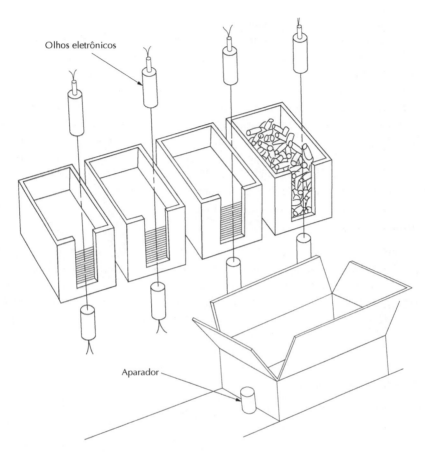

FIGURA 13.7 Método combinado (à prova de erros).

Método do passo de ação

O método do passo de ação recebe este nome porque, ao contrário dos métodos à prova de erros, ele requer que o trabalhador realize um passo que não faz parte das operações no produto. Tomemos como exemplo a estação onde encaixes de metal são instalados nos assentos. Como o mesmo departamento costumava muitas vezes processar até oito tipos diferentes de assentos dentro de uma programação mista, um cartão *kanban* passou a ser afixado a cada assento para que o trabalhador soubesse quais encaixes de metal deveriam ser instalados. Mesmo assim, encaixes metálicos inapropriados continuaram sendo instalados diversas vezes a cada mês. Como resultado, o seguinte sistema de passo de ação à prova de erros foi elaborado: os cartões *kanban* afixados aos assentos passaram a ser projetados com uma faixa de alumínio ao longo da sua base, a qual, quando inserida numa caixa de inserção de *kanban*, ativava uma luz vermelha acima da caixa correta de encaixes de metal e abria esta caixa. O trabalhador, então, não tinha mais como errar na escolha da peça correta.

Esta situação é um exemplo das vantagens de um sistema à prova de erros em relação a outros métodos baseados exclusivamente em discernimento humano. Ambos os métodos cumprem com os principais objetivos da autonomação: garantia da qualidade, redução de custo, realização de entrega *just-in-time* e um maior respeito pela humanidade. Ademais, sistemas à prova de erros não apenas garantem a qualidade dos produtos como também contribuem para um maior respeito pela humanidade ao aliviar a atenção do trabalhador a detalhes inquietantes.

Controles visuais

Ao se implementar a autonomação, diversos controles visuais monitoram o estado da linha e o fluxo de produção. Alguns dos controles visuais foram mencionados em conexão a vários tipos de dispositivos de qualidade. A maioria dos sistemas à prova de erros, por exemplo, utiliza uma luz ou algum outro tipo de sinal para indicar uma anormalidade no andamento da produção. Outros controles visuais incluem *andon* e luzes de chamada, folhas de operações-padrão, cartões *kanban*, painéis com visor digital e placas de armazenamento e estoque.

Andon e *luzes de chamada*

Cada linha de montagem e de usinagem está equipada com uma luz de chamada e um painel *andon*. A luz de chamada é usada para solicitar a presença de um supervisor, de um trabalhador de manutenção ou de um trabalhador em geral. Geralmente, suas luzes podem ter diversas cores, cada uma das quais é usada para convocar um tipo diferente de assistência. Na maioria das linhas, a luz de chamada fica suspensa a partir do teto ou localizada em qualquer outro local onde os supervisores e os trabalhadores de manutenção possam enxergá-la.

Andon é o apelido do painel indicador que mostra quando um trabalhador paralizou a linha. Como explicado anteriormente, cada trabalhador na Toyota dispõe de um interruptor que lhe permite paralisar a linha caso ocorra uma quebra de máquina ou um atraso em sua estação. Quando isso acontece, uma lâmpada vermelha se acende no *andon* acima de sua linha, para indicar qual processo é responsável pela parada. O supervisor se dirige imediatamente, então, até a estação de trabalho a fim de investigar o problema e de tomar a medida corretiva necessária. A Figura 13.8 mostra uma luz de chamada e painéis andon com o interruptor usado para con-

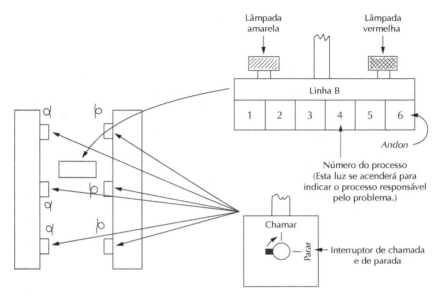

FIGURA 13.8 Luz de chamada, *andon* e interruptor de parada.

trolar as lâmpadas. Na figura, as luzes de chamada estão montadas junto ao *andon*; contudo, em algumas estações, os dois encontram-se instalados em locais separados (Figura 13.9).

Em muitos casos, o *andon* acende cores diferentes para indicar a condição da linha. Um luz verde, por exemplo, indica operação normal, uma luz amarela indica que um trabalhador está solicitando ajuda com um problema. Se o problema não for corrigido, uma luz vermelha se acenderá para mostrar que a linha foi paralisada. Em outros locais, painéis *andon* podem ter ainda mais luzes e usar um código cromático diferente para indicar a condição da linha. O painel geralmente tem cinco cores com os seguintes significados:

Vermelho	Problema com máquina
Branco	Fim de uma operação de produção; a quantidade necessária já foi produzida
Verde	Nenhum trabalho devido a falta de materiais
Azul	Unidade defeituosa
Amarelo	Exigência de preparação (inclui troca de ferramentas, etc.)

Todos os tipos de *andons* são desligados quando um supervisor ou um funcionário de manutenção chega à estação de trabalho responsável pelo atraso.

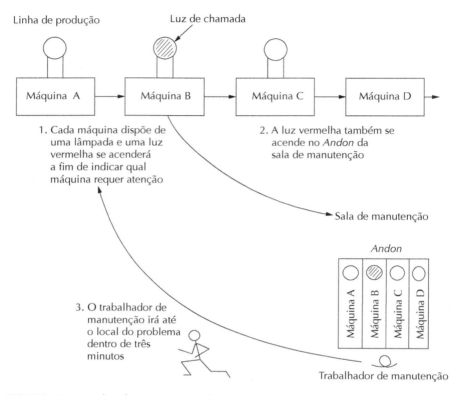

FIGURA 13.9 *Andon* de manutenção de máquinas.

Folhas de operações-padrão e cartões *kanban*

Conforme explicado no Capítulo 10, uma operação-padrão na Toyota é constituída por um tempo de ciclo; por uma rotina de operações-padrão, incluindo verificações de qualidade e segurança; e por uma quantidade padrão de material em processo. Todos esses três elementos estão incluídos na folha de operações-padrão, que é afixada junto à linha onde cada trabalhador é capaz de enxergá-la. Quando um trabalhador não consegue realizar a operação-padrão dentro de um tempo de ciclo, ele precisa parar a linha e solicitar ajuda para resolver o seu problema. Assim, a folha de operações-padrão funciona em conjunto com outros controles visuais na busca do cumprimento das operações-padrão, da eliminação dos desperdícios e da prevenção de defeitos.

Assim como folha de operações-padrão, os cartões *kanban* também servem como um controle visual sobre as anormalidades na produção. Se, por exemplo, determinados produtos acabarem chegando à área de armazenamento atrás da linha sem cartões *kanban* a eles afixados, isso será um sinal de superprodução que deverá ser investigado imediatamente. Ou o tempo de ciclo estabelecido é longo demais ou o trabalhador está lidando com um excesso de tempo de espera, ou ainda a linha pode estar sendo interrompida frequentemente no processo seguinte. Em quaisquer dos casos, a ausência do cartão *kanban* deve atuar como um sinal para uma investigação imediata e para a eliminação do problema.

Além de seu papel no controle da superprodução, os cartões *kanban* servem para outras funções visuais também. Ao conferir o número de cartões *kanban* de produção, por exemplo, o supervisor é capaz de identificar quais produtos estão em processo e determinar se será necessária a utilização de horas extras ou não.

Painéis com visores digitais

O ritmo de produção também é mostrado em painéis com visores digitais, que indicam tanto a meta de produção do dia quanto a contagem momentânea de unidades produzidas até então. Dessa forma, ao observarem os painéis, todo mundo na linha é capaz de identificar se a produção está indo devagar demais para o cumprimento da meta daquele dia, e todos podem trabalhar juntos para manter a produção dentro do programado. Assim como as luzes de chamada e os *andons*, as placas com visores digitais também servem para alertar os supervisores a respeito de problemas e atrasos em vários pontos ao longo da linha.

Placas indicadoras de armazenamento e estoque

A cada local de armazenamento está designado um "endereço" que é exibido tanto numa placa acima da própria área (Figura 13.10) e também no cartão *kanban*. Consequentemente, os transportadores sempre podem entregar as peças no local apropriado ao compararem o endereço no cartão *kanban* com aquele na placa de armazenamento. Além do endereço de armazenamento, a placa de estoque também indica a quantidade padrão como um auxílio ao controle de estocagem.

Ainda que os sistemas de controle visual sejam eficazes para se alcançar a autonomação, eles, assim como outros métodos de controle de qualidade, funcionam apenas para detectar anormalidades (Figura 13.11). Medidas corretivas para corrigir os defeitos ou anormalidades permanecem nas mãos do supervisor e de seus trabalhadores, que devem sempre seguir uma sequência prescrita de eventos: padronização das operações, detecção de anormalidades, investigação das causas, atividades de melhoria por meio de círculos de CQ e repadronização das operações. Ao fim e ao cabo, porém, a meta da autonomação precisa ser a produção sem qualquer auxílio humano, na qual até mesmo medidas corretivas para corrigir defeitos são tomadas de modo autonomatizado. Antes de seguirmos analisando outros tipos de controle de qualidade, pode ser útil examinarmos a robótica – o seu uso e seu impacto potencial no Sistema Toyota de Produção.

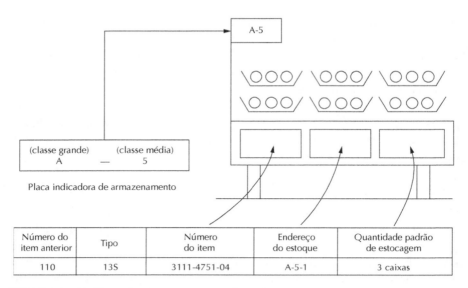

FIGURA 13.10 Placa de armazenagem e placa de estocagem.

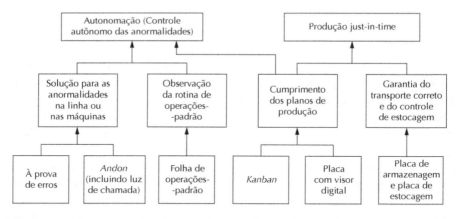

FIGURA 13.11 Estrutura dos sistemas de controle visual.

§ 5 ROBÓTICA

Assim como suas equivalentes norte-americanas, as fabricantes japonesas de automóveis estão instalando robôs industriais em larga escala, sobretudo em processos que envolvem soldagem, pintura e usinagem de peças. Os motivos para isso são inúmeros, incluindo: aumento da segurança, maior qualidade dos produtos e aumento da produtividade com, é claro, custos reduzidos. No que tange a segurança e a qualidade dos produtos, as vantagens da robótica são óbvias. Os robôs podem aliviar os trabalhadores humanos de tarefas arriscadas em áreas em que ficam expostos a gases perigosos e a outras ameaças ambientais. Como os robôs são capazes de realizar operações repetidas com alta precisão e sem se fatigarem, eles também contribuem para o controle da qualidade. O aumento da qualidade, por outro lado, é mais difícil de avaliar.

Atualmente, um trabalhador habilidoso no Japão ganha cerca de 4 milhões de ienes por ano, com aumentos anuais na faixa de 6 a 7%, aproximadamente. Enquanto os salários continuam a aumentar, o custo do mais simples dos robôs é de aproximadamente dois milhões de ienes. Até mesmo os robôs mais complexos podem ser comprados por 15 ou 20 milhões de ienes. Como um robô pintor, por exemplo, é capaz de realizar o trabalho equivalente a um trabalhador e meio, as economias a longo prazo em mão de obra utilizando-se a robótica são obvias e difíceis de serem ignoradas. Além disso, os robôs são mais facilmente adaptáveis a um aumento na diversidade de produtos do que a mão de obra humana, já que requerem menos mudanças no arranjo dos processos quando ocorrem mudanças de projeto. Um sistema de produção composto por robôs e máquinas, por exemplo, muitas vezes pode ser adaptado a novos modelos com uma mera alteração de ferramentas e com uma mudança na memória do robô. Com sistemas homens-máquinas, por outro lado, uma mudança de modelo muitas vezes envolve grandes investimentos em novos equipamentos e em treinamento de operadores humanos.

Robôs e o Sistema Toyota de Produção

Qualquer que seja o impacto da robótica nas relações dos funcionários, é importante perceber que a introdução dela não significa um abandono e sim uma extensão lógica do Sistema Toyota de Produção. De fato, os principais objetivos da robótica são totalmente condizentes com aqueles do sistema, que são, em geral, a redução de custos, a garantia da qualidade, a flexibilidade da produção e o respeito pela humanidade. O modo como a robótica contribui para os três primeiros objetivos já foi descrito. A sua contribuição para com o respeito pela humanidade é não apenas a de aliviar os trabalhadores humanos de tarefas arriscadas e severas, como também de estender de diversas formas o uso predominante de máquinas e tecnologia no Sistema Toyota de Produção – isto é, substituir homens por máquinas apenas quando isso for libertar o trabalhador de tarefas repetitivas e proporcionar mais tempo para ações humanas significativas. Em resumo, os robôs, assim como qualquer outro tipo de tecnologia, precisam continuar sendo uma fermenta dos homens, e não o inverso.

§ 6 CONTROLE DE QUALIDADE NA COMPANHIA COMO UM TODO

A expressão Controle de Qualidade Total (CQT) foi usada pela primeira vez pelo dr. Feigenbaum, dos Estados Unidos, na revista *Industrial Quality Control* (maio de 1957). De acordo com Feigenbaum, todos os departamentos de uma companhia, incluindo *marketing*, *design*, produção, inspeção e expedição precisavam participar do QC.

Feigenbaum atribui o papel central na promoção do CQT aos especialistas em CQ. O CQT japonês, porém, que é por vezes chamado de Controle de Qualidade na Companhia como um Todo (CWQC – Company-Wide Quality Control) para distingui-lo do CQT de Feigenbaum, não é conduzido por especialistas em QC. Caso o fosse, os funcionários de linha em cada departamento muito provavelmente rejeitariam as sugestões do pessoal de CQ, porque as conexões na linha são muito fortes nas companhias japonesas. Em vez disso, o CQ é de responsabilidade dos trabalhadores em cada um dos níveis e em cada um dos departamentos da organização, todos os quais estudaram técnicas de CQ.

Conforme o dr. Kaoru Ishikawa, promotor do movimento japonês de CQ, o CWOC possui as três características a seguir: todos os departamentos participam no CQ, todos os tipos de funcionários participam no CQ e o CQ é totalmente integrado com outras funções relacionadas da companhia.

Todos os departamentos participam do CQ

Para garantir a qualidade dos produtos, todos os departamentos – planejamento de produtos, *design*, testes, compras, fornecedores, engenharia de fabricação, inspeção, vendas, serviço, etc. – precisam participar das atividades de CQ. As análises de qualidade nos estágios de desenvolvimento de produto e de projeto de produto, por exemplo, são essenciais para se estabelecer uma qualidade geral aos produtos, já que é impossível corrigir erros cometidos em ambos esses estágios depois que os produtos chegam aos departamentos de fabricação e de inspeção. Ao mesmo tempo, porém, os demais departamentos têm um papel importante a cumprir. Neste ponto, pode ser útil relembrar a definição de controle de qualidade que abriu este capítulo: no Japão, o controle da qualidade (CQ), ou garantia da qualidade (GQ), é definido como o desenvolvimento, o projeto, a fabricação e o serviço de produtos que irão satisfazer às necessidades dos consumidores ao menor custo possível.

A identificação e a satisfação das necessidades do consumidor – como consumo de combustível e confiabilidade – são as preocupações predominantes no desenvolvimento e projeto de novos produtos. O controle da qualidade neste nível assegura que os automóveis japoneses continuarão sendo populares no mundo inteiro, fazendo com que, em última análise, as vendas e os lucros continuem altos. O controle da qualidade durante a fabricação (por meio de autonomação e outras técnicas descritas neste capítulo) diminui os custos de produção ao reduzir os defeitos, garantindo, assim, baixo custo ao consumidor e lucratividade para a companhia. E, finalmente, o controle da qualidade no serviço de pós-vendas ao consumidor é importante para manter o automóvel em boa condição de rodagem, confirmando, consequentemente, a confiança do consumidor no produto e na companhia. Essas mesmas ênfases são inseridas em panfletos publicados pela Toyota Motor Sales, USA.

Todos os funcionários participam do CQ

Pessoas em todos os níveis da hierarquia organizacional participam do controle de qualidade – desde o presidente da companhia, passando pelos diretores e gerentes dos departamentos, até os trabalhadores braçais e o pessoal de vendas. Além disso, todos os fornecedores, distribuidores e outras companhias relacionadas também acabam participando nas atividades de CQ.

Ainda que o termo *círculo de CQ* seja bastante popular em outros países, é preciso reconhecer que as atividades de círculos de CQ representam meramente uma parte do CWQC. Sem CWQC e sem a óbvia participação do alto escalão, de gerentes de departamentos e de seu pessoal, os círculos de CQ perderiam muito de sua eficiência e poderia até deixarem de existir por completo.

O CQ está totalmente integrado com outras funções relacionadas da companhia

Para que seja efetivo, o controle da qualidade precisa ser promovido em conjunto com a gestão de custos e com as técnicas de gestão de produção. Elas incluem planejamento de lucros, precificação, controle de produção e de estoque e programação, cada uma das quais exerce um impacto direto sobre o controle da qualidade. As técnicas de controle de custos, por exemplo, podem ajudar a identificar processos dispendiosos que podem ser aprimorados ou eliminados, e podem mensurar o efeito das atividades de CQ uma vez que sejam postas em prática. A precificação determina não apenas o nível de qualidade embutido no produto como também as expectativas do consumidor quanto à sua qualidade. E os diversos tipos de dados para controle de produção podem ser usados para mensurar as taxas de defeitos, para estabelecer áreas-alvo para as atividades de CQ e para promover o CQ em geral.

14
Gestão interfuncional para promover a garantia da qualidade e a gestão de custos na companhia como um todo

§ 1 INTRODUÇÃO

Conforme descrito no Capítulo 13, o CWQC só é possível se as atividades de controle de qualidade e as funções relacionadas à qualidade forem conduzidas em todos os departamentos e em todos os níveis da gestão. Além disso, as atividades de cada departamento precisam ser planejadas de modo a serem reforçadas por outros departamentos. Eles serão beneficiados, ainda por cima, por funções relacionadas à qualidade disseminadas por toda a companhia. A responsabilidade pelo estabelecimento de elos de comunicação entre os diversos departamentos na Toyota e pela garantia da cooperação na implementação de programas de CQ é atribuída a uma entidade organizacional conhecida como *reunião funcional*. As reuniões funcionais não atuam como equipes de projeto ou como forças-tarefa. Na verdade, elas são unidades formalmente constituídas para tomada de decisão cujo poder atravessa as linhas entre os departamentos e controla amplas funções corporativas. Formadas tipicamente por diretores de departamentos de todas as partes da companhia, cada reunião funcional analisa problemas no âmbito de toda a corporação como gestão de custo, gestão de produção e garantia da qualidade, respectivamente. Os participantes das reuniões comunicam, então, suas decisões institucionais e os planos para sua implementação prática em cada departamento. Na Toyota, esse tipo de gestão por meio de reuniões funcionais é chamado de gestão funcional (*Kinohbetsu Kanri*).

Contudo, o termo *gestão funcional* é uma tradução literal do termo em japonês *Kinohbetsu Kanri* usado na Toyota. Embora *Kinohbetsu* dê a entender *função*, a Toyota emprega essa palavra com a acepção de *papel na companhia como um todo*, em contraste com sua associação usual com a função de cada departamento, tal como desenvolvimento, fabricação, vendas, e assim por diante, na companhia. Muitas vezes, o termo *gestão interfuncional* é usado no mundo dos negócios, abrangendo diversos departamentos funcionais tais como de desenvolvimento, fabricação, vendas e assim por diante. Sendo assim, aquilo que se chama *gestão funcional* na Toyota significa *gestão interfuncional* na terminologia comum. Em outras palavras, a *gestão funcional* da Toyota pode ser parafraseada como *gestão interdepartamental*.

Neste capítulo, examinaremos as relações estruturais entre as reuniões funcionais e as organizações desenvolvidas mais formalmente na Toyota, o modo como a política de negócios é feita e administrada por meio da gestão funcional e algumas das vantagens a serem ganhas a partir do conceito de gestão funcional. Ainda que num sentido estrito o Sistema Toyota de Produção não inclua os passos de planejamento e projeto de produtos, o autor inclui a gestão funcional numa perspectiva mais ampla do sistema. O leitor deve perceber que os aspectos mais importantes para o aumento da produtividade ou redução dos custos e a melhoria da qualidade são o CQ e as atividades de redução de custos nos passos de desenvolvimento e projeto de produtos.

Historicamente, a gestão funcional é um subproduto de um longo processo de tentativa e erro. O Escritório de Promoção do CQ na Toyota deu os primeiros passos rumo ao CWQC em 1961, ao definir vários funções importantes a serem realizadas pela companhia. Cada departamento, por sua vez, colaborou para determinar e organizar os conteúdos das funções. Mediante o acréscimo, a integração e a supressão dessas contribuições, as funções definidas foram classificadas e selecionadas nas duas regras mais necessárias para a companhia inteira: garantia da qualidade e gestão de custos. Em seguida, foram estabelecidas regras para definir quais tipos de atividades cada departamento precisaria conduzir a fim de se sair bem nessas duas funções.

§ 2 GARANTIA DA QUALIDADE

A garantia da qualidade, conforme definida nesta regra pela Toyota, significa assegurar que a qualidade do produto promova satisfação, confiabilidade e economia para o consumidor. Esta regra define as atividades de cada departamento para a garantia da qualidade em todas as fases desde o planejamento de produtos até as vendas e o serviço pós-vendas. Ademais, a regra especifica *quando* e *o que* deve ser garantido por *quem e onde*.

A regra define *quando* como oito passos aplicáveis numa série de atividades de negócios desde o planejamento até as vendas. Os oito passos são os seguintes:

- Planejamento de produto
- projeto de produto
- Preparação da fabricação
- Compras
- Fabricação para vendas
- Inspeção
- Vendas e serviço
- Auditoria da qualidade

O termo por *quem e onde* diz respeito ao gestor do departamento específico e ao nome do seu departamento. *O que* consiste nos itens a serem garantidos e nas operações para essas garantias. A Tabela 14.1 define a regra da garantia da qualidade no que tange as atividades de negócios definidas aqui e as operações primordiais de cada departamento.

§ 3 GESTÃO DE CUSTOS

A Toyota utiliza a gestão de custos para desenvolver e por em prática diversas atividades que visam alcançar uma meta específica de lucros, avaliar resultados e tomar medidas apropriadas conforme necessário. Em outras palavras, a gestão de custos não se encontra simplesmente confinada à redução de custos. Ela abrange também atividades no âmbito de toda a companhia na aquisição de lucros. O quadro geral desta gestão de custos evolui a partir das quatro categorias a seguir: custo alvo, planejamento de investimento de capital, manutenção de custos e melhoria de custos (ou *custeio kaizen*).

O custo alvo tem sido encarado com especialmente importante, já que a maior parte dos custos é determinada durante os estágios de desenvolvimento de um produto. Um manual de planejamento de custos atribui responsabilidades e tarefas primordiais a cada fase do desenvolvimento de produtos. O estabelecimento de um custo alvo a ser obedecido durante todos os estágios de desenvolvimento acaba por promover atividades para reduzir os custos, mantendo, ao mesmo tempo, padrões mínimos de qualidade.

A manutenção de custos e melhoria de custos (*custeio kaizen*) são processos de gestão de custos no âmbito da fabricação. Elas são promovidas mediante um sistema orçamentário que abrange a companhia inteira e pelas atividades de melhoria a serem descritas no Capítulo 15. Para manter essas funções, cada departamento conta

Capítulo 14 • Gestão interfuncional para promover a garantia da qualidade e... **239**

com o seu próprio manual orçamentário departamental e com um manual de melhoria de custos.

Os conteúdos das atividades de gestão de custos estão especificados em detalhes no manual de operações atribuídas pela gestão de custos. A Tabela 14.2 resume a regra da gestão de custos no que tange os departamentos relacionados e as operações de gestão de custos.

Relações entre departamentos, passos nas atividades de negócios e funções

Para uma promoção eficiente da gestão funcional, é preciso compreender claramente como cada passo a ser realizado por cada departamento contribui para a sua função. Como é impossível dar uma ênfase idêntica a cada uma das operações, cada passo precisa ser qualificado quanto à sua contribuição relativa. Por isso, a coluna bem à direita nas Tabelas 14.1 e 14.2 descreve a contribuição relativa de cada função gerencial, conforme observada pelos seguintes símbolos:

⊙Define fatores com influência crítica na função

ΟDefine fatores com alguma influência que poderiam ser corrigidos em passos
 posteriores

ΔDefine fatores com uma influência relativamente pequena

Tais avaliações foram feitas para todas as funções. As relações entre os departamentos e as funções estão resumidas na Tabela 14.3.

O objetivo comercial final da Toyota é maximizar o lucro a longo prazo sob varias restrições econômicas e ambientais. Esse lucro a longo prazo será definido e expresso na forma de uma cifra concreta por meio do planejamento de negócios a longo prazo. Portanto, cada função precisa ser selecionada e organizada cuidadosamente a fim de ser útil na obtenção do lucro a longo prazo.

Se o número de funções for muito grande, então cada função começará a interferir em outras funções, frustrando tentativas de produzir um novo produto de uma maneira ágil e a um bom custo/benefício. Ademais, um excesso de funções acabará cultivando uma forte independência por parte de certas funções, a tal ponto que cada gerente departamental poderá ser suficiente para realizar a função.

Por outro lado, se o número de funções for muito pequeno, um excesso de departamentos estará relacionado a uma mesma função. A gestão de tal profusão de departamentos a partir de um determinado ponto de vista funcional seria muito complicada, ou mesmo impossível.

A Toyota encara a garantia da qualidade e a gestão de custos como funções básicas, ou *funções como fim*, e as chama de dois pilares da gestão funcional. Outras funções são encaradas como *funções como meio*. Dessa forma, o planejamento de

TABELA 14.1 Resumo da garantia da qualidade

Passos funcionais	Pessoa encarregada	Operações básicas para GQ	Contribuição
Planejamento de produto	Gerente do departamento de vendas	1. Previsões de demanda e de fatia de mercado	△
	Chefe do departamento de planejamento de produto	2. Obter a qualidade para satisfazer as necessidades do mercado	⊙
		a. Estabelecer e designar um alvo apropriado de qualidade e um custo alvo.	⊙
		b. Impedir a recorrência de problemas importantes de qualidade.	
Projeto de produto	Gerente do departamento de projetos	1. Desenhar veículos protótipos	⊙
	Gerente do departamento de projeto de carroceria	a. Cumprir com o alvo de qualidade	○
		b. Testar e examinar o carro em termos de:	○
	Gerentes dos departamentos de engenharia	Desempenho	
		Segurança	
		Baixa poluição	
	Gerente do departamento de projeto de produto	Economia	
		Confiabilidade	
		2. projeto inicial para confirmar condições necessárias de GQ	
Preparação para fabricação	Gerentes dos departamentos de engenheira	1. Preparação das linhas em geral para satisfazer o projeto de qualidade	⊙
	Gerente do departamento de GQ	2. Preparação dos métodos apropriados de inspeção	○
	Gerentes dos departamentos de inspeção	3. Avaliação dos protótipos iniciais	○
		4. Desenvolvimento e avaliação de um plano de controle de processos inicial e diário	△
	Gerente do departamento de fabricação	5. Preparação das capacidades da linha	⊙

Compras	Gerentes dos departamentos de compras	1. Confirmação das capacidades qualitativas e quantitativas de cada fornecedor	△
	Gerente do departamento de GQ	2. Inspecionar peças iniciais fornecidas para conferir a qualidade dos produtos	△
	Gerentes dos departamentos de inspeção	3. Suporte ao fortalecimento do sistema de GQ de cada fornecedor	△
Fabricação	Gerentes dos departamentos de fabricação	1. Enquadrar a qualidade do produto dentro dos padrões estabelecidos	○
	Gerente do departamento de controle de produção	2. Estabelecer linhas apropriadamente controladas	○
		3. Manter as capacidades necessárias de linha e as capacidades das máquinas	○
Inspeção	Gerente do departamento de inspeção	1. Inspecionar a qualidade do produto inicial	○
	Gerente do departamento de GQ	2. Decidir se deve repassar o produto para venda	⊙
Vendas e Serviço	Gerente do departamento de vendas	1. Prevenção de queda de qualidade em embalagens, armazenamento e entrega	○
	Gerente do departamento de exportação	2. Educação e relações públicas para um cuidado e uma manutenção apropriados	△
	Gerente do departamento de GQ	3. Inspeção de carros novos	△
		4. *Feedback* e análise das informações de qualidade	△

TABELA 14.2 Resumo da gestão de custos

Passos funcionais	Departamentos relacionados	Operações de gestão de custos	Contribuição
Planejamento de produto	Planejamento corporativo	1. Estabelecer custo-alvo com base no planejamento do novo produto e no planejamento de lucratividade, e depois designar este custo-alvo a vários fatores de custeio	⊙
	Escritório de planejamento de produto		⊙
	Departamentos de engenharia de produto	2. Estabelecer alvo para cifra de investimento	○
	Departamentos de contabilidade	3. Alocar custo-alvo a vários departamentos de projeto de partes individuais *(planejamento de custos)*	⊙
		4. Alocar quantias-alvo de investimento para vários departamentos de planejamento de investimento *(orçamento de capital)*	
Projeto de produto	Escritório de planejamento de produto	1. Estimar custos com base no desenho do protótipo	⊙
	Departamentos de engenharia	2. Avaliar a possibilidade de alcançar os custos-alvo	⊙
		3. Tomar as medidas necessárias para minimizar desvios entre custos-alvo e custos estimados por meio de Engenharia de Valor (EV)	○
Preparação para fabricação	Escritório de planejamento de produto	1. Estabelecer estimativa de custo ao analisar a preparação da linha e os planos de investimento	⊙
	Departamentos de engenharia	2. Avaliar a possibilidade de cumprir com os custos-alvo	⊙
	Departamentos de engenharia de fabricação	3. Tomar medidas para minimizar os desvios	⊙
	Departamento de controle de produção	4. Avaliar os planos de investimento em instalações	○
		5. Avaliar planos de produção, condições e decisões para fabricar ou comprar partes	○

Capítulo 14 • Gestão interfuncional para promover a garantia da qualidade e... 243

Compras	Departamentos de aquisição	1. Avaliar planos e condições de compras 2. Estabelecer controle sobre os preços dos fornecedores (comparação da redução do alvo e das quantias reais de redução, analisar variâncias e tomar as medidas apropriadas) 3. Investigar melhoria dos custos dos fornecedores (aplicar Análise de Valor (AV), estabelecer suporte para promover atividades de melhoria de custos dos fornecedores)	○ ○ ⊙
Inspeção de fabricação	Departamentos relacionados Departamento de contabilidade	1. Investigar a manutenção e a melhoria de custos através de: a. Orçamento de custos fixos (Departamentos de Fabricação e Gerenciais) b. Melhorias de custo em projetos básicos (classificados para cada tipo de veículo e fator de custo) c. Aumentos da conscientização dos funcionários quanto aos custos por meio de sistemas de sugestões, seminários de apresentação de caso, programas de recompensa ou incentivo, etc.	○ ○ ⊙
Vendas e Serviço	Departamentos relacionados Departamento de contabilidade	1. Mensurar os custos reais dos novos produtos por meio de uma avaliação geral 2. Participar de análises e discussões em verificação de operações, reuniões funcionais de gestão de custo, reuniões de custeio e várias reuniões de comitê	○ ○

produtos e o projeto de produtos estão integrados numa função de engenharia; a preparação para a fabricação e a fabricação, numa função de produção; e as vendas e as compras, numa função de negócios.

Como resultado, restam seis funções no sistema de gestão funcional da Toyota (Tabela 14.3). Em resumo, cada função no desenvolvimento de um novo produto, em sua técnica de fabricação e em sua filosofia de marketing não é idêntica às outras funções em seu caráter ou em sua prioridade.

§ 4 ORGANIZAÇÃO DO SISTEMA DE GESTÃO INTERFUNCIONAL

Na Toyota, cada diretor da companhia é responsável por um determinado departamento. Como cada departamento envolve mais de uma função, cada diretor precisa participar de múltiplas funções (Tabela 14.3). Não há diretores individuais responsáveis por funções individuais; eles atuam como membros de uma equipe. Por outro lado, nem todos os diretores de departamentos participam de todas as funções. Isso criaria dificuldades na gestão de cada reunião funcional, pela mera profusão de membros. Por exemplo: embora haja 13 departamentos envolvidos em planejamento de produto e projeto de produto, somente um ou dois diretores participam de uma reunião funcional de GQ.

Conforme explicado anteriormente, a reunião funcional é a única unidade organizacional formal na gestão funcional. Cada reunião funcional representa uma unidade estatutária de tomada de decisão encarregada de planejar, conferir e decidir sobre ações corretivas necessárias para o cumprimento de uma meta funcional. Cada departamento individual atua como uma unidade em linha para desempenhar as ações ditadas pela reunião funcional.

A Figura 14.1 detalha a estrutura organizacional do alto escalão na Toyota. Cada departamento é gerido por um diretor gerencial ou por um diretor comum, ao passo que cada reunião funcional é constituída por todos os diretores, incluindo seis diretores executivos. Como cada diretor executivo é responsável pela integração das ações de diversos departamentos, ele irá participar como presidente naquelas reuniões funcionais que apresentarem uma íntima relação com os seus departamentos integrados. Conforme a necessidade, até um vice-presidente pode vir a participar de uma reunião funcional. Uma reunião funcional tipicamente conta com cerca de dez membros.

As reuniões funcionais de garantia da qualidade e de gestão de custos normalmente são realizadas uma vez por mês. Outras reuniões funcionais costumam ocor-

TABELA 14.3 Resumo de diversas gerenciamentos funcionais

Atividade de negócio	Departamentos relacionados	Qualidade	Custo	Engenharia	Produção	Negócios	Pessoal
Planejamento de produto	Departamento de planejamento de produto / Departamento de planejamento de engenharia	⊙	⊙	○	△	⊙	○
Projeto de produto	Laboratório / Departamento de projeto	⊙	○	⊙	○	○	○
Preparação para fabricação	Departamento de engenharia de fabricação / Departamento de planejamento de fabricação	⊙	⊙	○	⊙	△	○
Compras	Departamento de compras / Departamento de gestão de compras	⊙	⊙	△	△	△	○
Fabricação	Planta Motomachi / Planta Hondhu	⊙	○	△	⊙	○	⊙
Vendas	Departamento de vendas / Departamento de exportação	⊙	○	○	○	⊙	○

Funções → Gestão departamental ↑

Gestão funcional →

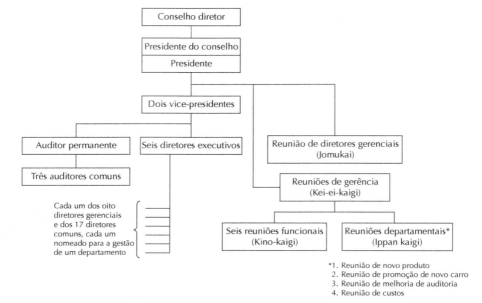

FIGURA 14.1 Estrutura organizacional de gestão da Toyota (em 1981).

rer em meses intercalados. Não se deve convocar uma reunião funcional sem que haja uma agenda significativa.

As reuniões funcionais estão posicionadas abaixo da reunião de gerência, que é constituída por todos os diretores gerenciais e pelo auditor permanente. A reunião de gerência é uma organização executiva que confere aprovação final aos itens decisórios da reunião funcional. No entanto, a autoridade essencial de tomada de decisão permanece com cada reunião funcional, já que é nela que começa a implementação da decisão. Contanto que não haja quaisquer objeções especiais na reunião de gerência, a decisão tomada pela reunião funcional será tratada como uma decisão da companhia.

As *reuniões departamentais* mostradas na Figura 14.1 proporcionam a cada departamento um veículo para discutir a implementação das decisões tomadas pela reunião funcional. Observe que a reunião departamental não está posicionada como uma subestrutura da reunião funcional. Assim como ocorre com as reuniões funcionais, os planos de implementação gerados no âmbito das reuniões departamentais estão sujeitos a revisão e aprovação por parte da reunião de gerência.

Ocasionalmente, pode surgir um problema como a necessidade de se alcançar uma certa característica de qualidade dentro de um curto período de tempo, o que não pode ser resolvido em uma única reunião funcional. Conforme a necessidade, pode ser preciso aumentar as homem-horas e os custos para elevar a qualidade. A esta altura, uma *reunião funcional conjunta* é adequada para combinar qualidade e funções de produção. Ademais, para obedecer a novas restrições legais quanto a segurança e poluição, a maioria das funções, como GQ, custos, engenharia e produção, precisa considerar a restrição de forma conjunta. Nesse caso, uma *reunião funcional ampliada* é formada para examinar o problema. Cabe ressaltar que essas não são entidades organizacionais permanentes.

Outro exemplo envolve uma *reunião funcional de gestão de custos*. Logo após a crise do petróleo de 1973, a lucratividade do Toyota Corolla apresentou uma queda pronunciada devido a aumentos de custo ligados aos preços do petróleo. Naquela época, o gerente de planta do Corolla apresentou as seguintes propostas na reunião funcional de custos:

1. Promoção de um movimento de redução de custos na companhia como um todo para o Corolla.
2. Organização de um Comitê de Redução de Custos Ligados ao Corolla, presidido pelo gerente da planta.
3. Como subestruturas desse comitê, a organização das seguintes reuniões seccionais:
    a. Produção e montagem
    b. Projeto e engenharia
    c. Compras
4. Estabelecimento de uma redução de custos na faixa de 10.000 ienes (cerca de US$80) por automóvel.
5. Prazo de seis meses para se atingir as metas.

Por meio de um esforço concertado por parte de todos os departamentos com base nas decisões da reunião funcional de gestão de custos, o resultado real do plano foi um cumprimento de 128% das metas ao final de seis meses (maio de 1975).

Política de negócios e gestão funcional

Desde a introdução do conceito de CWQC, uma política de negócios foi desenvolvida e publicada. A política se aplica ao âmbito das operações e inclui cada uma das funções analisadas anteriormente. Os seis elementos da política de negócios são mostrados na Figura 14.2 e definidos nos parágrafos a seguir.

1. A *política fundamental* é o princípio ético de negócios, ou as direções fundamentais, da companhia. Uma vez estabelecida, ela não será alterada por muitos

248 Seção 2 • Subsistemas

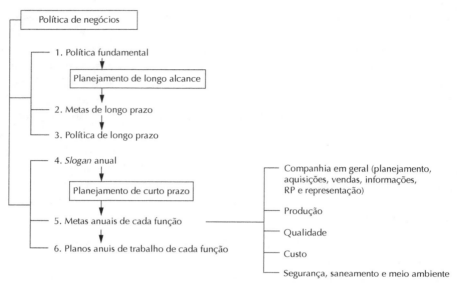

FIGURA 14.2 Seis elementos da política de negócios na Toyota.

anos. Um exemplo é "a Toyota deseja se desenvolver no mundo acumulando todos os poderes dentro e fora da companhia". A expressão é abstrata, mas representa uma filosofia de negócios nutrida pelo alto escalão. A política fundamental é usada para orientar o planejamento de longo alcance.

2. As *metas de longo prazo* são metas a serem alcançadas dentro de cinco anos como um subproduto do planejamento de longo alcance. Essas metas são cifras concretas expressas para a qualidade da produção, a qualidade das vendas, a fatia de mercado, o ROI, e assim por diante.

3. A *política de longo prazo* é a estratégia usada para alcançar as metas de longo prazo, e é expressa em detalhes mais concretos do que a política fundamental. Ela abrange diversos itens comuns para a companhia em geral. Por exemplo: "Para que seja possível gerir a companhia em geral de uma maneira científica, as políticas, as metas e os planos precisam ser preparados para cada departamento e um ponto de controle precisa ser claramente definido e direcionado".

4. O *slogan anual* é um meio para a Toyota enfatizar as políticas anuais. Ele consiste em dois tipos de *slogans*. O primeiro tipo permanece o mesmo a cada ano, tal como "Garanta a qualidade de cada Toyota". O segundo tipo enfatiza a política para o ano em questão. O *slogan* de 1974, por exemplo, logo após a crise do petróleo, era "Fabrique Toyotas para a era das mudanças". E também: "É hora de

usar recursos escasso com eficiência". O propósito destes *slogans* é de encorajar uma atitude mental sensata em todos os funcionários.

5. Aceitando-se as metas de longo prazo recém descritas, as *metas anuais de cada função* a serem alcançadas dentro do ano corrente precisam ser expressas em cifras específicas. Essas cifras-alvo são estabelecidas para cada função. Cada reunião funcional, por sua vez, decide o modo de alcançar essas metas. Os itens incluídos como metas anuais para cada função são os seguintes:

    a. Companhia em geral: ROI, quantidade de produção e fatia de mercado.
    b. Produção: taxa de redução de mão de obra com relação aos anos anteriores.
    c. Qualidade: taxa de redução de problemas no mercado.
    d. Custo: quantia total de custos a ser reduzida, quantia de investimento na planta e em equipamentos e taxas de margem de lucro dos automóveis preferencialmente desenvolvidos.
    e. Segurança, saneamento e meio ambiente: número de folgas por feriado, e assim por diante, nos negócios e nas plantas.

6. Depois que as metas anuais são estabelecidas para cada função, *planos anuais de trabalho para cada função* precisam ser determinadas pela reunião funcional apropriada. A implementação desses planos de trabalho passa a ser, então, de responsabilidade da reunião departamental.

A classificação das funções exibida na Figura 14.2 é um tanto diferente daquela mostrada na Tabela 14.3, porque a política de negócios precisa descrever todos os tópicos importantes a serem alcançados no ano corrente. A função de negócios na Tabela 14.3 é incorporada à função da companhia em geral mostrada na Figura 14.2, que também inclui informações e relações públicas. Ademais, ainda que as funções de segurança, saneamento e meio ambiente não sejam mostradas na Tabela 14.3, ou tampouco exista uma reunião funcional, segurança e meio ambiente estão incluídos com a reunião funcional de produção, enquanto saneamento está incluído tanto nas funções de produção quanto de pessoal.

Desenvolvimento da política de negócios

O anúncio formal da política de negócios na Toyota é feito pelo presidente em sua saudação de Ano Novo aos seus funcionários. Os planos de desenvolvimento de cada função são, então, publicados para cada departamento pelo escritório da reunião funcional. As políticas e os planos departamentais são, então, formulados pela reunião departamental.

Após a implementação desses planos, os resultados do desempenho real são avaliados durante o meio e o final do ano corrente. O *feedback* proveniente dessas

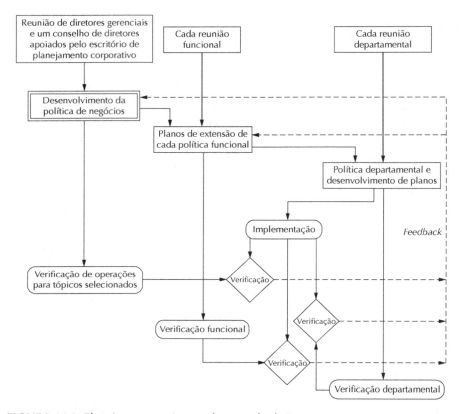

FIGURA 14.3 Planejamento e sistema de controle da Toyota.

avaliações será usado para formar políticas para o ano seguinte. Tais verificações e avaliações são feitas em três níveis dentro da organização: verificações de operações de tópicos selecionados pelo alto escalão, verificações funcionais pelo presidente de cada reunião funcional e verificações departamentais por cada gerente ou diretor de departamento. A Figura 14.3 mostra o planejamento da organização e o sistema de controle empregados na Toyota.

Considerações críticas a respeito da gestão funcional

Quatro considerações críticas exigem uma atenção especial para que se consiga alcançar um programa bem-sucedido de gestão funcional:

1. Deve-se fazer uma seleção das funções importantes usando-se uma cautela especial para equilibrar adequadamente a participação dos departamentos. Um

número excessivo de departamentos na mesma reunião funcional levará a confusão e a dificuldades na gestão da reunião; um número pequeno demais de departamentos membros criará a necessidade de muitas funções individuais, que começarão a ter responsabilidades sobrepostas, criando novamente confusão e problemas de gestão.
2. A gestão funcional não deve ser considerada como um sistema informal. A posição e as diretrizes das reuniões funcionais no esquema da alta gerência precisam ser claramente definidas. A reunião funcional deve ser investida da autoridade necessária para implementar as suas decisões na forma de política da companhia.
3. Cada departamento de linha precisa contar com uma estrutura sólida a fim de executar os planos encaminhados pelas diversas reuniões funcionais.
4. O diretor encarregado de cada função também é responsável por um departamento individual. Contudo, ele não deve considerar a função exclusivamente em relação ao seu próprio departamento, e sim formular e dirigir a função para a companhia como um todo.

Vantagens da gestão funcional

A gestão funcional tal qual implementada na Toyota oferece certas vantagens não encontradas em outros sistemas de gestão. Por exemplo:

- Tano as políticas quanto sua implementação são decisivas e rapidamente instituídas. Isso acontece porque a reunião funcional representa uma entidade substancial para tomadas de decisão, com responsabilidades e autoridade dirigidas pelo alto escalão. Além disso, a comunicação para a execução de departamentos de linha é rápida, já que os membros das reuniões funcionais também são os diretores responsáveis pelos departamentos relacionados.
- *Nemawashi* é desnecessário na Toyota. O significado original de Nemawashi vem das preparações para o transplante de uma árvore de grande porte. É preciso cavar em torno da raiz e cortar as raízes maiores para influenciar as raízes menores a se desenvolverem e a assegurarem novas posições. Nemawashi, tal qual aplicado nos negócios, relaciona-se com a persuasão de indivíduos relacionados, como, por exemplo, executivos gerenciais, a aceitarem uma proposta antes de uma reunião formal decisória. Na Toyota, a reunião funcional propriamente dite se torna a negociação de Nemawashi.
- As reuniões funcionais servem para aprimorar em muito as comunicações e as relações humanas entre os vários departamentos, já que todos os lados são convocados a se reunir para alcançarem um objetivo comum.

- As comunicações dos funcionários subordinados com as reuniões funcionais são facilmente estabelecidas, pois não há necessidade de haver Nemawashi. Esses funcionários só precisam levas as suas sugestões e suas ideias para o gerente do departamento para discussão na reunião funcional.

15
Custo *kaizen*

§ 1 O CONCEITO DE CUSTO *KAIZEN*

O custo kaizen nas companhias automobilísticas japonesas não foi implementado em conformidade com o custo padrão. Isso significa que as companhias não usam uma análise tradicional de variação de custos baseada na diferença entre o custo padrão e o custo real para um determinado período. O custo *kaizen* é implementado fora do sistema de custo padrão como parte do sistema de controle orçamentário em geral. Em essência, o custo real por carro para o período mais recente é o orçamento do custo *kaizen*, que precisa ser reduzido a cada período sucessivo a fim de cumprir com a meta-alvo.

O motivo pelo qual as companhias automobilísticas japonesas implementam o custo *kaizen* fora do sistema padrão de contabilidade de custos não é porque a redução de custos no estágio de produção seja considerada com menos seriedade, e sim porque ela é considerada como extremamente importante. O custo padrão está limitado por seu objetivo financeiro contábil nas companhias automobilísticas japonesas e, portanto, ele traz consigo muitas características que são inadequadas para a redução de custos na fase de fabricação.

Além disso, o conceito de custo *kaizen* abrange um escopo mais amplo do que o conceito tradicional de controle de custos, que tem como foco o cumprimento de padrões de desempenho de custos e a investigação e a reação quando esses padrões não são alcançados. As atividades de custo *kaizen* incluem atividades de redução de custos que requerem mudanças na maneira como a companhia fabrica os produtos existentes. A inadequação dos custos-padrão para custo *kaizen* fica óbvia a partir do

Conceitos do custo padrão	Conceitos do custo *kaizen*
Conceito de sistema de controle de custos	Conceito de sistema de redução de custos
Assumir condições atuais de fabricação	Assumir melhoria contínua na fabricação
Alcançar padrões de desempenho em termos de custo	Alcançar alvos de redução de custos
Técnicas do custo padrão	**Técnicas do custo *kaizen***
Os padrões são estabelecidos anualmente ou semestralmente	Os alvos de redução de custos são estabelecidos e aplicados mensalmente
	A melhoria contínua (*kaizen*) é implementada durante o ano para se alcançar o lucro-alvo ou para se reduzir a diferença entre o lucro-alvo e o lucro estimado
Análise por variação de custos envolvendo custos-padrão e custos reais	Análise por variação de custos envolvendo custos-alvo *kaizen* e montantes de redução de custos reais
Investigação e reação quando os padrões não são alcançados	Investigação e reação quando os montantes-alvo *kaizen* não são alcançados

FIGURA 15.1 Custo *kaizen versus* custo padrão.

ponto de vista dos conceitos "*kaizen*".[1] Ademais, os custos-padrão só são modificados uma vez por ano. (Ver Figura 15.1.)

§ 2 DOIS TIPOS DE CUSTO KAIZEN

É possível classificar as atividades de custo kaizen grosseiramente em dois tipos. O primeiro, *custo* kaizen *para um produto específico*, consiste nas atividades voltadas a aprimorar o desempenho quando a diferença entre o custo real e o custo-alvo for grande após novos produtos estarem sendo produzidos há três meses, ou quando o custo de um modelo específico precisa ser reduzido acentuadamente por causa de um súbito desaquecimento do mercado ou por alguma circunstância similar. O segundo tipo consiste nas atividades implementadas continuamente a cada período a fim de reduzir qualquer diferença entre o lucro-alvo e o lucro estimado e, consequentemente, alcançar um "custo admissível".

---

[1] Ver Imai (1986), Capítulo 2. No glossário, Imai define o significado de *kaizen* da seguinte forma: *kaizen* significa a melhoria contínua da vida pessoal, da vida caseira, da vida social e da vida profissional. Quando aplicado ao local de trabalho, *kaizen* significa a melhoria contínua envolvendo a todos – gerentes e trabalhadores braçais, igualmente. Além disso, afirma ele, a melhoria pode ser definida como *kaizen* e inovação, onde a estratégia *kaizen* mantém e aprimora o padrão de trabalho por meio de melhorias pequenas e graduais, e a inovação suscita melhorias radicais como resultado de grandes investimentos em tecnologia e/ou equipamentos.

No primeiro caso, uma equipe especial de projeto chamada de "comitê de custo *kaizen*" é organizada, e a equipe implementa atividades de engenharia de valor (EV). É possível fazer a seguinte distinção entre EV e a "análise de valor" (AV): EV representa a atividade de redução de custos que envolve mudanças funcionais básicas no estágio de desenvolvimento de um novo produto, ao passo que AV representa a atividade de redução de custos que envolve alterações de projeto nos produtos já existentes.[2] No entanto, a distinção não é feita neste caso, e o termo "EV" é empregado. O estabelecimento de um comitê de custo *kaizen* implica que o *kaizen* do modelo de carro tem prioridade máxima.

O que segue é um exemplo da vida real das atividades do comitê de custo *kaizen*. Logo após a crise do petróleo de 1973 chegar ao Japão, a lucratividade de um determinado modelo de automóvel (Corolla) apresentou uma queda acentuada devido aos aumentos nos custos ligados ao petróleo. Naquela época, o gerente da planta apresentou as seguintes propostas para a reunião de alto escalão envolvendo redução de custos:

1. Estabelecimento de um comitê de custo *kaizen* presidido pelo gerente da planta.
2. Promoção de um programa de redução de custos na companhia como um todo para o modelo específico.
3. Como subestruturas desse comitê, a organização de três subcomitês:
    a. Produção e montagem
    b. Projeto e engenharia
    c. Compras
4. Estabelecimento de uma meta de redução de custos de 10.000 ienes (cerca de US$75) por automóvel.
5. Expectativa de que esta meta fosse alcançada dentro de seis meses.

Por meio de um efeito combinado por parte de todos os departamentos com base nas decisões do comitê de custo *kaizen*, o resultado real do plano foi um cumprimento de 128% das metas ao final de seis meses.

A segunda categoria de custo *kaizen* – alcançar os alvos de redução de custos estabelecidos para cada departamento como resultado do plano de lucro a curto prazo – será explicada nas seções a seguir.

§ 3 PREPARANDO O ORÇAMENTO

O processo periódico de melhorias de custo é precedido pelo processo de orçamento anual, ou processo de planejamento de lucros a curto prazo, que representa o seg-

---
[2] Algumas companhias distinguem AV e EV da forma descrita anteriormente.

	Lucro operacional orçado
Do Plano 1	Vendas orçadas
	(Menos) Custos variáveis esperados (= custos-padrão)
Dos Planos 2 e 3	Margem de contribuição estimada
	(Mais) Montante-alvo de redução em custos variáveis
Dos Planos 4, 5 e 6	Margem de contribuição orçada
	(Menos) Custos fixos orçados
	Lucro operacional orçado

FIGURA 15.2 Da previsão de vendas ao lucro operacional orçado.

mento de primeiro ano de um plano de longo alcance para três ou cinco anos (ver Figura 15.2). No processo de planejamento de lucros a curto prazo, cada departamento prepara o seguinte:

Plano 1. Produção, Distribuição e Plano de Vendas (que inclui projeções das margens de contribuição advindas das vendas).

Plano 2. Partes Protegidas e Custos com Materiais.

Plano 3. Plano de Racionalização da Planta (reduções planejadas em custos de fabricação variáveis).

Plano 4. Plano de Pessoal (para mão de obra direta e para pessoal de departamento de serviço).

Plano 5. Plano de Investimento em Instalações (orçamento de capital e depreciação).

Plano 6. Plano de Despesas Fixas (para custos de projeto de protótipos, custos com manutenção, despesas com publicidade e com promoção de vendas e despesas gerais e administrativas).

Esses seis planos e projeções, quando seus custos e lucros são incorporados ao processo de planejamento para o período corrente, acabam se tornando o orçamento anual de lucros.

Os planos de produção, distribuição e vendas representam o núcleo do processo de planejamento para o período corrente. O Plano 1 estabelece a margem de contribuição estimada usando uma abordagem de custo variável, baseada no desempenho real dos custos no ano anterior, e os volumes e preços estimados dos modelos de carro no ano vindouro, conforme mostrado na seguinte fórmula.

Margem total de contribuição estimada

$$= \begin{pmatrix} \text{a soma da margem de contribuição} \\ \text{por unidade de cada carro} \\ \text{modelo } i \text{ do ano anterior} \end{pmatrix} \times \begin{pmatrix} \text{o volume estimado de vendas} \\ \text{do carro modelo } i \end{pmatrix}$$

O desempenho real de custos do ano anterior é usado como o padrão de custos para o ano vindouro.

Os custos projetados com partes e materiais proporcionam os alvos para o departamento de compras. O plano de racionalização da planta, que representa projeções para reduções em custos variáveis de fabricação, é o componente fundamental da prática de custo *kaizen* numa planta. Ele proporciona os alvos para a redução de custos variáveis de fabricação. O plano de pessoal proporciona alvos para a redução de custos para mão de obra direta e indireta.

A previsão de vendas para o ano se torna o lucro operacional orçado através do seguinte processo, ilustrado na Figura 15.2. Os custos variáveis esperados, que representam os custos-padrão, são deduzidos das vendas orçadas, chegando-se à margem estimada de contribuição no Plano 1. O Plano 2 e o Plano 3 proporcionam mudanças orçadas nos custos variáveis, que são usadas para ajustar a margem de contribuição. Os custos fixos orçados no Plano 4, Plano 5 e Plano 6 são deduzidos da margem de contribuição orçada para se chegar ao lucro operacional orçado. Os custos com mão de obra incorridos pelos departamentos de vendas e administrativo são tratados como custos fixos, já que as transferências de mão de obra dentro da companhia não alteram o custo total com mão de obra usados no plano de lucros para a companhia como um todo; parte deles representam custos com capacidade *gerencial* em cada ano. Os planos de melhoria de custos (Plano 3 e Plano 4) são integrados ao plano de lucros. O Plano 2, o Plano 5 e o Plano 6 também influenciam os custos.

Métodos diferentes são adotados por causa da diferença entre os custos fixos e variáveis. Custos variáveis como, por exemplo, com materiais diretos, revestimento, energia e mão de obra direta são administrados estabelecendo-se o custo *kaizen* por unidade para cada tipo de produto. Os custos fixos estão sujeitos a decisões do alto escalão com base na quantia de custo *kaizen* em geral, em oposição à quantia de custo *kaizen* por carro.

Como o departamento de compras supervisiona o preço de aquisição de peças provenientes de fornecedores externos, o tema mais importante na fábrica é o uso de atividades de EV a fim de reduzir os custos com materiais diretos. Geralmente, o departamento de compras não trabalha com um alvo de custo *kaizen* para suas próprias despesas departamentais, mas tenta reduzir os custos com peças ao promover propostas de EV vindas de fornecedores, e também ao negociar os preços com os fornecedores.

No que diz respeito aos custos com mão de obra, o controle monetário, bem como o controle físico em termos de horas de trabalho, é implementado usando-se a quantia de diminuição de custos como o alvo do custo *kaizen*. Uma abordagem similar é aplicada com a melhoria de custos com materiais.

Para os trabalhadores de uma fábrica, é muito mais fácil compreender os alvos *kaizen* quando alvos de *redução* de custos para custos variáveis são apresentados individualmente, e não na forma de um de custo-alvo total.

§ 4 DETERMINAÇÃO DO MONTANTE ALVO DE REDUÇÃO DE CUSTOS

As companhias automobilísticas japonesas determinam o montante de aumento de lucro (isto é, lucro *kaizen*) com base na diferença entre o lucro-alvo (planejado a partir de uma abordagem de cima para baixo) e o lucro estimado (computado como uma estimativa de baixo para cima). Elas geralmente visam alcançar metade desse montante através de aumentos nas vendas e a outra metade através de redução de custos. Obviamente, quando a indústria encontra-se em recessão ou depressão, um peso maior é conferido à redução de custos.

Para se gerar economias de custo, é preciso levar em consideração tanto os custos variáveis quanto os custos fixos. Como a maior parte dos custos fixos são necessários para a manutenção de um crescimento contínuo, as companhias automobilísticas japonesas geralmente consideram que o custo *kaizen* nas plantas deve ser alcançado sobretudo pela redução dos custos variáveis, especialmente em custos com material direto e em com mão de obra direta.

Entretanto, em departamentos alheios à fabricação, a redução de custos *kaizen* (ou de despesas *kaizen*) é estabelecida para os custos fixos. Dentre os departamentos afetados estão o escritório central, pesquisa e desenvolvimento e vendas. O departamento de projetos não costuma ter um montante-alvo de custo *kaizen* atribuído, e tampouco o departamento de compras, exceto quando em casos especiais como uma crise de petróleo, uma apreciação cambial, uma grande depressão ou uma circunstancia especial.

Para se estimar o alvo de redução de custos na divisão de fabricação, a taxa-alvo de redução de custos para cada elemento de custo é estabelecida *a priori*, relacionando o custo-base por carro ao final de cada ano ao custo-base para o ano seguinte, conforme mostrado na Figura 15.3. O montante-alvo de redução de custos na companhia como um todo é computada da seguinte forma:

Montante-alvo de redução para todas as plantas no ano vindouro
= $\Sigma_i \Sigma_j$ (volume planejado de produção do produto i neste ano)
× (custo-padrão por veículo para o item de custo j)
× (taxa-alvo de redução de custos para o item de custo j)

Esse montante-alvo de redução de custos será proposto para o alto escalão pelo departamento contábil, e o alto escalão toma a decisão final de determinar se essa cifra pode satisfazer o alvo de aumento de lucros da companhia.

O alvo do custo *kaizen* atribuído à divisão de fabricação será alocado a cada planta com base no montante de *custos controláveis*. Os custos diretamente controláveis por uma planta incluem os custos com materiais diretos, os custos com mão

Elementos de custo	Medidas de avaliação	Taxa-alvo de redução anual
Custos com materiais diretos		
Matéria-prima (Material de fundição, metais laminados, etc.)	Montante monetário por unidade de carro	2%
Partes compradas	Montante monetário por unidade de carro	4%
Outros materiais diretos (tintas, solvente, etc.)	Montante monetário por unidade de carro	8%
Custos com Processamento:		
Variáveis:		
Materiais indiretos variáveis (suprimentos, etc.)	Montante monetário por unidade de carro	8%
Transporte de partes	Montante monetário total	10%
Despesas gerais variáveis (utilidades)	Montante monetário por unidade de carro	4%
Mão de obra direta	Horas de trabalho por unidade de carro	6%
Fixos:		
Mão de obra indireta	Número de trabalhadores e horas extras	Observação 1
Outros custos fixos:		
Utilidades de escritório	Montante monetário total	4%
Departamento de serviços	Montante monetário total	*
Depreciação	Montante monetário total	*

FIGURA 15.3 Taxa-alvo de redução para cada elemento de custo.

de obra direta, os custos variáveis com despesas gerais, e assim por diante. Excluídos estão os custos fixos como depreciação. O custo *kaizen* para cada planta é decomposto e atribuído para cada divisão, e, por sua vez, o custo *kaizen* da divisão é atribuído a unidades menores da organização. Alguns detalhes a respeito do método de atribuição são examinados na próxima seção.

O alvo do custo *kaizen* é alcançado por atividades *kaizen* diárias. O sistema de produção JIT também estimula a redução de diversos tipos de desperdício na planta por meio de atividades diárias. Desse modo, o custo *kaizen* e o sistema de produção JIT estão intimamente relacionados.

§ 5 CUSTO *KAIZEN* POR MEIO DE "GESTÃO POR OBJETIVOS"

Cada planta de fabricação possui objetivos relativos a eficiência, qualidade, custo, e assim por diante. Os alvos concretos para os objetivos físicos são determinados e avaliados na reunião de produção, enquanto os alvos de custo *kaizen* são determinados e avaliados na reunião de custo *kaizen*.

As reuniões de custos são realizadas em diversos níveis organizacionais, como, por exemplo, no âmbito da planta, da divisão, do departamento, da seção e de processo. Na reunião de custos de cada nível, o montante de custo *kaizen* – ou seja, o montante do alvo de redução – é atribuído por meio de "gestão por objetivos" no nível organizacional em questão.[3] Essa designação é chamada de "decomposição de objetivos" (ou de "implantação de objetivo"), e é implementada de acordo com objetivos concretos e políticas determinadas previamente.

No entanto, é essencial que a decomposição de objetivos seja implementada de forma não uniforme, e sim levando em consideração os casos individuais. Acima de tudo, a determinação de cada objetivo – as medidas de avaliação, as contramedidas (ações corretivas), e assim por diante – precisam ser implementadas flexivelmente dependendo de cada situação específica. O esboço da decomposição de objetivos na planta é mostrado na Figura 15.4.

A Figura 15.5[4] mostra um exemplo de decomposição de objetivos para se alcançar o alvo de custo *kaizen* num departamento de usinagem. A Figura 15.6 traz outro exemplo num departamento de estampagem.

Na Figura 15.4, os gerentes em cada nível organizacional determinam as políticas e os meios para se alcançar o alvo de custo *kaizen* em seu departamento. Suas políticas e meios dizem respeito, em sua maioria, a medidas não monetárias, mas o objetivo é alcançar o alvo de custo *kaizen*.[5] Os gerentes em cada nível tentam reduzir as horas reais de mão de obra, enquanto o departamento contábil computa os custos reais com a mão de obra e com as despesas gerais com base nessas horas propriamente ditas. Em seguida, as horas reais de mão de obra e os custos reais com mão de obra em cada nível organizacional são publicados a cada mês e o resultado é refletido como um pagamento de incentivo em salários aos funcionários. Trata-se de um incentivo bem forte. Dessa maneira, tanto a gestão de produção quanto o controle contábil estão funcionando ao mesmo tempo na companhia.

Nas atividades de controle de chão de fábrica, o sistema de produção JIT exerceu uma incrível contribuição para a redução de custos. Trata-se de um sistema que reduz rigorosamente os custos por meio da eliminação de desperdícios nas plantas. Conforme os estoques são reduzidos, aumenta a possibilidade de paradas de linha

---

[3] Para características detalhadas da gestão japonesa por objetivos, ver Monden (1989c) em Monden e Sakurai (1989), pp. 413-423.

[4] Nas companhias automobilísticas japonesas, cada processo mostrado nas Figura 15.5 e 15.6 constitui o "processo" no sistema de custo por processo, e cada processo é chefiado por um encarregado.

[5] Os gerentes também têm objetivos de qualidade e de produtividade (eficiência ou redução do tempo de atravessamento), bem como um alvo de custo *kaizen*.

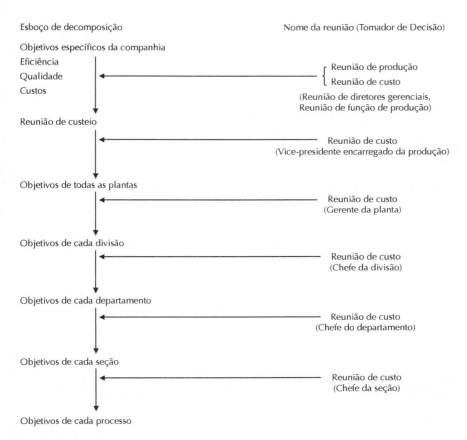

FIGURA 15.4 Decomposição de objetivos nas plantas.

em locais problemáticos. Isso por sua vez leva a reduções de custo, já que as causas das paradas de linha devido a unidades defeituosas e a quebras de máquinas passam a ser investigadas.

Conforme indicado anteriormente, mediante o processo de custo *kaizen*, o controle contábil é usado para atribuir alvos de custo *kaizen* para plantas, divisões e departamentos, e o controle de produção e de qualidade através de medidas não monetárias é usado para atividades de controle de chão de fábrica. Neste nível, todo mundo se envolve diariamente nas atividades *kaizen* por meio de círculos de CQ e sistemas de sugestões. Por isso, nas companhias automobilísticas japonesas, os controles contábeis e os controles de chão de fábrica representam partes integrantes do processo de custo *kaizen*.

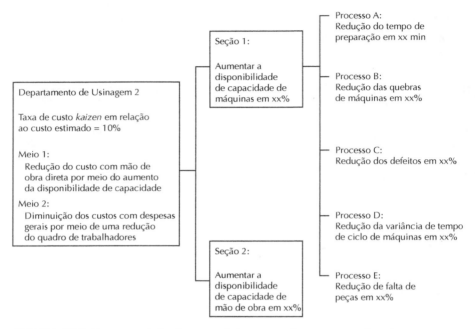

FIGURA 15.5 Decomposição de custos *kaizen* num departamento de usinagem.

§ 6 MEDIDAS E ANÁLISE DAS VARIÂNCIAS DO CUSTO *KAIZEN*

Embora alguns aspectos da análise por variância para custo *kaizen* ainda não tenham sido totalmente desenvolvidos, certas direções podem ser reconhecidas durante a avaliação dos resultados de desempenho de um departamento ao se analisar a variância de volume, a variância orçamentária (ou variância de eficiência) e a "variância de especificações" em relação a mudanças de projeto resultantes de atividades de AV (análise de valor) de curto prazo (tal variância de especificações é considerada como parte da variância orçamentária).

Esta seção examina o procedimento para se realizar uma análise básica de variância para sistemas de custo *kaizen*.

A série de fórmulas a seguir pode ser usada para mensurar o resultado do custo *kaizen* de cada departamento para o mês anterior (também conhecida como a "quantia de racionalização mensal"), o qual será comparado, então, do montante-alvo de redução para o mês em questão. A ilustração na Figura 15.7 propicia uma visualização para o aprendizado dessas fórmulas e desses passos:

Capítulo 15 • Custo *kaizen* **263**

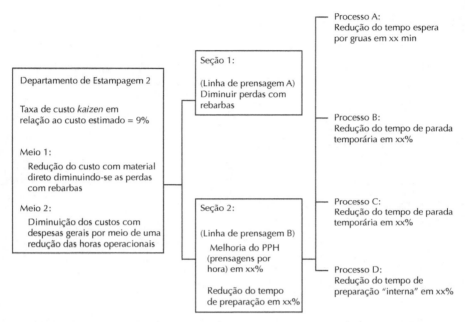

FIGURA 15.6 Decomposição de custos kaizen num departamento de estampagem.

(4) Montante de referência do mês corrente

    = A Custos-padrão por unidades de veículos

        × (2) Volume real de veículos do mês corrente

(6) Resultados do custo *kaizen* do mês corrente

        = (4) Montante de referência do mês corrente

        − (5) Custos reais do mês corrente (total)

(7) Resultados ajustados do custo *kaizen* do mês corrente

        = (6) Resultados do custo *kaizen* do mês corrente

        × {(Volume de referência de veículos do mês corrente)

        / (Volume real de veículos do mês corrente)},

    Onde o volume de referência mensal

        = (resultados do custo *kaizen* do mês corrente) / 12 meses.

Variância de custo *kaizen* = (7) Resultados ajustados do custo *kaizen* do mês corrente − Montante-alvo de redução

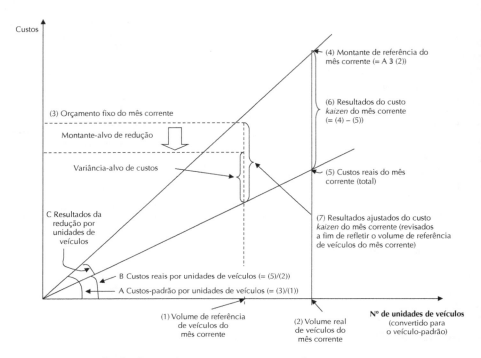

FIGURA 15.7 Cálculo das variâncias mensais no custo *kaizen*.

Os resultados desses cálculos ficam registrados numa tabela de resultados mensais de custo *kaizen* (tal como o exemplo mostrado na Figura 15.8), a qual é enviada para a gerência a fim de ser revisada. A cifra de "resultados ajustados do custo *kaizen* do mês corrente" é derivada dos resultados do custo *kaizen* do mês corrente removendo-se a variância de volume.

A seguir é apresentado um método simples para calcular os resultados ajustados do mês corrente:

B Custos reais por unidades de veículos = (5) / (2)
C Resultados da redução por unidades de veículos = A − B
(7) Resultados ajustados do custo *kaizen* do mês corrente
= **C** Resultados da redução por unidades de veículos
× (1) Volume de referência de veículos do mês corrente

A variância calculada aqui é o indicador do desempenho real para um departamento específico. Ela indica se uma redução real de custos que foi alcançada é ou não satisfatória se comparada ao alvo. Até mesmo uma quantia verdadeiramente racio-

	Mês Corrente			Cumulativo		
	Alvo	Real	Variância	Alvo	Real	Variância
Custos da Planta A						
Mão de obra direta	40	35	(5)	160	165	5
Mão de obra indireta	0	(5)	(5)	0	(35)	(35)
Material	15	25	10	60	75	15
Energia	10	15	5	40	50	10
Transporte	5	5	0	20	35	15
Total	70	75	5	280	290	10
Custos da Planta B						
Mão de obra direta	20	25	5	80	75	(5)
Mão de obra indireta	0	5	5	0	10	10
Material	10	5	(5)			(15)
Energia	5	0	(5)	20	15	(5)
Transporte	5	2	(3)	20	15	(5)
Total	40	37	(3)	160	140	(20)

Observação: Alvo: quantia alvo de redução de custos; Real: quantia verdadeiramente realizada; (##): perda ou montante não atingida.

FIGURA 15.8 Avaliação do desempenho do custo *kaizen*.

nalizada que é positiva é avaliada como "desfavorável" caso a variância em relação ao alvo seja negativa (Figura 15.8).

Na Figura 15.8, a Planta A como um todo ultrapassou o alvo *kaizen* em +5, ainda que o montante verdadeiramente racionalizado de custo com mão de obra indireta tenha sido de -5. A Planta B, com uma variância desfavorável de 3, não alcançou o alvo de custo *kaizen*.

16
Movimentação de materiais em uma montadora

§ 1 O SISTEMA DE SUPRIMENTO DE PEÇAS EM UMA MONTADORA

O número de peças necessário em uma linha de montagem final em uma planta de produção de múltiplos modelos de automóveis era muito grande. No entanto, não havia muito espaço ao lado da linha, então era difícil manter estoques de uma grande variedade de peças nesse local. Além disso, os operadores precisavam selecionar a peça de cada veículo a partir de uma grande quantidade de estantes, o que era complicado para eles.

Encontrar a melhor forma de movimentar as peças de forma eficiente era importante. A solução sugere como abastecer uma grande variedade de peças em um sistema de produção em células.

§ 2 UM SISTEMA DE SUPRIMENTO DE PEÇAS EM CONJUNTOS

O sistema SPC

O SPC (Sistema de Peças em Conjuntos) foi adotado na linha de montagem final da Fábrica Tsutsumi da Toyota no Japão (Noguchi, 2005). Esse sistema consiste no seguinte (ver Figura 16.1):

> **Passo 1:** Conjuntos de todas as peças necessárias para cada veículo são preparados previamente na área de SPC (uma área especial dedicada à selecionar conjuntos de peças) no andar superior da área de montagem, e são colocados em "caixas de conjuntos". Essas caixas de conjuntos são, por sua vez, colocadas em vagões que se movimentam juntamente com o fluxo da esteira de veículos da linha de montagem no andar inferior. Na área do

Capítulo 16 • Movimentação de materiais em uma montadora   **267**

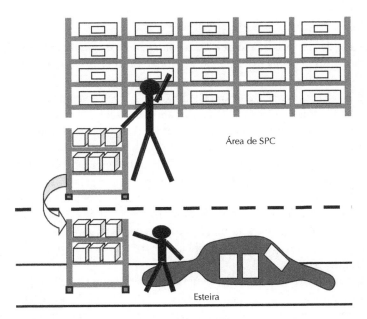

FIGURA 16.1 Sistema de Peças em Conjuntos (SPC).

SPC, operadores de coleta selecionam as peças recebidas de fornecedores, seguindo instruções dadas por luzes indicadoras.

Passo 2: Em seguida, os operadores da montagem recolhem as peças uma a uma de dentro da caixa com o número da tarefa em questão afixado a ela, e instalam as peças no veículo adequado.

Como resultado da introdução desse sistema, as estantes com peças que se encontravam ao lado da linha (estantes de fluxo) foram eliminadas. Os veículos guiados automatizados (AGVs – *automated guided vehicles*) que costumavam viajar pelo local abastecendo peças nas estantes também acabaram se tornando redundantes.

Aproximadamente 350 peças precisam ser fornecidas às linhas de um veículo, e elas agora são fornecidas na forma de dez conjuntos (ou dez caixas). Contudo, "as peças necessárias para um veículo" mencionadas aqui significam que as várias peças usadas *em cada estação de trabalho junto à esteira* são colocadas dentro de caixas em conjuntos, as quais são então selecionadas no vagão e fornecidas na linha. (Nos "boxes de montagem de veículos" [um tipo de célula] usados certa feita na fábrica da Volvo na Suécia, as peças de um veículo inteiro [e não apenas para uma estação de trabalho junto à esteira] eram divididas em cerca de quatro grupos e eram fornecidas para a linha em "carrinhos com *kits* de partes". O sistema SPC é similar a esse em alguns aspectos, mas as diferenças entre os dois devem ser claramente reconhecidas.)

A lógica por trás do SPC, e seus benefícios

A montagem de veículos na Fábrica Tsutsumi era feita originalmente em dois pisos, e as linhas de montagem (instaladas ao mesmo tempo) produziam simultaneamente até oito modelos diferentes em fluxo de múltiplos modelos.

Seis modelos (Premio, Aurion, Caldina, Opa, Wish e Scion) eram produzidos na Linha Nº 1, e quatro (Premio, Aurion, Camry e Prius) na Linha Nº 2. Esses diferentes modelos também vinham em vários tipos de carroceria (sedã, *wagon*, minivan, etc.).

Com a produção de múltiplos modelos de um número tão grande de tipos diferentes de veículos, a agilidade das linhas principais (ou seja, a sincronização das estações de trabalho, ou o balanceamento das linhas) era essencial. Ao garantir isso, os engenheiros da Toyota conseguiram diminuir pela metade a largura e o comprimento das linhas originais principais, mediante ações como a retirada de peças unitárias que atrapalhavam o fluxo das linhas principais e transferindo-as para montagens em linhas secundárias.

Entretanto, assim como aconteceu na Fábrica Miyahara da Toyota em Kyushu nos anos 90 (ver Capítulo 28), a Linha Nº 1 e a Linha Nº 2 na Fábrica Tsutsumi eram ambas compostas por dez minilinhas. O carro híbrido Prius, por exemplo, era montado na Linha Nº 2 da Fábrica Tsutsumi. Isso significa que tanto carros a gasolina quanto carros híbridos estavam sendo montados na mesma linha. Contudo, o Prius levava mais tempo para ser montado devido à sua construção toda singular. Para que isso fosse possível, as peças unitárias para o Prius eram montadas numa linha secundária (uma linha de processo dedicada) e enviadas para a linha principal, de modo a absorver o máximo possível a mão de obra extra necessária comparada aos carros movidos a gasolina. Na linha principal, a mão de obra de montagem foi sincronizada tanto quanto possível.

Como resultado, foi possível liberar um bom espaço no piso superior, que pode ser aproveitado, então, como uma área de SPC. É possível que o suprimento sequenciado de peças para as linhas de montagem final por meio de *e-kanban* (*kanban* eletrônico), que eram aplicados a todas as peças terceirizadas, também tenha ajudado a liberar algum espaço.

A seguir, serão descritas as razões para a introdução do SPC, e os benefícios daí obtidos.

Razão 1: o número de modelos diferentes atravessando a mesma linha de montagem havia aumentado

A Fábrica Tsutsumi estava produzindo oito modelos diferentes, e esse aumento em quantidade acabava sobrecarregando o chão de fábrica com trabalho envolvendo a troca de um modelo para outro, criando grandes desperdícios por troca. Também era necessário se despender cada vez mais trabalho para preparar a produção dos outros modelos.

As memórias dos operadores de montagem estavam sendo sobrecarregadas por terem de lembrar quais peças deveria ser selecionadas nas estantes de peças a cada vez que um modelo diferente atravessava a linha. Existe um limite para o número de modelos deferentes para os quais um trabalhador de montagem consegue completar tanto a seleção quanto a instalação de peças dentro do tempo takt. Quando se exige demais dos trabalhadores da montagem, isso pode exercer um efeito adverso sobre a estabilidade da qualidade dos produtos.

Razão 2: a média de idade dos trabalhadores no chão de fábrica havia aumentado

A média de idade dos trabalhadores em fábricas está aumentando em muitos países, sobretudo no Japão. Quando isso acontece, é preciso tomar medidas para garantir que eles não sejam sobrecarregados. Outro motivo para a introdução do SPC foi, portanto, o de aliviar a carga física de trabalho sobre os trabalhadores mais velhos, fazendo com que os "veteranos" passassem a selecionar as peças e os mais jovens se encarregassem de instalá-las. Isso, de fato, aliviou a carga de trabalho tanto sobre os trabalhadores mais jovens quanto sobre os mais velhos.

Razão 3: em fábricas do exterior, é necessário desenvolver sistemas de trabalho simples e enxutos que permitam aos funcionários locais um fácil cumprimento de suas tarefas

Exigir que os operadores selecionem e instalem as peças é pedir que eles façam uma tarefa bastante complicada. Quando as duas tarefas são divididas e repassadas a pessoas diferentes, a tarefa de montagem é facilitada em muito. Mesmo que muitos modelos diferentes precisem ser montados, assim será muito mais simples para aprender a tarefa.

Além disso, torna-se muito mais fácil para os líderes de linhas e supervisores enxergar o trabalho sendo realizado em cada processo na esteira quando uma linha é simples e enxuta, fazendo com que possam controlar melhor a linha. Na Fábrica Tsutsumi, cada operador de montagem tinha uma estante de peças; porém, depois da introdução do SPC, houve redução para uma estante sendo compartilhada por dois operadores, e as estantes também ficaram menores e mais simples.

O maior benefício

O maior benefício de atender os três requisitos descritos anteriormente foi que os trabalhadores da linha de montagem puderam dar atenção ao aumento de qualidade do produto.

§ 3 TRANSPORTE COM "MÃOS VAZIAS"

Racionalização do recebimento de peças de terceiros e remoção de caixas vazias

As assim chamadas "peças unitárias" (partes grandes como motores, transmissões e assentos) eram sempre fornecidas para a linha de montagem final na mesma sequência que aquela dos modelos de veículos para os quais elas eram necessárias na linha. A introdução do *e-kanban* fez com que isso fosse possível não apenas para as peças unitárias, mas também para todas as peças levadas para a linha de montagem final. Isso significava que os estoques de peças terceirizadas na área de recebimentos de bens da fábrica e nas laterais das linhas podiam ser drasticamente reduzidos, liberando um bom espaço nessas áreas.

O espaço extra foi usado para organizar de modo eficiente o recebimento de peças vindas de fora e para aprimorar o modo como os paletes vazios eram armazenados dentro da oficina de montagem. Para alcançar o primeiro desses objetivos, uma estação de transferência foi montada para os carrinhos usados para levar as peças a cada linha de montagem. Para o segundo objetivo, uma área para armazenar os paletes vazios de cada fabricante de peças foi organizada. Uma explicação sobre como elas são usadas é fornecida a seguir (ver Aoki, 2007, pp. 78-82) e na Figura 16.2.

Movimentação do operador do local de materiais

Área para armazenar os paletes vazios de cada fabricante, e carrinhos com trator

Como a introdução do *e-kanban* acabou liberando espaço na área de recebimento de bens, uma nova área para armazenar os paletes vazios de cada fabricante de peças foi montada, onde as caixas vazias passaram a ser coletadas depois que as peças já haviam sido usadas na linha de montagem.

> **Passo 1:** Após as peças terem sido trazidas pelos motoristas dos caminhões, o operador do local de materiais retira as peças da área de depósito de peças terceirizadas e empilha as caixas com peças (os paletes carregados) em carrinhos que também foram trazidos da área de armazenamento. Um carrinho é um pedestal ou uma base sobre a qual as caixas com as peças são depositadas. Em seguida, os carrinhos são puxados por um trator até as estantes de fluxo, ou estantes de peças, que ficam perto da linha de montagem. (Contudo, não há muitas dessas estantes de fluxo próximo a linha devido ao SPC explicado em § 1, ainda que as peças costumassem ser fornecidas diretamente até a linha.)

Capítulo 16 • Movimentação de materiais em uma montadora 271

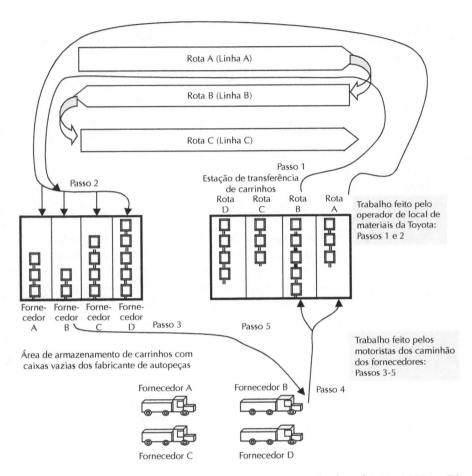

FIGURA 16.2 Transporte com "mão abanando". (Adaptado de Aoki, M., 2007, p. 79, com revisão).

Passo 2: Ao mesmo tempo, o operador do local de materiais recupera as caixas vazias (paletes vazios) e as deposita nos carrinhos. Em seguida, ele as conduz até a área de armazenamento de paletes vazios na área de recebimento de peças, onde os paletes vazios de cada fabricante de peças são armazenados separadamente. Os carrinhos de cada fornecedor são conectados uns aos outros, formando um trem para cada fornecedor.

Movimentação dos motoristas dos fabricantes de peças: estação de transferência para os carrinhos usados para levar as peças para cada uma das linhas de montagem

Quando um motorista de um fabricante de peças chega à área de recebimento de peças da Toyota, ele realiza as seguintes ações (ver Figura 16.2):

Passo 3: Em primeiro lugar, ele sobe em um trator e o conduz até a área de armazenamento de paletes vazios da sua própria companhia. Em seguida, ele usa o trator para rebocar o trem de carrinhos com as caixas vazias da sua companhia empilhadas sobre eles até o seu caminhão.

Passo 4: Em seguida, ele usa uma empilhadeira para retirar do caminhão os carrinhos com as caixas cheias, e os substitui pelos carrinhos com as caixas vazias.

Passo 5: Depois, ele conduz o trem de carrinhos com as caixas cheias até a estação de transferência para os carrinhos usados para levar as peças a cada uma das linhas de montagem (ou rotas). Ele separa os carrinhos para cada linha de montagem ou rota e os conecta a quaisquer carrinhos que já se encontrem lá. O *e-kanban* lhe indica qual rota ele deve destinar a cada carrinho; ele mostra o nome da rota e o endereço do local de colocação.

17
Estudo prático avançado sobre o sistema *kanban*

Este capítulo visa explicar as muitas e variadas práticas do sistema *kanban*. O sistema *kanban* da Toyota é usado para controlar os processos, de tal forma que cada um deles produza uma unidade individual de produto dentro de um tempo de ciclo predeterminado. Portanto, a capacidade de produzir um *fluxo unitário de peças* (chamado "Ikko-Nagashi" em japonês) é considerado como o estado ideal desse sistema. Deste ponto de vista fundamental, a produção de grandes lotes e a formação de grandes estoques entre os processos se tornam redundantes. Em tal situação, o número de cartões *kanban* necessários também aumenta.

Embora o fluxo unitário de peças seja o estado ideal desse sistema, muitos processos encontram grande dificuldade em alcançar essa meta. Um exemplo disso ocorre no processo de prensagem da fabricação de automóveis. Em tais processos de produção em lotes, mesmo que um *kanban triangular* ou um *kanban de sinalização* seja usado, é preciso empreender um esforço de melhoria contínua a fim de garantir que o tamanho dos lotes sejam minimizados.

§ 1 NÚMERO MÁXIMO DE CARTÕES *KANBAN* DE PRODUÇÃO A SEREM ARMAZENADOS

Caso a linha de montagem final seja interrompida com frequência devido a problemas diversos e a produção seja frequentemente atrasada, a retirada de peças será realizada de acordo com um *sistema de quantidade constante e ciclo inconstante*. Ademais, se a produção em um processo subsequente não estiver necessariamente sincronizada, e se o processo precedente estiver produzindo lotes pequenos, então de que maneira a ordem de produção será feita?

A função de um *kanban* de produção numa linha de retífica de engrenagens para pequenas camionetes será examinada nesta seção. No ponto de partida dessa linha de usinagem, os postos de *kanban* de produção são equipados para cada uma das peças a serem processadas. Papéis brancos, verdes e amarelos são colados nos escaninhos deste posto de *kanban* para cada parte. Com isso, é possível ver quantos cartões *kanban* estocados se encontram neste posto de *kanban* no início do processo. Quando os cartões *kanban* estão estocados nos escaninhos brancos ou verdes, a produção dessas peças ainda não precisa ser iniciada; mas no momento em que o *kanban* for colocado num escaninho amarelo, a produção deve começar. Consequentemente, o número total de cartões *kanban* estocados no escaninho amarelo é diretamente equivalente ao número de cartões *kanban* no tamanho do lote, mais o estoque de segurança. Um exemplo de posto de *kanban* de produção na planta da Daihatsu é mostrado na Figura 17.1.

Neste caso, o número máximo de carregamento de cartões *kanban* é a quantidade encomendada para cada peça em questão, e este número máximo também é equivalente à quantidade de uso de peças do processo subsequente durante o tempo de atravessamento (*lead time*) do *kanban* de produção. O *tempo de atravessamento do kanban de produção* é definido como o intervalo entre o instante em que os *cartões kanban de produção* foram destacados no armazém de peças acabadas do processo em questão, iniciando a produção do número de peças correspondente ao número desses cartões *kanban* destacados, até o instante em que o mesmo processo é capaz de reabastecer essas peças produzidas na forma de estoque em seu armazém de peças completadas.

O Capitulo 22 aborda o *sistema de dois contenedores*, cujo conceito será aplicado aqui. No sistema de dois contenedores, o contenedor em si é uma caixa grande; duas caixas com estoque são providenciadas como ponto de partida. Quando uma caixa de estoque for esvaziada, o estoque da outra caixa será usado, e a caixa vazia irá disparar uma encomenda de uma caixa de peças a serem reabastecidas.

Suponha agora que reduzimos pela metade a capacidade de cada caixa e que aumentamos o número de caixas de estoque no processo subsequente para quatro. Neste caso, duas caixas corresponderão aos dois cartões de *kanban* de produção a serem mantidos como máximo no posto de *kanban* de produção do processo precedente.

Em geral, um número aceitável de cartões *kanban* estocados no *posto de encomenda de produção* é determinado pela cifra da média diária derivada da quantidade mensal de produção. Embora esse número geralmente dependa do tempo de giro de estoque, ele costuma ficar entre um e três cartões kanban.

O progresso feito em cada processo pode ser detectado pelo sistema kanban. Se os cartões kanban, por exemplo, não estiverem sendo estocados sincronizadamente a tempo no *posto de kanban de produção*, a produção é atrasada em algum processo

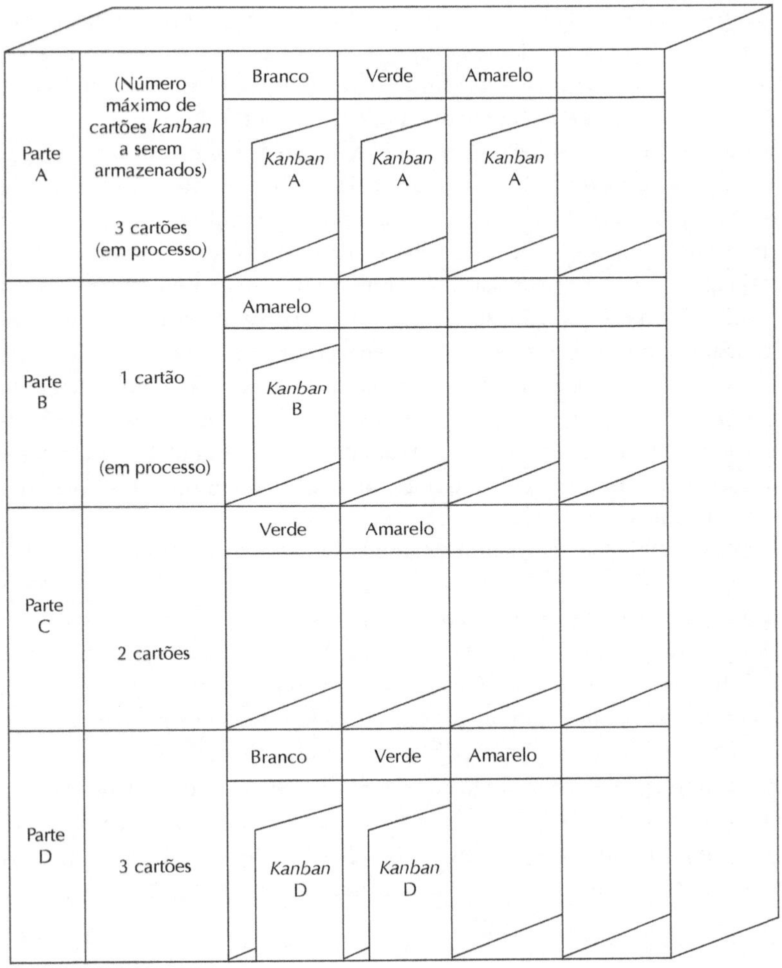

FIGURA 17.1 Posto de *kanban* de produção.

subsequente. E vice-versa: se os cartões kanban forem estocados antes do agendado, é porque o processo subsequente está procedendo rápido demais. Basta que os operadores olhem para o *posto de kanban de produção* para que compreendam visualmente qual a taxa de produção em um processo subsequente.

Um dos méritos do sistema *kanban* é que ele possibilita a observação do local de trabalho em curtos intervalos de tempo, sendo possível, assim, realizar melhorias frequentes. Por exemplo: se os produtos são transportados em intervalos de uma hora pelo sistema *kanban*, é possível haver um controle dos procedimentos em intervalos de uma hora se os produtos são transportados a cada dez minutos, os procedimentos podem ser controlados a cada dez minutos. Neste último caso, como a velocidade do processo é verificada a cada dez minutos, suas atividades ficarão mais claras e a velocidade da usinagem e da montagem poderão ser conferidas.

Adotando-se um sistema em que o processo precedente produz a mesma quantidade de peças que são recolhidas pelo processo subsequente, o desperdício (neste caso, a superprodução) torna-se visivelmente claro. O tempo de espera de um operador, por exemplo, na esteira de uma linha se torna óbvio ao se comparar o tempo de ciclo real com o *takt time* necessário. Em linhas que não contêm esteiras, se o transporte vindo de um processo subsequente for realizado a intervalos de dez minutos e se as atividades do processo precedente obedecerem ao mesmo intervalo de dez minutos, o tempo total de espera experimentado pelo processo precedente também se tornará visível. Se o tempo de espera for transformado em produtos físicos palpáveis, a existência desse tempo ocioso será mascarada. Mas, contanto que os princípios do sistema *kanban* sejam obedecidos, o mascaramento do tempo ocioso pela sua conversão em produtos físicos será evitado.

Para a contabilidade e a manutenção mensal do número de cartões *kanban* usados, a Toyota implementou computadores e tecnologia de códigos de barra. No entanto, os cartões *kanban* em processo não levam códigos de barra, já que não é necessário haver um pagamento mensal das unidades a serem transportadas dentro da planta da Toyota. Além disso, não é preciso haver uma contabilidade rigorosa da quantidade de produção por códigos de barra, já que ela já é monitorada por *painéis de controle de produção* (um tipo de *andon*), a cada hora para cada processo. Nas linhas de montagem, etc., a montagem é determinada por meio da expedição de instruções em cartão magnético ou em cartões IC, ao passo que o controle propriamente dito dos procedimentos é mantido pela leitura desses cartões de ID ao final de diversos processos. O controle da atividade em processos alheios a estes é mantido por *kanban*.

§ 2 *KANBAN* DE SINALIZAÇÃO E *KANBAN* DE REQUISIÇÃO DE MATERIAL NUMA LINHA DE PRENSAGEM

A seguir, a estrutura de uma planta de prensagem será examinada a fim de se compreender como um *kanban* circula através dela. Numa planta de prensagem, há basicamente dois tipos de linhas: uma linha de corte para bobinas e uma linha de prensagem. As bobinas adquiridas são estocadas numa área de armazenagem bem logo antes da linha de corte de bobinas. Outra área de armazenamento (chamada de armazém de chapas) contendo as bobinas cortadas (chapas de aço) fica situada após a linha de corte de bobinas. Idealmente, a quantidade de bobinas estocadas deve ser apenas a suficiente para o uso de um turno; contudo, há ocasiões em que uma bobina é grande demais para ser concluída em apenas um turno. Neste caso, a mesma bobina é usada em dois ou três turnos. Além disso, um estoque suficiente para um turno também é mantido na área de armazenamento para o corte de chapas de aço. As linhas de prensagem são muitas. Atrás de cada uma delas, há uma área de armazenamento para chapas de aço processadas, onde várias peças prensadas são colocadas em paletes. Um *kanban* de sinalização e um *kanban* de requisição de material são pendurados nesses paletes.

Quando o nível dos paletes desce até o *kanban* de requisição de material, o *kanban* é removido. De modo similar, quando o nível dos paletes desce até o ponto do *kanban* de sinalização (ponto de reabastecimento), ele é destacado. O *kanban* de sinalização será pendurado num posto de *kanban* (ou hangar de *kanban*) a caminho para a linha de prensagem. Os cartões *kanban* de sinalização são coletados, então, no posto de *kanban* duas vezes ao dia – às 9 da manhã e às 4 da tarde, pontualmente – e pendurados num posto de kanban de produção (chamado de painel de controle de encomenda de estampagem) no início da linha de prensagem. O posto de encomenda de produção é usado para sinalizar o início para o processo de prensagem na linha.

Os cartões *kanban* de sinalização não são levados diretamente para o posto de kanban de produção, porque uma linha de prensagem é bastante longa e é mais eficiente deixar que eles formem uma pilha para então transferi-los em grupos. Os cartões *kanban* de sinalização são primeiramente estocados no posto de armazenamento de *kanban* e transportados juntos para o posto de encomenda de produção duas vezes ao dia. A Figura 17.2 mostra como as requisições de material e os cartões *kanban* de sinalização circulam pela planta de prensagem.

O sistema de roleta

Uma roleta é usada para processar peças de prensagem que apresentam quantidades de consumo relativamente pequenas. Trata-se de peças que apresentam quantidades de uso inferiores ao tamanho do palete. Idealmente, o tamanho do palete deve ser reduzido e a quantidade contida por palete deve ser reduzida. No entanto, se o tamanho do palete não for reduzido, a roleta é utilizada. As instruções para o uso da roleta aparecem na Figura 17.3.

Suponha, por exemplo, que um palete contenha 60 unidades de uma determinada peça e que o consumo propriamente dito dessa peça por turno seja de dez. Isso significa que há peças suficientes para seis turnos em um palete. Sendo assim, a quantidade necessária para um turno é de apenas um sexto de um palete inteiro. Isso pode ser expresso da seguinte forma:

$$\text{quantidade padrão de um palete} = 1 1/6 = 0{,}17$$

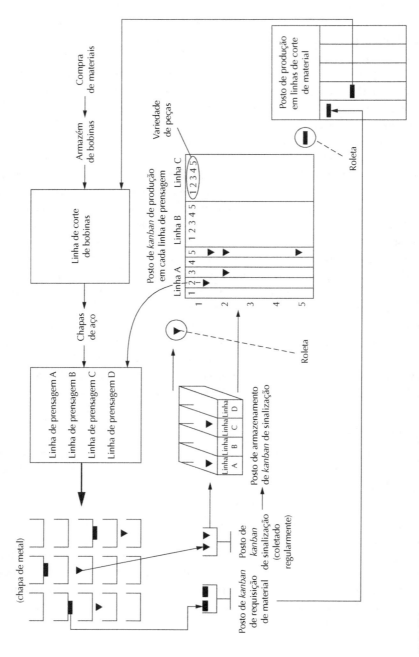

FIGURA 17.2 Como fazer os cartões *kanban* circularem pela planta prensagem.

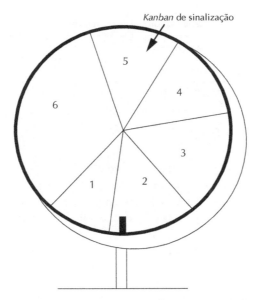

FIGURA 17.3 Roleta. (A roleta é girada em sentido horário um bloco a cada turno. Neste exemplo, quando o bloco 5 chega ao local ocupado agora pelo bloco 2, um *kanban* de sinalização é colocado no posto de kanban de produção.)

Arredondando 0,17 para 0,2, a quantidade padrão de um palete chega a um quinto de uma caixa. Portanto, um *kanban* de sinalização é colocado na área cinco da roleta. Para esse tipo de peça, a produção não deve ser iniciada imediatamente mesmo quando o *kanban* de sinalização for colocado em seu posto de armazenamento de *kanban*, porque as peças armazenadas no palete são suficientes para cinco turnos.

§ 3 CONTROLE DE FERRAMENTAS E GABARITOS POR MEIO DO SISTEMA *KANBAN*

As ferramentas de usinagem, como os diversos bits de corte e perfuratriz, precisam ser substituídos regularmente, devido ao seu uso constante. A quantidade específica de peças que podem ser fabricadas antes que as ferramentas tenha de ser substituídas pode ser determinada e planejada previamente.

Para controlar o reabastecimento de ferramentas usando o sistema *kanban*, caixas de ferramentas contendo ferramentas de substituição para cada tipo de ferramenta são mantidas ao lado da linha de usinagem. Todas as manhãs, um preparador de

Kanban de encomenda de ferramenta	
Código do nome do item	T-3905
Ponto de reabastecimento	6 unidades
Tamanho do lote (quantidade a ser encomendada)	10 unidades

FIGURA 17.4 *Kanban* de encomenda de ferramenta.

ferramentas encarregado de conferir as ferramentas reabastece as caixas com ferramentas novas. Um registro diário é mantido sobre o número de ferramentas que foram consumidas e reabastecidas. Um *kanban* de encomenda de ferramenta (um tipo de *kanban* triangular) também é usado para encomendar as ferramentas necessárias.

De acordo com a Figura 17.4, uma ferramenta com o código de item T-3905 deve ser encomendada quando restarem seis unidades no livro de registro de ferramentas. Os cartões *kanban* de encomenda de ferramentas têm faixas magnéticas no verso, que podem ser lidas por um leitor de cartão e encomendar eletronicamente as quantidades necessárias junto aos fornecedores de forma imediata.

O ponto de reabastecimento é examinado mensalmente revisando-se as quantidades consumidas ao longo dos dois meses anteriores. Os pontos de reabastecimento são revisados para confirmação.

§ 4 O SISTEMA DE ENTREGA JIT PODE ALIVIAR O CONGESTIONAMENTO E A FALTA DE MÃO DE OBRA[1]

O sistema JIT contribui pra a racionalização da distribuição física

Nos últimos anos, tem havido um recrudescimento nas críticas ao *just-in-time* (JIT), conhecido como o sistema *kanban*, acusando-o de ser a causa derradeira de problemas de distribuição física. Argumenta-se que o JIT tenha causado (1) um aumento dos custos com distribuição (custos com transporte), (2) uma falta de motoristas, (3) congestionamento de tráfego e (4) emissão de gases que poluem o meio ambiente.

Sem dúvida, quando o sistema JIT é examinado em termos de peças individuais, ele é em essência um sistema que envolve o transporte de lotes pequenos – volumes pequenos – de bens em cada viagem, e entregas frequentes transportando o

---

[1] Reimpresso com permissão de Nikkei. Publicado originalmente em japonês em Nihon Keizai Shibun, 7 de agosto de 1991.

volume médio de bens de cada vez. Mas é ilógico afirmar que este sistema de distribuição é a causa derradeira dos problemas listados acima.

Um fabricante de vidros, por exemplo, que entrega vidros para automóveis às montadoras em conformidade com o sistema *kanban* tem um acordo de entregar vidros para a fábrica 20 vezes ao dia. Se o volume total de vidros for considerado igual a da capacidade de 40 caminhões, e se todas as entregas forem realizadas pela manhã, 40 caminhões precisarão partir ao mesmo tempo todas as manhãs.

Se todos os fabricantes de peças fizessem suas entregas em lotes assim tão grandes, as estradas levando até a fábrica da montadora ficaria terrivelmente congestionadas. Seria preciso empregar 40 motoristas de caminhão ao mesmo tempo, agravando ainda mais a falta de mão de obra. E como os motoristas ficariam em estado de espera sempre que estivessem longe da direção, este método constituiria, em termos de sociedade como um todo, um terrível desperdício de recursos humanos.

Examinemos agora o sistema de entrega frequente em lotes pequenos. Para começar, como os custos de transporte são cobrados com base num contrato que declara que "o pagamento de uma determinada quantia é feito para cada remessa por cada caminhão em cada rota", os custos de distribuição física permanecem os mesmos quer 40 caminhões sejam despachados ao mesmo tempo, quer dois caminhões sejam despachados juntos em 20 ocasiões diferentes.

A abordagem de múltiplas entregas significa que cada motorista fica envolvido com várias viagens a cada dia, de tal modo que a taxa de escalas por pessoa aumenta, aliviando a falta de mão de obra. Ademais, entregas frequentes de lotes pequenos e padronizados aliviam os congestionamentos da mesma forma que um sistema de horas de trabalho escalonadas. O mesmo volume de gases poluentes é emitido por 40 caminhos despachados ao mesmo tempo do que por dois caminhões despachados 20 vezes. Caso os congestionamentos sejam evitados por meio de entregas em lotes pequenos, produtos específicos são entregues mais depressa do que quando são entregues em lotes grandes, e o volume de distribuição física num único dia pode ser aumentado.

As ideias do sistema JIT são satisfeitas se o volume de distribuição física necessário para um determinado mês for encomendado durante o mês com base em exigências diárias equalizadas, e não encomendado durante uma semana definida ou num determinado dia designado a cada mês. Isso também serve para aliviar a falta de mão de obra e o congestionamento de tráfego.

Um sistema JIT genuíno depende de condições indispensáveis

Qual será, então, a distribuição física correta do JIT? O sistema em uso na Toyota foi basicamente desenvolvido como um sistema de controle de produção JIT (Sistema Toyota de Produção). Sendo assim, analisaremos a seguir a aplicação dos conceitos de seu sistema no que diz respeito à distribuição física para o estabelecimento de um sistema real de entregas JIT.

A primeira condição é a sincronização (nivelamento). Na Toyota, a produção sincronizada implica no cálculo do volume médio aproximado de vendas diárias para cada mês com base na previsão de vendas mensais, e na produção (com a maior precisão possível) do volume médio de vendas diárias a cada dia ao longo do mês. Correspondentemente, os fabricantes de peças devem entregar algo próximo do pequeno volume médio de peças a cada dia. Este conceito de sincronização é alcançado realizando-se entregas frequentes em lotes pequenos até mesmo durante cada dia. Mas *"just in service"*, um termo usado por varejistas de grande volume, não pode significar o atendimento dos consumidores com vendas equalizadas, muito embora os varejistas solicitem aos atacadistas e aos fabricantes de peças que ofereçam um serviço de entrega frequente em volumes pequenos. Portanto, é difícil equalizar a distribuição física na obtenção de suprimentos.

A segunda condição é que esse sistema não deve representar uma produção com estoque zero. Em média, os estoques são mantidos na metade do volume indicado pelo número de cartões *kanban*, que é revisado mensalmente. (Um cartão *kanban* é equivalente a um contêiner de peças.) A distribuição física nivelada na Toyota é possível porque as suas revendas retêm certa folga em estoque.

A terceira condição é que os caminhões precisam estar sempre completamente carregados. Os caminhões usados para a entrega de peças precisam alcançar sempre 100% de eficiência de carregamento. Se esta condição não for cumprida – se cada caminhão carregar um volume diferente e se caminhões parcialmente vazios foram frequentemente despachados para a entrega de lotes pequenos –, o sistema não pode ser chamado apropriadamente de distribuição física JIT. Ele seria bem diferente de uma distribuição física JIT real; não passaria de um exercício de poder por parte de quem está encomendando os bens.

Na Toyota também, certamente, a quantidade necessária de cada peça está diminuindo devido à tendência de se produzir uma variedade cada vez maior de carros numa quantidade cada vez menor de cada um deles. Porém, usando-se o método de carregamento misto de diversos lotes pequenos de itens, a Toyota alcançou uma eficiência completa de carregamento para cada caminhão. A partir de tal método eficiente de carregamento misto, a companhia desenvolveu seus próprios contêineres de polietileno de vários tamanhos.

A condição final é que precisa haver uma margem de folga nos horários agendados em que os caminhões chegam aos seus destinos. O que acontece se os caminhoneiros precisam cumprir estritamente uma programação que não permite qualquer flexibilidade? Os gerentes das companhias de frete despacham os caminhões mais cedo para que não cheguem atrasados aos seus destinos, o que força os caminhoneiros a esperarem na rodovia para matar o tempo extra, ou a dirigirem a esmo ao redor de seus destinos para matarem tempo até que possam completar suas entregas.

O ambiente externo para a distribuição física deve ser racionalizado

As críticas à distribuição física JIT se dão por causa de uma confusão envolvendo o significado em si deste termo. A conversão de métodos de distribuição JIT incorretos ou falsos numa distribuição JIT genuína ajudará a aliviar parte do problema.

Há outros fatores além da proliferação de sistemas falsos de distribuição física JIT por trás dos problemas que assolaram a distribuição física nos últimos anos. Muitos resultam basicamente de um aumento no volume geral de bens movimentados pelo sistema (o peso multiplicado pela distância), que tem acompanhado a expansão da economia japonesa, e de uma demanda crescente por conveniência entre os consumidores japoneses. A expansão do capital social na forma de uma rede viária capaz de atender à crescente escala de distribuição física também deixou a desejar. É preciso agregar cada vez mais valor às rodovias nacionais melhorando-se os cruzamentos e construindo-se circuitos viários expressos e estradas alternativas. Outras medidas que ajudariam incluem a conclusão dos sistemas de informação de tráfego viário e dos sistemas de controle de tráfego.

É vital também que o ambiente externo envolvendo a distribuição física seja racionalizado, promovendo-se, por exemplo, uma redução no número de produtos diferentes transportados, estabelecendo-se sistemas conjuntos de entrega entre os fabricantes de peças e estabelecendo-se centrais conjuntas de entrega para que a indústria de lojas de conveniência e os fabricantes possam entregar os bens a cada uma de suas lojas.

18
Sincronização da coleta de *kanban*

§ 1 OBSTÁCULOS NA COLETA DE NÚMEROS SINCRONIZADOS DE *KANBAN*

A menos que seja implementado um sistema para a coleta de números sincronizados (consistentes) de *kanban* na linha de frente da planta, os fabricantes de peças podem enfrentar alguma inconveniência. Ainda que a produção possa ser sincronizada na linha de montagem final (em outras palavras, trabalha-se com uma média ou com uma sincronização no uso de vários tipos de peças na sequência de programação da linha de montagem de múltiplos modelos), na realidade, os cartões *kanban* talvez não sejam entregues em número igual aos fabricantes de peças.

As causas para essa situação são as seguintes:

1. Devido a uma falta de sincronização entre os períodos de coleta de cartões *kanban* no local da Toyota e a programação de entrega de peças, em alguns casos, o número de cartões *kanban* que os fabricantes de peças levam consigo pode oscilar.
2. Mesmo que o problema anterior seja resolvido, há alguns casos em que os cartões *kanban* podem não ser coletados no local de produção da Toyota no momento certo devido a problemas próprios dos coletores, e assim, a coleta dos cartões *kanban* pode ficar atrasado.
3. As peças podem ser entregues à Toyota por um fornecedor mais cedo ou mais tarde do que o esperado devido a problemas de transporte (tal como congestionamentos) e o número de cartões *kanban* que os fabricantes de peças levam consigo pode, portanto, oscilar.

As seções a seguir explicam como é possível solucionar estes três problemas.

§ 2 A RELAÇÃO ENTRE A COLETA SINCRONIZADA DE CARTÕES *KANBAN* E A ENTREGA DE PEÇAS

Na Toyota, quando os operadores na linha de montagem ou na linha de usinagem de peças retiram a primeira parte de um palete carregado com peças (caixa de autopeças) logo no início da manhã, há uma regra segundo a qual eles devem remover os cartões *kanban* de fornecedor afixados ao palete de peças e colocá-los no posto de *kanban* estabelecido em suas linhas.

O funcionário responsável pela movimentação das peças na Toyota vai até esses postos de *kanban* no chão de fábrica a cada instante definido e coleta os cartões *kanban* de fornecedor. Os cartões *kanban* de fornecedor coletados passam por uma triagem e são divididos nas caixas de correio dos fabricantes de peças por um "classificador de cartões *kanban* de fornecedor" localizado junto à janela de entrega de peças. Usando um caminhão de entrega de último tipo, o motorista do fabricante de peças recolhe os cartões *kanban* na caixa de correio a fim de levá-los até a sua companhia.

Nesse sistema de entrega de peças para a Toyota pelos fabricantes de peças, a menos que haja uma importante interrupção de linha na Toyota, jamais ocorre uma alteração significativa no *número* de peças entregues (em outras palavras, no número de cartões *kanban* de fornecedor), em que pese quaisquer mudanças nos *tipos* de peças, já que a produção de automóveis está implementada numa determinada velocidade de esteira.

No entanto, pela falta de sincronia entre os períodos de coleta de cartões *kanban* e a programação de entrega de peças, em alguns casos, o número de cartões *kanban* que os fabricantes de peças levam consigo pode oscilar. A Figura 18.1 ilustra um exemplo típico. Ele retrata um caso em que o fabricante de peças entrega peças apenas quatro vezes ao dia.

O primeiro caminhão de entrega a chegar na Toyota vindo do fornecedor recolhe os cartões *kanban* de fornecedor da primeira e da segunda coletas daquele dia, e

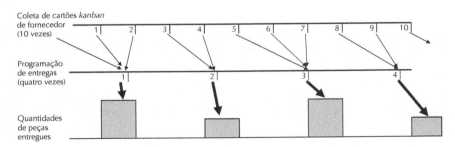

FIGURA 18.1 A frequência de coleta de cartões *kanban* pode sincronizar as quantidades de peças entregues.

da décima coleta do dia anterior. O segundo caminhão de entrega recolhe os cartões *kanban* de fornecedor da terceira e da quarta coletas daquele dia. O terceiro caminhão de entrega recolhe os cartões *kanban* de fornecedor da quinta, da sexta e da sétima coletas.

Como resultado, embora a Toyota implemente uma produção sincronizada em sua linha de produção, o número de peças entregues por este método varia enormemente (em até 50%). Como consequência, não se pode afirmar que os fabricantes de peças tenham alcançado uma entrega sincronizada. Portanto, eles precisam preparar um estoque igual ao número de cartões *kanban* no horário de pico para conseguirem fazer entregas *just-in-time*. E o que é mais importante, quando o caminhão de entrega leva consigo apenas uma carga leve, ele trabalha com espaço ocioso.

A Toyota melhorou essa situação alterando a frequência de coleta de cartões *kanban* para múltiplos de quatro. Em outras palavras, os coletores de *kanban* da Toyota coletam *kanban* a uma frequência de 4, 8, 12, 16, 20 ou 24 vezes ao dia. Por outro lado, diferentes fabricantes de peças fazem suas próprias entregas em frequências distintas, mas, normalmente, elas envolvem múltiplos de dois, tal como 2, 4, 6, 8, 10 ou 12 vezes ao dia (ou seja, em número par). Consequentemente, a Toyota adota o mínimo múltiplo comum de ambos os lados: 24 vezes ao dia.

Os fabricantes de peças que realizam dez entregas por dia não têm como sincronizar suas quantidades entregues. Neste caso, quando os cartões *kanban* de fornecedor coletados passam pela triagem do "classificador de cartões *kanban* de fornecedor" localizado junto à janela de entrega de peças e são colocados nas respectivas caixas de correio de cada fabricante de peças, a Toyota colocará todos esses cartões *kanban* nas caixas de correio dos fornecedores, mas, a fim de obter uma sincronização, ela irá retardar alguns cartões *kanban* para outro intervalo. Esta prática é chamada de "distribuição para entregas sincronizadas".

Como resultado de todos estes esforços, o grau de oscilação do número de cartões *kanban* foi reduzido para a faixa de "quantia planejada de peças ± 10%" do limite de "produção com sintonia fina por *kanban*".[1]

§ 3 SINCRONIZAÇÃO DA PROGRAMAÇÃO PARA A COLETA DE *KANBAN*

"Sincronizar a coleta de *kanban*" significa alocar igualmente os intervalos de tempo para a coleta de *kanban*. Caso isto não seja estritamente mantido, os fabricantes de

---

[1] As informações acima se baseiam num artigo escrito pelo pessoal da Toyota. Ver Kuroiwa (1995).

peças serão obrigados a recorrer à formação de estoques em excesso, o que os prejudicará em seus esforços de melhoria.

A regra básica é que durante as horas de trabalho em determinado turno (7 horas e 40 minutos, ou 460 minutos), os cartões *kanban* no chão de fábrica da Toyota serão coletados 12 vezes em intervalos iguais. A Toyota divide um turno em 12 peças porque, como mencionado anteriormente, os fabricantes de peças, em sua maioria, fazem suas entregas em frequências diárias que são múltiplos de dois: 2, 4, 6, 8, 10 ou 12 vezes ao dia. Como a Toyota adotou um sistema em dois turnos, a frequência de entregas em um turno é metade da frequência diária, ou seja, 1, 2, 3, 5 ou 6 vezes. Consequentemente, exceto para frequências de cinco vezes, se a Toyota coletar cartões *kanban* consistentemente 12 vezes por turno no seu local de produção, ela pode repassar quantidades iguais de cartões *kanban* aos fabricantes de peças.

Em março de 1998, as horas de trabalho na Toyota eram as seguintes:

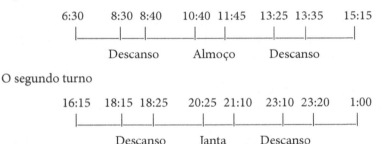

Como o tempo de trabalho de 460 minutos por turno dividido por 12 é igual a cerca de 40 minutos, a coleta de um número sincronizado de cartões *kanban* será realizada se eles forem coletados a intervalos de 40 minutos.

As horas de trabalho são divididas em 12 a partir do instante de tempo em que se decide realizar horas extras até o instante de tempo em que as próximas horas extras são decididas. Em outras palavras, para dois turnos consecutivos, no primeiro turno, sete horas e 40 minutos, das 13:35 até às 23:10 do próximo turno (excluindo-se uma hora e 55 minutos, o período total de tempo de descanso), são divididas por 12. Isso é igual a um intervalo de 40 minutos. No segundo turno, sete horas e 40 minutos, das 23:20 até às 13:25 do próximo turno, serão divididas por 12.

Se, durante os dois turnos citados anteriormente, forem introduzidas horas extras, uma instrução para a coleta de *kanban* será emitida levando em consideração o tempo de trabalho inteiro: (460 minutos + horas extras de trabalho durante o turno) / 12.

Uma campainha soa no instante em que os cartões *kanban* são coletados. Como o intervalo de coleta tem um ajuste diferente para cada linha de montagem, desde a saída do revestimento até a inspeção final, o intervalo entre as campainhas varia dependendo da linha.

§ 4 INVENÇÕES DE POSTOS DE *KANBAN* NO LOCAL DE PRODUÇÃO

Até mesmo se o chefe (tal como o líder de equipe) de uma linha for coletar os cartões *kanban* regularmente, ele pode se atrasar para alguma coleta. A campainha soa no instante em que os cartões *kanban* são coletados, mas quando o chefe está atrasado, mesmo depois que a campainha para de soar, os operadores continuam colocando cartões *kanban* no posto de *kanban*. Consequentemente, o número real de cartões *kanban* coletados aumentará.

O chefe pode se atrasar para a coleta de *kanban* por diversos motivos. Pode haver, por exemplo, uma pequena diferença de tempo entre ele ir caminhando até o posto de *kanban* em sentido horário ou em sentido anti-horário. Além disso, como o chefe pode ser convocado repentinamente, ele pode acabar coletando os cartões *kanban* um pouco mais tarde do que o horário estabelecido.

Como resultado, mesmo quando introduzimos o método *kanban* obedecendo apenas às suas regras básicas, não necessariamente alcançaremos o objetivo original, que é a sincronização da produção. Por isso, uma nova ideia foi introduzida. Cada posto *kanban* possui duas caixas para receber *kanban* e cada uma delas possui uma lâmpada embutida (ver Figura 18.2). As caixas que devem receber os cartões *kanban* num instante em particular ficam acesas. Caixas que não devem receber cartões *kanban* naquele instante permanecem apagadas.

Quando os chefes de linha coletam os cartões *kanban* nos postos de *kanban* dos locais de produção, a campainha soa em cada local. Imediatamente após a campainha soar, outra caixa de recepção se acenderá. Consequentemente, os coletores de *kanban* recolhem os cartões *kanban* de dentro das caixas que estão apagadas. Esta é uma forma de gestão visual. Este dispositivo impede que haja alterações no número de cartões *kanban* coletados devido a um acúmulo de cartões *kanban* na mesma caixa após a campainha soar.

Local de armazenamento de peças na fábrica de montagem

Diferentes fabricantes utilizam molduras externas com cores distintas nos cartões *kanban*. Na fábrica, as cores dos indicadores no local de armazenamento de peças

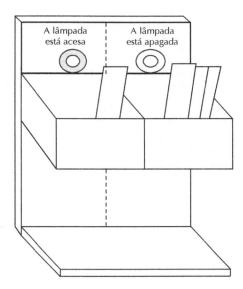

FIGURA 18.2 As duas caixas de recolhimento de *kanban* e suas lâmpadas no posto de *kanban*.

correspondem às cores dos cartões *kanban*. Consequentemente, os fabricantes podem levar suas peças até o local de armazenamento que possui indicadores que correspondem à cor de seus cartões *kanban* de partida. Esta é outra forma de gestão visual, um dispositivo para que os fabricantes façam suas entregas *just-in-time*.

§ 5 POSTO DE CORREIO PARA *KANBAN* DE FORNECEDOR DE PARTIDA

O local de trabalho do atendente, que é usada como o posto de correio de *kanban*, é administrada de acordo com o procedimento a seguir:

Passo 1: Os cartões *kanban* na caixa com peças ao lado da linha de produção são armazenados no posto de recepção de *kanban* ao lado da linha quando o operador recolhe a primeira parte.

Passo 2: Uma vez a aproximadamente cada 40 minutos, as peças no posto de recepção de *kanban* são coletadas e levadas até o posto de correio.

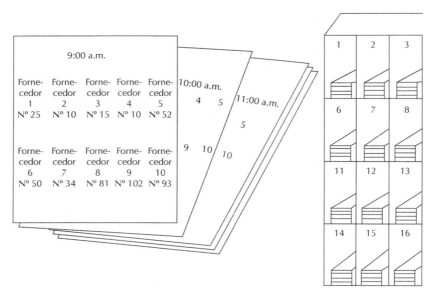

FIGURA 18.3 Cartões de listagem horária dos nomes dos fornecedores no posto de triagem de *kanban* de fornecedor.

Passo 3: No posto de correio, os cartões *kanban* de fornecedor passam pela triagem do classificador, que os divide automaticamente usando o código de barras de cada fornecedor.

Passo 4: Os cartões *kanban* de fornecedor são armazenados nas estantes divisórias do mural do posto de correio.

Quando os caminhões dos fabricantes de peças chegam à planta, os cartões *kanban* mantidos nas estantes divisórias não são repassados de imediato para os motoristas, porque os caminhões frequentemente chegam mais cedo ou mais tarde do que o esperado devido às condições de tráfego em suas rotas. Como resultado, quando o motorista está atrasado, ele recolhe mais cartões *kanban* do que o esperado, e quando está adiantado, ele recolhe menos cartões *kanban* do que o esperado. Devido aos atrasos na chegada dos motoristas dos caminhões, a quantidade de peças de partida pode variar bastante.

Para evitar a oscilação nas quantidades de cartões *kanban* devido às condições de tráfego, a Toyota adota um método importante. As estantes divisórias mencionadas anteriormente no passo 4 ficam localizadas nos fundos (no local de saída) do posto de correio. Outras estantes divisórias se encontram no mural de entrada do posto de correio. Próximos a essas estantes, "cartões de listagem" dos fornecedores de peças para quem os cartões *kanban* devem ser entregues são exibidos a cada hora, e somente os cartões *kanban* dos fornecedores listados neste cartão são colocados na estante divisória. Os motoristas dos caminhões recebem seus próprios cartões *kanban* retirados da estante divisória na entrada do posto de correio. Veja a Figura 18.3.)

Como resultado deste sistema, quando um motorista chega mais cedo do que o esperado, não há cartões *kanban* para ele na estante divisória na entrada; até que o cartão de listagem seja exibido, ele terá de esperar. Quando ele chega mais tarde do que o esperado, recebe a mesma quantidade de cartões *kanban* que teria recebido caso houvesse chegado no horário esperado.

A ideia deste sistema é similar à do posto duplo de *kanban* com lâmpadas embutidas descrita na seção anterior.

19
A aplicação do Sistema Toyota de Produção em outros países

A fatia japonesa do mercado automobilístico cresce a cada ano. No mercado dos Estados Unidos, os carros subcompactos japoneses passaram a ser bem aceitos pelos consumidores norte-americanos. Isso se deve a boa reputação dos carros japoneses em termos de alta qualidade e valor. Companhias estrangeiras e japonesas já demonstraram grande interesse em adotar o sistema japonês de controle de produção para outros países. Será que tal transferência é possível? As condições ambientais entre as empresas são tão diferentes que a possibilidade de uma transferência poderia parecer impossível. Na realidade, o sistema japonês já está sendo transferido. As montadoras norte-americanas têm conquistado uma melhoria da qualidade e uma redução de custos ao aplicarem o sistema japonês de produção aos seus processos de fabricação.

Toyota, Nissan, Honda, Matsuda e Mitsubishi todas estabeleceram empreendimentos individuais ou *joint ventures* nos Estados Unidos. Os fabricantes de autopeças japoneses também ingressaram no mercado norte-americano ou por conta própria ou estabelecendo uma *joint venture*, e estão levando até lá o sistema japonês de produção.

Será mesmo viável tal transferência internacional do sistema japonês de produção por parte das montadoras dos dois países? Em outras palavras, será que o sistema japonês possui uma aplicabilidade internacional?

Este capítulo descreve o resultado das melhores tentativas dos fabricantes automobilísticos tanto norte-americanos quanto japoneses de introduzir e implementar o sistema de produção JIT nos Estados Unidos, sobretudo durante os anos 80. As condições empresariais entre os dois países eram bastante diferentes naquela época. Como essas condições mudaram nos últimos 25 anos, o conteúdo deste capítulo pode parecer se ater mais às condições passadas do que às presentes. No entanto, este capítulo apresenta, de fato, o modo como as fabricantes automobilísticas norte-americanas tentaram implantar o sistema JIT em seu próprio país durante a fase de transferência, o que pode ser de algum proveito e servir de referência para muitos outros países, incluindo aqueles da Europa e as nações emergentes no presente.

§ 1 CONDIÇÕES PARA A INTERNACIONALIZAÇÃO DO SISTEMA JAPONÊS DE PRODUÇÃO

Em primeiro lugar, examinemos o panorama social no qual as empresas japonesas alcançaram tamanha vantagem competitiva e definiram condições indispensáveis para a transferência internacional. Foi uma inovação de processos por aprimoramento, bem como uma inovação de produtos mediante pesquisa e desenvolvimento, que conferiu uma vantagem competitiva internacional às companhias automobilísticas japonesas. As montadoras japonesas partiram nesse caminho após o final da Segunda Guerra Mundial utilizando tecnologia de desenvolvimento norte-americana e europeia. Entretanto, na indústria automobilística, na qual a tecnologia de desenvolvimento fora padronizada, a superioridade da gestão japonesa permitiu que o Japão passasse a dominar a concorrência.

A inovadora tecnologia japonesa de controle de processos foi originalmente criada pela Toyota e depois se difundiu para outras companhias japonesas. Ela é denominada Sistema Toyota de Produção, ou sistema de produção *just-in-time* (JIT). A base do sistema de produção JIT está apoiada por condições sociais e institucionais peculiares do Japão. As convenções sociais e as instituições do país que sustentam o sistema de produção japonês podem ser chamadas de sistema social de produção.

Dois fatores essenciais que compõem o sistema social de produção são (1) os relacionamentos fabricante-fornecedor e (2) os relacionamentos gerência-mão de obra. Ainda que o sistema educacional também exerça uma grande influência sobre os valores das pessoas, apenas as convenções industriais serão analisadas aqui.

A transferência internacional do sistema de produção japonês é possível se, e somente se, o ambiente social do país receptor for alterado para se adaptar ao novo sistema. No campo dos negócios, uma teoria da contingência foi defendida por P. R. Lawrence, J. W. Lorsch, e outros, a qual afirma que a estrutura organizacional formal é uma variável dependente a ser definida pelas variáveis da tecnologia, escala e incerteza. Teorizou-se que uma organização estabelece espontaneamente por si mesma a estrutura organizacional mais eficiente para o ambiente em que ela está inserida. De acordo com tal teoria, os sistemas de produção mais eficientes para os Estados Unidos e para o Japão são diferentes, devido a distinções em suas respectivas condições ambientais.

Outra escola de pensamento propõe que um sistema de gestão proficiente pode existir e ser aplicado em qualquer país. O sistema de emprego pela vida toda, por exemplo, há muito tempo praticado, não é peculiar do Japão, mas também já foi visto em companhias norte-americanas como a Kodak e a Xerox.

Minha própria teoria é ligeiramente diferente. Na teoria da contingência, o ambiente é considerado como um fator pré-estabelecido e também é considerado como uma variável exógena não operacional e incontrolável. Mas a gestão nem sempre enxerga o todo das condições ambientais envolvendo as companhias como um conjunto de fatores pré-estabelecidos. As condições ambientais são controláveis a longo prazo e podem ser vistas como variáveis decisórias (endógenas). Até mesmo o aspecto cultural é modificável a longo prazo. O budismo, por exemplo, foi introduzido no Japão (onde existia apenas o xintoísmo) e acabou sendo absorvido espontaneamente pelos japoneses. Desde então, ele se tornou bastante popular. Sem dúvida, porém, alguns ambientes religiosos e culturais podem ser difíceis de serem modificados inicialmente.

O fato das companhias norte-americanas serem consideradas como propriedades de seus acionistas enquanto as companhias japonesas serem de propriedade dos funcionários também dificulta a mudança. As condições ambientais necessárias para a transferência sincronizada para o sistema japonês de produção JIT são o relacionamento fabricante-fornecedor e o relacionamento gerência-mão de obra. Essas condições ambientais precisam ser alteradas como pré-requisito para a introdução do sistema de controle japonês. Ao contrário de Lorsch e Lawrence, eu proponho que as condições ambientais não necessariamente moldam a estrutura organizacional. Fatores ambientais como o relacionamento fabricante-fornecedor e o relacionamentos gerência-mão de obra podem ser modificados a fim de propiciar a introdução de um sistema de controle de produção. Para que a transferência para o sistema japonês funcione, essas condições ambientais precisam ser implementadas.

§ 2 VANTAGENS DO RELACIONAMENTO JAPONÊS ENTRE FABRICANTE E FORNECEDOR

Conforme descrito anteriormente, a concorrência industrial internacional baseia-se amplamente na superioridade do sistema global de produção social. Ao se comparar o relacionamento fabricante-fornecedor no Japão com aquele visto nos Estados Unidos, duas diferenças marcantes na relação entre as companhias mãe e suas fornecedoras terceirizadas são reveladas.

Em primeiro lugar, uma hierarquia de organizações fornecedoras terceirizadas forma a estrutura primordial de suprimento no Japão. Essa estrutura hierárquica não é encontrada normalmente nas companhias norte-americanas. Nos Estados Unidos, o uso de fornecedores externos prevalece, mas fornecedores para empresas terceirizadas não são suficientemente utilizados. Ao passo que as grandes fabricantes automobilísticas norte-americanas tinham historicamente relacionamentos com milhares de fornecedores, as montadoras japonesas compram diretamente de algumas centenas, talvez menos. A cada nível da organização hierárquica de empresas terceirizadas, a companhia mãe lida com pelo menos dez parceiras, conforme sua própria capacidade administrativa.

A segunda diferença é que as companhias terceirizadas japonesas recebem ordens de uma companhia mãe específica sob um arranjo contratual de longo prazo. Quase 38% de todas as companhias terceirizadas japonesas fazem 75% de suas vendas totais para uma mesma companhia mãe. No total, 63% das companhias terceirizadas dependem de sua companhia mãe principal para mais de 50% de suas vendas totais.

Considerando-se as duas características recém mencionadas, não chega a surpreender que a estrutura japonesa de empresas terceirizadas se apóie em relacionamentos bastante íntimos entre as companhias mães e suas parceiras terceirizadas. Esses relacionamentos íntimos possibilitam uma fácil transferência de informações, reduzindo, assim, os custos com transações. Tanto as companhias mães quanto suas parceiras terceirizadas colhem benefícios do crescimento destas últimas em termos de lucros, devido à experiência acumulada de produção em relacionamentos de longo prazo. O critério para que uma empresa seja selecionada como uma parceira terceirizada é a capacidade de proporcionar alta qualidade, baixo custo e entrega rápida.

Em termos de tecnologia especial, as médias e pequenas empresas acabaram sendo adquiridas pelas grandes companhias, e um sistema divisional entre tecnologias diversas foi formado. Isso criou um poder sólido e competitivo para as companhias japonesas nas indústrias internacionais do tipo montagem-usinagem. Para ser mais específico, muitas empresas terceirizadas estão fornecendo às suas companhias mães processos programados domésticos, novas tecnologias desenvolvidas domesticamente, matrizes fabricadas domesticamente, máquinas de uso exclusivo desenvolvido e fabricado domesticamente e tecnologias originais.

Em sistemas JIT, as companhias terceirizadas japonesas conseguem reagir a programações de entregas horárias usando o sistema *kanban*. O método JIT pode ser implementado por meio de íntimos relacionamentos durante um longo período entre uma companhia mãe e algumas parceiras terceirizadas. A qualidade estável dos relacionamentos é embasada pela tecnologia, e a redução do tempo de atravessamento (*lead time*) de produção é suportado pelas empresas terceirizadas. (Ver Figura 19.1.)

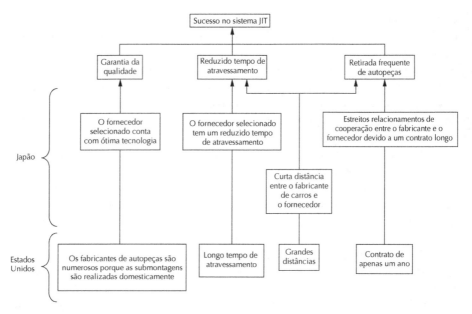

FIGURA 19.1 Comparação das transações entre fabricante e fornecedor.

§ 3 REORGANIZAÇÃO DOS FABRICANTES EXTERNOS DE AUTOPEÇAS NOS ESTADOS UNIDOS

Uma comparação entre as características dos fabricantes de autopeças nas indústrias automobilísticas norte-americanas e japonesas irá esclarecer as diferenças entre os dois. No Japão, os estreitos relacionamentos de cooperação entre os fabricantes de autopeças e as montadoras de carros acabados permitem que o sistema JIT seja bem-sucedido. Em contraste, acreditava-se que haveria muitos problemas na implementação do sistema JIT nos Estados Unidos devido à independência dos fabricantes de autopeças norte-americanos. No entanto, este é um ponto de vista superficial, porque os fabricantes de autopeças japoneses como um grupo se assemelham às divisões de fabricação de autopeças nas companhias automobilísticas norte-americanas. Nos estados Unidos, o departamento de fabricação de autopeças dentro de uma companhia tem as mesmas características de relacionamento íntimo (dependente) vistas no Japão.

No Japão, a maior parte do estoque dos principais fabricantes de autopeças é de propriedade da montadora de veículos. Em contraste, esta propriedade de capital não existe entre uma montadora norte-americana e suas fornecedoras de autopeças. A taxa de fabricação doméstica nas montadoras norte-americanas de veículos é tão alta que inúmeras autopeças acabadas para submontagem são compradas junto a fabricantes externos de autopeças. Como resultado, o número de autopeças a serem adquiridas e o número de negócios com fabricantes de autopeças são grandes. Como o relacionamento com os fabricantes de autopeças não é muito confiável em termos de preço e qualidade, a companhia montadora mantém relacionamentos com muitos fabricantes de autopeças.

Para serem competitivas, as taxas de fabricação doméstica nas montadoras norte-americanas de veículos precisarão decrescer, assim como o número de fabricantes de autopeças com os quais elas lidam. No que tange estes pontos, examinemos como a General Motors (GM) modificou suas relações com os fabricantes externos de autopeças.

Uma determinada planta de GM costumava receber autopeças importantes numa quantidade predeterminada segundo um cálculo baseado na quantidade média necessária por dia, mas a quantidade nem sempre correspondia a taxa real de consumo na planta. Depois que a GM introduziu o sistema JIT nesta planta e instruiu todos os fornecedores a entregarem a quantidade necessária de autopeças a cada dia, essa quantidade passou a corresponder à quantidade real consumida na planta de montagem.

O mercado norte-americano de carros se tornou bastante competitivo desde que se abriu para os fabricantes japoneses de autopeças. Outros fabricantes japoneses de autopeças seguiram a Honda e a Nissan na expansão de seus negócios para os Estados Unidos. O estabelecimento de uma *joint venture* pela Toyota e pela GM na Califórnia também promoveu a extensão dos fabricantes japoneses. Ainda que o papel básico de tais companhias japonesas seja o de produzir autopeças para plantas japonesas de fabricação de carros, elas gradual e certamente serão fortes rivais para os fabricantes norte-americanos de autopeças.

Quanto à GM, revelou-se que ela alterou sua política de encomendas. Em negociações de transação de aço em 1984, a GM selecionou plantas de aço com base em preço, quantidade de produção e distância até as plantas de estampagem da GM. Embora a GM não tenha abandonado todos os 12 fornecedores com quem contava até então, a montadora decidiu descentralizar as encomendas para diversos parceiros terceirizados.

O que se supôs é que o objetivo da GM foi o de desenvolver relações íntimas com seus fornecedores por meio de contratos anuais e de uma previsão compartilhada de produção semanal a fim de manter o estoque o mais baixo possível. A inspiração para essa ideia veio dos métodos japoneses nos quais os fornecedores transportam materiais *just-in-time* correspondendo às programações de produção das montadoras. Adicionalmente, a GM estava tentando selecionar fornecedores que lhe possibilitassem reduzir o número de parceiros terceirizados. Em julho de 1983, a

GM anunciou que iria reduzir o número de fornecedores da aço, explicando que se o número de fornecedores fosse reduzido, aqueles adotados pela GM seriam capazes de operar mais economicamente, levando, assim, a reduções nos custos com aço.

Outro motivo para a GM ter tentado prolongar os períodos contratuais com os fornecedores veio à tona quando a indústria automotiva estava se recuperando de uma recessão em 1981 e 1983. Nenhum aumento de preços dos fabricantes de autopeças era aceito; contudo, alguns desses fabricantes ofereciam contratos de vários anos, ao estilo japonês, que eram considerados como um incentivo para que esses fornecedores investissem na automatização de suas fábricas e na melhoria de suas instalações. O avanço na produtividade possibilitado por tal investimento acabou gerando um grande bônus a longo prazo tanto para os fabricantes de autopeças quanto para as companhias automotivas. Um contrato de três anos, por exemplo, acabou sendo estabelecido a partir das negociações de 1983 entre as fabricantes de pneus e as montadoras. Ainda que ele tivesse envolvido uma redução de cerca de 1% nos preços, o fornecedor passou a depender de um contrato de três anos, em vez de um.

§ 4 SOLUÇÃO PARA PROBLEMAS GEOGRÁFICOS ENVOLVENDO TRANSAÇÕES EXTERNAS

Outro problema na aplicação do sistema *kanban* à entrega de autopeças nos Estados Unidos é a longa distância entre os fornecedores e as montadoras num território tão vasto. Dentro do país, a maior parte das cargas de autopeças é transportada por trem ou por grandes carretas. No caso do transporte ferroviário, leva cerca de dez ou 12 dias para se ir da Califórnia até Detroit, e de caminhão, a mesma distância leva cerca de sete ou oito dias. Em média, são necessários de um a três dias. Uma quantidade de autopeças correspondendo a esse número de dias é considerada como estoque em deslocamento.

Quando chega a uma planta, uma carreta transportando uma carga é estacionada num pátio exclusivo para isso. Em seguida, a planta mantém a carga de autopeças durante três ou cinco dias em espera para processamento. Consequentemente, centenas de grandes contêineres são deixados no pátio até que o encarregado da doca de entregas administra a descarga das autopeças. Devido à longa distância de deslocamento, os custos de distribuição necessariamente aumentam, e, assim, a frequência dos deslocamentos decresce. É normal que uma grande carreta faça entre uma e três entregas de unidades por semana.

O autor sugeriu em maio de 1981 que as companhias automotivas norte-americanas "deveriam procurar por meios de adotar fornecedores terceirizados localizados mais perto geograficamente" (Monden, 1981). Desde então, a GM adotou um sistema bastante similar ao da Buick City, em Flint, Michigan. A General Motors reuniu os seus fabricantes de autopeças em torno dessa planta principal, Buick City, e solicitou que eles produzissem e entregassem autopeças por meio do sistema *kanban*. Essa área industrial foi iniciada em 1985, seguindo o mesmo caminho que o distrito de Mikawa, em Aichi, onde a Toyota colocou em prática o sistema *kanban* ao centralizar os seus fabricantes de peças por perto.

Segundo o plano, 83% das autopeças deveriam ser produzidas dentro de um raio de 160 quilômetros de Buick City, e 100% delas deveriam ser produzidas dentro de um raio de 480 quilômetros. Isso significava que todas as autopeças poderiam ser entregues dentro de oito horas e que o estoque poderia ser reduzido de um equivalente a oito dias para um equivalente a quatro dias em termos de autopeças principais, e de 20 dias para apenas cinco dias em termos de autopeças componentes dos motores. No entanto, é de se lamentar que Buick City tenha caído em grande depressão, como mostra o documentário *Roger e Eu*, de Michael Moore, devido à recessão causada pela queda nas vendas.

O ajuste seguinte entre as companhias automobilísticas japonesas e as fabricantes de autopeças geralmente passa pelas associações estabelecidas por cada montadora. A Toyota tem três tipos de associação para fabricantes de autopeças em cada distrito. (Cada uma dessas associações consiste, respectivamente, em 137 empresas, 63 empresas e 25 empresas.) Além do mais, as grandes fabricantes de autopeças contam com suas próprias organizações. Nos Estados Unidos, esses tipos de associações só passaram a existir a partir da década de 80. Em janeiro de 1983, a Japan GM Association foi organizada, sendo composta por quase 100 companhias, incluindo fabricantes japoneses de autopeças como TDK, NEC, National, Hitachi e Funuk, além de fabricantes de máquinas e fabricantes de robôs para a indústria.

A General Motors expandiu o seu uso do sistema JIT da seguinte maneira. Uma grande planta de montagem foi construída em Orion, Michigan, pela divisão de montagem da GM. Nesta planta, para a realização do sistema JIT, as autopeças eram entregues por caminhões, e não por trens, ao ponto de entrega de autopeças. Além disso, na planta de Hamtramck, em Detroit, os pontos de partida de 48 caminhões eram próximos aos setores que usavam os materiais. Era o contrário do sistema anterior usado pela GM, em que grandes contêineres eram controlados em enormes estações e descarregados numa mesma doca antes de finalmente transportados para um armazém. Em Buick City, as docas de recepção ficavam localizadas a intervalos de 100 metros. Conforme as autopeças chegavam, elas podiam ser levadas de imediato para a linha de montagem.

No Japão, como mencionado anteriormente, apenas um ou dois fabricantes de autopeças são usados para a compra de autopeças específicas, ao passo que nos Estados Unidos diversos fabricantes de autopeças são usados. A localização geográfica pode por vezes dificultar a reação dos fabricantes de autopeças à demanda de produção. Complicações adicionais, como uma nevasca no Meio Oeste, podem forçar as plantas no Sul a interromperem suas operações, prejudicando a entrega de autopeças. Ou então uma greve numa planta de plásticos na Califórnia pode forçar as companhias de eletrônicos em Nova York a interromper as operações.

§ 5 TRANSAÇÕES EXTERNAS DA NUMMI

Como eram realizadas as transações externas na New United Motor Manufacturing, Inc. (NUMMI)? A NUMMI era uma *joint venture* entre a Toyota e a GM, fundada em 1984 com uma divisão igualitária de investimentos de capital entre ambas as companhias, como um símbolo da amizade mútua das indústrias automobilísticas dos Estados Unidos e do Japão, que enfrentavam então graves atritos no comércio automotivo. Este é um tema interessante, porque o Sistema Toyota de Produção foi implementado nesta companhia pela primeira vez na história da fabricação automobilística norte-americana. Além disso, a NUMMI era a única das sete plantas da Toyota na América do Norte em que os funcionários pertenciam ao Sindicato dos Trabalhadores Automotivos Unidos (United Auto Workers Union – UAW). Por isso, ao examinarmos as aplicações do Sistema Toyota de Produção no exterior, a análise de como ele foi colocado em prática na NUMMI torna-se bastante útil. Infelizmente, as duas empresas foram obrigadas a se retirar da NUMMI em 2009, em função da recessão.

As peças fornecidas para a NUMMI eram fabricadas nos Estados Unidos e no Japão. Por exemplo: cerca de 1.500 tipos de peças do subcompacto Nova eram enviados do Japão, e a maioria deles era fabricada na Toyota e em suas empresas terceirizadas.

À certa altura, a New United Motor Manufacturing, Inc., chegou a ter negócios com 75 fornecedores na América do Norte, e 700 tipos de peças para o Nova eram adquiridos junto a essas empresas. Cinquenta e cinco dos 75 fornecedores estavam sediados no Meio Oeste dos Estados Unidos, seis no Sudeste, três no México e 11 na Califórnia. Esses fornecedores eram vistos como membros da equipe NUMMI; a confiança e o respeito mútuos foram naturalmente cultivados e mantidos. Como essa espécie de amizade automotiva, ainda que típica no Japão, é bastante rara nos Estados Unidos, uma consideração especial foi conferida à avaliação e à seleção dos fornecedores. Critérios gerais de seleção, tais como qualidade, preço, localização, e assim por diante, também foram importantes, mas a atitude cooperativa de cada fornecedor era básica. Os fornecedores foram consultados sobre as restrições do novo sistema de fabricação.

Membros de equipes de controle de produção, qualidade, fabricação e compras na NUMMI visitaram as instalações dos fornecedores, realizando treinamento, suporte para a resolução de problemas e assistência na prática de *kaizen*. Em geral, eles trabalharam para reforçar as relações entre a NUMMI e os fabricantes de peças. Conferências periódicas com os fabricantes proporcionavam a discussão de problemas comuns e troca de informações.

Os fornecedores da América do Norte recebiam uma previsão semanal de pedidos. Essa previsão continha os níveis de encomendas necessárias para as sete semanas seguintes. Essa programação preliminar era usada apenas para fins de planejamento; ela não significava um comprometimento por parte da NUMMI (lembrando a previsão de três meses no Japão). A previsão ou era entregue por correio aéreo ou era transmitida eletronicamente para os fabricantes de autopeças. Embora a programação preliminar fosse atualizado semanalmente para as sete semanas seguintes, a quantidade final exigida era repassada uma única vez para os fabricantes de autopeças, dois dias antes da data de envio. Os fabricantes de autopeças recebiam telefonemas, ou eram instruídos através de outros meios eletrônicos quanto a programação final de encomenda, informando qual seria o dia específico do frete. Essa programação de final representava o compromisso com os fabricantes de autopeças. Como a maioria das autopeças era enviada todos os dias, a programação final era comunicado diariamente.

A programação final baseava-se na quantidade de autopeças de fato consumidas nos processos de produção da NUMMI. O uso propriamente dito era calculado contando-se os cartões *kanban* para materiais e autopeças usadas em um dia de produção. Para refinar essa quantidade calculada, usos diversos e ajustes de programação futura esperada (horas extras, feriados, etc.) eram levados em consideração. As mudanças nos métodos de transações descritas até aqui estão resumidas na Figura 19.2.

---

1. Número reduzido de fabricantes de peças.
2. Período contratual estendido.
3. Redução da taxa de fabricação doméstica de autopeças.
4. Atenção especial à proximidade dos fabricantes de autopeças em ralação à montadora (isto é, até a Buick City).
5. Estabelecimento de associação local dos fabricantes de autopeças.
6. Esforço conjunto estabelecido entre montadoras japonesas e norte-americanas
7. Membros de equipes da NUMMI despachados para os fabricantes de autopeças.

FIGURA 19.2 Alterações na convenção de transações nos Estados Unidos.

§ 6 INOVAÇÕES NAS RELAÇÕES INDUSTRIAIS

De acordo com o prof. Kuniyoshi Urabe (1984), a transferência do sistema JIT para os Estados Unidos não é impossível, mas fica óbvio que as diferenças nas relações industriais entre Estados Unidos e Japão têm representado grandes obstáculos. Estes obstáculos são examinados na seção a seguir.

Pré-requisitos dos sistemas de mão de obra flexível

Sob o sistema JIT, é uma condição indispensável que a transferência de trabalhadores dentro de uma planta, excluindo-se a transferência de trabalhadores entre plantas, seja realizada sem restrições. Dessa maneira, um sistema de mão de obra flexível é posto em prática. Características institucionais específicas, tais como treinamento, sistema salarial e relações entre gerentes e colaboradores, servem como base e possibilitam uma flexibilização da mão de obra. As empresas japonesas proporcionam o treinamento necessário para que os funcionários se tornem trabalhadores multifuncionais capazes de operar diversas tarefas.

O sistema salarial japonês baseia-se tradicionalmente na antiguidade na empresa e das qualificações individuais de cada funcionário. Em outras palavras, formação acadêmica e anos de experiência profissional são levados em consideração no salário de cada um. Ainda que o sistema salarial japonês esteja migrando para um sistema por tipo de trabalho com um aspecto competitivo e para um sistema salarial ordenado por qualificação, os salários são decididos sobretudo com base nas qualificações. Assim, a transferência de trabalhadores para diferentes tarefas em resposta às necessidades da empresa não chega a ser um problema.

Já as empresas norte-americanas aplicam um sistema salarial no qual cada funcionário recebe com base no seu trabalho em si. Sob o sistema JIT, se um trabalhador, nos Estados Unidos, for transferido para outro tipo de tarefa, isso acarretará problemas, porque a transferência pode envolver uma mudança de classificação salarial. Caso um trabalhador seja transferido para uma classificação de trabalho inferior, isso redundará num corte em seu salário e numa disputa problemática entre gerência e colaborador.

O sistema japonês tem por base o número de horas trabalhadas diária ou mensalmente. Nos Estados Unidos, a maioria dos trabalhadores recebe com base em horas ou semanas de trabalho, e um sistema de incentivo é comum. Neste caso, o trabalhador pode receber adicionais caso certos padrões predeterminados de operações sejam alcançados. Embora esse padrão de operações se baseie num estudo de tempo e movimento, sob as relações industriais norte-americanas, ele fica sujeito a barganhas coletivas por parte do sindicato. Após a transferência de um trabalhador, um padrão de operações para a nova tarefa precisa ser discutido entre o sindicato e a empresa. Alguns sindicatos de trabalhadores possuem uma cláusula no acordo de trabalho acolhendo a tradição de sindicatos por ofício, segundo a qual ficam proibidas as transferências de trabalhadores entre diferentes tipos de tarefas e que recaem em diferentes jurisdições sindicais. Como as montadoras de automóveis e os fabricantes de autopeças têm atuação distinta, exigindo habilidades diferentes, a transferência de trabalhadores entre essas tarefas fica proibida. Mesmo que a transferência de trabalhadores entre diferentes tarefas fosse permitida, se a regra de antiguidade dentro da companhia fizer parte do contrato, a transferência para outro local é concedida aos trabalhadores mas antigos na tarefa atual.

Pré-requisitos para melhorias no local de trabalho

Sob as relações industriais japonesas, questões no âmbito do processo de fabricação, como a redução do quadro de trabalhadores, a melhoria dos métodos e dos padrões de operações e a automação das máquinas não representam uma parte do processo de negociação coletiva, ainda que possam se tornar um item de disputa entre os trabalhadores e a gerência. No Japão, somente as condições básicas de trabalho (ou seja, salário, participação nos lucros da companhia e horas de trabalho) estão sujeitas a serem tema de negociação coletiva, e, por vezes, até motivo de greve.

As relações industriais norte-americanas são fundamentalmente hostis. Caso uma companhia queira reduzir o quadro de trabalhadores, a administração e os funcionários precisarão chegar a um acordo de negociação coletiva, ou não será possível implementar tal mudança. O sindicato poderá resistir a uma redução do quadro de trabalhadores. Até questões no âmbito do processo de fabricação em si, que exercem grande influência sobre o avanço da qualidade e da produtividade, tal como a melhoria dos métodos operacionais e a automação das máquinas, encontram-se sujeitas ao acordo coletivo, por afetarem as condições de trabalho.

As características das relações industriais norte-americanas recém descritas vêm passando por mudanças, numa tentativa de introduzir o sistema japonês de produção. Uma discussão dessas tentativas é apresentada a seguir. (Veja a Figura 19.3.)

Características dos novos contratos de trabalho

A New United Motor Manufacturing, Inc., concluiu um contrato de trabalho com o Sindicato dos Trabalhadores Automotivos Unidos (United Auto Workers Union – UAW), visando eliminar todos os obstáculos à introdução do Sistema Toyota de Produção. De acordo com o sr. Thompson (1985), um chefe de gerência de produção da NUMMI, a *joint venture* vinha operando numa produção em dois turnos desde o início de 1986. Entre 85 e 90% de seus 2.500 funcionários recebiam salários por horas

304 Seção 2 • Subsistemas

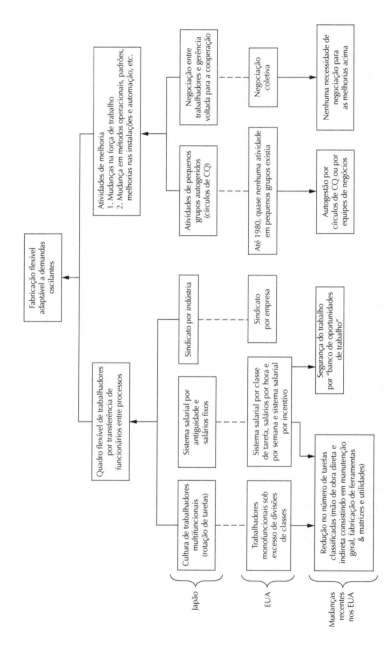

FIGURA 19.3 Relacionamento entre gerência e trabalhadores.

Capítulo 19 • A aplicação do Sistema Toyota de Produção em outros países

trabalhadas e eram representados pelo UAW. Os demais consistiam em funcionários assalariados e não representados.

O novo contrato de trabalho passou a incluir três pontos.

Ponto 1

Ainda que houvesse 31 classificações de trabalho no UAW, a NUMMI contava com apenas duas classificações para funcionários que recebiam por horas trabalhadas:

1. Divisão 1 – mão de obra direta regular
2. Divisão 2 – mão de obra indireta

Estas eram posições em que se exigia habilidades, e que ainda eram subdivididas em três classificações: manutenção geral, fabricação de ferramentas e matrizes e utilidades. Como resultado da simplificação das classificações de trabalhos, a transferência de trabalhadores foi facilitada dentro de cada divisão, e a meta de contar com um quadro de trabalhadores multifuncionais foi alcançada.

Ponto 2

Os trabalhadores foram organizados em equipes similares aos círculos japoneses de controle de qualidade. Entre cinco e dez membros formavam cada equipe, incluindo um líder que recebia por horas trabalhadas. Esse líder de equipe era similar a um treinador de equipes esportivas. Entre três e cinco equipes eram supervisionadas por um líder de grupo, o supervisor com salário de primeiro nível, e se reportavam diretamente a ele. O líder de grupo se reportava ou para o gerente ou para o gerente-assistente.

Cabe ressaltar que cada equipe operava de forma autônoma, assumindo total responsabilidade pela fabricação, qualidade, custo, segurança e outras metas de trabalhos. Em resumo, a equipe estabelecia suas metas e trabalhava em conjunto para alcançá-las. O líder de equipe era mais um membro funcional que tinha a capacidade e o conhecimento para lidar com proficiência com cada uma das operações, bem como para motivar a equipe. Os líderes das equipes treinavam e cuidavam dos outros membros, mantinham registros de segurança e de treinamento e auxiliavam o líder do grupo com a gestão e o funcionamento da equipe.

Todos os líderes de equipes (mais de 300 no total) foram enviados ao Japão e receberam treinamento numa planta da Toyota para que pudessem compreender o Sistema Toyota de Produção e as técnicas japonesas de gestão em geral. A Toyota também enviou 200 pessoas para a NUMMI como instrutoras. Esses instrutores da Toyota trabalharam na NUMMI por três a quatro semanas. Além disso, a Toyota designou 24 quadros gerenciais para supervisionarem cada gerente, a fim de assegurar a implantação coordenada do Sistema Toyota de Produção.

Ponto 3

A alteração dos sistemas e dos padrões de produção, que anteriormente exigia negociações entre a gerência e os sindicatos dos trabalhadores, foi facilmente executada, tornando viável, portanto, o sistema de fabricação flexível. Todas as mudanças em máquinas, materiais, utilização de mão de obra e até mesmo nos detalhes do sistema de produção foram possíveis sem que precisasse haver negociações sindicais.

Afirma-se que a cultura corporativa ou o clima empresarial foi alterado para um sistema cultural misto japonês/norte-americano. É o que se pode chamar de uma atmosfera de confiança e respeito mútuos. Um exemplo disso é que a planta da NUMMI contava com áreas abertas de escritório e com um único refeitório. Também foram introduzidos um sistema de estacionamento por ordem de chegada, exercícios de aquecimento pela manhã e o uso de uniformes. Instalações esportivas, salas para reuniões de equipes e vestiários foram instalados por toda a planta.

Na visão do autor, é correto apresentar o sistema japonês completo para se ter a base correta para o Sistema Toyota de Produção. Para que esse sistema se consolide profundamente, é necessário haver não apenas uma orientação formal e programas de treinamento, mas também reuniões diárias em equipe nas quais os conceitos da Toyota sejam enfatizados – por exemplo: *jidoka* (autonomação autônoma), *kaizen* (aprimoramento), *pokayoke* (sistema à prova de erros), *muda* (desperdício), *os cinco porquês*, *heijunka* (sincronização), *kanban* (sistema *kanban*), *andon*, e assim por diante. É gratificante que essas palavras japonesas para gestão manufatureira estejam prevalecendo nos Estados Unidos.

Em 1984, um sistema de *banco de oportunidades* foi introduzido num novo contrato de trabalho entre a GM e o UAW. Esse banco aceitava membros do sindicato cujos empregos estavam em risco em função de novas tecnologias, mudanças processuais, melhorias na produção ou integração de fabricação de autopeças, e oferecia a eles a oportunidades de treinamento para um ofício com um salário equivalente (contanto que os trabalhadores tivessem mais de um ano de empresa).

Um *comitê conjunto de garantia de emprego* entre o UAW e a GM, criado pela gerência e pelos trabalhadores a cada nível, distrito e área estabelecia e organizava bancos de oportunidades de trabalho conforme o necessário. A companhia destinou 10 bilhões de dólares para essa operação.

Segundo o prof. Haruo Shimada, a introdução desse sistema gerou uma situação ganha-ganha. A gerência ganhou um método para o controle de gestão de uma mão de obra flexível e os trabalhadores passaram a usufruir dos benefícios da segurança de emprego. Em outras palavras, com o estabelecimento desse sistema, a gerência criou, com a encomenda de autopeças, uma relação comercial com empresas estrangeiras e a inovação tecnológica na indústria.

As condições de trabalho descritas anteriormente, que não existiam até então nas montadoras norte-americanas, possibilitaram a flexibilidade necessária para a introdução completa do Sistema Toyota de Produção. Os fabricantes norte-americanos de carros passaram a ter acesso a uma nova tecnologia de produção e conseguiram desenvolver uma aliança estratégica com empresas estrangeiras respeitáveis.

§ 7 CONCLUSÃO

De fato, a transferência das técnicas japonesas de controle de produção e dos sistemas japoneses de gestão para outras nações ocorreu e vem ocorrendo, como evidenciado pelo exemplo da *joint venture* entre a Toyota e a GM. Essa transferência de tecnologia e de princípios de gestão pode assumir inúmeras formas:

1. O sistema japonês de gestão pode ser adaptado a fim de incluir conceitos norte-americanos e europeus tais como a redução da jornada semanal de trabalho.
2. O sistema japonês de gestão pode ser implementado exatamente como é operado no Japão.
3. Um novo sistema de gestão poderia ser criado a fim de combinar a tecnologia de ambos os países. O sistema *kanban* japonês, por exemplo, já foi conectado ao conceito MRP norte-americano; além disso, a robótica e um sistema de rede computadorizada desenvolvido nos Estados Unidos já foram aplicados ao sistema japonês.
4. Um novo ambiente cultural, que conduzisse à implementação do Sistema Toyota de Produção, poderia ser iniciado no outro país em questão. Ao ser posto em prática, o sistema japonês de gestão seria aplicado e ajustado ao novo ambiente.

Na opinião do autor, um dentre os quatro cenários recém descritos acabará emergindo como a abordagem mais benéfica, e para que os sistemas de produção JIT sejam implementados com sucesso, a última abordagem seria a mais apropriada.

Ainda que diferenças básicas nos conceitos das empresas, nas culturas, na perspectiva histórica e nas relações regionais não possam ser transpostas do dia para a noite, a criação de novos procedimentos, regras, processos de pensamento, e assim por diante, a fim de implantar o sistema japonês, é viável. Não importa como a transformação é alcançada, ela não deve ser forçada no outro país. Na verdade, a abordagem deve ser concordância mútua e planejada por ambos os países. A NUMMI foi um símbolo da harmonia entre mão de obra e gerência.

Seção 3

Técnicas quantitativas

20
Método de sequenciamento para que a linha de montagem de múltiplos modelos realize uma produção sincronizada

Os procedimentos para projetar uma linha de montagem de múltiplos modelos envolvem os seguintes passos:

1. Determinação do tempo de ciclo
2. Cálculo de um número mínimo de processos
3. Preparação de um diagrama de relações de prioridades integradas entre tarefas elementares
4. Balanceamento da linha
5. Determinação da sequência de programação para introduzir vários produtos à linha
6. Determinação da variedade de operações em cada processo

Este capítulo trata do quinto passo: o problema de sequenciar diversos modelos de carro na linha.

§ 1 METAS NO CONTROLE DA LINHA DE MONTAGEM

A sequência introdutória de modelos na linha de montagem de múltiplos modelos irá variar dependendo das metas ou dos objetivos no controle da linha. Duas são as metas:

1. Nivelar a carga (tempo de montagem total) em cada processo da linha
2. Manter um ritmo constante no processamento de cada peça na linha

Meta 1: agilização da carga de trabalho

No que tange a Meta 1, é importante observar que um produto pode estar associado a um tempo de operação mais longo do que o tempo de ciclo predeterminado. Isto está em contraste com o fato de que o nivelamento da carga numa linha de múltiplos modelos exige que o tempo de operação para cada processo não ultrapasse o tempo de ciclo. Em outras palavras, em termos de médias, o total do tempo de operação para todos os modelos, cada um ponderado pela sua taxa de produção, deve satisfazer o seguinte:

$$\max l \left\{ \frac{\sum_{i=1}^{\infty} Q_i T_{il}}{\sum_{i=1}^{\infty} Q_i} \right\} \leq C,$$

Q_i = quantidade de produção planejada do produto A_i ($i = 1,\ldots\ldots, \alpha$)
T_{il} = tempo de operação por unidade do produto A_i no processo l
C = tempo de ciclo = $\dfrac{\text{tempo total de operação por dia}}{\sum_{i=l}^{\alpha} Q_i}$

Como resultado, caso se introduza sucessivamente na linha produtos com tempos de operação relativamente mais longos, os produtos causarão um atraso na conclusão da produção e poderão causar uma interrupção da linha. Sendo assim, um programa heurístico pode ser desenvolvido para o problema do sequenciamento da linha de montagem de múltiplos modelos a fim de minimizar o risco de paradas da esteira (ver, por exemplo, Okamura e Yamashina [1979]).

Embora esta primeira meta também seja levada em consideração no programa de sequenciamento da Toyota, ela está incorporada no algoritmo de solução, que aborda sobretudo a segunda meta. Como resultado, a Toyota considera a segunda meta como a mais importante sequência de programação: manter um ritmo constante no processamento de cada peça na linha.

Meta 2 e o modelo de sequenciamento para agilização do uso de peças

No sistema *kanban* usado na Toyota, os processos precedentes que fornecem diversas peças ou materiais para a linha são os que recebem maior atenção. Sob este sistema "de puxar", a variação nas quantidades de produção ou nos tempos de deslocamento

Capítulo 20 • Método de sequenciamento para que a linha de montagem... 313

nos processos precedentes precisa ser minimizado. Além disso, seus respectivos estoques de material em processo também precisam ser minimizados. Para fazer isso, a quantidade usada por hora (isto é, o ritmo de processamento) de cada peça na linha de múltiplos modelos precisa ser mantida o mais constante possível. O método de sequenciamento da Toyota é projetado para cumprir com essa segunda meta. Para se compreender este método de sequenciamento, é importante definir diversas notações e valores:

Q = Quantidade total de produção de todos os produtos A_i ($i = 1,......, \alpha$)

$= \sum_{i=1}^{\alpha} Q_i$, ($Q_i$ = quantidade de produção de cada produto A_i)

N_j = Quantidade total necessária da parte a_j a ser processada na produção de todos os produtos A_j: ($i = 1,......, \alpha; j = 1,......, \beta$)

X_{jk} = Quantidade total necessária da parte a_j a ser utilizada para a produção dos produtos em determinada sequencia do primeiro ao K-ésimo.

Com estas notações em mente, os dois valores a seguir podem ser desenvolvidos:

N_j/Q = Quantidade média necessária da parte a_j por unidade de um produto.

$\dfrac{K \cdot N_j}{Q}$ = Quantidade média necessária da parte a_j para se produzir K unidades de produtos.

Para manter constante o ritmo de processamento da parte a_j, a quantidade de X_{jk} precisa estar o mais próximo possível do valor de $K \cdot N_j/Q$. Este é o conceito básico subjacente ao algoritmo de sequenciamento da Toyota e está retratado na Figura 20.1.

Agora, é possível avançar e definir que

Um ponto $G_k = (K \cdot N_1/Q, K \cdot N_2/Q, ..., K \cdot N_\beta/Q)$,

Um ponto $P_k = (X_{1k}, X_{2k}, ..., X_{\beta k})$.

Para que a sequência de programação seja capaz de assegurar um ritmo constante de processamento de cada peça, o ponto P_k precisa estar o mais próximo possível do ponto G_k. Portanto, se o grau for medido para o ponto P_k se aproximando do ponto G_k usando-se a distância D_k:

$$D_k \|G_k - P_k\| = \sqrt{\sum_{j=1}^{\beta} \left(\frac{K \cdot N_j}{Q} - X_{jk}\right)^2}$$

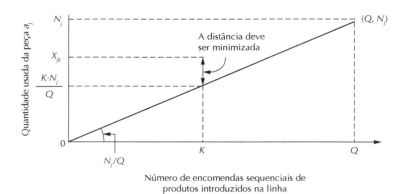

FIGURA 20.1 Relação entre X_{jk} e $K \cdot N_j/Q$.

então a distância D_k precisa ser minimizada. O algoritmo desenvolvido com base nessa ideia pela Toyota chama-se *método de perseguição de meta* (Figura 20.2).

§ 2 MÉTODO DE PERSEGUIÇÃO DE META: UM EXEMPLO NUMÉRICO

A melhor maneira de entender por completo o método de perseguição de meta é por meio de um exemplo prático. Suponha que as quantidades $Q_i = (i = 1, 2, 3)$ de cada produto A_1, A_2 e A_3, e a unidade necessária b_{ij} ($i = 1, 2, 3; j = 1, 2, 3, 4$) de cada peça a_1, a_2, a_3 e a_4 para produzir esses produtos sejam as mostradas na Tabela 20.1.

Então, a quantidade total necessária (N_j) da peça a_j ($j = 1, 2, 3, 4$) para a produção de todos os produtos A_i ($i = 1, 2, 3$) pode ser computada de seguinte forma:

$$[N_j] = [Q_i][b_{ij}]$$

$$= [2, 3, 5] \begin{bmatrix} 1011 \\ 1101 \\ 0110 \end{bmatrix} = [5, 8, 7, 5]$$

Além disso, a quantidade total de produção de todos os produtos A_i ($i = 1, 2, 3$) será

$$\sum_{i=1}^{3} Q_i = 2 + 3 + 5 = 10$$

Capítulo 20 • Método de sequenciamento para que a linha de montagem... 315

> Denota:
> b_{ij} = Quantidade necessária da peça a_j ($j = 1, ..., \beta$) para se produzir um unidade do produto A_i ($i = 1, ..., \alpha$).
>
> Outras notações já estão definidas.
> Então,
> Passo 1 Ajustar $K = 1$, $X_{j,k-1} = 0$, ($j = 1, ..., \beta$), $S_{k-1} = (1, 2, ..., \alpha)$.
> Passo 2 Ajuste como a K enésima na sequência de programação o produto A_i^* que minimiza a distância D_k. A distância mínima será encontrada pela seguinte fórmula:
>
> $$D_{ki^*} = \min \{ D_{ki} \}, i \in S_{k-1}, i$$
>
> $$\text{onde } D_{ki} = \sqrt{\sum_{j=1}^{\beta} \left(\frac{K \cdot N_j}{Q} - X_{j,k-1} - b_{ij} \right)^2}.$$
>
> Passo 3 Se algumas unidades do produto A_{i^*} fossem encomendadas e incluídas na sequência de programação, então
> Seja $S_k = S_{k-1} - \{i^*\}$.
>
> Se algumas unidades do produto A_{i^*} ainda estiverem restando por não terem sido encomendadas, então seja $S_k = S_{k-1}$.
>
> Passo 4 Se $S_k = \emptyset$ (conjunto vazio), o algoritmo chegará ao fim.
> Se $S_k \neq$, então compute $X_{jk} = X_{j,k-1} + b_{i^*j}$ ($j = 1, ..., \beta$) e retorne para o Passo 2 ajustando $K = K + 1$.

FIGURA 20.2 Método de perseguição de meta I.

TABELA 20.1 Quantidades de produção Q_j e condição de peças b_{ji^*}

	Produto A_t		
	A_1	A_2	A_3
Quantidade Planejada de Produção Q_j	2	3	5

	Partes a_j			
Produtos A_i	a_1	a_2	a_3	a_4
A_1	1	0	1	1
A_2	1	1	0	1
A_3	0	1	1	0

Portanto,

$$[N_j/Q] = [5.10, 8/10, 7/10, 5/10\}$$

$$(j = 1, 2, 3, 4)$$

A seguir, aplicando os valores de $[N_j/Q]$ e de $[b_{ij}]$ na fórmula no passo 2 do algoritmo acima, quando $K = 1$, a distância D_{ki} pode ser computada da seguinte forma:

$$\text{para } i = 1, D_{1,1l} = \sqrt{\left(\frac{1\times 5}{10}-0-1\right)^2 + \left(\frac{1\times 8}{10}-0-0\right)^2 + \left(\frac{1\times 7}{10}-0-1\right)^2 + \left(\frac{1\times 5}{10}-0-1\right)^2}$$
$$= 1{,}11$$

$$\text{para } i = 2, D_{1,2} = \sqrt{\left(\frac{1\times 5}{10}-0-1\right)^2 + \left(\frac{1\times 8}{10}-0-0\right)^2 + \left(\frac{1\times 7}{10}-0-1\right)^2 + \left(\frac{1\times 5}{10}-0-1\right)^2}$$
$$= 1{,}11$$

$$\text{para } i = 3, D_{1,3} = \sqrt{\left(\frac{1\times 5}{10}-0-0\right)^2 + \left(\frac{1\times 8}{10}-0-0\right)^2 + \left(\frac{1\times 7}{10}-0-1\right)^2 + \left(\frac{1\times 5}{10}-0-1\right)^2}$$
$$= 0{,}79.$$

Assim, $D_{1,i^*} = \min\{1{,}11, 1{,}01, 0{,}79\} = 0{,}79$

$$\therefore i^* = 3$$

Sendo assim, a primeira encomenda na sequência de programação é o produto A3. Seguindo com o Passo 4 do algoritmo,

$$X_{jk} = X_{j,k-1} + b_{3j}$$

$$X_{1.1} = 0 + 0 = 0$$

$$X_{2.1} = 0 + 1 = 1$$

$$X_{3.1} = 0 + 1 = 1$$

$$X_{4.1} = 0 + 0 = 0$$

Portanto, a primeira linha na Figura 20.3 foi escrita com base nas computações anteriores.

Capítulo 20 • Método de sequenciamento para que a linha de montagem...   317

K	D_{k1}	D_{k2}	D_{k3}	Sequência de programação	X_{1k}	X_{2k}	X_{3k}	X_{4k}
1	1,11	1,01	0,79	A_3	0	1	1	0
2	0,85	0,57*	1,59	$A_3 A_2$	1	2	1	1
3	0,82*	1,44	0,93	$A_3 A_2 A_1$	2	2	2	2
4	1,87	1,64	0,28*	$A_3 A_2 A_1 A_3$	2	3	3	2
5	1,32	0,87*	0,87	$A_3 A_2 A_1 A_3 A_2$	3	4	3	3
6	1,64	1,87	0,28*	$A_3 A_2 A_1 A_3 A_2 A_3$	3	5	4	3
7	0,93	1,21	0,82*	$A_3 A_2 A_1 A_3 A_2 A_3 A_3$	3	6	5	3
8	0,57*	0,85	1,59	$A_3 A_2 A_1 A_3 A_2 A_3 A_3 A_1$	4	6	6	4
9	1,56	0,77*	1,01	$A_3 A_2 A_1 A_3 A_2 A_3 A_3 A_1 A_2$	5	7	6	5
10	—	—	0*	$A_3 A_2 A_1 A_3 A_2 A_3 A_3 A_1 A_2 A_3$	5	8	7	5

FIGURA 20.3 Sequência de programação. (Obs.: * indica a menor distância D_{kj}.)

Em seguida, quando $k = 2$, então

para $i = 1$, $D_{2,1} = \sqrt{\left(\frac{2\times 5}{10}-0-1\right)^2+\left(\frac{2\times 8}{10}-1-0\right)^2+\left(\frac{2\times 7}{10}-1-1\right)^2+\left(\frac{2\times 5}{10}-0-1\right)^2}$
$= 0,85.$

para $i = 2$, $D_{2,2} = \sqrt{\left(\frac{2\times 5}{10}-0-1\right)^2+\left(\frac{2\times 8}{10}-1-1\right)^2+\left(\frac{2\times 7}{10}-1-0\right)^2+\left(\frac{2\times 5}{10}-0-1\right)^2}$
$= 0,57.$

para $i = 3$, $D_{2,3} = \sqrt{\left(\frac{2\times 5}{10}-0-0\right)^2+\left(\frac{2\times 8}{10}-1-1\right)^2+\left(\frac{2\times 7}{10}-1-1\right)^2+\left(\frac{2\times 5}{10}-0-0\right)^2}$
$= 0,57.$

Sendo assim, $D_{2i^*} = \text{Mini}\{0,85, 0,57, 1,59\}$

$= 0,57.$

$\therefore i^* = 2.$

Portanto, a segunda encomenda na sequência de programação é o produto A_2. Além disso, X_{jk} será computado como

$$X_{jk} = X_{j,k-1} + b_{2j^*k}$$

$$X_{1,2} = 0 + 1 = 1$$

$X_{2,2} = 1 + 1 = 2$

$X_{3,2} = 1 + 0 = 1$

$X_{4,2} = 0 + 1 = 1$

Este procedimento foi usado para desenvolver a segunda linha na Figura 20.3. As demais linhas na Figura 20.3 também podem ser escritas seguindo-se os mesmos procedimentos. Como resultado, a sequência de programação completa deste exemplo será:

$$A_3, A_2, A_3, A_3, A_2, A_3, A_3, A_1, A_2, A_3.$$

Avaliação do método de perseguição de meta

Os valores de $K \cdot N_j/Q$ e de X_{jk} para cada peça a_j no exemplo anterior estão representados em gráficos na Figura 20.4. Ela mostra que todas as peças a_1, a_2, a_3 e a_4 estão alcançando a otimização.

O significado de *otimização* nesta seção é o seguinte: suponha que $[[K \cdot N_j/Q]]$ indica o inteiro mais próximo de $K \cdot N_j/Q$.

Então, se $X_{jk} = [[K \cdot N_j/Q]]$ é válido para a peça a_j, a otimização é alcançada nesta peça. A Figura 20.4 exibe todas as peças alcançando a otimização nessa tarde.

Analisando com ainda mais profundidade este algoritmo, a média e o desvio padrão dos valores foram computados:

$$\left[\frac{K \cdot N}{Q} - X_{jk} \right] \text{ para cada peça } a_j$$

Então, os seguintes resultados foram encontrados:

- Quando o número de variedades nos itens de peças e/ou o número de variedades nos modelos de produtos foram elevados, tanto a média quanto o desvio padrão aumentaram.
- Quando a quantidade do produto em si foi aumentada, tanto a média quanto o desvio padrão diminuíram.

A partir destes resultados, fica claro que quanto mais for estimulada a tendência de se produzir múltiplas variedades em cada pequena quantidade, menor será a probabilidade de que se alcance a sincronização.

Capítulo 20 • Método de sequenciamento para que a linha de montagem... **319**

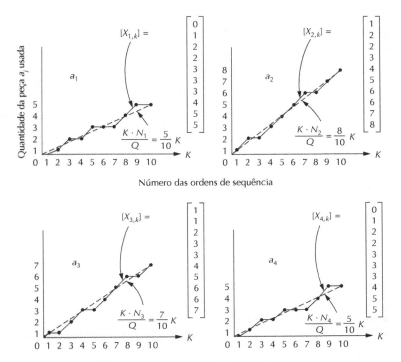

FIGURA 20.4 De que modo D_{kj} se aproximou de $K \cdot N_j/Q$.

Outra abordagem geral para verificar a utilidade desse algoritmo heurístico é expressa pelo seguinte procedimento. Suponha que a quantidade total de produção

$$Q\left(=\sum Q_j\right)$$

seja grande (1.000 unidades, etc.). Então, a sequência determinada por este algoritmo pode ser dividida em 16 faixas iguais, com cada faixa correspondendo a aproximadamente uma hora de produção. A quantidade de cada peça contida em cada faixa será calculada, assim como o seu desvio padrão. A distribuição propriamente dita destes valores mostra que a variação (σ) por hora é bem pequena (ver Figura 20.5. O coeficiente de variação (= $\sigma/\bar{x}$) em cada faixa é pequeno, assim como sua variância.

Faixa Tipos de eixos frontais	1	2	3	4	5	6	7	8	9	10	11	12	13	14	15	16	$\bar{x}$	σ
a_1	9	7	7	9	8	7	8	8	8	8	7	8	9	7	7	8	7,8	0,73
a_2	6	5	7	6	5	6	7	5	7	6	5	7	6	6	5	6	5,9	0,75
a_3	5	6	5	5	6	6	4	6	4	6	6	5	4	6	5	6	5,3	0,77
a_4	3	3	3	2	3	3	3	3	3	2	3	3	3	2	3	3	2,8	0,33
a_5	2	2	2	2	3	2	2	2	2	3	2	1	3	2	2	2	2,1	0,48
a_6	1	1	1	1	1	2	1	1	2	0	2	1	1	1	1	1	1,1	0,48

FIGURA 20.5 Distribuição de cada tipo de eixo frontal usado.

$$E_{ki} = \max \{E_{ki}\}, i \in S_{k-1}$$

$$\text{onde } E_{ki} = \sum_{j_i \in B_i} \left(\frac{K \cdot N_{ji}}{Q} - X_{ji, k-1} \right)$$

(B_i é um conjunto das componentes a_{ji} para o produto A_i)

FIGURA 20.6 Método de perseguição de meta II.

§ 3 A ABORDAGEM TOYOTA: UM ALGORITMO SIMPLIFICADO

Para diminuir o tempo computacional, um algoritmo simplificado conhecido como *método de perseguição de meta II* (Figura 20.6) pode ser desenvolvido. Esse algoritmo simplificado está envolvido no Passo 2 do método de perseguição de meta I (Figura 20.2) e se baseia na seguinte proposição:

Dentre um produto A_b e outro produto A_c,

se $D_{k.b} \leq D_{k.c}$, então a relação

$$\sum_{j_b \in B_b} \left(\frac{K \cdot N_{jb}}{Q} - X_{jb, K-1} \right) \geq \sum_{j_b \in B_c} \left(\frac{K \cdot N_{jc}}{Q} - X_{jc, K-1} \right)$$

será verdadeira, e vice-versa, e onde B_b é um conjunto de componentes a_{jb}, para o produto A_b. Essa relação de equivalência pode ser válida sob a condição de que o número de peças de itens usados para cada produto precisa ser o mesmo entre produtos diferentes e que a quantidade necessária de cada peça usada para uma unidade de cada produto precisa ser a mesma entre diferentes produtos.

O processo para provar esta proposição é o seguinte:

Capítulo 20 • Método de sequenciamento para que a linha de montagem... 321

Seja:

W = a quantidade necessária de cada item de uma peça para a unidade de um produto, então,

$$D_{k,c}^2 - D_{k,b}^2 = \sum_{j_c \in B_c - B_b} \left\{ \left(\frac{K \cdot N_{jc}}{Q} - X_{jc,k-1} - W \right)^2 - \left(\frac{K \cdot N_{jc}}{Q} - X_{jc,k-1} \right)^2 \right\}$$

$$+ \sum_{j_c \in B_c - B_b} \left\{ \left(\frac{K \cdot N_{jc}}{Q} - X_{jc,k-1} \right)^2 - \left(\frac{K \cdot N_{jc}}{Q} - X_{jc,k-1} - W \right)^2 \right\}$$

$$= -W \sum_{j_c \in B_c - B_b} \left(2 \frac{K \cdot N_{jc}}{Q} - 2 X_{jc,k-1} - W \right)$$

$$+ W \sum_{j_c \in B_c - B_b} \left(2 \frac{K \cdot N_{jc}}{Q} - 2 X_{jb,k-1} - W \right)$$

$$= -2W \sum_{j_c \in B_c - B_b} \left(\frac{K \cdot N_{jc}}{Q} - X_{jc,k-1} \right) + 2W \sum_{jc \in B_b - B_c} \left(\frac{K \cdot N_{jb}}{Q} - X_{jb,k-1} \right)$$

(porque, $|B_c - B_b| = |B_b - B_c|$ devido à hipótese.)

$$= -2W \sum_{j_c \in B_c - B_b} \left(\frac{K \cdot N_{jc}}{Q} - X_{jc,k-1} \right) + 2W \sum_{j_c \in B_b - B_c} \left(\frac{K \cdot N_{jb}}{Q} - X_{jb,k-1} \right)$$

$$+ 2W \sum_{S \in B_c \cap B_b} \left\{ \left(\frac{K \cdot N_s}{Q} - X_{s,k-1} \right) - \left(\frac{K \cdot N_s}{Q} - X_{s,k-1} \right) \right\}$$

$$= 2W \sum_{j_b \in B_b - B_c} \left\{ \left(\frac{K \cdot N_{jb}}{Q} - X_{jb,k-1} \right) + \sum_{s \in B_c \cap B_b} \left(\frac{K \cdot N_s}{Q} - X_{s,k-1} \right) \right\}$$

$$- 2W \sum_{j_b \in B_c - B_b} \left\{ \left(\frac{K \cdot N_{jc}}{Q} - X_{jc,k-1} \right) + \sum_{s \in B_c \cap B_b} \left(\frac{K \cdot N_s}{Q} - X_{s,k-1} \right) \right\}$$

$$= 2W \left\{ \sum_{j_b \in B_c} \left(\frac{K \cdot N_{jb}}{Q} - X_{jb,k-1} \right) - \sum_{j_c \in B_c} \left(\frac{K \cdot N_{jc}}{Q} - X_{jc,k-1} \right) \right\}$$

Assim, a relação de equivalência foi provada

A sequência de programação na prática: um exemplo

O método de perseguição de meta é de difícil implementação porque o número de peças diferentes usadas num automóvel gira em torno de 20.000. Portanto, as peças são representadas apenas por suas respectivas submontagens, cada uma delas com muitas saídas. Uma determinada marca de carro, por exemplo, pode apresentar os seguintes dados de produção:

- Quantidade planejada de produção = cerca de 500 (= número de ordens sequenciais).
- Números de tipos de carros = cerca de 180 (portanto, cada tipo tem cerca de três unidades).
- Número de submontagens = cerca de 20. Os principais nomes de submontagem são os seguintes:

    1. Tipos de carroceria
    2. Motores
    3. Transmissões
    4. Grades (séries)
    5. Chassis
    6. Eixos frontais
    7. Eixos traseiros
    8. Cores
    9. Para-choques
    10. Montagens de direção
    11. Rodas
    12. Portas
    13. Países do usuário
    14. Condicionadores de ar
    15. Bancos
    16. etc.
    17. "
    18. "
    19. "
    20. "

Observe que cada submontagem precisa obviamente conter muitas peças diferentes. Para o número de submontagens, a diferença em cargas (horas de montagem) de diferentes carros precisa ser acrescentada a fim de ser tratada da mesma maneira que peças reais.

Usando-se os dados recém mencionados, foi desenvolvido uma sequência de programação mediante o método de perseguição de meta II. Em seguida, a sequência foi dividida em 16 faixas iguais (com cada faixa correspondendo a cerca de uma hora de tempo de produção). Usando os eixos frontais como exemplo, retorne à Figura 20.5 para ver quantas unidades de cada tipo de eixo frontal foram incluídas em cada faixa. Observando-se a figura, fica óbvio que o valor do desvio padrão (σ) exibe uma pequena variação na velocidade de utilização de cada peça.

§ 4 CUMPRIMENTO SIMULTÂNEO DE DUAS METAS SIMPLIFICADAS

Até aqui, somente uma meta foi levada em consideração a fim de manter uma velocidade constante na utilização de cada peça na linha de montagem de múltiplos modelos. No entanto, outra meta – para evitar procedimentos sucessivos dos produtos que apresentam uma carga maior no tempo de montagem- também precisa ser levada em consideração.

Em geral, o tipo de produto que apresenta uma carga maior varia quando um processo diferente é considerado para o produto em questão. O balanceamento de linhas na Toyota é projetado de tal forma que o modelo de carro que apresenta o maior tempo de montagem sempre tem cargas maiores a cada processo na linha. Para evitar que se introduza sempre o mesmo produto que exige um tempo mais longo de operação, todos os automóveis na linha são classificados de acordo com tempos totais de montagem grandes (a_l), médios (a_m) ou pequenos (a_m). Cada a_j ($j = 1$, m, e s nesta situação) precisa ser introduzido na linha de modo a manter constante a sua velocidade. Esta meta pode ser alcançada usando-se o mesmo algoritmo simplificado usado para manter constante a velocidade de utilização de cada peça a_j na linha.

Na prática, a Toyota "pondera" as submontagens importantes e, em alguns casos, impõe algumas restrições adicionais como nas capacidades da instalação, e assim por diante. As categorias classificadas (a_l, a_m, a_m) das cargas de tempo de montagem também recebem alguma ponderação a fim de resolver o conflito entre a meta de equilíbrio da linha e a meta de sincronização de peças.

Este capítulo toma por base a apresentação do Sr. Shigenori Kotani (membro do departamento de controle de produção da Toyota Motor Corporation) na conferência da Sociedade Japonesa de Pesquisa em Operações, em 25 de março de 1982, e em seu resumo (pp. 149-150) na ata desta conferência. Este capítulo também se baseia nas discussões que daí se seguiram, entre o Sr. Masuyama, o Sr. Terada e o Sr. Kotani, da Toyota Motor Corporation. Os exemplos numéricos citados aqui (exceto os da Figura 20.5) foram desenvolvidos pelo autor.

21
Novo método de sequência de programação para sincronização

O método quantitativo da Toyota usado para desenvolver a sequência de programação de modelos numa linha de montagem de múltiplos modelos (o método de perseguição de meta descrito na capítulo anterior) acabou evoluindo para uma nova versão. Como este novo método possui uma função para incluir múltiplas metas, eu passarei a chamá-lo de método de coordenação de metas neste livro. Além do mais, diversas técnicas de aprimoramento a fim de diminuir as diferenças nas horas de montagem entre os modelos numa linha de montagem serão introduzidas.

§ 1 A LÓGICA BÁSICA DA SEQUÊNCIA DE PROGRAMAÇÃO

Os dois principais componentes lógicos do método de desenvolvimento de uma sequência de programação para a sincronização de uma linha de montagem são o *controle do índice de aparecimento* e os *controles de continuação e intervalo*. O controle do índice de aparecimento, ou controle por um índice médio de aparecimento, pode ser definido como o estabelecimento de um alvo para "o índice de aparecimento" médio dos vários itens ou especificações e a sincronização de seus aparecimentos na linha de montagem. A sequência de programação para os veículos deve ser preparado de acordo com este índice médio. Ele é calculado usando-se a seguinte fórmula:

$$\text{Índice de aparecimento} = \frac{\text{Número total de veículos de determinada especificação}}{\text{Número total de todos os veículos}}$$

Este nada mais é do que o método de perseguição de meta explicado no capítulo anterior. Ele resulta na seleção, um a um, daqueles modelos que minimizam o desvio total entre um valor objetivo de consumo baseado no índice médio de aparecimento e um valor real de consumo para especificações e peças a serem sincronizadas.

O controle do índice de aparecimento não é capaz de resolver todos os problemas que surgem na sequencia de programação. Na realidade, o esforço causado pelo processo diário de sequenciar a programação acaba repercutindo em cerca de 10% dos veículos sequenciados no final do dia. Essa repercussão significa que a distância até a linha do uso médio ou da aparição média de cada peça ou especificação será mais longa. Dito de outra forma, a sincronização da sequência é realizada com dificuldade nos 10% finais dos carros produzidos durante um dia.

Para resolver este problema, seria possível, por exemplo, introduzir restrições adicionais que preservem a taxa de produtos; ou seja, o índice original do número de unidades de cada variante de modelo em relação ao número total de unidades de todas as variantes de modelos. Há muitas possibilidades para se desenvolver tais restrições.

O problema de sincronizar a carga de trabalho de montagem não pode ser solucionado com a simples aplicação do controle do índice de aparecimento mencionado anteriormente. Este problema poderia ser resolvido pelo método de perseguição de meta de um modo similar àquele do controle do índice de aparecimento para especificações, no qual as especificações são substituídas pelas categorias de carga de trabalho descritas no capítulo anterior.

Neste capítulo, introduzimos controles de continuação e de intervalo para se alcançar a meta de sincronização da carga de trabalho. Estes controles são definidos como os seguintes:

1. O *controle de continuação* controla a continuidade de veículos de uma determinada especificação para que ela não exceda um número máximo de unidades determinado. Por exemplo: dois carros com a mesma especificação podem receber aprovação para fluírem sucessivamente, mas o terceiro carro precisa ser diferente da especificação dos dois primeiros carros.

2. O *controle de intervalos* mantém dentro de um mínimo determinado o intervalo de unidades entre os dois mesmos veículos de uma determinada especificação. Suponhamos que um carro de especificação B (tal como um carro de grau H) seja introduzido com um intervalo de não menos do que dois carros. A regra determina que mesmo se o *controle de índice de aparecimento* (método de perseguição de meta) selecionar novamente o carro de especificação B como o terceiro carro, o segundo melhor candidato, de especificação C, deve ser introduzido no seu lugar.

Desta maneira, o controle de índice de aparecimento do método de perseguição de meta é usado como a lógica básico do método de sequenciamento, ao passo que a lógica de controles de continuação e de intervalo é usada como uma condição restritiva em relação à lógica principal.

A sequência em que os modelos são introduzidos é inicialmente determinada pela aplicação do controle de índice de aparecimento ao primeiro carro na sequência. Cada carro selecionado é então examinado a fim de determinar se ele também satisfaz as regras dos controles de continuação e de intervalo. Caso seja encontrado um carro que não satisfaz as regras, outro carro com a especificação ideal será selecionado pela aplicação do controle de índice de aparecimento junto a todos os carros restantes, enquanto se ignora a especificação em questão.

Caso seja determinado que o número máximo de carros com teto solar numa certa sequência é dois, a sequência de um veículo será como descrita anteriormente. Dentre os veículos sem teto solar, o carro que minimizar a quantia total de desvio na fórmula a seguir deve ser selecionado como o carro K^o.

$$\sum_{j=1}^{n}\left|\frac{A\times K}{B}-(C+D)\right|$$

onde
A = Número total de veículos de uma determinada especificação j
B = Número total de veículos
C = Número acumulado de especificação j até o $(K-1)^o$ veículo
D = Número de unidades de especificação j de veículos K^o adicional
n = Número total de especificações para modelos a serem sequenciados

As Partes 1 e 2 da Figura 21.1 mostram dados reais inseridos em computador envolvendo o controle de índice de aparecimento e os controles de continuação e de intervalo.

Regras auxiliares

As três regras auxiliares a seguir são usadas para determinar os parâmetros para as duas regras restritivas anteriores (controles de continuação e de intervalo).

1. *Controle de ponderação*. Sob o controle de índice de aparecimento, caso seja desejável realizar um valor objetivo do índice médio de aparecimento para uma determinada especificação em detrimento de outras especificações, um peso ponderado relativamente maior deverá ser considerado para a tal especificação. Não se pode esquecer, porém, que o peso esperado para a sincronização de uma determinada especificação é diferente para cada processo. Numa linha de montagem, por exemplo, a sincronização das cores de pintura é desneces-

328 Seção 3 • Técnicas quantitativas

Condições de dados de computador do modelo A   Nov. 1993

Itens finais	Conteúdo dos dados inseridos		Processo		
	Controle de índice de aparecimento	Controles de continuação & de intervalo	S	A	M
Teto panorâmico + teto solar	○	Intervalo min. de 2 veículos ④	○	○	○
Teto solar	○	Intervalo min. de 2 veículos ①	○		
Van de 5 portas	○	Intervalo min. de 4 veículos ⑥	○	○	○
Tipo de motor	○				○
Transmissão	○				○
Cor em dois tons	○	Intervalo min. de 2 veículos ⑪		○	
Grau	○	Intervalo min. de 4 veículos (grau Q) ⑦	○		○
Wagon	○	Continuação max. de 4 veículos ⑬			○
Cortina automática	○	Intervalo min. de 4 veículos ⑧			○
Direção hidráulica	○	Intervalo min. de 3 veículos ⑩			○
Cor toda metálica	○	Continuação min. de 2 veículos ⑫		○	
Van + space wagon	○	Intervalo min. de 3 veículos ③	○		○
Cor do interior	○				
4WD + 2WD	○	Intervalo min. de 2 veículos ② (4WD) Continuação min. de 2 veículos ⑤	○		○
Teto suspenso	○	Intervalo min. de 3 veículos ⑨			○
Dois tons & teto	○				

FIGURA 21.1 Condições de dados de computador para o controle de índice de aparecimento e os controles de continuação e de intervalo.

Capítulo 21 • Novo método de sequência de programação para ... **329**

Condições de dados de computador do modelo B   Nov. 1993

| | Itens finais | Conteúdo dos dados inseridos || Processo |||
		Controle de índice de aparecimento	Controles de continuação & de intervalo	S	A	M
1	Tipo de piso	○		○		
2	Teto solar único S de teto solar	○		○		
3	Teto suspenso e teto solar	○	Intervalo min. de 2 veículos (teto solar) ①			○
4	Grau	○	Continuação max. de 5 veículos (grau H) ③	○		○
5	Gerador	○	Intervalo min. de 2 veículos ④	○		○
6	Ar condicionado	○				○
7	Transmissão	○				○
8	Tração nas 4	○	Intervalo min. de 2 veículos ②			
9	Turbo	○				○
10	Cor toda metálica (3 revestimentos)	○	Continuação max. de 2 veículos ⑤		○	
11	Cor interior	○				
12	Cor em 2 tons	○			○	
13	Trava diferente	○				

As cifras dentro dos círculos são prioridades (pesos ponderados).
S = soldagem   A = acabamento   M = montagem

FIGURA 21.1 *(Continuação)*

sária, já que a cor não exerce qualquer efeito sobre a montagem dos veículos. No entanto, numa linha de pintura, a sincronização das cores é uma questão importante. Portanto, quando o índice médio de aparecimento de cada item é controlado pela sequência de programação de uma linha de montagem, valores ponderados para cada índice médio de aparecimento de uma determinada especificação precisam ser considerados com cuidado.

2. *Viabilidade da implementação.* Sob os controles de continuação e de intervalo, o valor da continuação máxima ou do intervalo mínimo deve ter sua viabilidade

conferida e deve ser moderado previamente caso necessário. O parâmetro deve ser modificado automaticamente caso as seguintes condições não sejam cumpridas em cada caso: adicione um ao número máximo de continuação ou subtraia um do número mínimo de intervalo.

Para controle de continuação:

$$N \times \frac{(E+1)}{E} \leq T$$

onde
N = Número de veículos envolvidos
E = Número máximo contínuo de veículos da mesma especificação
T = Número total de todos os veículos

Para o controle de intervalo:

$$\text{Número de veículos envolvidos} \times \begin{pmatrix} \text{intervalo min. de} \\ \text{veículos da mesma} \\ \text{especificação} + 1 \end{pmatrix}$$

$$\leq \text{Número total de todos os veículos}$$

3. *A disponibilidade de modelos apropriados e o índice mínimo de aparecimento.* Se não houver mais modelos disponíveis que satisfaçam as regras de controles de continuação e intervalo, então algumas condições dos controles de continuação e intervalo devem ser aliviadas uma a uma a partir das condições inferiores. Em outras palavras, se os controles de continuação e intervalo exercerem uma influência tão grande sobre o índice de aparecimento que nenhum modelo pode ser aceitável, o excesso da influência precisará ser modificado.

Ao determinar o veículo K^o, as regras de controle de continuação e intervalo sugerem que a resposta é "sem teto solar", mas a fórmula a seguir, que sugere a instalação de um teto solar ao veículo K^o, deve ser aprovada. O uso de um veículo sem teto solar na posição K^o resultaria num desvio grande demais em relação ao valor objetivo.

$$\left| \begin{array}{l} \text{Valor meta do veículo } K^o \\ - \text{Valor real do veículo } (K-1)^o \end{array} \right| \geq 2.0$$

§ 2 DESENVOLVIMENTO DE UMA SEQUÊNCIA DE PROGRAMAÇÃO USANDO INTELIGÊNCIA ARTIFICIAL

Nos últimos tempos na Toyota, os controles de continuação e intervalo descritos nas seções anteriores foram usados numa área de armazenamento de carrocerias pintadas, localizado entre um processo de pintura e um processo de montagem, em separado do controle de índice de aparecimento pelo método de perseguição de meta (ver Figura 21.2). Um computador *mainframe* no escritório central determina a sequêncial de programação de modelos com diferentes especificações para o processo de soldagem da carroceria. Isso nos permite realizar a meta de sincronização de um índice de aparecimento por meio do método de perseguição de meta.

Sequencialmente, cada veículo entra no processo de pintura, mas aqui a sequência predeterminada de introduções é alterada. Um motivo para isso é que os carros de dois tons são pintados uma vez e depois são devolvidos para o início do processo de pintura e pintados novamente com outra cor. O segundo motivo é que os carros defeituosos são retirados um a um da linha principal de pintura, têm sua carroceria substituída e são devolvidos à linha. Por causa dessas alterações, quando todos os processos de pintura forem completados, a sequência acabará sendo diferente da sequência inicial. Esta sequência alterada pode acabar causando uma paralisação na linha num processo de montagem, caso não seja reorganizada.

A ameaça das paralisações de linha causadas por sequências alteradas obriga a instalação de uma armazém de carrocerias pintadas, no qual os carros são transportados em sua sequência e entregues para a linha de montagem. Em outras palavras, é necessário transpor a sequência de carros que sai do processo de pintura no armazém de carrocerias pintadas para que o processo de montagem alcance uma carga de trabalho sincronizada e não gere paralisações de linha.

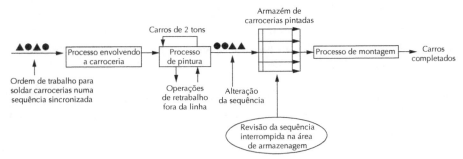

FIGURA 21.2 Introdução de vários veículos numa sequência sincronizada.

O armazém de carrocerias pintadas possui cinco esteiras rolantes, e os carros pintados são organizados de modo a fluírem de acordo com cada especificação principal. Anteriormente, um operador com boas habilidades trabalhando na saída do armazém costumava decidir qual era a sequência satisfatória de trabalho, para então movimentar as esteiras e introduzi-las na linha de montagem uma a uma. No passado, na falta de um trabalhador habilidoso, era difícil até mesmo para dois ou mais líderes de seção trabalhando em conjunto darem conta dessas tarefas. Agora, a inteligência artificial (IA) realiza todas essas operações da seguinte maneira.

Inicialmente, o veículo que está saindo do processo de pintura precisa ser identificado. Informações a respeito do veículo, tais como seu número de ID, suas especificações, e assim por diante, já estão armazenadas numa ID remota (um cartão de ID ou um cartão de memória que pode ser lido e receber informações através de ondas eletrônicas) afixada ao chassi na parte intermediária do processo de pintura. Uma antena lê essas informações conforme cada veículo entra na faixa de armazenamento (veja a Figura 21.3).

A especificação de cada veículo armazenado e sua sequência de fluxo são reconhecidas e transmitidas para um microcomputador na sala de controle. O processamento por IA calcula a sequência sincronizada de veículos e envia o seu sinal para o armazém no local de trabalho, movimentando assim as esteiras de modo automático.

Essas decisões sequenciais exigem pensamento e discernimento; portanto, a automação nessa área requer regras envolvendo diversas condições complexas e julgamentos superiores. Além disso, é da natureza do próprio processo ocorrer mudanças; é muito comum que surjam mudanças no volume de produção, mudanças na proporção de cada especificação, mudança nas condições de produção causadas por aprimoramentos no processo de montagem, etc. Por exemplo: embora o controle de continuação faça a conferência do número máximo de veículos sucessivos, essa regra de controle não representa uma restrição tão rigorosa quanto o controle de intervalos, que determina o intervalo mínimo. A regra restritiva específica a ser aplicada a uma determinada especificação de um veículo pode ser alterada repentinamente de acordo com a mudança do volume de produção ou com uma mudança de taxa de uma especificação. Se a alteração for gerenciada por um programa de computador comum, ele precisará ser atualizado a cada vez que ocorrer uma mudança.

No exemplo anterior, o sistema especializado suportado por tecnologia IA possibilita a revisão do programa existente para as mudanças determinadas na planta. No passado, era o Departamento de Sistema FA que o modificava, e as plantas o administravam de forma independente.

Atualmente, a IA é uma tecnologia usada para fazer com que os computadores realizem atividades inteligentes, isto é, que assimilem comportamentos humanos

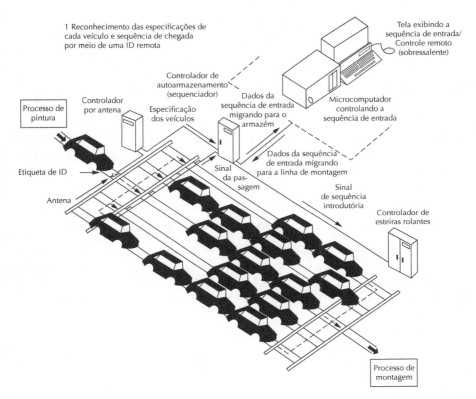

FIGURA 21.3 Sequência sincronizada de veículos por IA e sistema FA.

inteligentes. As atividades inteligentes se baseiam principalmente nas capacidades de compreender linguagem natural e de inferir soluções para problemas.

Conforme as pesquisas com IA avançam, o sistema de inferência usado para resolver problemas recebe uma ênfase cada vez maior no processamento de linguagem natural. O sistema de inferência chega à resposta para os problemas usando o conhecimento profissional dos especialistas. Este sistema de inferência é chamado de *sistema especialista*.

Um sistema especialista é constituído por uma *base de conhecimento* e por um *motor de inferência* que inclui procedimentos para raciocinar. O motor de inferência consulta dados (um conjunto de regras) armazenados na base de conhecimento. Essas regras encontram-se na forma de instruções do tipo "*se, então*", e devem ser escritas de tal modo que as pessoas possam revisá-las facilmente a qualquer momento. Comparado ao sistema comum, o sistema especialista tem como vantagem o fato de sua estrutura permitir reescrever facilmente o conjunto de regras sem que seja preciso revisar o programa do motor de inferência.

O modo de pensar e o discernimento do operador para decidir pela sequência introdutória de carros consistem nas Partes A e B, da seguinte forma. A Parte A é uma área de conhecimento que o operador usará na seleção de restrições e prioridade. A Parte B diz respeito a um procedimento de decisão quanto à introdução de veículos.

A Parte A pode ser expressa com diversos padrões. Como os conteúdos desses padrões são dependentes da condição de produção, este conhecimento estará sujeito a revisão. Por outro lado, a Parte B é independente das condições de produção e é um procedimento neutro que pode ser aplicado a qualquer momento. Trata-se do procedimento de inferência propriamente dito.

Cinco padrões para a decisão da sequência de programação

Os cinco padrões para a seleção das restrições e das prioridades apresentados aqui representam condições que a sequência introdutória de veículos precisa cumprir. Inserindo-se especificações e valores nas lacunas ([*****]) em A-1 a A-5, eles se tornam padrões customizados.

A-1 = "Se a especificação de um carro for [*****]
e se [continuação max.]
(ou [intervalo min.]) não for maior (ou menor)
que [*****],
então introduza o carro."

Se a especificação de um carro for, por exemplo, [*para uso doméstico*] e se [*continuação max.*] não for maior que [*três*], então introduza-o. Ademais, se a especificação de um carro for [*4WD*] e se [*intervalo min.*] não for menor que [*quatro*], então introduza-o, etc.

A-2 = "Se o número de carros sendo transportados no armazém
(isto é, armazenados a caminho da entrada de uma
linha de montagem) não for menor do que [*****], então pare
para introduzir o segundo carro na faixa [*****]º."

A regra A-2 se baseia na seguinte circunstância. É difícil introduzir na linha de montagem um carro que se encontra no final da linha de armazenamento. Portanto, há uma faixa localizada em separado da linha de armazenamento para movimentar o carro mais da frente numa faixa de armazenamento e retorná-lo para o fim da fila. Isso permite que o carro no final seja introduzido primeiro na linha de montagem.

No entanto, como este retorno leva bastante tempo, ele não deve ser realizado com frequência. Isso é controlado pela regra A-2.

A-3 = "Se a especificação de um carro for [*****]
 e se uma taxa de estoque (no armazém) for
 não inferior a [*****] a [*****]%,
 então suspenda sua introdução,
 e se for de [*****] a [*****]%,
 então introduza-o,
 e se for de [*****] a [*****]%,
 então confira a ele a maior prioridade para introdução."

Suponha que a taxa de produção de um modelo com uma determinada especificação seja de 33%, ou seja, que um carro dentre três obedecerá a essa especificação. Ao se introduzir o carro com a especificação Z em primeiro lugar e então dois carros sequencialmente com especificações diferentes, a especificação Z fluirá continuamente a uma taxa de 33%. O padrão A-3 é a regra que foi usada neste caso.

A-4 = "Se a especificação de um carro for [*****],
 então confira a prioridade [*****] a ele."

Por exemplo, se a especificação de um carro for [teto solar], então confira a prioridade [I] a ele.

A-5 = "Se a especificação de um carro for [*****]
 e se a [continuação max.] for menor que [*****],
 então confira a prioridade [*****] a ele,
 mas se o [intervalo min.] não for inferior a [*****],
 então confira a prioridade [*****] a ele."

Como exemplo de A-5, se a especificação de um carro for [2WD] e se a [continuação max.] for menor que [dois], então confira a prioridade [baixa (5)] a ele. Ou se a especificação de um carro for [4WD] e se o [intervalo min.] for maior do que [dois], então confira a prioridade [alta (2)] a ele, e assim por diante.

É necessário deixar que os operadores conheçam os cinco padrões recém discutidos para que eles possam tomar decisões por conta própria. Um operador numa área de armazenamento só precisa colocar o número da especificação e a prioridade num caso de revisão (A-4), por exemplo. Esses dados aparecem num terminal de computador pessoal, em formato de planilha, por meio de um editor de conhecimento (veja a Figura 21.4). Como pode ser visto na tela retratada na figura, tudo que

```
** Registro das condições de cada veículo **
Menu de Operação
[ U = correção  D = delete  P = imprimir  E = encerrar];

Nº    Espec.   (Marca numérica digital)   Comentário    Prioridade
1     21-2        -            -           4WD            55
2     20-3        -            -           575H Wagon     10
3     44-1        -            -           ESC            50
4     26-1        -            -           Teto solar     28
5     48-2        -            -           530H           55
6      -          -            -
7      -          -            -
.      .          .            .
.      .          .            .                    Tela de um terminal
.      .          .            .                    de computador
```

Significado do conhecimento do Nº 1: Se a especificação do carro for [21-2 (4WD)], então dê prioridade [55] para ele.

FIGURA 21.4 Um editor de conhecimento na forma de uma tabela.

o operador precisa fazer para completar o padrão A-4 é inserir a marca numérica digital e a prioridade.

§ 3 REDUZINDO AS DIFERENÇAS ENTRE OS TEMPOS DE ATRAVESSAMENTO DE PRODUÇÃO

Além da solução da sequência de programação, há vários outros meios para se absorver as diferenças de tempo de atravessamento (*lead time*) e homem-hora.

Duas medidas para eliminar as diferenças de tempo de atravessamento são as seguintes:

- Ordem de trabalho prioritária – Como um carro com cores em dois tons precisa circular duas vezes através da linha de pintura, ele deve ter prioridade em ser introduzido na linha.
- Linha-pulmão – Carros que estão fora de ordem são desviados para uma linha-pulmão, são colocados na sequência apropriada e são devolvidos para a linha regular. (Veja a Figura 21.5.)

A seguir são apresentados diversos meios de absorver diferenças em homem-hora:

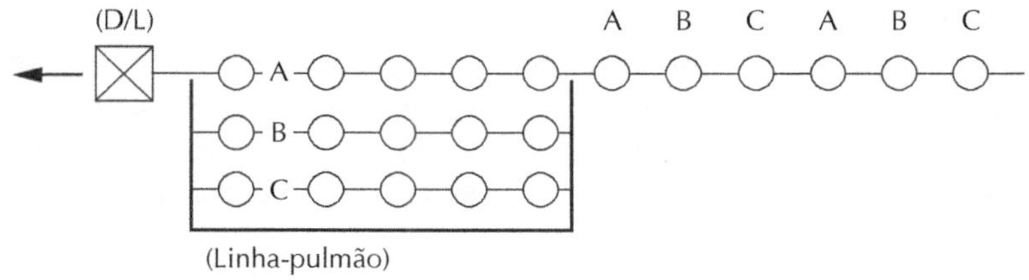

Capítulo 21 • Novo método de sequência de programação para ... **337**

(D/L) A B C A B C
(Linha-pulmão)

FIGURA 21.5 Linha-pulmão.

- Processo de ultrapassagem – Para veículos que exigem muitos homem-hora, uma linha de ultrapassagem é implementada. Esses veículos são removidos da linha regular para a linha de ultrapassagem, que possui um *takt time* mais lento. Existem dois tipos de linha de ultrapassagem. O primeiro é instalado perto do início da linha de montagem e é chamado de "ultrapassagem anterior". O segundo tipo fica localizado mais para o final da linha de montagem e é chamado de "ultrapassagem posterior" (ver Figura 21.6).
- Operações especiais – Veículos que exigem operações especiais são movimentados por uma linha de componentes, que monta as partes especializadas e depois as instala no carro enquanto ele ainda se encontra na linha de montagem regular. (Ver Figura 21.7.)
- Ultrapassagem interna (uso em duas faixas) – Suponha que um carro que exige 1,1 minuto de tempo de trabalho é introduzido numa linha que tem uma faixa de *takt* de um minuto. O operador precisará cortar a faixa para o carro seguinte quando ele completar a operação. Aliás, se o mesmo tipo de carro vier na sequência, ele precisará iniciar a montagem do segundo carro 0,1 minuto mais tarde, e assim a operação utilizará ainda mais tempo da faixa subsequente do que o ciclo anterior. Ademais, imagine um caso em que o terceiro carro é do mesmo tipo novamente. A condição ficará ainda pior, pois o operador precisará iniciar a montagem próximo ao meio de sua faixa, e quando conseguir completá-la, ele terá

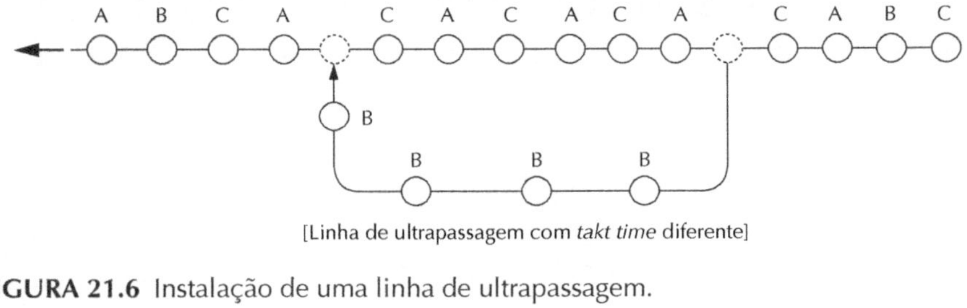

[Linha de ultrapassagem com *takt time* diferente]

FIGURA 21.6 Instalação de uma linha de ultrapassagem.

usado metade da sua faixa subsequente. Num caso desses, caso outro operador não seja alocado para essa faixa subsequente, ele pode administrar esse trabalho lançando mão de duas faixas, por conta própria. Embora a continuação de tais carros necessariamente acabe causando uma paralisação da linha, se o quarto carro precisar de apenas 0,7 minuto de tempo de trabalho, torna-se possível completar a montagem dentro da primeira faixa (veja a Figura 21.8).

- Linha de uso exclusivo (uso de duas faixas) – Quando um carro deve ser equipado com teto solar, por exemplo, um posto de trabalho é usado exclusivamente para este fim. Os outros carros simplesmente passam direto por esse posto de trabalho. Este é outro tipo de uso de duas faixas (ver Figura 21.9).
- Lugar não reservado – O sistema de lugar reservado é uma maneira comum de introduzir carros especiais um a um numa ordem predeterminada; ele é usado geralmente em linhas de múltiplos modelos. As linhas de montagem, as linhas de espera, as linhas de pintura, e assim por diante, possuem um certo número de posições para cada veículo dentro da linha. Para absorver variações em homem-horas, algumas posições dentro da linha podem permanecer vazias.

FIGURA 21.7 Operações especiais.

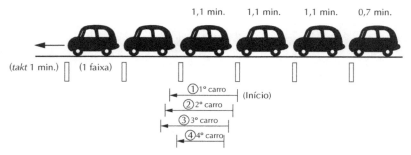

FIGURA 21.8 Ultrapassagem interna (uso de duas faixas).

- Zona de passagem de bastão – A Figura 21.10 mostra o conceito de preparação de espaços amplos para processos precedentes e subsequentes e da intersecção deles entre si. Usando-se esse método, o equilíbrio da linha pode ser mantido constante mesmo que exista uma diferença em homem-hora conforme calculado pelos modelos. Isso é conhecido como o método da zona de passagem de bastão, devido à sua semelhança em relação à zona usada em corridas de revezamento para a troca de um corredor para outro.

Concluindo, é necessário haver uma medida corretiva para um atraso operacional numa linha de montagem a fim de sinalizar claramente uma paralisação de linha no *andon*. Eis algumas causas operacionais para atraso:

- Atribuição incorreta de trabalho para um processo
- Operadores sem as habilidades necessárias
- Desperdício na própria operação

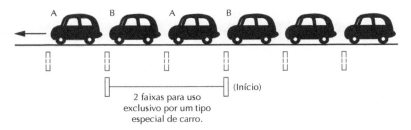

FIGURA 21.9 Uso exclusivo de estações de trabalho dentro da linha principal (uso de duas faixas).

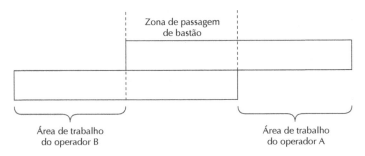

FIGURA 21.10 Método da zona de passagem de bastão.

Depois que esses fatores são suficientemente investigados, as causas das paradas de linha precisam ser eliminadas. Seja qual for o problema – variações no tempo de atravessamento em homem-hora, atrasos de programação ou operacionais, e assim por diante –, as causas devem ser identificadas e melhorias essenciais devem ser implementadas.

22
Cálculo do número de cartões *kanban*

§ 1 CÁLCULO DO NÚMERO DE CARTÕES *KANBAN*

O sistema *kanban*, enquanto um "sistema de puxar", no qual os processos subsequentes puxam trabalhos junto aos processos precedentes, representa ou um *"sistema de retirada em quantidades constantes"* ou um *"sistema de retirada em ciclo constante"*. Com relação ao controle de estoque, esses dois sistemas correspondem ao *sistema de encomenda de quantidades constantes* e ao *sistema de ciclo em ordem constante*, respectivamente; contudo, eles também podem ser chamados de *sistema de produção em quantidade constante* e de *sistema de produção em ciclo constante*, respectivamente, quando observados a partir do processo precedente que precisa encomendar a produção de peças em quantidades suficientes para reabastecer as peças retiradas pelo processo subsequente.

Esse processo de calcular o número de cartões *kanban* é explicado no seguinte esboço geral:

(1) Número de cartões *kanban* sob o *sistema de retirada em ciclo constante*.
   (1-1) *kanban* de retirada entre os processos
   (1-2) *kanban* de fornecedor
(2) Número de cartões *kanban* sob o *sistema de retirada em quantidades constantes*.
   (2-1) *kanban* de retirada entre os processos
(3) Número de cartões *kanban* de produção sob o *sistema de retirada em ciclo constante*.
(4) Número de cartões *kanban* de produção sob o *sistema de retirada em quantidades constantes*.

§ 2 O SISTEMA DE RETIRADA EM CICLO CONSTANTE PARA COMPUTAR O NÚMERO DE CARTÕES *KANBAN* DE RETIRADA ENTRE PROCESSOS

O sistema de retirada em ciclo constante para controle de estoque utiliza a seguinte fórmula, a Equação 22.1, para determinar a quantidade necessária de peças durante o período de tempo total de intervalo de encomenda e tempo de atravessamento (*lead time*) de produção:

Quantidade necessária de peças =
   quantidade de demanda por dia
     × (intervalo de encomenda + tempo de atravessamento de produção)
     + estoque de segurança   (22.1)

onde o *intervalo de encomenda* implica no tempo de intervalo entre um momento de encomenda e o outro, e o *tempo de atravessamento de produção* designa o intervalo de tempo entre o momento da encomenda e o momento de recebimento. A soma do *intervalo de encomenda* e do *tempo de atravessamento de produção* é chamado muitas vezes de *período de reabastecimento*.

Como a *quantidade de demanda por dia* do processo subsequente aparece do lado direito desta equação, tanto o intervalo de encomenda quanto o tempo de atravessamento de produção são discriminados em dias. No entanto, caso *demanda horária* seja usada em vez de *demanda por dia*, então tanto o intervalo de encomenda quanto o tempo de atravessamento de produção serão discriminados em horas.

Agora, no caso de um *kanban* de retirada, o "intervalo de encomenda + tempo de atravessamento de produção" na Equação 22.1 será expresso por

Tempo de atravessamento de kanban *de retirada* = Intervalo de retirada
                                        + Tempo de atravessamento de
                                             produção

onde

Intervalo de retirada = Intervalo de tempo entre o momento em que os cartões *kanban* de retirada foram destacados no processo subsequente, produzindo então o número de peças que correspondente ao número de cartões *kanban* destacados em questão, e o momento em que o processo subsequente dispõe das mesmas peças prontas para serem usadas.

(Isso inclui o tempo necessário para se produzir o número de peças correspondendo ao número de cartões *kanban* destacados; porém, caso as peças tenham sido colocadas na área de armazenamento de peças processadas ao final do processo precedente, então o tempo de produção não será incluído neste "tempo de atravessamento de produção".)

Sendo assim, o *Tempo de atravessamento de* kanban *de retirada* diz respeito ao intervalo de tempo durante o qual os cartões *kanban* de retirada foram destacados no processo subsequente e entregues ao processo precedente, o número de peças correspondendo ao número de cartões *kanban* é produzido e, finalmente, o processo subsequente dispõe das mesmas peças disponíveis para serem usadas.

Quando aplicamos o *Tempo de atravessamento de* kanban *de retirada* neste sentido na Equação 22.1, o número de cartões *kanban* de retirada baseado no sistema de ciclo constante pode ser computado pela seguinte fórmula, a Equação 22.2:

Número necessário de peças durante o *Tempo de atravessamento de* kanban *de retirada*
= Tempo de atravessamento de *kanban* de retirada
× Quantidade média horária de peças necessárias para o processo subsequente.

(22.2)

Assim,

Número de cartões *kanban* de retirada

$$= \frac{\{\text{Número necessário de peças (durante o } \textit{Tempo de atravessamento de } \text{kanban } \textit{de retirada}) + \text{Estoque de segurança}\}}{\text{Capacidade de uma caixa}}$$

Caso a fração acima não possa ser reduzida a um número inteiro, o resultado deve ser arredondado para o inteiro maior. Se o estoque de segurança for menor do que 10%, então

Estoque de segurança = Número necessário de peças × 0,1

Exemplo numérico: número de cartões *kanban* de retirada entre processos no sistema de ciclo constante

Neste exemplo, a matéria-prima para uma determinada parte da transmissão passa primeiramente por um *processo de forjamento*, e depois as peças são suspensos em uma esteira e pintadas uma a uma no forno do *processo de pintura*. As peças pintadas são então processadas no *processo de usinagem* e finalmente são instaladas na transmissão no *processo de montagem de transmissão*. A ordem dos processos é mostrada na Figura 22.1.

344 Seção 3 • Técnicas quantitativas

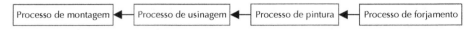

FIGURA 22.1 Ordem dos processos de fabricação de transmissão.

As peças pintadas são colocadas em caixas (ou paletes) e armazenadas no *armazém de peças pintadas*, como mostrado na Figura 22.2. Cada caixa com peças contém um cartão de *kanban* de encomenda de pintura (um tipo de *kanban* de produção).

A fim de determinar o número de *cartões* kanban *de retirada para peças pintadas*, que serão usados pelo processo de usinagem para receber as peças pintadas, usaremos os passos a seguir. (Os números dos passos na explicação a seguir correspondem aos números circulados na Figura 22.2.)

Passo 1: Na área de entrada da linha de usinagem, o kanban *de retirada para peças pintadas* é destacado, e em um determinado tempo o operador do trator vai até o *armazém de peças pintadas* do processo de pintura para retirar as peças pintadas. Essa retirada é feita uma vez a cada 1 hora e meia. O operador do trator faz a troca de seus *cartões* kanban *de retirada* pelos *cartões* kanban *de encomenda de pintura* afixados nas caixas com peças no armazém de peças pintadas do processo de pintura, e transporta as caixas com peças pintadas no trator.

Passo 2: Os cartões *kanban* de encomenda de pintura que foram trocados são levados até o armazém de peças forjadas ao final do processo de forjamento pelo operador do trator do processo de pintura. Este operador destaca os cartões *kanban* de encomenda de forjamento afixados nas caixas com peças forjadas e faz a troca pelos seus cartões *kanban* de encomenda de pintura. Em seguida, ele transporta as caixas com peças forjadas para o local de saída do forno da pintura. Essa retirada das caixas com peças forjadas será realizada uma vez a cada hora.

Passo 3: Os cartões *kanban* de encomenda de pintura afixados nas caixas com peças forjadas serão pendurados no *porta*-kanban *de produção* na parede do forno, de acordo com a ordem de saída.

Passo 4: O tempo de atravessamento de pintura no forno da pintura (isto é, o tempo de atravessamento de produção) é de 3 horas e meia.

Passo 5: Quando a pintura propriamente dita é concluída, as peças pintadas da transmissão são armazenadas na área de armazenamento de peças pintadas.

Como fica óbvio nos passos 2 e 3, os cartões *kanban* de encomenda de pintura para esse processo de pintura têm não apenas a função de encomendar pinturas (en-

Capítulo 22 • Cálculo do número de cartões *kanban* 345

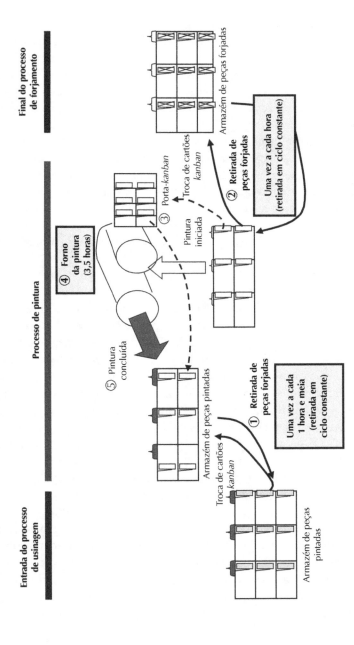

FIGURA 22.2 Movimento de vários cartões *kanban* envolvidos no processo de pintura.(Adaptado de Aoki, M. 2007. *Full Illustration of the Systems of Toyota Production Plants*, Nihon-Jitsugyou Shuppansha, pp. 19-20, com revisões.)

comendar produção), mas também a função de fazer a retirada de peças forjadas ao mesmo tempo.

Nessa situação, o número necessário de cartões *kanban* de retirada entre processos para peças pintadas será computado pelo seguinte modo de pensar (Aoki, 2007, p. 21 e p. 26)

"A começar pelo instante em que um cartão de *kanban* de retirada de peças pintadas é destacada do processo de usinagem até o instante em que as peças pintadas retornam ao mesmo processo, quantas peças pintadas esse processo de usinagem acabará usando?" Devemos computar o número de cartões *kanban* correspondente a esse número necessário de peças pintadas a serem usadas durante este espaço de tempo. Na realidade, se as peças pintadas retornarem ao processo de usinagem logo antes do estoque à mão se esvaziar, não sofreremos com escassez de peças.

A fim de computarmos o número de cartões *kanban* de retirada das peças pintadas, precisamos conhecer o *intervalo de retirada* e o *tempo de atravessamento de produção*.

O *intervalo de retirada* junto ao processo de usinagem, que é o processo subsequente ao processo de pintura, é de 1 hora e meia.

O *tempo de atravessamento de produção* consiste em 1 para o intervalo de retirada para transportar as peças forjadas desde o processo de forjamento mais 3,5 horas para o tempo de pintura na fornalha de pintura, totalizando 4,5 horas. A soma do intervalo de retirada e o tempo de atravessamento de produção é de 6 horas.

Este total de 6 horas é explicado em detalhe da seguinte maneira. Suponha que os cartões *kanban* de retirada tenham sido levados desde o armazém de peças pintadas do processo de usinagem até o armazém de peças pintadas do processo de pintura. (Assumimos aqui que o tempo gasto para levar os cartões *kanban* é desprezível.) Enquanto isso, depois que os cartões *kanban* de encomenda de pintura são destacados no processo de pintura, as peças forjadas são levadas e pintadas no forno da pintura, e então as peças pintadas são colocadas no armazém de peças pintadas. Muito embora a pintura tenha sido concluída, <u>se o operador do trator do processo de usinagem simplesmente deixasse o processo de pintura, ainda seria preciso esperar até a próxima chegada do operador do trator, no intervalo de retirada de 1 hora e meia</u>. Esta é uma questão muito importante na determinação do número necessário de cartões *kanban*. Acrescentando-se este tempo de espera de 1 hora e meia do intervalo de retirada ao tempo de atravessamento de produção chega-se ao total de 6 horas. (<u>Se o motorista do caminhão chegar assim que a pintura ficar pronta, este tempo de espera de 1 hora e meia acabará não sendo despendido. Porém, como o número necessário de cartões *kanban* precisa ser determinado levando-se em consideração o tempo de atravessamento mais longo possível, o tempo de espera completo precisa ser adicionado.</u>)

Ademais, suponha que o número necessário de peças pintadas por hora = 500 unidades, e que a capacidade de uma caixa de peças por cartão *kanban* = 250 unidades.

Então, durante o período de seis horas "*desde* o momento em que um cartão *kanban* de retirada é destacado no armazém de peças pintadas do processo de usinagem *até* o momento em que as peças pintadas são levadas ao mesmo armazém após a pintura", quantas unidades de peças pintadas serão usadas no processo de usinagem? Este é o número necessário de unidades de peças pintadas que precisam ser armazenadas no armazém de peças pintadas do processo de usinagem.

Este número corresponde ao *número de cartões* kanban *de retirada para as peças pintadas*, e é computado pela seguinte fórmula:

Número necessário de cartões *kanban*

$$= \frac{(\text{Intervalo de retirada} + \text{tempo de atravessamento de produção}) \times \text{Necessidade horária de unidades de peças}}{\text{Capacidade das caixas de peças (ou unidades por cartão } kanban)} \quad (22.3)$$

onde

O intervalo de retirada = Intervalo de retirada a partir do processo de usinagem subsequente.

O tempo de atravessamento de produção = O período de tempo necessário no próprio processo (processo de pintura) + Intervalo de retirada do processo precedente (processo de forjamento).

Esta equação se baseia na ideia do "sistema de retirada em ciclo constante" explicada anteriormente.

Portanto, aplicando-se estes dados na Equação 22.3:

Número de cartões *kanban* de retirada para peças pintadas

$$= \frac{\{1{,}5 \text{ hora} + (3{,}5 \text{ horas} + 1 \text{ hora})\} \times 500 \text{ unidades por hora}}{250 \text{ unidades por caixa de peças}}$$

$$= 3.000 \text{ unidades} \div 250 \text{ unidades} = 12 \text{ cartões } kanban$$

Sendo assim, o número total de cartões *kanban* a serem utilizados para o tempo de atravessamento total de 6 horas é de 12 cartões.

No entanto, é preciso adicionar o número de cartões *kanban* equivalente ao *estoque de segurança*, em consideração a uma possível falta de peças. O estoque de segurança geralmente é estabelecido em 10% do número necessário de peças. Aliás, nunca é demais ressaltar a importância de reduzir essa quantidade de estoque de segurança por meio de atividades *kaizen*.

De acordo com o sistema de retirada em ciclo constante para controle de estoque, a quantidade de unidades retiradas a cada ciclo de retirada varia, muito embora as peças sejam retiradas com regularidade. A quantidade de unidades entregues, que toma por base o número de cartões *kanban* de retirada destacados, também varia a cada vez porque na prática o uso de peças por hora acaba oscilando, dependendo das condições reais de produção no processo subsequente.

§ 2 CÁLCULO DO NÚMERO DE CARTÕES *KANBAN* DE FORNECEDOR

Kanban de fornecedor usando o "sistema de retirada em ciclo constante"

Como o fornecedor de peças encontra-se um pouco distante do fabricante do produto final, o tempo total de atravessamento incluindo o tempo de transporte será mais longo, e, por isso, o fabricante do produto pode enfrentar uma falta de peças ao utilizar o "*sistema de retirada em quantidade constante*". Por esse motivo, o sistema de *kanban* de fornecedor só emprega o "*sistema de retirada em ciclo constante (e quantidade inconstante)*.

Além disso, o número total de cartões *kanban* de fornecedor é computado pelo fabricante do produto final. Entretanto, o verdadeiro número de cartões *kanban* de fornecedor transmitido ao fornecedor pode variar dependendo da situação real de produção do montador do produto final a cada ocasião de entrega de *kanban*.

Cálculo do *kanban* de fornecedor

Retornando à Equação 22.1 básica do sistema de retirada em ciclo constante, o número total de cada *kanban* de fornecedor será determinado pela Equação 22.4, que se baseia na Equação 22.2:

Número total de cartões *kanban* de fornecedor = {Demanda diária × (*Intervalo de encomenda* junto ao fornecedor + *tempo de atravessamento de produção* do fornecedor) + estoque de segurança} / capacidade de unidades por caixa de peças   (22.4)

Se, por exemplo, o ciclo de encomendas escrito no *kanban* de fornecedor for "1-6-2", então as peças serão entregues 6 vezes ao dia e a entrega propriamente dita das peças designadas pelo número de cartões *kanban* transportados em questão será retardada em duas vezes o tempo de transporte dos cartões *kanban*.

Esse ciclo de encomenda será expresso como *a-b-c* usando-se o número inteiro de *a*, *b* e *c*. Isso implica que uma quantidade de entregas *b* será realizada durante o número de dias *a* e que cada entrega será atrasada e *c* vezes. O c é chamado de *intervalo de transporte* ou de *coeficiente de atraso de* kanban. O *a-b-c* também é chamado de *ciclo* kanban. O *a* geralmente diz respeito a apenas um dia, e será um caso especial se *a* for igual a mais do que 2 dias.

A Toyota exige que a quantidade de entregas, *b*, seja elevado o máximo possível (isto é, a realização de entregas frequentes de lotes pequenos), e que os tempos de atravessamento das entregas sejam reduzidos ao máximo (isto é, entregas mais rápidas ou, em outras palavras, reduzir *c* o máximo possível).

O *intervalo de encomendas* junto ao fornecedor na Equação 22.4 representa o período de tempo (medido em número de dias) entre uma encomenda ao fornecedor e a próxima, porque isso se baseia no sistema de retirada em ciclo constante.

Em outras palavras, o intervalo de encomendas é equivalente ao período de tempo necessário para que, em duas ocasiões adjacentes, o fabricante do produto faças as entregas dos cartões *kanban* de fornecedor para o fabricante de peças, podendo, por isso, ser chamado também de *intervalo de retirada* para as peças. Durante esse período de tempo, o fornecedor de peças não fará qualquer entrega de peças, mas o fabricante do produto precisa usar as peças em questão durante esse período de tempo. Como esse intervalo de encomendas é de *b* quantidades de entregas em *a* dias, ele será calculado pela Equação 22.5:

Intervalo de encomendas ou intervalo de entrega para o fornecedor de peças

$$= \frac{a \text{ (geralmente equivalente a 1 dia)}}{b \text{ (quantidades de transportes por dia)}} \quad (22.5)$$

A unidade de medida para esse intervalo de retirada é de dias. No caso de um ciclo *kanban* "1-6-2", por exemplo, o lado direito da equação anterior seria = 1 / 6 = 0,166 dias.

O *"tempo de atravessamento de produção"* do fornecedor diz respeito ao período durante o qual o fornecedor recebe os cartões *kanban* de fornecedor, expede a encomenda de produção para a linha de produção d peças, finaliza a produção e faz a entrega das peças para o montador do produto. (No entanto, caso o fornecedor já tenha preparado a quantidade necessária de peças e elas estejam disponíveis em seu armazém de peças finalizadas, então esse tempo de atravessamento será mais curto.) Como esse período de tempo também depende do intervalo de transporte "c", a Equação 22.6 será verdadeira:

Tempo de atravessamento de produção do fornecedor
= intervalo de encomenda ao fornecedor × intervalo de transporte (22.6)
= $(a / b) c$

Esse intervalo de transporte é determinado sobretudo pela distância entre o fabricante de peças em questão e o fabricante dos produtos finais. O tempo de atravessamento de produção do fornecedor $(a / b) c$ também é mensurado em dias.

Tempo de atravessamento para o fornecedor
= intervalo de encomenda ao fornecedor + tempo de atravessamento
de produção do fornecedor (22.7)
= $(a / b) + (a / b) c = \dfrac{a (c +1)}{b}$

Quando o cartão *kanban* de fornecedor é destacado na linha de produção da Toyota e colocado na área de armazenamento de entrega de peças na Toyota, ainda é preciso esperar pela chegada do próximo motorista de caminhão vindo do fornecedor, para o tempo do intervalo de encomenda *(a/b)* se o caminhão de transporte vindo do fornecedor houver recém deixado a Toyota. Durante este tempo de espera, ainda precisa ser capaz de utilizar as peças em questão na sua linha de produção. Além do tempo de espera até que o caminhão do fornecedor chegue, há também o tempo de atravessamento do fornecedor *(a/b)c* depois que os cartões *kanban* de fornecedor são entregues ao motorista do caminhão. (Ver Figura 22.3.)

(Se o caminhão do fornecedor chegar na Toyota exatamente quando o *kanban* de fornecedor for destacado na linha de produção da Toyota, o intervalo de encomenda de 1 hora e meia mencionado acima não será despendido. Porém, como o número de cartões *kanban* deve ser computado levando-se em consideração o tempo de atravessamento mais longo possível, precisamos adicionar o tempo inteiro de espera do intervalo de encomenda.)

O *intervalo de encomenda* junto ao fornecedor inclui o intervalo de coleta dos cartões *kanban* na linha de produção da Toyota. Para que a Toyota consiga se sincronizar com a regularidade de entrega de peças pelo fornecedor, ela recolhe os cartões *kanban* de fornecedor a cada 40 minutos. Assim, mesmo que os cartões *kanban* de fornecedor sejam destacados das caixas com peças da linha e colocados dentro do "porto de *kanban*" na linha quando a primeira unidade de peças é recolhida pelo trabalhador contíguo à linha bem cedo de manhã, os cartões *kanban* de fornecedor em

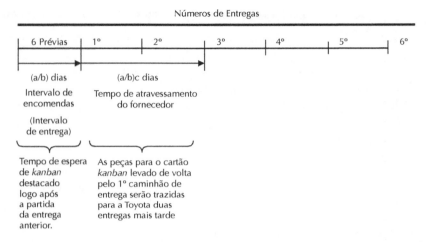

FIGURA 22.3 Tempo de aprovisionamento de *kanban* de fornecedor para o ciclo *kanban* de "1-6-2".

questão não são entregues ao fornecedor imediatamente. Como a coleta dos cartões *kanban* destacados é feita a cada 40 minutos, diversos cartões *kanban* de fornecedor e inúmeras caixas vazias costuma ser coletadas de cada vez.

Sendo assim, a Equação 22.4 pode ser reescrita da seguinte forma:

Número necessário de peças durante o tempo de atravessamento dos cartões *kanban* de fornecedor
= Tempo de atravessamento dos cartões *kanban* de fornecedor
　× uso médio diário de peças no processo subsequente
= $\dfrac{a(c+1)}{b}$ × uso médio diário de peças no processo subsequente

Isso, por sua vez, leva a seguinte equação:

Número total de cartões *kanban* de fornecedor

$$= \frac{\text{Número necessário de peças (durante o tempo de atravessamento dos cartões \textit{kanban} de fornecedor)} + \text{Estoque de segurança}}{\text{Capacidade de unidades por caixa de peças}} \quad (22.8)$$

= (demanda diária / capacidade do contêiner) × {(a/b) (1 + c)
　+coeficiente de segurança}

Exemplo numérico para calcular o número de cartões *kanban* de fornecedor

Agora vamos aplicar a Equação 22.8 ao seguinte exemplo numérico. Suponha que cada variável assuma os seguintes dados numéricos:

Número de dias como uma base de transporte $a = 1$ dia
Quantidades de Transportes b durante $a = 6$ vezes
Intervalo de Transporte $c = 2$ vezes o transporte de *kanban* em questão
Demanda média por dia = 100 unidades
Capacidade de um contêiner = 5 unidades
Coeficiente de segurança = 0,2

Assim, o número total de cartões *kanban* será computado de acordo com a Equação 22.8:

Número total de cartões *kanban* de fornecedor
$= (110 / 5) \times \{(1 / 6) (1 + 2) + 0,2\} = 20 \times (0,5 + 0,2) = 14$ cartões *kanban*

§ 4 SISTEMA DE RETIRADA EM QUANTIDADES CONSTANTES PARA CALCULAR O NÚMERO DE CARTÕES *KANBAN* DE RETIRADAS ENTRE PROCESSOS

Fórmula geral para o "sistema de retirada em quantidades constantes"

O sistema de retirada em quantidades constantes não é usado para fazer a retirada de peças terceirizadas, mas pode ser aplicado para a retirada de peças fabricadas domesticamente. Na linha de montagem, ocorrem situações em que uma operação de montagem não pode ser completada dentro do *takt time*, ou unidades defeituosas podem ser produzidas. Isso acarretará na paralisação da linha, com base no mecanismo do "sistema autônomo de controle de defeitos" (*jidoka* ou *autonomação*). Em tal situação, a produção horária de unidades acabará variando, e depois que a linha de montagem tiver usado *uma certa quantidade de peças*, é possível que a retirada dessa quantidade fixa de peças junto ao processo precedente se dê de modo *irregular* (ou dentro de um *ciclo inconstante*). Contanto que essa quantidade constante seja pequena, a retirada de peças acompanhará sincronizadamente a variação na produção real de unidades pelo processo subsequente. A quantia básica dessa *quantidade constante* no uso junto à linha na linha de montagem final corresponde a *um cartão* kanban.

Mesmo sob o "sistema de retirada em quantidades constantes", o "*tempo de atravessamento de cartões* kanban *de retirada*" é definido como o período de tempo durante o qual os cartões *kanban* de retirada são destacados no processo subsequente e repassados ao processo precedente, o número de peças correspondendo ao número de cartões *kanban* destacado em questão é produzido e, por fim, o processo subsequente dispõe das mesmas peças disponíveis para uso.

Essa definição de "*tempo de atravessamento de cartões* kanban *de retirada*" é idêntica à definição oferecida antes da Equação 22.2 para o "sistema de retirada em ciclo constante". A única diferença entre os dois sistemas é que para computar o tempo de atravessamento de *kanban*", o "sistema de retirada em quantidades constantes" não precisa levar em consideração o "*intervalo de retirada*" entre o instante de uma retirada e a próxima, que só existe no "sistema de retirada em ciclo constante".

O processo subsequente precisa do número de unidades de peças a serem usadas durante esse *tempo de atravessamento de cartões* kanban *de retirada*, e elas devem ficar armazenadas ao lado da linha no processo precedente. Portanto, a Equação 22.2 continuam valendo aqui:

Número necessário de peças durante o *Tempo de atravessamento de* kanban *de retirada*
= Tempo de atravessamento de *kanban* de retirada
× Quantidade média horária de peças necessárias para o processo subsequente.

Número de cartões *kanban* de retirada

$$= \frac{\{\text{Número necessário de peças (durante o tempo de atravessamento de } kanban \text{ de retirada}) + \text{Estoque de segurança}\}}{\text{Capacidade de uma caixa}}$$

Quando a quantidade constante no sistema de retirada em quantidade constante é superior a *dois cartões* kanban, o tempo de atravessamento de *kanban* precisa ser o tempo de atravessamento mais longo do *kanban* em questão que foi o primeiro a ser destacado na linha.

Exemplo numérico de cálculo de "cartões *kanban* de retirada entre processos" com base no sistema de retirada em quantidades constantes

Dados numéricos básicos:
    Tempo de atravessamento de cartões *kanban* de retirada = 20 minutos
    Horas operacionais por dia = 8 horas = 480 minutos
    Quantidade média de peças usadas por dia = 300 unidades
    Capacidade por caixa de peças = 5 unidades

Portanto,

Número necessário de peças durante o tempo de aprovisionamento de *kanban* de retirada

= 300 unidades × (20 minutos / 480 minutos) = 12,5 unidades

enquanto o estoque de segurança = 12,5 × 0,1 = 1,25 unidade.

Número de cartões *kanban* de retirada
= (12,5 + 1,25) / 5 unidades = 2,75 ≅ 3 cartões *kanban*.

Efeito da redução do tempo de atravessamento por meio de atividades *kaizen* sobre o número de cartões *kanban*

No exemplo numérico acima, se reduzirmos o tempo de atravessamento para 10 minutos (mantendo constante todas as outras condições), obteremos os seguintes resultados:

Número necessário de peças durante o tempo de atravessamento de *kanban* de retirada
= 300 unidades × (10 minutos / 480 minutos) = 6,25 unidades

Número de cartões *kanban* de retirada
= (6,25 + 0,625) / 5 unidades = 1,375 ≅ 2 cartões *kanban*.

Assim, podemos diminuir o número de cartões *kanban* ao reduzir o tempo de atravessamento por meio de *atividades kaizen*, porque tal *kaizen* é capaz de reduzir a quantidade de estoque necessário no processo subsequente. Este efeito pode ser visto não apenas no sistema de retirada em quantidades constantes, mas também no sistema de retirada em ciclo constante. As atividades *kaizen* que são úteis para reduzir tempo de atravessamento incluem a "produção de lotes pequenos", a "redução do tempo de preparação", a "redução das unidades defeituosas", e assim por diante, que são as diversas técnicas do Sistema Toyota de Produção.

Efeito do aumento da capacidade das caixas de peças devido a um menor tamanho das peças

Se aumentarmos a capacidade das caixas de peças de 5 unidades para 10 unidades (mantendo constantes as outras condições do exemplo numérico básico), obteremos o seguinte resultado:

Número de cartões *kanban* de retirada = (12,5 + 1,25) / 10 unidades = 1,375
   ≅ 2 cartões *kanban*.

Portanto, segue-se daí, obviamente, que o número de cartões *kanban* decresce proporcionalmente ao aumento da capacidade da caixa de peças.

§ 5 CÁLCULO DO NÚMERO DE CARTÕES *KANBAN* DE PRODUÇÃO

O *tempo de atravessamento dos cartões* kanban *de produção* é definido como o intervalo de tempo a partir do momento em que os cartões *kanban* de produção são destacados no *armazém de peças acabadas* do processo em questão e o número de peças correspondendo ao número de cartões *kanban* é produzido até o instante em que o mesmo processo é capaz de reabastecer essas peças produzidas em seu armazém de peças acabadas na forma de estoque.

O número de peças necessárias no processo subsequente durante o *tempo de atravessamento dos cartões* kanban *de produção* será determinado pela seguinte equação:

Número de peças necessárias durante o tempo de atravessamento de produção dos cartões *kanban*
 = tempo de atravessamento dos cartões kanban *de produção*
 × uso médio de peças por hora no processo subsequente.

Assim,

Número de cartões *kanban* de produção
 = {Número de peças necessárias (durante tempo de atravessamento dos cartões *kanban* de produção)
 + Estoque de segurança} / capacidade em unidades por caixa de peças.

Novamente, caso a fração resultante não possa ser reduzida a um número inteiro, ela deve ser arredondada para o próximo inteiro mais alto.

Além disso, se o *número máximo suportado de cartões* kanban a serem armazenados no posto de produção (ver Figura 3.11 e Figura 17.1) for maior do que dois cartões, então o cartão *kanban* de produção que foi o primeiro a ser introduzido no posto de cartões *kanban* de produção precisa ser usado para mensurar o tempo de atravessamento dos cartões *kanban* de produção. Em outras palavras, o tempo de atravessamento máximo dos cartões *kanban* de produção precisa ser adotado.

Cálculo do número de cartões *kanban* de produção sob o *"sistema de retirada em ciclo constante"*

No caso dos cartões *kanban* de produção, mesmo se os cartões *kanban* de retirada do processo subsequente forem destacados com base no sistema de retirada em ciclo constante, este *intervalo de retirada* regular não precisa ser levado em consideração. O único intervalo de tempo que importa é aquele a partir do momento em que os cartões *kanban* de produção são destacados no armazém de peças acabadas do processo precedente até o instante em que as peças acabadas são novamente reabastecidas em forma de estoque

Aplicando-se essa ideia aos cartões *kanban* de produção do processo de pintura, o que foi explicado na Seção 3, o tempo de atravessamento dos cartões *kanban* de produção consiste em (1) o *tempo de pintura necessário* de 3,5 horas no forno da pintura e (2) o *intervalo de retirada* de uma hora para coletar os produtos forjados junto ao processo precedente (o processo de forjamento).

Sendo assim, se o número necessário das peças por hora no processo subsequente = 500 unidades e a capacidade da caixa de peças = 250 unidades, então

Número de cartões *kanban* de produção no processo de pintura
= {3,5 horas + 1 hora} × 500 unidades} / 250 unidades = 9 cartões *kanban*.

Cálculo do número de cartões *kanban* de produção sob o sistema de retirada em quantidades constantes

Suponha que a linha de montagem final de automóveis produza um carro completo a cada dois minutos. Da mesma forma, as linhas de montagem de componentes, como motor e transmissão, também precisam produzir uma unidade de produto acabado a cada *takt time* de dois minutos. Ademais, o processo de usinagem desses componentes precisa, por sua vez, completar uma unidade de processamento dentro do *takt time* de dois minutos. Em outras palavras, estes três tipos de linhas precisam estar conectados por meio de uma esteira invisível para que permaneçam sincronizadas a fim de realizarem o ideal de *produção em fluxo unitário de peças*.

Na realidade, na linha de montagem final e nas linhas de montagem de componentes, esteiras rolantes são utilizadas. Embora a quantidade alimentada em cada linha de esteira seja a quantidade constante de uma *unidade*, uma alimentação irregular pode ocorrer quando há uma paralisação na linha. Portanto, as encomendas de produção junto às linhas de usinagem que são processos precedentes em relação às linhas de montagem também ocorrerão dentro do *sistema de retirada em quantidades constantes e ciclo inconstante*.

Bola de pingue-pongue como *kanban* de produção

Como já foi explicado, se a linha de usinagem obedecer a uma produção em fluxo unitário de peças, de acordo com a encomenda de produção do sistema de retirada em quantidades constantes e ciclo inconstante, uma bola de pingue-pongue é usada muitas vezes como um *kanban* de produção (veja a Figura 22.4). Os passos do sistema de bola de pingue-pongue são os seguintes (Aoki, 2007, p. 25):

1. O transportador da linha de montagem de componentes apanha uma peça acabada do armazém no final da linha de usinagem.
2. Ao mesmo tempo o transportador recolherá a bola de pingue-pongue especificamente afixada a cada peça em questão e a colocará na entrada de um cano em forma de mangueira ligado ao final da linha de usinagem. O cano em forma de mangueira levará a bola de pingue-pongue até o ponto inicial da linha de usinagem por ar comprimido.
3. O trabalhador na entrada da linha de máquinas irá fazer a retirada do material de peças (trabalho) na ordem em que as bolas de pingue-pongue chegaram até ele e colocará o trabalho na linha.
4. A bola de pingue-pongue colocada no canto da caixa de instrumentos do trabalho se movimenta junto com o trabalho ao longo da linha. Este movimento é o mesmo que o sistema usa para os cartões *kanban* comuns de produção, já que os cartões *kanban* de produção coletados em seu painel porta-*kanban* serão novamente afixados às caixas de peças acabadas um a um.

Kanban de produção similar a bolas de pingue-pongue, como bolas de golfe ou *kanban* em forma de moeda (disco) também já foram utilizados.

Uso de *kanban* de produção como um sistema de dois contenedores

Caso a linha de montagem final venha a ser interrompida com frequência devido a diversos imprevistos, causando atrasos frequentes na produção, a retirada de peças deve ser realizada pelo sistema de retirada em quantidades constantes e ciclo incons-

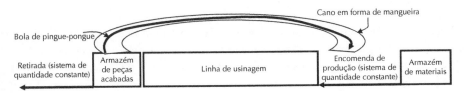

FIGURA 22.4 Bola de pingue-pongue como um *kanban* de produção. (Adaptado de Aoki, 2007, p. 22, com modificação.)

tante. Ademais, se a produção do processo subsequente não estiver necessariamente sincronizada e o processo precedente estiver produzindo em lotes grandes, então como a encomenda de produção será feita? Esta é uma situação para a qual o sistema *kanban* não se adequa bem.

Se tal processo precedente for o processo de usinagem, o "posto de *kanban* de produção" (painel porta-*kanban*) pode ser usado para esse processo.

No "painel de produção" deste processo de usinagem, o *número máximo possível de cartões* kanban *de produção* será ajustado para cada variedade de peças. Se um determinado tipo de peça usar mais do que dois cartões *kanban* de produção como o seu número máximo (em outras palavras, se o tamanho do lote de produção for maior do que duas caixas), então pode ser atribuído um cartão *kanban* a algumas peças, enquanto outras receberão dois ou três cartões *kanban* (Veja a Figura 17.1 no Capítulo 17).

Neste caso, o número máximo possível de cartões *kanban* de produção equivale à quantidade encomendada de cada peças em questão, e ao mesmo tempo este número máximo é equivalente à quantidade de peças usadas pelo processo subsequente durante o tempo de atravessamento dos cartões *kanban* de produção.

Aqui podemos aplicar o conceito do *sistema de dois contenedores* (o contenedor vem a ser, neste caso, uma caixa grande). Duas caixas de peças são preparadas e estocadas. Quando uma caixa de estoque ficar vazia, o estoque da outra caixa será usado. Para reabastecer a caixa vazia, uma encomenda de uma caixa de peças será feita. Neste sistema:

Capacidade de uma caixa
   = Número de unidades a serem usadas no processo subsequente durante o tempo
      de atravessamento de produção
   + Estoque de segurança

Além disso,

Capacidade de uma caixa
   = Quantidade de estoque do "ponto de reabastecimento" incluindo o estoque de
      segurança

Portanto, quando uma caixa estiver vazia, ela servirá como um cartão *kanban* de retirada e também como um cartão *kanban* de produção. Como uma caixa vazia também é um *kanban* de produção, a capacidade de uma caixa é logicamente a quantidade da encomenda.

Suponha que reduzamos a capacidade da caixa pela metade, e que temos quatro caixas de estoque de peças no processo subsequente. Suponha também que o tempo de atravessamento de produção de peças no processo precedente corresponde a duas caixas de uso de peças pelo processo subsequente. Nessa situação, quando duas caixas ficarem vazias no processo subsequente e forem levadas ao processo precedente, (ou seja, se dois cartões *kanban* forem colocados no "painel porta-*kanban* de produção"), então as peças equivalentes a essas duas caixas vazias (isto é, uma quantidade de encomenda de duas caixas) precisarão ser produzidas no processo precedente.

Kanban de sinalização do processo de estampagem

No processo estampagem, o tamanho do lote de produção é predeterminado (ou constante) e o tempo de produção irá variar de tal forma a obedecer ao sistema de retirada em quantidades constantes e ciclo inconstante. A seguir, estudamos como determinar o *ponto de reabastecimento* e o *tamanho do lote*, que são usados no processo de prensagem, no processo de fundição e no processo de forjamento.

§ 6 CÁLCULO DO PONTO DE REABASTECIMENTO

O *kanban* de sinalização é pendurado no palete bem no *ponto de reabastecimento* (chamado de *número de critério* na Toyota). Quando o palete em que o *kanban* de sinalização é retirado pelo processo subsequente, o *kanban* de sinalização é destacado e é então pendurado no *painel porta*-kanban *de sinalização*.

Agora, como devemos determinar a quantidade de estoque para o ponto de reabastecimento? O método usado para essa determinação é similar àquele usado para computar o número de cartões *kanban* de produção.

O *tempo de atravessamento de* kanban *de sinalização* é o período de tempo que compreende desde o instante em que o *kanban* de sinalização é destacado até o instante em que as peças finalizadas ficam disponíveis para serem usadas no processo subsequente. Assim,

Número necessário de peças no processo subsequente
 = *Tempo de atravessamento de* kanban *de sinalização*
 × Uso médio de peças por hora no processo subsequente

Se o estoque de segurança for adicionado,

$$\text{Ponto de reabastecimento} = \frac{\text{Número necessário de peças no processo subsequente} + \text{Estoque de segurança}}{\text{Capacidade da caixa de peças}}$$

Caso a fração resultante não seja um número inteiro, ela precisa ser arredondada para o próximo inteiro mais alto.

§ 7 DETERMINAÇÃO DO TAMANHO DO LOTE

O pedido de uma *quantidade constante* no sistema de encomenda do modelo tradicional de controle de estoque é chamada de tamanho do lote, tradicionalmente determinado pelo LEC (lote econômico de compra). Usando um sistema *kaizen* para o *sistema de retirada em quantidades constantes*, a encomenda de uma quantidade constante feita pelo *kanban* de produção é o tamanho do lote (exceto no caso da produção em fluxo unitário de peças).

Mas a Toyota não determina o tamanho do lote aplicando o modelo LEC. Segundo sua maneira de pensar, se ela conseguir reduzir o tempo de preparação, conseguirá então reduzir o tamanho do lote. O tamanho do lote pode ser determinado considerando a carga real na linha de produção baseada no tamanho do lote. Em outras palavras, o tamanho do lote deve ficar dentro de uma faixa tal em que *o tempo total de preparação por dia* (igual a quantidade de preparações por dia vezes o tempo de preparação de um lote de produção) não deve exceder uma *certa carga admissível*. Este valor gira em torno de uma hora num dia de trabalho de oito horas (Kotani [2008] p. 89).

Quando os tempos totais de tempo de preparação por dia são determinados, o tamanho do lote é determinado pela seguinte equação:

Tamanho do lote = (Média diária de peças processadas / Quantidade de preparação por dia)
+ Estoque de segurança por dia

Em termos gerais, para peças que são usadas em grandes quantidades por dia, o tamanho do lote deve ser o menor possível. Para peças cujo uso diário é menor, o tamanho do lote pode ser maior. Para peças cujo tamanho físico é maior, o tamanho do lote deve ser o menor possível. Para peças cujo tamanho físico é menor, o tamanho do lote pode ser um pouco maior.

§ 8 MUDANÇAS NO NÚMERO DE CARTÕES *KANBAN*

As mudanças no número de cartões *kanban* são feitas de acordo com as mudanças no volume estimado de produção a cada mês. O número necessário de cartões *kanban* é calculado por um computador usando as equações descritas neste capítulo. Como isso acaba sendo conduzido por trabalho manual nos locais de produção que operam com tantos cartões *kanban*, o aumento do número de cartões *kanban* pode ser um trabalho bastante exigente.

Se o tempo de atravessamento for mais longo, a necessidade de se modificar o número de cartões *kanban* provavelmente aumentará. O tempo de atravessamento dos *cartões kanban de fornecedor* será mais longo, já que as peças terceirizadas são enviadas de locais distantes. Como resultado, as quantidades de cartões *kanban* alterados poderão ser inúmeras. Conforme a Toyota, a própria companhia precisa modificar cerca de 10.000 cartões *kanban*, devido ao fato de que as linhas de montagem utilizam diversos tipos de peças terceirizadas. No entanto, para *cartões kanban de retirada entre processos* usados dentro das plantas da Toyota, o tempo de atravessamento pode ser mais curto, de tal modo que as alterações no número de cartões *kanban* não serão tão frequentes. A necessidade de alterar o número de *cartões kanban de produção* também depende do tempo de atravessamento de *kanban*.

Mudanças no número de cartões *kanban* de fornecedor

Em primeiro lugar, os cartões *kanban* de fornecedor destacados nas linhas de produção da Toyota passam por uma triagem automática no seletor de *kanban* a fim de identificar os cartões *kanban* de cada fornecedor e sua quantidade. Se o número de cartões *kanban* de fornecedor precisar ser reduzido, o número necessário de cartões *kanban* de cada grupo de cartões *kanban* de fornecedor destacados será automaticamente subtraído pelo seletor de *kanban*.

Entretanto, se o número de cartões *kanban* de fornecedor aumentar, a triagem terá de ser manual. O aumento no número de cartões *kanban* de fornecedor, incluindo o estoque de segurança, deverá ser gradual, ao longo de $(c+1)$ ocasiões de entrega. Em outras palavras, para uma determinada peça, o número adicional necessário de cartões *kanban* deverá ser acrescentado constantemente a cada ocasião de entrega, desde a entrega inicial até a entrega final $(c+1)$. Suponha, por exemplo, que o número adicional de *kanban* é de 15 cartões e que o intervalo de transporte (ou o intervalo de atraso de entrega) c é 4, então:

$$15 / (c+1) + 15 / 5 + 3$$

o que significa que é preciso adicionar três cartões *kanban* aos cartões *kanban* destacados a cada momento de entrega, desde o primeiro momento até o momento $(c+1)$ (Kotani, 2008, p.91).

Quando se trata de reduzir o número de cartões *kanban* para o mês seguinte, o método é similar. O número necessário de cartões *kanban* precisa ser subtraído dos cartões *kanban* destacados a cada momento de entrega. Caso o número de cartões *kanban* destacados seja tão pequeno que não possa ser reduzido, então a redução será adiada para a próxima entrega.

Quando um modelo novo ou modificado de automóvel é introduzido na linha de montagem, o número necessário de cartões *kanban* aumentará rapidamente durante os primeiros dias após essa introdução. Na Toyota, quando um novo modelo é lançado, o volume diário de produção desse carro aumenta de 0 a 1.000 unidades dentro de apenas 5 dias (Kotani, 2008, p.94). Portanto, durante esses cinco dias, a Toyota precisa adicionar cerca de 10.000 tipos diferentes de cartões *kanban* de fornecedor a cada dia, totalizando mais de 50.000 cartões *kanban*.

§ 9 MANTENDO O NÚMERO NECESSÁRIO DE CARTÕES *KANBAN*

Segundo o conceito *just-in-time* ideal da Toyota, a companhia irá "produzir produtos necessários, na quantidade necessária e no momento necessário". Este ideal implica que sua produção sempre se adaptará às mudanças na demanda do mercado, e essas mudanças serão estimadas mensalmente pela companhia. Ou seja, o seu plano mestre de produção será alterado todos os meses.

Sendo assim, o número necessário de cartões *kanban* também será alterado dependendo das mudanças na demanda estimada para o mês seguinte. Como já foi explicado repetidas vezes, se o número necessário de cartões *kanban* aumentar, o número de cartões *kanban* usados será aumentado. Já se o número necessário de cartões *kanban* diminuir, o número de cartões *kanban* usados será reduzido no mês seguinte.

Contudo, alguns problemas podem ocorrer se alguns dos cartões *kanban* que se encontram em circulação forem perdidos durante o mês. Em tal situação, se o computador acabasse determinando que um certo número de cartões *kanban* fosse subtraído do número de cartões *kanban* existentes, então uma falta de peças poderia ocorrer. Na seção a seguir, analisamos como este problema foi solucionado.

Números máximo e mínimo das caixas de peças na placa indicadora da prateleira das peças

Anteriormente, para conferir se o número necessário de cartões *kanban* existentes está sendo mantido, as quantidades máxima e mínima de estoque foram usadas nas prateleiras de peças junto à linha. Em outras palavras, os *números máximo e mínimo das caixas de peças* são mostrados em placas indicadoras em cada prateleira de peças na linha de produção. Este é o chamado Seiton (colocação organizada e identificação dos itens de trabalho necessários) do movimento 5S (ver Capítulo 12, Figura 12.6), e trata-se de uma das características da gestão visual. (Na realidade, a quantidade total de peças terceirizadas não é armazenada nas prateleiras junto à linha (ver Capítulo 16); a prateleira junto à linha, neste contexto, diz respeito à estante de peças no armazém de peças recebidas de fornecedores.)

> *Número máximo de caixas de peças:* O estoque de peças no local de produção alcança o nível máximo quando as peças são reabastecidas pela chegada do caminhão de entrega. Essa quantidade é equivalente ao tamanho do lote de peças em questão.
>
> *Número mínimo de caixas de peças:* As peças são consumidas a partir da quantidade máxima de estoque todos os dias, e o nível mínimo é alcançado imediatamente antes da entrega seguinte chegar à planta vinda do fornecedor. Por isso, esse nível mínimo nada mais é que o estoque de segurança.

Se o nível propriamente dito de estoque na prateleira baixar do nível mínimo, isso significa que o número de cartões *kanban* foi reduzido devido a *extravios*, etc. Por outro lado, se o nível propriamente dito de estoque na prateleira exceder o nível máximo assinalado na placa indicadora, isso significa que alguém adicionou cartões kanban desnecessários.

Dessa maneira, a *placa indicadora* foi de grande utilidade para a introdução do sistema *kanban*. No entanto, por haver milhares de peças em estoque, seria trabalhoso demais e ficaria além da capacidade de trabalho dos líderes de equipes na planta monitorar as diferenças entre os níveis máximo e mínimo de caixas de peças e corrigir o número verdadeiro de cartões *kanban* nas prateleiras de peças.

Por isso, foi desenvolvido um *sistema automático para descartar cartões kanban em excesso.*

Sistema automático para descartar os cartões *kanban* em excesso

Este sistema pode ser aplicado tanto com catões *kanban* de fornecedor quanto com *kanban* eletrônico baseado no método convencional (isto é, kanban *de mão única*). Assim, apenas a sua essência será explicada aqui (Aoki, 2007, pp. 72-76).

> *Passo 1:* O número necessário de cartões *kanban* de fornecedor para cada fornecedor num determinado mês precisa ser registrado no leitor de *kanban* (ou no seletor de *kanban*) na Toyota.
>
> *Passo 2:* Sempre que o cartão *kanban* de fornecedor para uma parte passa pelo leitor de *kanban*, o número de série precisa ser destacado e armazenado com o *kanban* em questão (ou cifras únicas de série serão afixadas a todos os cartões *kanban* de fornecedor em questão), e também precisa ser armazenado no leitor de *kanban*.

Passo 3: Caso o método PEPS (Primeiro a Entrar, Primeiro a Sair) seja bem aplicado quando as peças forem consumidas, e os cartões *kanban* destacados passarem pelo leitor de *kanban*, o *kanban* cujo número de série é armazenado passará pelo leitor até que o número de série alcance o número necessário de cartões *kanban*, e qualquer cartão *kanban* que exceda o número necessário será automaticamente descartado.

Como os cartões *kanban* desnecessários podem ser automaticamente descartados com este sistema, ninguém precisa lidar com o processo de redução quando o número de cartões *kanban* é reduzido.

Descoberta de cartões kanban *perdidos*

Um dia depois que o número necessário de cartões *kanban* de determinado mês foi registrado, os cartões *kanban* com números de série já passaram pelo leitor de *kanban*. Se descobrirmos que algumas peças não atendem o número necessário de cartões *kanban*, então cartões *kanban* adicionais precisam ser introduzidos, pois isso só pode ter ocorrido devido à perda de cartões *kanban*.

23
Novos desenvolvimentos em e-*kanban*

§ 1 DOIS TIPOS DE *E-KANBAN*

O termo *e-kanban* diz respeito ao método que a Toyota utiliza para encomendar peças junto a seus fornecedores; com ele, a companhia não repassa qualquer cartão *kanban* para o responsáveis pela movimentação das peças, mas utiliza a tecnologia da informação para enviar encomendas ao fabricantes de peças.

Dois tipos de e-*kanban* são usados: um (chamado de *e-kanban de reabastecimento prévio*) é um método relacionado com a retirada sequencial de peças em conformidade com a programação de carregamento final do veículo; o outro (chamado de *e--kanban de reabastecimento tardio*) é o método *kanban* convencional de terceirização.

§ 2 MÉTODO *E-KANBAN* DE RETIRADA SEQUENCIAL: RETIRADA SEQUENCIAL DE PEÇAS COMBINADA À SEQUÊNCIA DE PROGRAMAÇÃO DE CARREGAMENTO DO VEÍCULO

A evolução do *kanban*

Desde 1950, aproximadamente, quando Taiichi Ohno desenvolveu o sistema *kanban*, até por volta de 1974, a Toyota utilizou *kanban* para "puxar" peças grandes, como motores e transmissões, e peças menores. No entanto, o emprego de *kanban* para puxar motores e outras peças de grande porte exigia que cada uma delas estivesse pronta, no armazém do fornecedor, ocupando assim bastante espaço.

Por esse motivo, ali por 1970, a Toyota decidiu restringir o uso de *kanban* para puxar peças grandes como motores (pelo *sistema de reabastecimento prévio*) a fábricas distantes da linha de montagem final.

Enquanto isso, a empresa parou de usar *kanban* para puxar motores de fábricas vizinhas. Em vez disso, começou a usar o método de retirada sequencial, enviando as informações sobre a sequência necessária de motores (reunindo as informações da sequência de programação de produção de diferentes modelos de veículos) todos os dias, por computador, para essas fábricas.

Entretanto, esse tipo de retirada sequenciada também era problemática, porque exigia um contato constante entre os gerentes de produção das fábricas de motores e os gerentes de produção das linhas de veículos. E isso simplesmente consumia tempo demais.

Por isso, por volta de 1998, a Toyota decidiu colocar as informações sobre a sequência de veículos diretamente em cartões *kanban* e enviá-los eletronicamente, sem passar por ninguém, para as fábricas onde os motores e outras peças grandes eram produzidos (ver Figura 23.1).

E-kanban

Em termos gerais, na filosofia MRP, se *o período de tempo* (*time bucket*), ou seja, o período mínimo de produção for dividido em horas e depois em minutos, e se a sequência de veículos e de tempo for conhecida, deve ser possível calcular as quantidades e os horários de abastecimento das peças para cada modelo de veículo. Depois que as quantidades necessárias são calculadas, supondo-se que a quantidade de peças e de entregas por *kanban* é decidida previamente, é possível calcular o número de cartões *kanban* e os horários de entrega ao longo do dia. Isso constitui o *e-kanban* para o sistema de retiradas sequenciadas da linha principal de veículos.

A ordem em que os modelos de veículos são introduzidos na linha principal de veículos (a sequência de carregamento) é confirmada três dias antes da conclusão dos veículos. (No passado, a sequência de programação de carregamento de modelos de veículos só podia ser confirmada dois dias antes do dia de produção em si, mas agora ela pode ser adiantada em um dia.) Dispondo-se de três dias de tempo de atravessamento (*lead time*) para processar as informações, torna-se possível expedir os *e-kanban* para todas as peças e fazer com que sejam entregues antes que as anteriores sejam todas usadas. Em outras palavras, os motores que estão prestes para serem usados podem ser enfileirados ao lado da linha de montagem de veículos, prontos para serem usados assim que for necessário.

Para enfatizar que essas peças são entregues antes que as anteriores tenham sido usadas, este sistema é chamado de *e-kanban de reabastecimento prévio* ou *e-kanban de entrega avançada*. Estes cartões *e-kanban de* reabastecimento prévio também são chamados apenas de *e-kanban* em distinção aos cartões *e-kanban* de reabastecimento posterior descritos a seguir (Kotani, 2008).

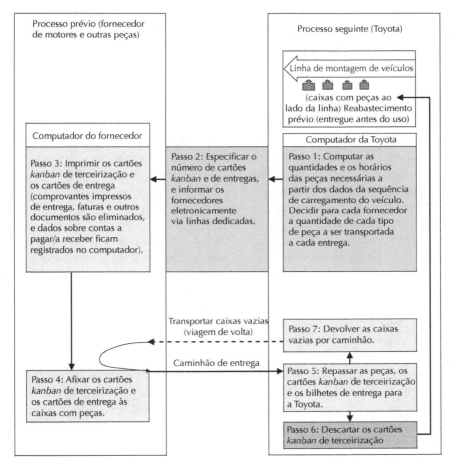

FIGURA 23.1 O mecanismo *e-kanban* no sistema de reabastecimento prévio (retirada sequenciada).

No entanto, como há apenas cerca de duas ou três horas entre a entrada da encomenda vinda da linha de veículos e o horário em que a peça será usada de fato, este sistema só pode ser usado para peças de grande porte, geralmente transmissões, motores, aceleradores, pneus, assentos e para-choques.

Como as entregas feitas de acordo com esses cartões *e-kanban* respeitam a sequência de programação de carregamento de veículos, sincronizando naturalmente o uso de peças por hora, ocorrem poucas mudanças nas quantidades diárias entregues, e pode-se dizer que um sistema de "entregas em horários fixos e em quantidades fixas" foi alcançado.

§ 3 *E-KANBAN* NO SISTEMA DE REABASTECIMENTO POSTERIOR: *E-KANBAN* PARA AS PEÇAS NECESSÁRIAS EM LINHAS DE MONTAGEM DE MOTORES ETC.

As linhas de montagem de motores são divididas em linhas de motores de grande porte, linhas de motores de médio porte e linhas de motores de pequeno porte; mas todas as linhas recebem encomendas de diferentes fábricas de veículos.

As linhas de motores agrupam as encomendas de diversas fábricas e introduzem as condições necessárias de sincronização (como, por exemplo, "regras de controle de índice de aparecimento", "regras de controle de continuidade/intervalo", etc.; consulte o Capítulo 21), e decide a sequência de montagem de motores de forma a equilibrar o uso das peças, evitando concentrações. É com base nisso que a linha faz as suas próprias encomendas.

Nesse contexto, a diferença entre uma linha de montagem de motores e uma linha de montagem de veículos é que, enquanto em termos de MRP um veículo é um produto de consumo final e, portanto, aquilo que se padronizou chamar de "item de demanda independente" (ou um "item básico de planejamento de produção"), um motor ou uma transmissão é um "item de demanda dependente", produzido de acordo com as encomendas de várias fábricas de veículos.

Isso significa que só é possível determinar o número de motores a serem produzidos logo antes do início dos trabalhos. Por causa disso, ao passo que a sequência de programação de carregamento de veículos poder ser estipulado até três dias antes da conclusão dos veículos, a sequência de programação de motores só pode ser estipulada um dia antes da conclusão dos motores. Isso significa que há um tempo de atravessamento insuficiente de processamento de dados para expedir cartões *kanban* eletrônicos que permitam a retirada sequenciada das peças necessárias para a montagem de motores com base nas informações sequenciais dos motores.

Por isso, um tipo especial de *kanban* eletrônico (o *e-kanban de reabastecimento tardio*) similar ao *kanban* convencional acabou sendo desenvolvido para as peças usadas em motores, transmissões, e assim por diante (veja a Figura 23.2). O procedimento para utilizar o *e-kanban* de reabastecimento posterior é o seguinte:

Passo 1: Depois que um operador na linha de montagem de motores faz uso de uma peça em particular, ele destaca do *kanban* de fornecedor da caixa com peças e coloca-o dentro do posto de *kanban*.

Passo 2: O líder da linha recolhe periodicamente os cartões *kanban* que se acumularam no posto de *kanban*.

Passo 3: Os cartões *kanban* destacados e recolhidos (os quais apresentam código de barras, e, por isso, são *e-kanban*) são lidos por um leitor de *kanban* (um leitor de código de barras).

Capítulo 23 • Novos desenvolvimentos em e-kanban

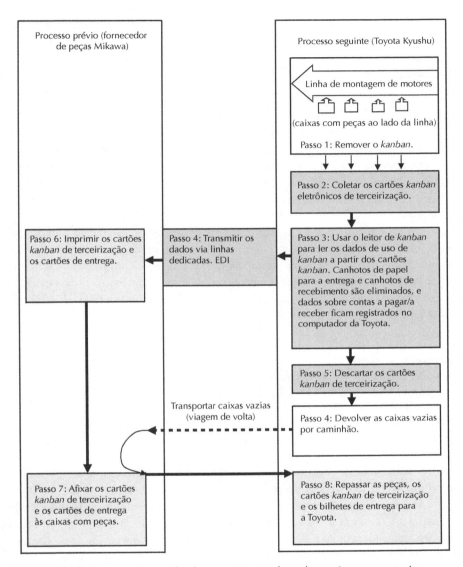

FIGURA 23.2 O mecanismo *e-kanban* no sistema de reabastecimento posterior.

Passo 4: Os dados lidos pelo leitor de código de barras (nomes das peças, número de cartões *kanban* usados, quantidade de peças usadas, etc.) são enviados via um sistema EDI (intercâmbio eletrônico de dados) através de linhas dedicadas até as fábricas de peças da Toyota e os fornecedores externos de peças.

Passo 5: Os cartões *kanban* lidos pelo leitor de código de barras são raspados.

Passo 6: Cartões *kanban* de papel (e também *e-kanban*) e bilhetes de entrega são impressos nas fábricas de peças que receberam os dados.

Passo 7: O motorista faz a entrega das peças finalizadas que estão esperando nas fábricas de peças da Toyota, juntamente com seu *kanban* associado e uma cópia do bilhete de entrega para as peças entregues.

Os cartões *e-kanban* neste sistema de reabastecimento posterior foram desenvolvidos porque as fábricas de peças localizadas longe da fábrica de montagem de veículos consideravam impossível acompanhar o ritmo mantendo o método original (no qual algum representante do fabricante de peças ou do depósito precisava ir até a fábrica de montagem, recolher os cartões *kanban* e afixá-los aos produtos a serem entregues).

No entanto, até mesmo os fabricantes de peças que não se encontram distantes da planta de montagem de veículos optam por migrar do *kanban* convencional para o *e-kanban* caso sejam capazes de lidar com a rede de comunicação de dados. Neste sentido, pode-se dizer que todos os cartões *kanban* da Toyota estão fadados a migrarem para a forma eletrônica (veja a Figura 23.3 para um exemplo desse tipo de *e-kanban*).

§ 4 INFORMAÇÃO SEQUENCIAL PARA LINHAS PRINCIPAIS, LINHAS DE UNIDADES E LINHAS DE COMPONENTES

Uma *linha de montagem de unidades* é uma fábrica integrada onde os materiais para peças de grande porte como motores e transmissões são usinados, montados e finalizados.

As diversas linhas de montagem de veículos, que representam os processos seguintes dessas fábricas, encontram-se geograficamente dispersas. As transmissões e os motores finalizados precisam ser fornecidos para essas diversas linhas.

As informações de sequência de carregamento para as linhas de montagem de unidades não têm um fluxo ágil até suas próprias linhas de componentes (tal como as linhas de usinagem de pistões, as linhas de perfuração e outras linhas de componentes que alimentam uma linha de montagem de motores). Isso ocorre porque a sequência das linhas principais de montagem de veículos e das linhas de unidades às vezes é modificada como resultado de defeitos produzidos, ou por outros motivos. Se isso ocorrer e se as linhas de componentes estiverem processando peças numa sequência predeterminada, as peças provenientes das linhas de componentes serão então fornecidas para as linhas de montagem de unidades na ordem errada, e as linhas de componentes formarão um estoque desnecessário.

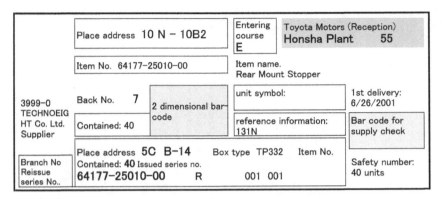

FIGURA 23.3 Amostra de *kanban* eletrônico para reabastecimento posterior. (Adaptado de Kotani, 2008, p. 72.)

Então de que modo a sequência necessária de produção nas linhas de componentes é comunicada? O método usado recorre à exibição de fotos das unidades propriamente ditas sendo montadas nas linhas de montagem de unidades, seguindo a ordem na qual estão sendo montadas, em monitores localizados perto das linhas de componentes. Os operadores das linhas de componentes observam os monitores e conferem a sequência visualmente.

Por exemplo: numa linha de usinagem de pistões, que é uma das linhas de componentes de uma linha de montagem de motores, as telas dos monitores exibem números indicando os diâmetros dos pistões que são instalados nos blocos de motor que vão passando pela linha de montagem de motores. Essas fotos são tiradas com câmeras instaladas acima da linha de montagem de motores e são enviadas aos monitores.

A relação entre as sequências de programação para as linhas de montagem de veículos e paras as linhas de montagem de unidades e suas linhas de componentes é mostrada na Figura 23.4.

A diferença fundamental entre o *e-kanban* no sistema de reabastecimento prévio e no sistema de reabastecimento posterior é que, no primeiro sistema, os cartões *kanban* removidos na linha de montagem final não são usados como informação para a retirada de peças; em vez disso, os cartões *e-kanban* são gerados nos fabricantes de peças usando-se as informações contidas na sequência de programação de carregamento de veículos (isto é, as informações avançadas sobre a ordem de produção para a linha de montagem de veículos), acabados com base nas encomendas recebidas dos revendedores dos veículos.

Entretanto, como os cartões *e-kanban* de reabastecimento prévio também são lidos pelo leitor de *kanban* na Toyota a fim de conferir a existência de quaisquer diferenças entre as quantidades reais e planejadas de peças usadas nas linhas de mon-

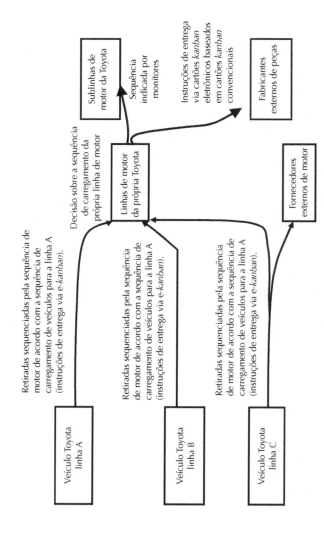

FIGURA 23.4 Informação sequencial nas linhas principais, linhas de unidades e linhas de componentes.

tagem e para processar as contas a pagar e a receber, não há diferença aparente entre eles e os cartões *e-kanban* do tipo de reabastecimento posterior.

§ 5 *E-KANBAN* PASSANDO ATRAVÉS DE UMA CENTRAL DE COLETA (PRÉDIO INTERMEDIÁRIO)

Num número cada vez maior de ocasiões, os fabricantes de peças localizados bem longe de uma montadora não fazem a entrega das peças diretamente para a montadora, e sim para uma "central de coleta" (um prédio intermediário) próximo de suas próprias plantas. O prédio intermediário se encarrega da entrega de múltiplas cargas

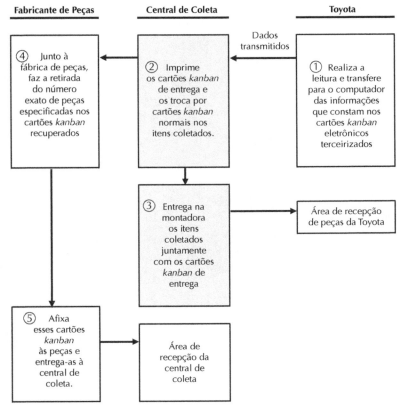

FIGURA 23.5 *E-kanban* passando através de uma central de coleta.

provenientes de vários fabricantes de peças diferentes para a montadora. Esse tipo de entrega é chamado de *entrega via central de coleta*, ou *entrega cross-dock*.

O sistema funciona obedecendo aos quatro passos mostrados na Figura 23.5.

24

Kanban como apoio aos sistemas de informação

§ 1 O SISTEMA TOYOTA DE PRODUÇÃO É SUSTENTADO POR MUITOS SISTEMAS DE INFORMAÇÃO

Devido a certas noções distorcidas, o Sistema Toyota de Produção é por vezes considerado distante dos modernos sistemas de informação. Ademais, muitos acreditam que a produção *just-in-time* (JIT) só pode ser realizada por meio do sistema *kanban* puxado. Porém, antes da aplicação dos cartões *kanban*, programações detalhadas precisam ser preparadas para cada processo de produção lançando-se mão de dados de planejamento mensais. Esse desenvolvimento de programações é feito usando-se um sistema de informação.

A produção da Toyota é sustentada pela tecnologia da informação, conforme discutido nos Capítulos 6, 20, 21, 22 e 23. Outro exemplo neste capítulo baseia-se nos sistemas da Toyota, da Kyoho-Seisakusho Company, Ltd., e da Aisin-Seiki Company, Ltd. No entanto, como as companhias do grupo Toyota encontram-se intimamente alinhadas com a Toyota Motor Corporation, sistemas similares também são compartilhados por muitos fornecedores.

O sistema examinado aqui consiste em sete subsistemas, que podem ser classificados grosseiramente em três categorias (Figura 24.1):

1. Subsistema *com tecnologia de base de dados*, que faz a manutenção da base de dados para os sistemas de planejamento e de desempenho prático
2. Subsistema *de planejamento*, que proporciona informações aos gerentes da planta para a preparação de detalhes de produção para o mês seguinte, tal como a determinação do número de cartões *kanban* e a distribuição dos trabalhadores na linha de montagem

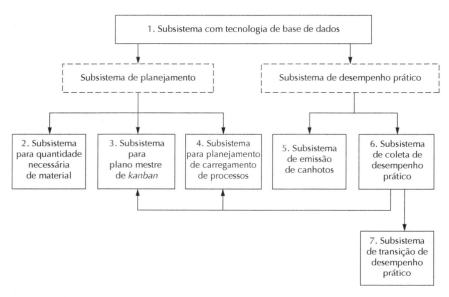

FIGURA 24.1 Esboço geral do sistema de informação que sustenta o *kanban*.

3. Subsistema *de desempenho prático*, que fornece informações capazes de dirigir a atenção para o aprimoramento de processos por meio de uma comparação entre o desempenho prático e os dados planejados

Estes subsistemas serão analisados nas seções a seguir.

O subsistema com tecnologia de base de dados mantém os dados básicos para os controles de produção. Isso inclui uma base de dados de peças (rol de materiais) para computar as diversas quantidades de peças necessárias para cada produto acabado e uma coleção de dados para pensar sobre os passos do início ao fim da produção de produtos de uma companhia.

A Kyoho-Seisakusho Company, Ltd., vem usando uma base de dados UNIS (UNIVAC Industrial System) com software desenvolvido pela Japan UNIVAC Company, Ltd., para esse subsistema. A UNIS foi originalmente desenvolvida para MRP (*material requirement planning*, ou planejamento das necessidades materiais). Neste sentido, o sistema *kanban* é compatível com o MRP.

§ 2 SUBSISTEMA PARA QUANTIDADE NECESSÁRIA DE MATERIAL

Este subsistema de suprimento recebe informações com três meses de antecedência como dados de entrada, fornecidos pela Toyota aos seus fornecedores cooperativos de peças. Então, o subsistema computa a quantidade de material necessário para cada processo, com base em suas respectivas bases de dados referentes a "lista de materiais". As saídas desse sistema são resumidas da seguinte maneira:

- Quantidades diárias necessárias de cada material a ser usado dentro da companhia ou por seus fornecedores
- Número de paletes para conter cada material
- Programação de produção de cada produto finalizado a ser suprido a cada companhia cliente

Para alcançar a produção JIT, os materiais necessários diariamente precisam ser previamente preparados para poderem estar disponíveis no momento certo. Além disso, de acordo com a Regra 3 do sistema *kanban*: "produtos defeituosos nunca devem ser transportados para o processo subsequente". A taxa de defeitos não pode ser levada em consideração ao se computar as quantidades necessárias de material. O Sistema Toyota de Produção consiste não apenas no sistema de informação por *kanban*, mas também nos métodos de produção para aprimorar o processo quando unidades defeituosas são descobertas.

O departamento de desenvolvimento de carros conta com um sistema de rol de materiais centralmente administrado pela Toyota, chamado de SMS (Specifications Management System, ou Sistema de Gestão de Especificações), e acabou integrando diversas operações da companhia de uma forma harmoniosa. Este é mais um sistema

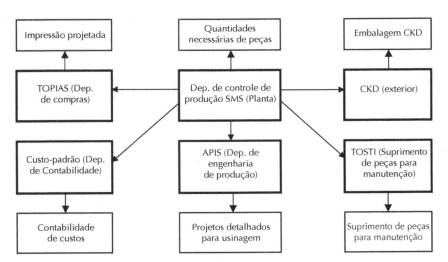

FIGURA 24.2 SMS (Specifications Management System, ou Sistema de Gestão de Especificações) da Toyota. (Adaptado de Toda, M. 2006, p. 36.)

informatizado de operações principais comparável ao TNS (Toyota Network System, ou Sistema em Rede da Toyota), discutido no Capítulo 6. Ele foi preparado em 1982 e ainda é amplamente utilizado com diversos refinamentos no âmbito das companhias do grupo Toyota (veja a Figura 24.2). Em 2003, este sistema foi renovado e transformado no "Novo SMS", a ser utilizado por companhias localizadas globalmente e em todas as operações. O novo SMS também é chamado de "base de dados BOM globalmente integrada". Além disso, diversos aplicativos operacionais estão sendo desenvolvidos usando o novo SMS como um sistema central básico.

§ 3 SUBSISTEMA PARA PLANO MESTRE DE *KANBAN*

O subsistema para plano mestre de *kanban* computa os seguintes dados com base numa quantidade de produção nivelada (média) ao dia:

- A quantidade de cada cartão *kanban* necessária para a produção de um lote
- Aumento ou redução na quantidade de cada cartão *kanban* em comparação ao mês anterior
- Posição de um *kanban* de sinalização (que corresponde a um ponto de reabastecimento e que dispara tempos de produção)
- Tamanho do lote

Esses dados serão impressos na forma de uma *tabela-mestre de kanban*, como mostrado na Figura 24.3. A tabela é entregue ao gerente de cada processo para a preparação da quantidade prática de cartões *kanban*. Além disso, como a quantidade

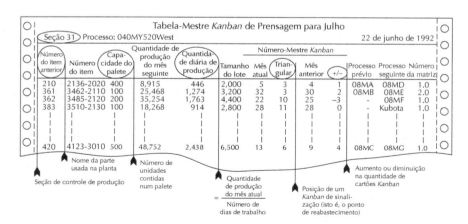

FIGURA 24.3 Tabela-mestre de *kanban*.

média diária de produção varia praticamente uma vez por mês, os dados precisam ser computados mensalmente.

Três tipos diferentes de tabelas-mestre da *kanban* são usadas, dependendo da seguinte aplicação.

Peças produzidas internamente

Esta tabela é impressa para cada peça/item em cada processo. A tabela é entregue ao departamento de controle de produção para a preparação dos cartões *kanban* e a reorganização de cada processo (isto é, realocação de trabalhadores) em resposta às mudanças na demanda. As fórmulas usadas em alguns fornecedores são as seguintes:

$$\frac{\text{Tamanho}}{\text{do lote}} = \frac{\text{Quantidade mensal de produção de um produto específico}}{\text{Quantidades de preparações por mês para um produto específico}} \quad (24.1)$$

$$\text{Número de cartões } kanban \text{ por lote} = \frac{\text{Tamanho do lote}}{\text{Capacidade do palete}} \quad (24.2)$$

$$\text{Posição do } kanban \text{ triangular} = \left[\frac{\text{Quantidade média de produção diária}}{\text{Capacidade do palete}}\right] + 1 \quad (24.3)$$

No Capítulo 22 é possível encontrar informações detalhadas disponíveis para as fórmulas recém citadas.

Peças produzidas externamente

Esta tabela é impressa para cada fornecedor e para cada ciclo de *kanban* para que cada fornecedor esteja a par da variação mensal em suas quantidades necessárias de produção. As fórmulas usadas para computar a quantidade de cartões *kanban* de fornecedor são diferentes das equações para cartões *kanban* internos, já que um sistema de retirada em ciclo constante é aplicado aos cartões *kanban* de fornecedor, ao passo que um sistema de retirada em quantidades constantes é aplicado aos cartões *kanban* internos. Informações mais detalhadas e o conceito de ciclo de *kanban* podem ser encontrados no Capítulo 22.

Uso de material

Esta tabela é impressa para ser entregue ao fornecedor de material. Se uma puncionadeira, por exemplo, estiver envolvida, o número de cartões *kanban* para um lote de bobinas será enviado ao fornecedor de bobinas.

§ 4 SUBSISTEMA DE PLANEJAMENTO DE CARREGAMENTO DE PROCESSOS

As quantidades mensais de produção flutuam dependendo do plano predeterminado de produção publicado mensalmente pela Toyota. Sendo assim, cada linha de produção é capaz de se adaptar a essas mudanças mensais em quantidade de produção alterando sua respectiva capacidade, ou seja, aumentando ou reduzindo o seu quadro de trabalhadores. Tais mudanças podem ser alcançadas por meio de atividades de melhoria ou pela presença de trabalhadores multifuncionais num leiaute especial de máquinas.

Para que cada processo exerça o seu impacto na variação da capacidade de trabalho, este subsistema computa os dados a seguir em um *plano de carregamento de processo* com base no plano mensal predeterminado de produção:

- Tempo de ciclo a cada processo
- Tempo de processamento ou tempo de carregamento a ser despendido para um determinado lote a cada processo
- Tempo de preparação e número de preparação a cada processo

Comparando-se o tempo de carregamento com a capacidade existente em cada processo, uma série de preparações de produção tais como planejamento de mão de obra, leiaute de máquinas e planejamento de horas extras podem ser calculadas. Esse plano de carregamento de processo reflete dados gerados para o plano mestre de *kanban* e para as quantidades necessárias de material. Portanto, se a carga de um determinado processo for alterada, o número de trabalhadores ou o número de cartões *kanban* será alterado de forma correspondente. A fórmula a seguir é usada para computar o tempo de carregamento despendido para um determinado lote de produção:

$$\text{Tempo de carregamento} = \frac{\text{Quantidade encomendada} \times \text{Horas-padrão}}{\text{Quantidade-padrão} \times \text{Taxa de utilização do processo}} + \text{Tempo de preparação} \quad (24.4)$$

A quantidade-padrão e as horas-padrão geralmente são predeterminadas a cada processo. Suponhamos, por exemplo, uma quantidade de encomenda (tamanho do lote) de 100 unidades, uma hora-padrão para produzir 10 unidades de quantidade-padrão e o tempo de preparação de duas horas. Então, o tempo de carregamento para este processo é computado como

$$\frac{100 \times 1}{10} + 2 = 12 \text{ horas}$$

No caso de um departamento de puncionadeiras, "golpes por hora" (GPH) é substituído por "taxa de utilização do processo em termos de quantidade-padrão de vezes", como observado aqui:

$$\text{Tempo de carregamento} = \frac{\text{Quantidade encomendada + Quantidade produzida por uma prensa mecânica}}{\text{GPH}} + \text{Tempo de preparação} \quad (24.5)$$

onde GPH e o tempo de preparação são computados com base nos dados respectivos aos três últimos meses, coletados pelo subsistema de *Desempenho Prático*. Adicionalmente, o tempo de ciclo será usado para padronizar a rotina de operações e para determinar a quantidade-padrão de estoque vinculado ao processo em questão.

§ 5 SUBSISTEMA DE CONTAS A PAGAR E CONTAS A RECEBER VIA *KANBAN* ELETRÔNICO

O *kanban* pode ser considerado como uma espécie de moeda corrente, porque quando um processo faz a retirada de uma peça junto a um processo prévio, um *kanban* de retirada precisa ser apresentado no processo de fabricação da parte em questão. No entanto, um *kanban* só especifica qual tipo de peça é necessário, de onde e para onde a peça precisa ser transferida e a quantidade de peças a serem produzidas até qual horário. O *preço de transferência* não é definido pelo *kanban*, ainda que o preço e a informação monetária sejam necessários entre um fornecedor e uma companhia usuária. Sendo assim, para trabalhar com contas a pagar e contas a receber no departamento de contabilidade de ambas as companhias, algumas faturas precisam ser emitidas. Tais faturas também são usadas para confirmar e inspecionar a quantidade total do item suprido pelo fornecedor.

Conforme descrito no Capítulo 4, a Toyota aplica dois sistemas diferentes para fazer a retirada de peças junto a diversos fornecedores, dependendo do tamanho físico da parte. O sistema mais prevalente é o de *reabastecimento posterior*, que emprega *kanban* de fornecedor. O segundo sistema é o de *retirada sequenciada*, baseado na sequência de programação para a linha de montagem de múltiplos modelos. A seguir é descrito o novo sistema de contabilidade usado para pagar pela compra de peças entregues por meio do sistema *kanban*.

Como os dados lidos pelo leitor de *kanban* da Toyota ficam registrados no computador central da companhia, os bilhetes de entrega, os recibos, os canhotos de venda e outros documentos em papel que costumavam ser impressos pelo fornecedor para verificação agora são completamente desnecessários. Isso foi feito por causa da necessidade de eliminar o papel com esse tipos de formulário. Entretanto, a maior parte dos dados referentes a contas a pagar/a receber em peças terceirizadas (os dados referentes as contas a serem pagas pela Toyota e recebidas pelos fabricantes de peças) fica registrada no computador central da Toyota.

Além disso, as montantes monetárias relevantes são ulteriormente confirmadas por meio de bilhetes de entrega (um *bilhete de entrega* é um tipo de nota que forma um par com um *kanban* eletrônico) relacionados às peças de fato entregues pelos fabricantes de peças. Caso um fabricante de peças não consiga fazer a entrega das quantidades exatas de peças conforme especificado eletronicamente no Passo 4 mencionado anteriormente, as quantidades são compensadas numa entrega posterior, acompanhadas por um *bilhete de divisão*.

Como todos os dados da Toyota relacionados a contas a pagar e a receber também são processados pelo computador da companhia, documentos como bilhetes de entrega e recibos foram eliminados tanto para *e-kanban* de reabastecimento prévio quanto para *e-kanban* de reabastecimento posterior. Mesmo no sistema de *e-kanban* de reabastecimento prévio, os fabricantes de peças repassam cartões *kanban* eletrônicos e bilhetes de entrega para Toyota juntamente com as peças enviadas.

Antes desses métodos de *kanban* eletrônico terem sido adotados, os bilhetes de entrega e os recibos eram impressos quando os cartões *kanban* de terceirização eram lidos pelos leitores de *kanban* dos fabricantes de peças quando do seu recebimento, e eles eram levados até a Toyota junto com as peças. Os bilhetes de entrega eram lidos pelos OCRs (*optical character reader*, ou leitor ótico de caracteres) da Toyota e os dados eram gravados como contas a pagar no computador central da companhia. Os recibos eram carimbados pela Toyota e devolvidos aos fabricantes de peças pelos motoristas de caminhão, onde eram lidos pelos OCRS dos fabricantes de peças e registrados como contas a receber em seus respectivos computadores centrais. A seguir, ao final de cada mês, a Toyota e os fabricantes de peças comparavam suas respectivas contas a pagar e a receber. Se os dados de um fabricante de peças mostrassem que a Toyota devia mais do que ela mesma calcular, o fabricante de peças era obrigado a apresentar seus recibos à Toyota a fim de verificar sua alegação, e costumava demorar bastante tempo até que o fabricante de peças encontrasse todos os recibos necessários, criando um gargalo no processo de *kanban*. Esse problema agora foi resolvido.

§ 6 SUBSISTEMA DE MENSURAÇÃO DO DESEMPENHO PRÁTICO

O subsistema de *Coleta de Desempenho Prático* reúne diariamente os dados reais de desempenho de cada processo e compila-os como informações mensais de produção.

Os dados de desempenho incluem a quantidade de produção, o tempo de processamento, o tempo de preparação, o tempo de ciclo, o tempo ocioso das máquinas, o número de golpes, etc. Os dados mensais de produção são incluídos no ciclo de planejamento mensal. A comparação dos dados de desempenho prático com os valores planejados de produção redunda nas cifras de variância. Se as variâncias forem desfavoráveis (isto é, processamento lento demais), algumas medidas corretivas precisam ser tomadas para minimizar as variâncias. Em outras palavras, este subsistema chama a atenção para as áreas problemáticas e ajuda a evocar atividades de melhoria para otimizar os métodos de produção da Toyota. Adicionalmente, os dados de desempenho prático, tal como número de golpes e tempo de preparação, são alimentados na forma de dados básicos para a computação do carregamento ou do tempo de preparação para o período seguinte.

O subsistema de *Transição de Desempenho Prático* transforma os dados de desempenho prático em dados de séries temporais dos últimos três meses para mostrar o progresso do desempenho na prática. Essas informações em séries temporais enfatizam as diferenças técnicas entre processos e as situações de utilização da capacidade no âmbito de cada processo, possibilitando assim a promoção de aprimoramentos por toda a companhia em técnicas de engenharia.

Seção 4

Sistemas de produção humanizados

25
Desenvolvendo uma mente *kaizen* espontânea

§ 1 DESENVOLVENDO A MENTALIDADE *KAIZEN* ESPONTÂNEA: RUMO A INCORPORAÇÃO DO STP

Quando Taiichi Ohno, a figura central na construção do Sistema Toyota de Produção, estava prestando consultoria a respeito do STP e ajudando companhias a introduzi-lo, ele jamais entregou tudo "mastigado" às pessoas a quem estava aconselhando, preferindo fazê-las pensar em suas próprias estratégias de melhoria e encorajá-las a desenvolverem suas próprias capacidades de resolução de problemas. Em outras palavras, ele estava sempre atento à motivação do pessoal no chão de fábrica e à promoção de uma mentalidade *kaizen* espontânea neles.

Qualquer que seja a assiduidade com que as técnicas e sistemas STP sejam ensinados às pessoas, eles não irão se consolidar nem terão qualquer possibilidade de desenvolvimento se as pessoas não estiverem motivadas. O método Taiichi Ohno de orientar e desenvolver pessoas é o ponto mais importante a respeito do modo de introdução e implementação do STP.

Sempre que uma companhia introduz o STP, isso geralmente se dá mediante a ajuda e a orientação de um consultor; muitas vezes, porém, o sistema não consegue se consolidar de fato após sua introdução, e tudo acaba retornando ao ponto de partida. A causa disso costuma ser um desenvolvimento deficiente da motivação do pessoal de quem se espera a permeação, a evolução e o desenvolvimento do STP dentro da organização. E é por isso que o desenvolvimento de pessoas altamente motivadas é mais importante do que qualquer outra coisa.

Neste capítulo, introduzirei alguns exemplos (veja Shimokawa e Fujimoto, 2001) da época em que Ohno estava prestando consultoria para a Daihatsu na introdução do STP, e a partir das próprias palavras e ações de Ohno (Ohno, 1982). Esses exemplos ajudarão a lançar luz sobre os métodos de consultoria de Ohno e explorarão a questão do desenvolvimento da motivação e da mentalidade *kaizen* espontânea a fim de consolidar o STP na cultura organizacional.

§ 2 COMO TAICHII OHNO SE TORNOU CONSULTOR DA DAIHATSU

Em 1967, a Daihatsu formou uma aliança comercial com a Toyota e juntou-se ao Grupo Toyota pela primeira vez. Assim, a produção do pequeno carro Toyota Publica foi delegada à Daihatsu e a produção em larga escala teve início na Fábrica de Quioto da Daihatsu em 1973. O maior desafio enfrentado então pela Daihatsu era como produzir o Publica nos níveis de custo e qualidade da Toyota.

Foi nessas circunstâncias que Taiichi Ohno, à época vice-presidente e responsável pela área de fabricação da Toyota, começou a prestar consultoria e orientação à Daihatsu a respeito do STP. Até então, o STP só fora introduzido e disseminado entre os fornecedores do Grupo Toyota na área de Nagoia. A Daihatsu estava localizada bem longe de Nagoia, em Kansai, e por ser uma companhia dessa região, nutria inegavelmente uma cultura corporativa diferente daquela da Toyota. Não havia como transplantar o STP para tal companhia simplesmente impondo-o de forma unilateral.

A pessoa-chave na Daihatsu que recebeu consultoria e *coaching* diretamente de Taiichi Ohno foi Michikazu Tanaka, à época gerente geral do departamento de produção na Fábrica da Daihatsu de Quioto. (Mais tarde ele se tornaria presidente da Daihatsu.) A maneira como o STP foi passado de Ohno para Tanaka, incluindo a recepção de Tanaka frente ao sistema, não apenas nos proporciona algumas ideias e conhecimento sobre o transplante do STP, sobre sua transferência além-mar e sobre sua consolidação na cultura corporativa, como também destaca a importância do lado humano das coisas na transferência do STP.

§ 3 CRIE UMA SITUAÇÃO DIFÍCIL E DÊ UM PROBLEMA PARA AS PESSOAS RESOLVEREM

No método de consultoria de Ohno, a primeira coisa que ele sempre fazia era criar uma situação difícil para as pessoas sob sua tutela e apresentar a elas um problema a ser resolvido. O motivo era que ele acreditava que as pessoas só exercitavam sua engenhosidade se não houvesse outra saída.

Seu segundo princípio era que ele não iria conduzir as pessoas pela mão até as soluções, preferindo fazê-las pensar e encorajá-las a desenvolverem suas próprias capacidades de resolução de problemas. Nas palavras de Tanaka, esta abordagem consistia em "ensinar apenas 20%, fazendo as pessoas se esforçarem para alcançar os 80% restantes por conta própria".

Analisemos alguns casos de estudo para ver como este método funcionava.

Caso 1: montagem mista do Startlet (o sucessor do Publica) e o carro popular da própria Daihatsu

Hoje em dia, é prática-padrão fazer passar quatro ou cinco modelos diferentes de automóveis pela mesma linha de produção, mas naquela época, a sabedoria convencional dizia que era impossível fabricar mais de um modelo ao mesmo tempo, e que cada modelo precisava ter sua própria linha dedicada. Na Daihatsu, especificamente, onde qualquer espaço valia ouro, os engenheiros de produção diziam que a produção de dois carros diferentes na mesma linha estava totalmente fora de questão, e que se eles fossem forçados a adotar este sistema, precisariam construir um prédio com 10.000 m^2 para as peças. Taiichi Ohno recusou de imediato esta ideia, dizendo que o Starlet era um carro barato, e que a construção de um prédio iria elevar os custos fixos a ponto de impossibilitar o cumprimento do custo-alvo dos veículos determinado por meio de custo *kaizen*.

A resposta de Tanaka ao problema delegado a ele por Ohno foi afirmar: "Façamos uma tentativa. Só dá para saber se algo é possível se tentarmos fazê-lo. Se não funcionar, daí então será o momento de repensar". Isso ele disse tanto para o seu chefe (o vice-presidente da Daihatsu) quanto para Taiichi Ohno.

Os gerentes de departamentos e seções da fábrica criticaram fortemente Tanaka, apresentando todos os argumentos pelos quais isso era impossível, mas ele impôs sua firme resolução a eles, afirmando que sua decisão de fabricar os carros numa linha de múltiplos modelos estava tomada e que ele não queria mais ouvir alegações sobre o que tornava isso impossível, somente sobre o que tornava isso possível. Ele disse que queria trabalhar com eles para que a ideia desse certo.

Frente à impávida determinação de seu chefe, os gerentes acabaram dando tudo de si para bolarem algumas propostas práticas para resolverem os problemas. Como um exemplo, a prensa estava na época produzindo o equivalente a 12 turnos de peças por lote; a companhia conseguiu reduzir esse número para o equivalente a seis turnos, liberando espaço para as peças. Todos os diferentes departamentos da fábrica contribuíram para esta conquista.

Caso 2: Desenvolvimento do sistema *Preparar, Apontar, Fogo* no processo de soldagem de carroceria

Atualmente, toda a soldagem da carroceria numa fábrica automotiva é realizada por robôs automatizados, mas na época isso era feito manualmente por soldadores. O sistema *Preparar, Apontar, Fogo* no processo de soldagem de carroceria foi desenvolvido independentemente pela Daihatsu sob as orientações de Taiichi Ohno. Mas não foi ele quem estabeleceu o sistema para a companhia; ele só deu a sua dica.

Uma explicação detalhada do sistema *Preparar, Apontar, Fogo* foi apresentado na primeira edição deste livro (Monden, 1983) e pode ser encontrada no Capítulo 10 desta quarta edição. Como ele se aplica a processos de soldagem manual de pontos específicos, o sistema não é usado em modernas linhas de fabricação de carroceria, mas a sua descrição foi deixada nesta edição porque os seus princípios são fundamentais para o STP. Eu pude observá-lo pessoalmente quando visitei a Fábrica da Daihatsu em Ikeda em 1979, e ele me deixou tão chocado que meu corpo inteiro estremeceu só de pensar em como o sistema era exigente.

A primeira linha que Ohno foi observar, quando visitou a fábrica, foi o processo de carroceria principal na linha de carroceria (a linha de carroceria era constituída pelo processo de carroceria principal, um processo de carroceria para cada carroceria lateral e um processo para a parte inferior da carroceria). Após observar o processo principal por um tempo, ele perguntou: "Tanaka, aquele operador está adiantado ou atrasado no seu trabalho?". Tanaka não soube responder, já que não conhecia o estado de progresso do trabalho do operador.

Ao ouvir isso, Ohno prontamente traçou uma linha com giz num quadro negro ali perto e disse: "No seu colégio, quando você competia numa corrida sempre havia uma linha de largada, certo? Todos começam ao mesmo tempo e do mesmo lugar, para que depois fique óbvio quem está liderando, quem está em segundo lugar e quem ficou bem para trás, não é isso? Se todo mundo começasse em locais diferentes, ninguém saberia quem estava em primeiro ou em segundo lugar. A mesma coisa está acontecendo nesta linha de produção neste momento; não fazemos ideia de quem está adiantado e quem está atrasado em seu trabalho. Se não é possível enxergar o problema, não há como aprimorar coisa alguma. É preciso fazer com que todos trabalhem como se estivessem diante de uma esteira rolante, mesmo que não estejam, e é preciso contar com algo que dê o ritmo para que isso seja possível". Este foi o único conselho que Taiichi Ohno deu.

E foi isso que levou Tanaka e um gerente do departamento de produção chamado Takemoto, que Ohno trouxera consigo da Toyota, a bolarem algo que pudesse funcionar como um marca-passo. Para que todo mundo na linha de carroceria fosse capaz de reconhecê-lo facilmente, eles decidiram disparar uma sirene quando da passagem de cada intervalo do *takt time*. Isso poderia ser considerado como praticamente uma invenção.

Uma semana depois, Ohno retornou e disse: "Isso não dará certo. Com uma sirene barulhenta como essa, parece até que os trabalhadores estão sendo tocados como gado. Não devemos fazer nada que pareça forçar os trabalhadores a agirem. Que tal tocar uma melodia agradável ao invés dessa sirene? E vocês poderiam deixar os próprios trabalhadores decidirem a melodia que eles querem. E ela não deve ser instalada num único local na linha. Dividam-na em três locais". Não devemos deixar passar despercebido o fato de que Ohno, nesta ocasião, deu um conselho que acabou deslanchando as coisas na direção certa.

Na oportunidade seguinte, Ohno apresentou-lhes um novo problema, afirmando: "Não basta saber o quanto as coisas estão adiantadas ou atrasadas a cada ciclo (um intervalo de *takt time*). Vocês precisam organizar as coisas de tal modo que saibam como o trabalho está progredindo dentro de cada ciclo".

Assim, Tanaka teve a ideia de subdividir cada ciclo em cinco etapas diferentes e de disparar uma música a cada vez que uma dessas etapas se encerrava. Em outras palavras, uma melodia diferente era tocada a cada quinta parte da etapa de *takt time*. Os trabalhadores conseguiam ouvir quando um quinto do *takt time* havia passado, quando dois quintos haviam passado, quando o ciclo completo havia passado, e assim por diante.

Além disso, providenciou-se para que a luz de cor âmbar em cada *andon* se acendesse no instante em que quatro quintos do *takt time* tivessem se passado, para que a luz verde se acendesse para os processos quando o trabalho tivesse sido completado e para que a luz vermelha se acendesse para os processos em que o trabalho estava atrasado. (Este sistema, em que o *takt time* é dividido em etapas iguais e uma melodia diferente é tocada ao final de cada etapa a fim de controlar o progresso do trabalho, ainda é usado para o procedimento de preparação interna das prensas na Daihatsu.)

Dessa forma, tudo começava de novo ao mesmo tempo em cada processo de carroceria principal e lateral no instante em que todos os trabalhadores houvessem concluído suas tarefas, e é isso que se quer dizer por "Preparar, Apontar, Fogo". Tudo começava de novo repetidamente e ao mesmo tempo. Esta é a abordagem similar chamada de o *sistema takt* em livros-texto de gestão de produção, para a sincronização do trabalho de todos em linhas sem esteiras rolantes.

Caso 3: "Você não deve pensar: 'O que eu vou ensinar a eles?'"

Certo dia, Ohno levou consigo até a Daihatsu um homem chamado Imai, dizendo: "Eu lhes trouxe um homem de ideias". Depois de observar bem de perto o chão de fábrica da Daihatsu durante uma semana, Imai disse a Ohno: "Não consegui pensar em nada que eu precise fazer na Daihatsu; nada me ocorreu". Ohno disse a ele: "Você não deve pensar: 'O que eu vou ensinar a eles?' É muito mais importante obter sugestões com os próprios trabalhadores e ajudá-los a partir daí. Esse é o seu trabalho". Ele também deu uma dica a Imai, sugerindo que ele tentasse fazer algum progresso em algumas pequenas melhorias de automação.

Assim, Imai começou a fazer o que Ohno lhe sugerira, e Tanaka encontrou com ele por acaso tarde da noite no chão de fábrica, trabalhando em algumas melhorias com os operadores. O que Imai disse a Tanaka então lhe deixou uma profunda impressão.

Imai disse: "Se você deseja fazer uma boa melhoria, precisa da cooperação dos trabalhadores. Caso tente realizá-la por conta própria, só conseguirá alcançar metade daquilo que deseja; porém, com conselhos positivos dos operadores, você conseguirá realizá-la por completo. Não há como melhorar as coisas sem receber a ajuda dos trabalhadores". Esta atitude deve ter calado fundo nos trabalhadores; depois disso, eles pediram que Imai aprimorasse diversos tipos de coisas. Uma relação de confiança se estabelecera entre ele e os funcionários.

Até então, Tanaka costumava pensar que seu trabalho era fazer seus subordinados cumprirem tarefas dizendo a eles o que fazer. Ele não considerava importante estimulá-los a fazerem sugestões. Imai lhe ensinou que sua tarefa era tirar proveito das ideias e da criatividade dos trabalhadores.

§ 4 CONCLUSÃO

Neste capítulo, analisei como fazer para desenvolver a mentalidade *kaizen* espontânea (isto é, a motivação) com uma visão para implementar o STP como parte da cultura, examinando, enquanto isso, alguns exemplos específicos dos métodos de ensino de Taiichi Ohno.

O que podemos concluir a partir disso é que Ohno considerava que a motivação das pessoas era mais importante do que tudo mais para a melhoria do chão de fábrica. Podemos dizer que Ohno empregou os três estágios a seguir para desenvolver este tipo de motivação.

1. Fazer com que as pessoas exercitem sua engenhosidade criando uma situação difícil e dando um problema para elas resolverem

Ao invés de ensinar a elas técnicas e sistemas específicos do STP, Ohno costumava criar deliberadamente uma situação extremamente exigente no chão de fábrica e dar um problema real para que as pessoas fossem forçadas a exercitar sua criatividade e sua engenhosidade quer quisessem ou não. Isso fica claro a partir dos três casos analisados anteriormente.

No Caso 1, ele levou a fábrica a produzir dois modelos diferentes na mesma linha, ainda que a sabedoria convencional da época sugerisse que cada modelo deveria ter a sua própria linha dedicada. Além do mais, ele fez isso numa fábrica em que o espaço era exíguo e onde o departamento de engenharia de produção estava resistindo teimosamente, considerando que isso estava completamente fora de questão.

No Caso 2, a única coisa que ele lhes disse foi para bolarem algo capaz de dar o ritmo para que, no processo de soldagem de peças, que não contava com uma esteira rolante, todos os soldadores pudessem trabalhar em sincronia com o *takt time*, exatamente como se estivessem de fato trabalhando junto a uma esteira rolante.

O que esses casos têm em comum é que Ohno impôs um desafio ao pessoal do chão de fábrica, dando a eles um problema para resolver.

No entanto, ele não ia meramente de subordinado em subordinado dando a eles uma dor de cabeça para se preocuparem. Ele afirmou o seguinte (Ohno, 1982, 140-141):

> Ao liderar uma grande quantidade de pessoas, basicamente, não basta dar ordens e conselhos a elas; é preciso também entrar numa batalha de astúcias com elas. Se você dá uma ordem ou uma instrução, precisa descobrir como você mesmo a cumpriria, como se tivesse recebido a ordem ou instrução. E se a ideia deles for melhor do que a sua, você precisa admitir a derrota com espírito esportivo. Tudo se resume ao modo como você trabalha com o seu pessoal – passando por dificuldades com eles, quebrando a cabeça juntos, dando a elas o máximo de sugestões que conseguir. Você precisa descobrir o que fará com que eles fiquem ao seu lado. Eu falei de "batalha de astúcias" – você precisa saber que as pessoas só têm ideias quando estão com um problema nas mãos. Você precisa descobrir como deixar o seu pessoal numa sinuca. O que daria a eles uma verdadeira dor de cabeça? Quando é uma questão de vida ou morte, as pessoas sempre têm boas ideias. Se você mandar alguém fazer alguma coisa, mas se você mesmo não tiver a menor ideia de como faria, mesmo que você queira deixá-la numa sinuca, você não terá o que dizer se ela retornar e disser a você que não consegue fazer. A pessoa não se sentirá nem um pouco incomodada com isso. Para que você consiga depositar sobre ela uma pressão tamanha para que ela precise se esforçar ao máximo para não dizer inadvertidamente que não consegue fazer, você precisa quebrar a cabeça e ter algumas boas ideias por si mesmo, pelo menos tão boas quanto o seu subordinado é capaz de ter, ao mesmo tempo em que está dizendo a ele o que você deseja.

Certamente é verdade, como Ohno afirma aqui, que todas as vezes que ele deu aos seus subordinados uma tarefa desafiadora, ele próprio deu o seu máximo para chegar a uma solução. Lembro que quando eu e ele estávamos lecionando num *workshop* sobre STP e estávamos sentados juntos na antessala, ele não parava de franzir o cenho, dizendo: "Estou prestando consultoria para uma companhia no momento, e quero descobrir como ela pode empregar o sistema *kanban* a um componente específico". A maioria dos consultores não se esforça tanto assim pelos seus clientes. Isso também tem relação com o ponto (3) mais adiante, envolvendo estender uma mão amiga.

Michikazu Tanaka, da Daihatsu, chegou a seguinte interpretação do sistema *kanban*:

> No que dizia respeito ao sistema *kanban*, eu costumava pensar que se tratava de algo para simplesmente reduzir o material em processo, aumentar a produtividade, revelar os problemas, e assim por diante. Isso certamente é verdade, mas a meta do sr. Ohno era reduzir o material em processo e criar uma situação bastante desafiadora a fim de motivar o pessoal. Ele usava o sistema *kanban* como uma ferramenta para motivar as pessoas. (Shimokawa et. al, 2001, p.36)

2. Nunca conduza as pessoas pela mão até a solução do problema, preferindo sempre fazer com que elas cheguem por conta própria às suas próprias estratégias de melhoria, e encoraje-as a desenvolverem suas próprias habilidades de resolução de problemas

No Caso 3, mencionado anteriormente, Ohno disse ao consultor de *kaizen* do chão de fábrica: "Você não deve pensar: 'O que eu vou ensinar a eles? É muito mais importante obter sugestões com os próprios trabalhadores e ajudá-los a partir daí.'". Esta era a filosofia dele na promoção de *kaizen*.

Isso queria dizer: "ensinar apenas 20%, fazendo as pessoas se esforçarem para alcançar os 80% restantes por conta própria". Em outras palavras, ele acreditava que ao introduzir ou prestar consultoria a respeito do STP, era essencial jamais entregar tudo "mastigado" às pessoas a quem estava aconselhando, preferindo, ao invés disso, fazê-las pensar em suas próprias estratégias de melhoria e encorajá-las a desenvolverem suas próprias capacidades de resolução de problemas. Especificamente, fica claro que até mesmo nos Casos 1-3 recém examinados, Ohno se restringia a apresentar o problema e algumas dicas sobre como ele poderia ser solucionado, fazendo com que as pessoas responsáveis na área descobrissem sua própria solução. No entanto, com a sirene que funcionava como um marca-passo no Caso 1, ele propôs um passo adiante na melhoria, ou seja, a substituição da sirene por uma melodia agradável.

3. Mesmo que os subordinados fracassem, não transmita uma sensação de frustração para eles; estenda-lhes uma mão amiga – os líderes devem ser tornar pessoas carismáticas nos quais os outros podem confiar

Ohno também afirmou o seguinte: "Para fazer com que as pessoas cumpram com aquilo que você exigiu delas, você precisa se tornar alguém com carisma. Você precisa se esforçar para ser o tipo de pessoa pela qual os outros se sentem tão atraídos que caminhariam sobre o fogo por você". (Ohno, 1982, 141-142).

O que Ohno está pedindo aqui (tornar-se alguém com carisma) não é algo fácil para as pessoas comuns. Quanto a isso, Tanaka revela que Ohno lhe disse que ele (Tanaka) era bastante duro com seus subordinados e que foi aconselhado por Ohno a não passar às pessoas motivadas um sentimento de fracasso. Ohno não se limitava a estabelecer desafios difíceis para as pessoas; ele também dizia que mesmo quando não se sentem capazes de realizar algo, pessoas motivadas estão pelo menos preparadas para tentar, ainda que não tenha sucesso. Quando isso acontecia, era errado fazer com que elas se sentissem fracassadas.

Tanaka pensou bastante sobre o fato de que até então ele só pronunciara duras palavras a seus subordinados. De acordo com ele, quando ele parou de repreender tanto e passou a oferecer uma mão amiga, as pessoas começaram a vê-lo com alguém que apreciava seus esforços, mesmo quando as coisas não saiam como o planejado, e que passaram a tentar de tudo por ele. Ele acabou dizendo que: "Pessoas que não estendem uma mão amiga não têm a confiança de ninguém" (Shimokawa et. al, 2001, p.50).

Em outras palavras, quando damos um problema difícil para alguém resolver e a pessoa tenta ao máximo solucioná-lo, devemos reconhecer a jornada pela qual ela passou. Na sociedade econômica atual do mundo real, as pessoas são avaliadas por seus resultados, e esforço sem resultado muitas vezes é considerado como algo sem sentido; contudo, se evitarmos fazer com que uma pessoa que se esforçou ao máximo se sinta uma fracassada, ela estará muito mais propensa a se esforçar ao máximo no próximo desafio. Um líder com carisma é alguém que não é meramente duro o tempo todo, mas que também reage às pessoas de forma mais simpática; as pessoas darão ouvidos ao que ele tem a dizer e farão o seu melhor para se aprimorarem.

Podemos dizer que Taiichi Ohno desenvolveu o STP e saiu por aí introduzindo-o em várias organizações, enquanto tentava desenvolver as pessoas com base nas três estratégias descritas anteriormente. Para aprimorar o local de trabalho, sua estratégia frente ao desenvolvimento pessoal se resumia, no fundo, a motivar os funcionários. As pessoas que eram desenvolvidas dessa maneira, por sua vez, desenvolviam seus subalternos usando as mesmas abordagens, motivo pelo qual, provavelmente, o STP no Grupo Toyota continuou evoluindo sem limites aparentes. Isso pode ser considerado similar à cadeia de relações entre mestre e pupilo no mundo acadêmico, na qual o aprendizado é repassado ao longo do tempo.

Até mesmo na academia, aqueles considerados como professores de primeira classe são provavelmente os que apresentam aos seus alunos um tema de pesquisa abrangente e difícil, mas interessante, e que então não os levam pela mão por suas pesquisas e pela escrita de seus trabalhos. Os professores de primeira classe não conduzem os seus alunos pela mão, e seria impossível desenvolver pesquisadores de primeira classe com esse tipo de ensino. De início, os estudantes precisam empreender esforços próprios para encontrarem um tópico mais específico dentro do tema abrangente de pesquisa apresentado pelo professor, com o qual eles possam desenvolver um trabalho escrito. Em seguida, eles precisam encontrar o seu próprio modo de elucidar o foco de sua pesquisa. No entanto, os jovens pesquisadores lidam com exigências bastante estritas de tempo quando estão preparando suas teses para obterem seus doutorados, para que ainda tenham tempo de pedir algumas dicas a seu professor caso tenham tentado de tudo para descobrir qual caminho seguir, como resolver os problemas ou quais métodos usar. Ainda assim, os próprios alunos é que devem usar sua criatividade e conduzir a pesquisa por conta própria, com base nessas dicas. Este tipo de processo acaba desenvolvendo pesquisadores com verdadeiras habilidades de pesquisa.

Por fim, quando os alunos tentam ao máximo e ainda assim não chegam a resultado algum, o professor não deve repreendê-los e fazer com que se sintam fracassados; na verdade, ele deve elogiá-los por seus esforços e estende-lhes uma mão amiga para que consigam ter algumas ideias novas e fazer alguns avanços. Quando os alunos que receberam esse tipo de monitoria se tornaram professores, eles, por sua vez, provavelmente irão monitorar seus alunos da mesma forma e desenvolver suas próprias "escolas" de aprendizado.

26
Atividades de melhoria ajudam a reduzir a equipe e a elevar o moral dos trabalhadores

§ 1 SOLUCIONANDO O CONFLITO ENTRE PRODUTIVIDADE E FATORES HUMANOS

O Sistema Toyota de Produção visa elevar a produtividade e reduzir os custos de fabricação. Entretanto, ao contrário de outros sistemas deste tipo, ele alcança as suas metas sem com isso rebaixar a dignidade humana do trabalhador. Como já foi exaustivamente demonstrado com relação ao sistema de esteira rolante desenvolvido por Henry Ford, tentativas de aumentar a produtividade geralmente vêm acompanhadas com um aumento de tarefas para o trabalhador. Para aumentar a produtividade, é preciso ou manter o mesmo nível de produtividade e ao mesmo tempo enxugar o quadro de trabalhadores ou produzir mais e mais com o número já existente de trabalhadores. Tradicionalmente, qualquer das alternativas acaba envolvendo um inaceitável sacrifício em termos humanos – uma desumanização do trabalhador. Na Toyota, porém, o conflito entre produtividade e cuidados humanos foi solucionado por iniciativas de melhorias positivas em cada local de trabalho, mediante a ação de pequenos grupos chamados de *círculos de controle de qualidade* (círculos CQ).

As melhorias são várias: o refinamento de operações manuais, a fim de eliminar desperdício de movimento; a introdução de máquina nova ou aprimoramento da mesma a fim de evitar o uso pouco econômico de mão de obra humana e maior economia no uso de materiais e suprimentos. Todos os três tipos de melhoria são desenvolvidos por meio de reuniões de pequenos grupos, nas quais um sistema de sugestões similar àquele empregado em outros países cumpre um papel proeminente.

Além disso, o sistema *kanban* também ajuda a promover aumentos de produtividade. Muito provavelmente, este é o único sistema de controle de produção que também proporciona uma motivação para o aumento da produtividade. A Figura 26.1

398 Seção 4 • Sistemas de produção humanizados

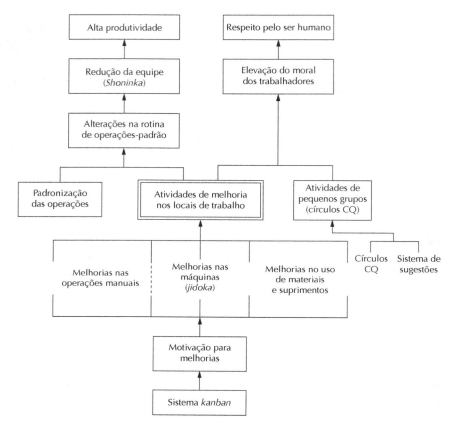

FIGURA 26.1 Esboço geral das atividades de melhoria.

mostra as relações entre o sistema *kanban*, as diversas melhorias no local de trabalho, os círculos de controle de qualidade e a elevação da produtividade e do moral.

§ 2 MELHORIAS NAS OPERAÇÕES MANUAIS

Em qualquer fábrica, todas as operações manuais se enquadram em uma dentre as três categorias a seguir:

- *Desperdício puro* – Ações desnecessárias que devem ser eliminadas de imediato (isto é, tempo de espera, empilhamento de produtos intermediários e *duplas transferências*; Figura 26.2).

Capítulo 26 • Atividades de melhoria ajudam a reduzir a equipe e a elevar ...   399

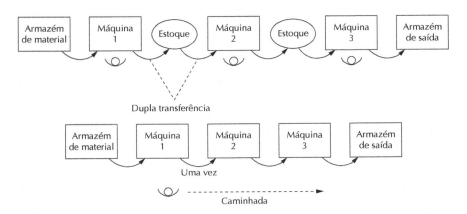

FIGURA 26.2 Eliminação da dupla transferência.

- *Operações que não agregam valor* – Operações que são essencialmente dispendiosas, mas que podem ser necessárias sob os atuais procedimentos operacionais. Elas incluem longas caminhadas para buscar peças, a desembalagem de lotes vindos de fornecedores, a passagem de uma ferramenta de uma mão para outra, e assim por diante. A fim de eliminar estas operações, seria necessário realizar alterações no leiaute da linha ou providenciar que os itens dos fornecedores sejam entregues já desembalados – nenhuma das quais seria muito prática presentemente.
- *Operações que agregam valor* – Operações de conversão ou de processamento que agregam valor às matérias-primas ou aos produtos em processamento pelo acréscimo de mão de obra manual (tais como a submontagem de peças, a forja de matéria-prima, a têmpera de engrenagens, o trabalho de pintura da carroceria).

Além disso, operações corretivas – operações visando consertar ou remover produtos, ferramentas ou equipamentos defeituosos – são encontradas em todas as fábricas.

As operações que agregam valor geralmente constituem apenas uma pequena parcela das operações totais, mas a maioria destas serve apenas para aumentar os custos (Figura 26.3). Elevando-se o percentual de operações que agregam valor, a mão de obra necessária por unidade pode ser reduzida, diminuindo, consequentemente o número de trabalhadores em cada local de trabalho. O primeiro passo é eliminar o desperdício puro. Em seguida, reduz-se as operações que não agregam valor o máximo possível sem que se incorra em custos pouco razoáveis. Por fim, examina-se até mesmo as operações que agregam valor para verificar se elas podem aumentar

Operações manuais	
Desperdício puro	Operações
	Operações que não agregam valor / Operações que agregam valor

FIGURA 26.3 Categorias de operações.

proporcionalmente em relação as operações totais mediante a introdução de algum tipo de máquina automática que substitua as operações atualmente sendo realizadas a mão.

§ 3 REDUÇÃO DO NÚMERO DE TRABALHADORES

Ao por em prática melhorias para reduzir o número de trabalhadores em suas linhas combinadas em formato de U, a Toyota elimina as operações dispendiosas, realoca operações e reduz o quadro de funcionários. Estes três passos na verdade fazem parte de um processo cíclico: a eliminação das operações puramente dispendiosas (tempo de espera) leva imediatamente à realocação das operações entre os trabalhadores no local de trabalho e a uma redução parcial da mão de obra. Os três passos podem ser repetidos diversas vezes até que todas as melhorias possíveis tenham sido realizadas (Figura 26.4).

O primeiro passo rumo à redução do número de trabalhadores é determinar o tempo de espera para cada trabalhador e revisar a rotina de operações-padrão para eliminá-la. Como o tempo de espera muitas vezes fica oculto atrás de superprodução, é comum que ele nem seja percebido. Em tais casos, grandes quantidades de estoque encontram-se atrás ou entre os processos. Como resultado, ações como movimentar

FIGURA 26.4 Ciclo para reduzir o número de trabalhadores.

e empilhar estoque, que ocupam boa parte do tempo de espera de um trabalhador, são vistas muitas vezes como parte do seu trabalho. Na Toyota, porém, tais ações são classificadas como um desperdício associado à superprodução, e o sistema *kanban*, que serve para reduzir os níveis de estoque, tornam óbvios os desperdícios por superprodução. Os cartões *kanban* cumprem um importante papel na eliminação de operações dispendiosas por meio da padronização das operações.

A fim de ilustrar como a eliminação do tempo de espera e a realocação de operações levam a um enxugamento da mão de obra necessária, examinemos o seguinte exemplo. O tempo padrão de operação para as operações designadas a cada trabalhador precisa ser mensurado. Subtraindo-se do tempo de ciclo o tempo operacional-padrão para cada trabalhador, é possível determinar o tempo de espera durante cada ciclo para cada trabalhador. Se, por exemplo, o tempo de ciclo for de um minuto por unidade de produção e se as operações-padrão totais atribuídas ao trabalhador A levarem 0,9 minuto, ele terá 0,1 minuto de tempo de espera. Na maioria dos casos, cada um dos outros trabalhadores terá tempos de espera variados (Figura 26.5).

Para eliminar o tempo de espera, algumas das operações do trabalhador B precisam ser transferidas para o trabalhador A, algumas das operações do trabalhador C para o trabalhador B, e assim por diante, até que operações suficientes tenham sido realocadas a fim de eliminar o tempo de espera para os trabalhadores de A a E. A esta altura, as tarefas do trabalhador G terão sido eliminadas por completo (Figura 26.6).

Ao se realizar a realocação de operações entre os trabalhadores – seja para colocar em prática melhorias em operações manuais, seja para compensar alterações em níveis de produção – as três regras a seguir devem ser obedecidas:

1. Quando o tempo de espera de cada trabalhador estiver sendo mensurado, cada um deles deve permanecer sem fazer nada depois que houver acabado as ope-

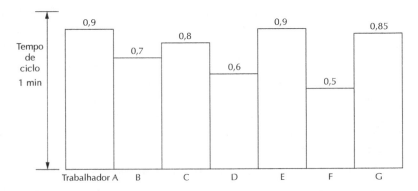

FIGURA 26.5 Cada trabalhador tem um tempo de espera.

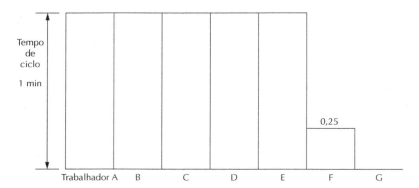

FIGURA 26.6 Realocação das operações entre os trabalhadores.

rações a si delegadas. Se o trabalhador B, por exemplo, encerrar o seu trabalho em 0,7 minuto, ele deve simplesmente permanecer parado sem fazer nada em sua estação de trabalho pelo 0,3 minuto restante. Dessa maneira, todos conseguirão perceber que ele possui tempo livre, e haverá menos resistência caso seja atribuído a ele mais uma ou duas tarefas.

2. Ao se reduzir o número de trabalhadores numa estação de trabalho, o(s) melhor(es) trabalhador(es) deve(m) ser sempre removido(s) em primeiro lugar. Caso um trabalhador comum ou pouco habilidoso seja removido, ele pode oferecer resistência, seu moral pode ficar abalado e ele pode nunca vir a se desenvolver e se tornar um trabalhador habilidoso. Um trabalhador destacado, por outro lado, geralmente se mostra mais disposto a ser transferido, já que tem mais autoconfiança e pode receber de braços abertos a oportunidade de aprender outras tarefas na fábrica.

3. Após as operações terem sido realocadas entre os trabalhadores de A a E, o 0,75 minuto restante de tempo de espera para o trabalhador F não deve ser eliminado por meio de sua distribuição equânime entre os seis trabalhadores restantes na linha. Se isso acontecesse, ele acabaria simplesmente ficando oculto de novo, já que cada trabalhador diminuiria o ritmo de seu trabalho a fim de acomodar sua parcela de tempo de espera. Ademais, haveria resistência quando chegasse a hora de revisar a rotina de operações-padrão novamente (Figura 26.7). Em vez disso, um retorno ao Passo 1 é necessário para verificar se não há mais melhorias a serem realizados na linha a fim de eliminar as operações fracionadas remanescentes para o trabalhador F.

Todos os três tipos de operações manuais precisam ser examinados, inclusive as operações que agregam valor, que podem acabar sendo eliminadas pela introdução

Capítulo 26 • Atividades de melhoria ajudam a reduzir a equipe e a elevar ...

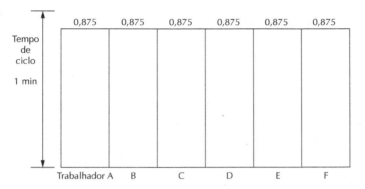

FIGURA 26.7 Alocação equivocada de operações.

de uma máquina automática. Neste estado, contudo, é importante optar pelo plano mais barato, já que somente 0,25 minuto de operação manual precisa ser eliminado. Dentre as melhorias mais baratas, estão as seguintes:

- Levar os suprimentos de peças mais para perto do trabalhador ou introduzir calhas a fim de encurtar as distâncias de caminhada.
- Usar paletes menores, que possam ser colocados ao lado daqueles trabalhadores que só precisam de uma pequena quantidade de peças de cada vez.
- Reprojetar uma ferramenta para eliminar o desperdício de movimentos quando ela é passada de uma mão para a outra.
- Facilitar a coleta de ferramentas, guardando-as penduradas em estantes com os seus cabos para cima.
- Introduzir algumas ferramentas simples para agilizar as operações.
- Nos casos em que um trabalhador opera mais de uma máquina, localizar a chave de liga/desliga entre as duas máquinas para que ela possa ser acionada enquanto o operador está caminhando de uma máquina para a outra.

Colocando-se em prática uma ou mais das ideias recém mencionadas, deve ser possível eliminar o 0,25 minuto de tempo operacional restante para o trabalhador F e, assim, removê-lo da linha. Portanto, em nosso exemplo, seria possível eliminar dois dentre sete trabalhadores. Examine a linha novamente para tentar encontrar operações dispendiosas anteriormente despercebidas e tente remover mais algum trabalhador eliminando outras operações que não agreguem valor. É bastante difícil realizar melhorias na linha a partir deste ponto; algumas melhorias que sejam intrinsecamente válidos podem ser mantidas em reserva até que uma alteração de vendas ou de modelo possibilite a alteração do tempo de ciclo ou o desenho do local de trabalho.

§ 4 MELHORIAS EM MÁQUINAS

Em qualquer processo de fabricação, existem dois tipos de melhorias a serem feitas: melhorias nas operações manuais e melhorias nas máquinas. As primeiras envolvem a definição de operações-padrão, a realocação de operações entre trabalhadores, a realocação de peças armazenadas e de produtos em processamento, etc. O segundo tipo de melhoria envolve a introdução de novos equipamentos como robôs e máquinas automatizadas. Na Toyota, as melhorias em operações manuais são sempre colocadas em prática antes das melhorias em máquinas. O motivo para isso é o seguinte:

- Em termo de relação custo/benefício, as melhorias em máquinas podem não valer a pena. Lembre-se que o objetivo de qualquer melhoria é reduzir o número de trabalhadores. Se o mesmo objetivo puder ser alcançado mediante melhorias nas operações manuais, não valerá a pena instalar uma nova programação.
- Alterações nas operações manuais podem ser revertidas caso necessário, ao passo que aquelas em máquinas não podem. Assim, se a melhoria em uma máquina der errado, a máquina será uma perda total. Os custos de melhorias em operações manuais, por outro lado, são pelo menos parcialmente recuperáveis.
- Melhorias em máquinas muitas vezes dão errado se são realizadas antes das melhorias em operações manuais. Como uma máquina automática é inflexível em sua operação, ela só pode ser integrada com sucesso a uma linha se todas as operações manuais já tiverem sido padronizadas. Caso contrário, um processamento inapropriado de uma peça e de uma operação da máquina pode resultar em uma quantidade inaceitável de peças defeituosas, e a própria máquina pode acabar quebrando com frequência. Se uma prensa, por exemplo, tivesse sido instalada num local onde tipos inadequados de material pudessem ser colocados nela, a matriz poderia ficar permanentemente danificada, juntamente com a máquina como um todo. Como resultado, teria sido necessário chamar um vigia para a máquina, e o valor dela enquanto melhoria poupadora de mão de obra seria consideravelmente reduzido.

Diretrizes na promoção de *jidoka*

Autonomação, ou *jidoka*, é essencialmente a melhoria das máquinas a fim de reduzir o número de trabalhadores. Contudo, há dois problemas que devem ser levados em consideração ao se promover a *jidoka*:

1. Mesmo que a introdução de uma máquina automática consiga reduzir a exigência de mão de obra em 0,9 pessoa, ela só será capaz de reduzir de fato o número de trabalhadores na linha se o 0,1 restante de pessoal (que é muitas vezes o vigia da própria máquina) puder ser eliminado. Consequentemente, a introdução da máquina serve apenas para aumentar os custos de fabricação e, assim, o custo do produto. Em outras palavras, uma redução das homem-horas necessárias para se produzir uma unidade (*Shoryokuka*) não é a mesma coisa que uma redução do quadro de trabalhadores. Por esta razão, uma verdadeira redução do número de trabalhadores é chamada na Toyota de *Shoninka*, para diferenciá-la da *Shoryokuka*. Somente a *Shoninka* é capaz de reduzir o custo de um automóvel.
2. *Jidoka* apresenta o efeito indesejável de fixar o número de trabalhadores que precisam ser empregados num determinado local de trabalho; ou seja, se por um lado a *jidoka* substitui as operações manuais, isso pode exigir que um certo número de trabalhadores ajudem a máquina desempenhando operações que não podem ser automatizadas. Como resultado, o mesmo número de trabalhadores deve estar sempre presente a fim de operar a máquina, independentemente da quantidade a ser produzida. Na Toyota, este fenômeno é chamado de *sistema de quórum* ("Te-i-in-se-i"), que é uma característica indesejável em qualquer ramo.

Nestes dois aspectos, portanto, a introdução de *jidoka* pode na verdade limitar a capacidade de reduzir o número de trabalhadores – uma questão que gera alguma preocupação, já que é sempre essencial ser capaz de reduzir a mão de obra, especialmente quando a demanda cresce. De que forma os dois problemas podem ser solucionados? De que maneira a *Shojinka* (a flexibilidade no número de trabalhadores) podem ser mantida ao se introduzir a *jidoka*? A Toyota tem duas diretrizes:

1. Máquinas automatizadas devem ser introduzidas somente quando existir uma necessidade premente, e não apenas porque a operação manual em questão pode ser substituída por uma máquina.
2. As estações de trabalho junto à máquina sempre devem estar localizadas o mais perto possível umas das outras, sobretudo quando a máquina ocupa uma grande área, como é o caso de uma máquina de transferência (*transfer machine*). Com muita frequência, as estações de trabalho encontram-se amplamente separadas entre si, e o tempo de operação de cada trabalhador na máquina por ciclo representa um valor fracionário. Como resultado, é impossível combinar operações fracionarias de mão de obra em operações inteiras quando o número de funcionários precisa ser reduzido.

§ 5 MELHORIAS NO TRABALHO E RESPEITO PELO SER HUMANO

Ao colocar em prática melhorias no trabalho, o respeito pelo ser humano pode ser mantido obedecendo-se às seguintes regras.

Atribua tarefas úteis aos trabalhadores

A redução do número de trabalhadores às vezes é considerada como uma maneira de forçar os trabalhadores a darem ainda mais duro sem levar em consideração o respeito pelo ser humano. Essa crítica, porém, baseia-se num mal-entendido a respeito da natureza das melhorias no trabalho ou em casos em que o procedimento errado foi adotado. Quando as operações numa estação de trabalho são aprimoradas, cada trabalhador precisa entender que a eliminação das ações dispendiosas jamais resultará em mais trabalho para si. Na verdade, a meta do programa de melhoria é aumentar o número de ações que agregam valor e que podem ser realizadas com a mesma quantidade de mão de obra. Suponhamos, por exemplo, que um trabalhador numa linha de acabamento precise caminhar cinco ou seis passos para pegar uma peça e entrar e sair do carro diversas vezes durante cada ciclo. A função da melhoria de tarefas é eliminar tais ações dispendiosas e aproveitar o tempo ganho para realizar operações que agregam valor, reduzindo, assim, o tempo total de operações-padrão e o número de trabalhadores. Caso este ponto não seja compreendido por completo, será difícil colocar em prática o Sistema Toyota de Produção, sobretudo num ambiente em que o sindicato dos trabalhadores é forte.

Na Toyota, portanto, o respeito pelo ser humano é uma questão de aliar a energia humana com operações úteis e significativas por meio da eliminação de operações dispendiosas. Se um trabalhador perceber as suas tarefas como importantes e seu trabalho como significativo, seu moral ficará alto; se ele perceber que o seu tempo está sendo desperdiçado em tarefas insignificantes, seu moral será afetado, bem como o seu trabalho.

Mantenha sempre abertas as vias de comunicação dentro da organização

A abordagem usada para promover as melhorias de tarefas é muito importante. Não basta ordenar a todos para "Reduzir o número de trabalhadores!" ou "Aprimorar o processo!" a fim de resolver o problema. Todas alas de uma planta têm os seus problemas, e os trabalhadores geralmente estão interessados em solucioná-los. Um trabalhador pode reclamar, por exemplo, que é difícil realizar a sua operação devido à situação de lotação em sua estação de trabalho ou porque a máquina é difícil de ajustar e tem vazamento de óleo. Contudo, quando o trabalhador notifica seu supervisor a respeito de tais problemas, o supervisor pode não prestar a devida atenção a ele ou o pessoal da manutenção pode não comparecer prontamente ao local. Quando isso acontece, um trabalhador excepcional pode tentar resolver o problema por conta própria – e fracassar, especialmente se a solução exigir que a máquina seja reprojetada ou modificada. Na maioria dos casos, porém, o trabalhador simplesmente prestará uma queixa no sindicato e o gerente responderá pelo caso. (Um caso representativo é descrito em Runcie [1980].) Se, por outro lado, o supervisor reagir de maneira rápida e eficaz, o trabalhador depositará nele sua confiança e sentirá que ele próprio tem um papel ativo nos esforços de melhorar o local de trabalho.

Um relacionamento de confiança e credibilidade é de suma importância na promoção de melhorias. Porém, a fim de estabilizar tal relacionamento, as vias formais de comunicação desde os trabalhadores de mais baixo escalão, passando pelo encarregado e pelo gerente geral, até o superintendente precisam estar bem claras e abertas, já que qualquer problema precisa ser solucionado através desses canais. Se os supervisores e o pessoal de engenharia industrial respeitarem as propostas vindas das linhas e promoverem melhorias juntamente com os trabalhadores, cada indivíduo na fábrica permanecerá com o moral alto e será sabedor do seu papel nas atividades de melhoria. Ninguém se sentirá alienado, e cada trabalhador perceberá que seu trabalho é uma peça importante da sua vida.

§ 6 O SISTEMA DE SUGESTÕES

Ainda que o objetivo declarado de qualquer sistema de sugestões seja tirar proveito das ideias de todos os funcionários para aprimorar as operações da companhia, o seu objetivo real muitas vezes é bem diferente. Em tais casos, o sistema de sugestões serve apenas para dar a um funcionário a sensação de que ele é reconhecido por sua companhia ou por seu superior, ou para aumentar a lealdade e o orgulho pela companhia ao permitir que ele desenvolva planos como se fosse um membro da gerência. Em outras palavras, o verdadeiro objetivo de uma sistema de sugestões na maioria das companhias é a gestão de mão de obra ou de pessoal.

Na Toyota, porém, tanto o objetivo quanto o espírito de seu sistema de sugestões são expressos pelo *slogan*: "Bons produtos, boas ideias" – ou seja, a sua meta é tirar proveito das ideias de todos os funcionários a fim de aprimorar a qualidade dos produtos e reduzir os custos para que a companhia possa continuar a crescer no mercado automotivo mundial. Com isso não se quer dizer que a Toyota é indiferente ao efeito de um sistema de sugestões sobre as relações de trabalho, mas já é um indício da seriedade com que a Toyota considera as sugestões de seus funcionários o fato de que a maior parte das atividades de melhoria descritas neste capítulo foi iniciada mediante um sistema de sugestões no âmbito de toda a companhia.

Esquemas individuais de melhoria são elaborados e introduzidos por um trabalhador ou por *círculos de CQ* formados por trabalhadores em cada local de trabalho com a liderança do supervisor. Quando um dos membros do grupo chama a atenção do supervisor para um problema específico, o supervisor toma as seguintes medidas:

1. *Definir o problema.* Ao analisar o problema, o supervisor deve tentar determinar a natureza exata da dificuldade e o(s) seu)s) efeito(s) sobre outras operações e trabalhadores.
2. *Examinar o problema.* As condições presentes precisam ser examinadas em detalhe a fim de determinar as causas do problema. No processo, outros problemas relacionados podem vir à luz.
3. *Gerar ideias.* O supervisor deve encorajar o trabalhador a gerar ideias para solucionar o problema. Suponha, por exemplo, que um trabalhador tenha indicado que ele perde muito tempo contando o número de unidades num palete e que o palete costuma conter diversos tipos de peças diferentes. O trabalhador pode sugerir, então, que se instale armações no palete a fim de facilitar a contagem das peças nele contidas e para separar um tipo de peça de outro (Figura 26.8). Ou uma solução igualmente boa pode ser desenvolvida pelo grupo como

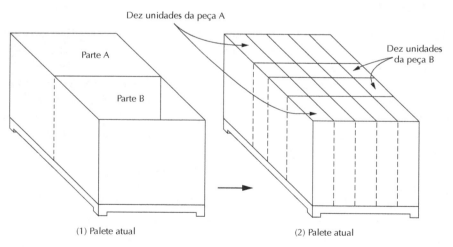

FIGURA 26.8 Exemplo de esquema de sugestões.

um todo. Em ambos os casos, o supervisor sempre deve demonstrar respeito pelas ideias de seu subordinados.
4. *Resumir as ideias.* O supervisor deve resumir as diversas soluções propostas ao problema e permitir que seus subordinados selecionam o melhor esquema.
5. *Apresentar a proposta.* Um membro do grupo deve escrever numa folha de sugestão o esquema escolhido e colocá-la dentro de uma caixa de sugestões. Embora muitas sugestões de melhorias sejam geradas por meio de círculos de CQ, ideias individuais de melhorias podem ser apresentadas a qualquer momento sem a necessidade de se consultar o supervisor ou outro membro do grupo. Tampouco é necessário que um problema surja para que o grupo opere como uma fonte de sugestão de melhorias.

A Toyota utiliza o seguinte *checklist* de tópicos para as reuniões de círculos de CQ:

Melhorias em operações manuais:
1. É apropriado armazenar materiais, ferramentas e produtos na maneira atual?
2. Existe alguma maneira mais fácil de lidar com a movimentação das máquinas ou com o processamento das máquinas?
3. Você consegue tornar o seu próprio trabalho mais fácil e mais eficiente alterando o leiaute das máquinas e das instalações de transporte?

Economias em materiais e suprimentos:
1. Óleo, graxa e outros suprimentos estão sendo usados de maneira eficiente?
2. Existe algo que possa ser feito para reduzir o vazamento de vapor, ar, óleo, etc.?
3. Você é capaz de reduzir o consumo de materiais e suprimentos por meio da melhoria de materiais, métodos de operação das máquinas e gabaritos?

Aumento da eficiência no departamento de engenharia e nos escritórios:
1. No seu escritório, existem tarefas que se sobrepõem?
2. Há alguma tarefa que possa ser eliminada?
3. Você é capaz de aprimorar o atual sistema de garantia?
4. As suas tarefas podem ser padronizadas?

Melhoria do ambiente de trabalho para aumentar a segurança e evitar acidentes perigosos:

1. A iluminação, a ventilação e a temperatura estão em boas condições?
2. Poeira, gás e maus odores foram completamente removidos de sua área de trabalho?
3. O seu equipamento de segurança é apropriado: ele funciona bem?

Melhoria da eficiência e da uniformidade do automóvel em si:

1. É possível melhorar a qualidade do automóvel alterando seu projeto e seu processo de fabricação?
2. Existe alguma maneira de aumentar a uniformidade do produto?

Ainda que o procedimento para propor melhorias na Toyota seja praticamente o mesmo que o praticado nos Estados Unidos e em países da Europa, seu sistema para avaliar as propostas é bastante diferente e bem mais eficiente, porque é conduzido de maneira rápida e ordenada. A avaliação das propostas segue o caminho dentro da organização mostrado na Figura 26.9 e consiste nos seguintes passos:

1. Todas as sugestões são reunidas no escritório da planta no primeiro dia de cada mês e registradas no livro de sugestões.
2. Cada Comitê Seccional da Planta examina as sugestões no vigésimo dia do mês e determina quais planos merecem receber prêmios de 5.000 ienes ou menos.
3. O Comitê da Planta ou o Comitê Departamental examina, então, os planos que merecem uma premiação de no mínimo 6.000 ienes.
4. Planos que merecem uma premiação de no mínimo 20.000 ienes são examinados profissionalmente por um Comitê de Sugestões envolvendo a corporação como um todo.
5. Um anúncio oficial dos resultados do exame é publicado na tabela de resultado de avaliação e no jornal interno da Toyota.

Todos os planos que foram adotados são implementados de imediato. Em alguns casos, um plano será considerado como "pendente" e examinado novamente no mês seguinte. Outros planos, considerados como "referenciais", podem ser aprimorados por membros de comitês ou por gerentes e usados mais tarde. Se qualquer tipo de plano contiver material patenteável, o comitê notifica a pessoa responsável pela sugestão e em seguida submete o plano a um Comitê de Invenções para a tomada de medidas apropriadas. Todas as patentes são apresentadas sob o nome da companhia. As premiações geralmente são mantidas por cada grupo e usadas para atividades recreativas como viagens ou pescarias.

Capítulo 26 • Atividades de melhoria ajudam a reduzir a equipe e a elevar ... **411**

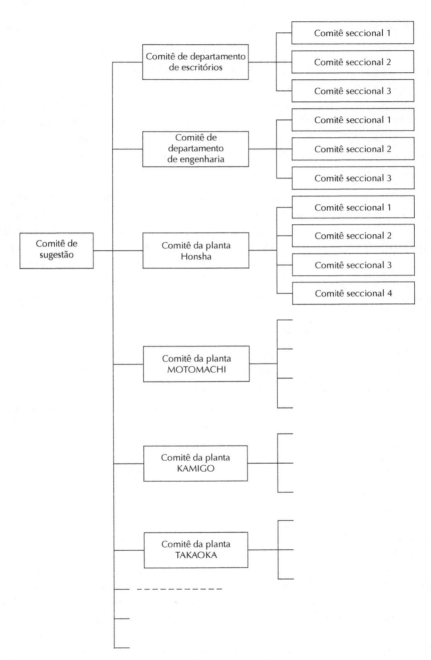

FIGURA 26.9 Organização dos comitês do sistema de sugestões.

Além das recompensas monetárias, outros tipos de premiação são concedidos:

- Para propostas de destaque, a companhia presta um elogio à pessoa ou às pessoas responsáveis em cerimônia organizada todos os meses.
- A cada ano, prêmios são concedidos à pessoa com o maior número de recompensas, com a melhor média de recompensa por sugestão, e assim por diante.
- Qualquer funcionário que tenha recebido premiações anuais por três anos consecutivos recebe um elogio especial e um presente comemorativo.
- Um elogio anual e um troféu também podem ser concedidos para grupos de destaque.

O sistema de sugestões na Toyota foi introduzido em junho de 1951. A Figura 26.10 mostra o número de propostas, historicamente. Ela não mostra, porém, que havia cerca de 53.500 trabalhadores na Toyota em 1984, incluindo pessoal de escritório. Sendo assim, após 1984, cada trabalhador sugeriu em média mais de 40 planos de melhoria ao ano, a maioria dos quais (95%) acabou sendo aprovada. Após 1987, porém, a Toyota começou a enfatizar a qualidade das propostas, em vez de sua quantidade, resultando numa queda no número médio de propostas por pessoa, que chegou a 30.

Em resumo, o sistema de sugestões tem as seguintes vantagens:

- O sistema funciona por meio de trabalhadores ou por círculos de CQ, nos quais o supervisor de cada grupo pode prestar sua sincera e imediata atenção aos problemas e propostas levantados por seus subordinados.
- As propostas são examinadas a cada mês dentro de uma programação organizada e os resultados são anunciados imediatamente.
- O processo de avaliação estabelece uma relação íntima entre os trabalhadores e o pessoal profissional. Se uma melhoria sugerida envolver, por exemplo, uma alteração de projeto, um engenheiro profissional se encarregará de examiná-la imediatamente.

§ 7 *KANBAN* E ATIVIDADES DE MELHORIA

Todo mundo gosta de trabalhar com tranquilidade, e, neste aspecto, os japoneses não são diferentes dos povos dos outros países. Quando os níveis de estoque estão altos, as coisas parecem ficar mais fáceis para todo mundo; se acontecer de uma máquina quebrar ou se o número de peças defeituosas aumentar repentinamente, os operações subsequentes não precisam ser interrompidas, contanto que haja material suficiente em estoque; e quando o número necessário de unidades deixa de ser produzido du-

Ano	Número de sugestões	Número de sugestões/pessoa	Taxa de participação (%)	Taxa de adoção (%)
1976	463.442	10,6	83	83
1977	454.552	10,6	86	86
1978	527.718	12,2	89	88
1979	575.861	13,3	91	92
1980	859.039	19,2	92	93
1981	1.412.565	31,2	93	93
1982	1.905.642	38,8	94	95
1983	1.655.868	31,5	94	95
1984	2.149.744	40,2	95	96
1985	2.453.105	45,6	95	96
1986	2.648.710	47,7	95	96
1987	1.831.560	--	--	96
1988	1.903.858	--	--	96

FIGURA 26.10 Número de propostas nos últimos anos.

rante os horários regulares de trabalho, geralmente não há necessidade de agendar horas extras para cumprir com as metas de produção. Porém, enquanto problemas como esses estiverem ocultos atrás dos níveis de estoque, não será possível identificá-los e eliminá-los. Como resultado, eles continuarão a ser responsáveis por diversos tipos de desperdício: tempo desperdiçado, mão de obra desperdiçada, material desperdiçado, e assim por diante.

Em contraste, quando o estoque é minimizado por retiradas *just-in-time* sob o sistema *kanban*, torna-se impossível ignorar tais problemas. Se, por exemplo, uma máquina quebrar ou começar a produzir peças defeituosas, a linha inteira será paralisada e o supervisor precisará ser chamado. Em muitos casos, será necessário agendar horas extras a fim de compensar o tempo perdido de produção. Como resultado, atividades para corrigir os problemas ocorrerão no grupo de CQ apropriado, planos de melhoria acabarão sendo desenvolvidos e a produtividade acabará aumentando. A função do sistema *kanban* não é meramente a de controlar os níveis de produção.

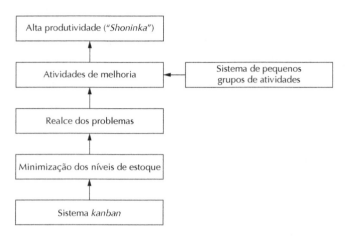

FIGURA 26.11 Relação entre o sistema *kanban* e as atividades de melhoria.

Seu papéis mais importantes residem na sua capacidade de estimular melhorias nas operações capazes de eliminar o desperdício e da aumentar a produtividade. A Figura 26.11 exibe a relação entre o sistema *kanban* e as atividades de melhoria.

A Toyota estendeu as suas atividades de melhoria para todos os departamentos, incluindo as divisões indiretas. Em 1980, a Toyota tinha 48.000 funcionários, 20.000 dos quais eram trabalhadores braçais nas fábricas. No entanto, o desempenho dos 28.000 restantes, em departamentos indiretos, exercia um efeito importante sobre o que acontecia no local de trabalho. Todas as tarefas realizadas em departamentos como controle de qualidade, controle de custos, projeto de produto e controle de produção, por exemplo, afetavam o desempenho dos departamentos diretos. Por isso, ao corrigir problemas individuais no local de trabalho, a Toyota mais de uma vez descobriu ser necessário fazer melhorias também nos departamentos indiretos. Como resultado, as atividades de melhoria em operações de fabricação traziam consigo melhorias para a companhia como um todo.

Reduções no número de trabalhadores determinadas por melhorias nas linhas podem parecer antagônicas em relação à dignidade do trabalhador, já que eles acabam absorvendo a folga criada por tempo de espera e por ações dispendiosas. Entretanto, permitir que o trabalhador trabalhe com folga ou recebendo altos salários não é algo que necessariamente proporciona a ele a oportunidade de colocar em prática o seu valor. Pelo contrário, este objetivo pode ser mais bem realizado transmitindo-se ao trabalhador uma sensação de que seu trabalho é valioso e permitindo que ele trabalhe junto com seu superior e com seus colegas de posto na resolução de problemas que eles venham a encontrar.

§ 8 CÍRCULOS CQ

Um *círculo de controle de qualidade*, ou *círculo CQ*, é um pequeno grupo de trabalhadores que estudam espontânea e continuamente conceitos e técnicas de controle de qualidade a fim de oferecer soluções para problemas em seu local de trabalho. Na Toyota, o objetivo final das atividades em círculo CQ é promover a sensação de responsabilidade aos trabalhadores, oferecer um veículo para o cumprimento das metas de trabalho, habilitar cada trabalhador a ser aceito e reconhecido e permitir a melhoria e o crescimento das capacidades técnicas dos trabalhadores. O objetivo do círculo CQ é um tanto diferente daquele do sistema de sugestões analisado anteriormente. A avaliação das atividades em círculo CQ raramente são feitas em termos de retorno monetário dos efeitos das melhorias, e sim levando em conta a efetividade das ações do círculo, o sucesso na busca pelo assunto (tópico) a ser aprimorado e o grau de participação dos seus membros. (As atividades em círculo CQ na Toyota foram inspiradas em Ozaki e Morita, 1981, mas os sistemas descritos a seguir não foram basicamente alterados até a escrita deste capítulo.)

Estrutura do círculo CQ

Os círculos CQ na Toyota têm uma relação direta com a organização formal do local de trabalho; portanto, todos os funcionários precisam participar de algum círculo CQ. Os círculos CQ são formados por um líder de equipe ("Hancho") e por seus trabalhadores subordinados ((Figura 26.12). O círculo CQ pode assumir a forma de um *círculo unido*, no qual membros de outros círculos participam, ou de um *minicírculo*, que consiste em um grupo menor de trabalhadores provenientes do círculo inteiro, dependendo do tópico a ser resolvido. O supervisor ou chefe de seção ("Kocho") e o encarregado ("Kumicho") atuam como consultor e subconsultor, respectivamente.

Cada planta ou divisão da Toyota conta com o seu próprio comitê de promoção de CQ (Figura 26.13). Na companhia, as atividades em círculos CQ recebem o apoio da pessoa de mais alta responsabilidade em cada planta. A divisão de pessoal e a divisão de educação recentemente começaram a promover atividades com círculos CQ. Até 1981, cerca de 4.600 grupos de círculos CQ estavam ativos na Toyota, cada grupo contava em média com 6,4 membros.

Temas e conquistas de CQ

Os temas que os círculos CQ escolhem como problemas a serem resolvidos não ficam restritos à qualidade dos produtos; redução de custos, manutenção, segurança, poluição industrial e recursos alternativos também são levados em consideração. Em 1981, a divisão discriminada dos problemas foi a seguinte: qualidade dos produtos,

416   Seção 4 • Sistemas de produção humanizados

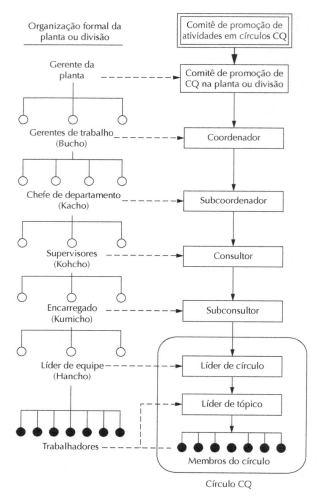

FIGURA 26.12 Estrutura de cada círculo CQ e sua relação com a organização formal.

35%; manutenção, 15%; redução de custos, 30%; e segurança; 20%. O número de temas cumpridos em cada ciclo fica na média de 3,4 ao ano. Como o efeito econômico em si não é o único objetivo, entre três e quatro temas são estabelecidos como metas a serem atingidas a cada ano.

O número de reuniões propriamente ditas de círculos foi de 6,7 vezes ao ano para cada tópico, e cada tema exigiu uma média de 6,4 horas. Sendo assim, cada reunião teve aproximadamente uma hora de duração. Na Toyota, considera-se ideal marcar duas ou três reuniões de círculo por mês, cada uma com aproximadamente

Capítulo 26 • Atividades de melhoria ajudam a reduzir a equipe e a elevar ...   **417**

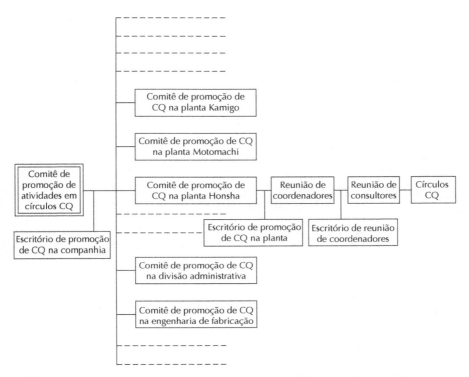

FIGURA 26.13 Organização para a promoção de atividades em círculos CQ.

30 minutos a uma hora de duração. A Figura 26.4 mostra de que modo os círculos CQ são implementados.

Sistemas de reconhecimento

Os sistemas de elogios na Toyota são divididos em três classes: reconhecimento por temas, reconhecimento para círculo CQ e o prêmio Toyota para círculo CQ. Cada classe inclui diversos níveis de premiação.

O *reconhecimento para tópicos* premia o tema individual que foi registrado por cada círculo. Quando o tema foi concluído, ele pode receber um *prêmio por esforço*. Trata-se de uma premiação monetária concedida a cada mês ou em meses intercalados. Um terço dos temas reconhecidos recebe o prêmio do consultor, e um terço dos vencedores do *prêmio do consultor* acaba recebendo o prêmio do coordenador.

Um tópico será premiado pelo comitê promotor de CQ na planta para cada linha dentro da planta. Além disso, cada comitê de planta será recomendado a respeito de quatro temas (respondendo pela qualidade, custos, manutenção e segurança) e

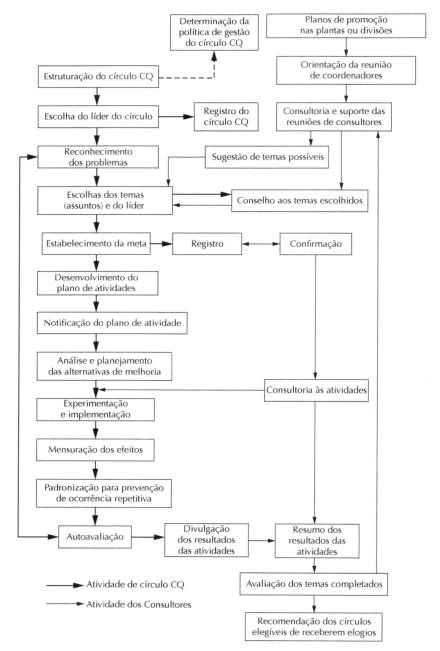

FIGURA 26.14 Promovendo atividades em círculos CQ.

receberá o *prêmio de Ouro* e o *prêmio de Prata* concedidos pela companhia. Como existem 13 plantas e divisões e quatro temas recomendados, cerca de 150 círculos costumam ser premiados com os prêmios de Ouro e de Prata duas vezes ao ano.

Os prêmios são anunciados depois que as apresentações de todos os círculos CQ são realizadas na planta. O *reconhecimento a círculo CQ* premia determinado círculo pelo trabalho desenvolvido ao longo de um ano. Essa classe de reconhecimento inclui o prêmio de consultor, o prêmio de coordenador e o prêmio de comitê da planta.

Um círculo que tenha realizado atividades excelentes durante três anos será solicitado pelo gerente de trabalhos a resumir suas atividades e a fazer uma apresentação no *concurso de apresentações da planta como um todo*. Em seguida, na *competição de primeira seleção*, os gerentes de controle de produção de 13 plantas e divisões assistirão a 13 apresentações e escolherão cinco círculos como os candidatos finais para o *prêmio Toyota para círculo CQ*. Esses cinco círculos precisam fazer apresentações diante do presidente do comitê de promoção de CQ na companhia e do vice-presidente de engenharia. Oito círculos não ganhadores do prêmio Toyota ainda podem ser ganhadores do *prêmio de Excelência*.

Dois círculos dentre os cinco ganhadores do prêmio Toyota participam, então, da competição regional de círculos CQ fora da Toyota Motor Company. Em seguida, se aprovados, eles participam da *Competição de Círculos CQ de Todo o Japão*.

O sistema de sugestões descrito neste capítulo é diferente do sistema de reconhecimento de círculos CQ. No entanto, a recompensa monetária do sistema de sugestões será concedida caso o círculo CQ propuser técnicas de melhoria. Neste caso, como o plano de sugestão é a proposta feita pelo círculo, a recompensa será guardada pelo círculo e usada para seus próprios objetivos, como um jogo de *softball* ou uma competição de pescaria.

Sistemas educacionais para círculos CQ

Na Toyota, diversos programas educacionais promovem atividades em círculos CQ. Os cursos a seguir são ministrados regularmente:

- *Curso de resolução de problemas* para o encarregado ou o supervisor.
- *Curso de consultor* para o chefe de departamento e o supervisor. (Estes dois cursos também são abertos à participação dos funcionários dos fornecedores.)
- *Curso de treinador* para os chefes de departamento. Os chefes de departamento precisam passar por este curso quando são promovidos.
- Várias competições de apresentação dentro e fora da companhia.
- Escolas em cruzeiros para Hong Kong ou Taiwan.
- Passeio de inspeção para supervisores de campo, levando-os para os Estados Unidos e Europa por três semanas.

§ 9 NOVO SISTEMA DE RH PARA O PESSOAL TÉCNICO

Sistema de gestão dos trabalhadores para os técnicos da fábrica da Toyota de 1990 em diante

Na segunda metade da década de 80, a Toyota enfrentou problemas ao lidar com uma grande número de funcionários contratados durante a rápida expansão da venda de carros nos anos 60. Embora o departamento de produção apresentasse uma organização em estilo piramidal, com uma estrutura hierárquica incluindo posições como chefe de equipe, chefe de grupo, gerente auxiliar, e assim por diante, o problema era que este grupo específico de funcionários se encontrava no mais baixo escalão e havia uma drástica falta de cargos de gerência e de supervisão para os quais eles pudessem ser promovidos ao avançarem em idade. Membros do quadro técnico costumavam ser promovidos para a chefia de equipes já a partir dos 28 anos de idade, com a média ficando em 34 anos, ao passo que as idades médias para que fossem promovidos para chefes de grupo e gerentes auxiliares eram de 43 anos e 48 anos, respectivamente. Com isso, devido à estrutura etária em todas as fábricas da Toyota, havia um risco de que essa organização piramidal acabasse ficando insustentável.

Sendo assim, a Toyota decidiu avaliar cuidadosamente as habilidades de seus técnicos e passar a recompensá-las proporcionalmente, mesmo que não fosse possível promover os quadros para cargos gerenciais e de supervisão (o mesmo foi feito com o pessoal administrativo), fazendo, assim, o melhor para mantê-los motivados e para estabelecer um sistema que estimulasse a equipe da fabrica a dar o seu melhor.

Há uma excelente matéria feita por Osamu Katayama (1999) a respeito da gestão dos trabalhadores na Toyota nos últimos anos. Embasei-me nesse material para os conteúdos da Seção 9 deste capítulo.

O surgimento dos especialistas técnicos

Em 1991, a Toyota criou um novo cargo, o de "especialista técnico", desvinculado das posições gerenciais e de supervisão, como chefe de equipe, chefe de grupo e gerente auxiliar. Ele era dividido em três graduações correspondentes, da seguinte maneira (veja a Figura 26.15):

> Qualificação de classe de gerente auxiliar: Especialista-Chefe (CX – Chief Expert)
> Qualificação de classe de chefe de grupo: Especialista-Sênior (SX – Senior Expert)
> Qualificação de classe de chefe de equipe: Especialista-Chefe (EX –Expert)

O objetivo da introdução dessas novos cargos era resolver a carência de cargos gerenciais e de supervisão dentro das fábricas (de modo similar ao que ocorria com

Qualificação		Chefe de Equipe, 1° Classe	Chefe de Equipe, 2° Classe	Classe de Chefe de Grupo	Classe de Gerente Auxiliar
Posição	Gerencial e de supervisão	Chefe de Equipe		Chefe de Grupo	Gerente Auxiliar
	Especialista técnico	Especialista (EX)		Especialista-Sênior (SX)	Especialista-Chefe (CX)

FIGURA 26.15 Revisão das qualificações (de fevereiro de 1991).

as posições de pessoal em relação a cargos de gestão administrativa). A base para avaliar o desempenho dos funcionários também era alterada em combinação com isso, desde habilidades gerenciais até habilidades técnicas.

Sistema de especialização

Em 1991, a Toyota introduziu um novo esquema de treinamento, que passou a chamar de sistema de especialização, centrado em habilidades práticas exigidas para operadores e técnicos, em vez de em competências gerenciais e de supervisão como antes. Na Toyota, porém, ser "habilitado" significa mais do que simplesmente ser proficiente nos aspectos técnicos da tarefa; significa, isso sim, possuir um conhecimento técnico especializado sobre a fabricação, constituído pelas três habilidades a seguir:

1. Habilidades com trabalhos práticos (habilidades manuais)
2. Habilidades de desenvolvimento de sistemas (capacidade de resolver problemas)
3. Habilidades de desenvolvimento de pessoal

Na Toyota, a totalidade dessas competências é chamada de *competência essencial* (as competências centrais que constituem a fonte de competitividade).

Dentre elas, a competência mais importante do ponto de vista do STP é a n° 2, as habilidades de desenvolvimento de sistemas (capacidade de resolver problemas). Isso porque, conforme explicado no início da seção sobre atividades *kaizen* (o principal tema deste capítulo), o STP se baseia na capacidade de estar ciente dos problemas e de aprimorar continuamente o local de trabalho.

Ademais, como as atividades *kaizen* consistem em examinar irregularidades, problemas e anormalidades que ocorram no local de trabalho, em buscar suas causas-raiz e em eliminá-las a fim de alcançar condições ideais, isso significa que é preciso estar ciente de quaisquer diferenças entre a situação existente e a situação desejada (o ideal, ou o alvo) e pensar continuamente em como preencher essas diferenças.

Como isso em si é uma "resolução de problemas", a competência para fazê-lo é uma "competência de resolução de problemas".

Imaginemos, por exemplo, que temos o problema de um torno mecânico que vive quebrando. Substituir a ferramenta por uma mais resistente que não quebra facilmente seria uma medida paliativa, mas a verdadeira resolução do problema significaria investigar um leque de hipóteses sobre as causas-raiz e descobrir por que a ferramenta quebra tão facilmente – se isso tem a ver com o modo como ela é utilizada, se tem a ver com o eixo do torno, e assim por diante. É isso que se quer dizer por *kaizen* neste capítulo, e somente o pessoal técnico capacitado para realizar *kaizen* pode ser considerado como competente para tal.

Assim, no sistema de especialização da Toyota, as habilidades necessárias são definidas para cada tipo diferente de ofício em cada linha específica (montagem, pintura, soldagem, prensagem, usinagem, fundição, etc.), e os técnicos são graduados em A, B ou C, dependendo de seu nível de habilidade, e são listados em um *ranking* com base nessa graduação. O treinamento que os técnicos recebem consiste em treinamento na própria tarefa (OJT – *on-the-job training*) e em treinamento longe de tarefa (Off-JT – *off-the-job training*). Consulte, por favor, a descrição do sistema de ranking de habilidades na Toyota Kyushu na parte final da Seção 3 do Capítulo 28 para encontrar um exemplo.

Programa "Levante-se e faça"

Quando os cargos de técnico especialista foram introduzidos, algumas pessoas permaneceram insatisfeitas e descontentes em terem de continuar trabalhando na linha juntamente com funcionários de último escalão, apesar de já terem sido promovidas para uma graduação mais alta. Para gerenciar isso, a Toyota estabeleceu em 1995 uma organização de "Comitês Levante-se e faça" no âmbito de toda a empresa, e envolveu fábricas, o departamento de pessoal e sindicatos dos trabalhadores em busca de uma solução.

Esses comitês não eram conduzidos arbitrariamente pelo departamento de pessoal; o diretor com responsabilidade sobre as fábricas estabeleceu-os no início e fez disso um projeto abrangente englobando todas as fábricas. O departamento de engenharia de cada fábrica atuava como a secretaria, e os membros dos comitês eram os gerentes de seção e os gerentes auxiliares (especialistas-chefe). Era solicitado à todos os técnicos preencherem uma pesquisa de opinião. Em 1997, depois dos comitês terem deliberado durante dois anos, uma iniciativa chamada de "Programa Levante-se e faça" foi lançada.

Essa abordagem, mediante a qual a Toyota envolveu seus funcionários de chão de fábrica e investiu tempo para desenvolver algo que ambos os lados pudessem aceitar e acordar, ao invés de empregar uma abordagem de cima para baixo por meio

Qualificação		EX, 1º Classe	EX, 2º Classe	Classe SX	Classe CX
Posição	Gerencial e de supervisão			Líder de Grupo (GL)	Líder Chefe (CL)
	Especialista técnico	Especialista (EX)		Especialista-Sênior (SX)	Especialista-Chefe (CX)

FIGURA 26.16 Revisão dos títulos dos cargos (de abril de 1997 em diante).

de ações do departamento de pessoal, é provavelmente um das questões que acaba marcando a companhia como superior.

A meta final do "Programa Levante-se e faça" era avaliar as habilidades dos quadros técnicos e os resultados obtidos a partir delas.

A primeira realização deste programa foi a revisão dos cargos e das posições dos gerentes e supervisores. Conforme mostra a Figura 26.16, *chefe* foi substituído por *líder* nos títulos dos cargos. Será que eu sou o único, me pergunto, que vejo isso como uma tentativa de satisfazer um número cada vez maior de funcionários aspirando por cargos de gerência e supervisão ao desviar suas esperanças na direção de se tornarem especialistas técnicos (já que o título de "chefe" implica mais fortemente um cargo de gerência)?

A imagem de um facilitador de local de trabalho que modifica o chão de fábrica ao descobrir e solucionar problemas está mais perto daquela de um técnico especialista do que de um gerente, mas a Toyota provavelmente queria apresentar este cargo de forma a retratar seu ocupante como alguém de quem também se espera um exercício de liderança. Assim, o título de Chefe de Grupo foi alterado para Líder de Grupo (GL – Group Leader) e o de Gerente Auxiliar, para Líder Chefe (CL – Chief Leader). Enquanto isso, o cargo de chefe de equipe foi eliminado, reduzindo-se o número de níveis gerenciais e de supervisão de três para dois. Isso foi feito porque o número de pessoas abaixo dos técnicos nas equipes havia diminuído como resultado do aumento da automação, fazendo com que não fosse mais preciso haver tantos líderes.

Como pode ser visto na primeira linha da Figura 26.16, os títulos dos especialistas técnicos também passaram a ser usados como títulos das qualificações.

A companhia também permitiu que seu pessoal se transferisse prontamente de cargos gerenciais e de supervisão para cargos de especialista técnico, e vice-versa.

Novo sistema de RH para a equipe técnica

Para adaptar o seu sistema de pessoal para funcionários da área técnica, a Toyota estabeleceu em março de 1999 um novo sistema de RH para o pessoal técnico. Isso tinha como objetivo avaliar a equipe, visando à avaliação e desenvolvimento.

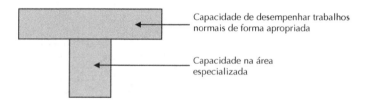

FIGURA 26.17 O tipo de pessoa requerida pela Toyota.

Para começar, "desenvolvimento" significava elevar as competências. A Toyota refina sua filosofia básica em relação a isso nos três pontos a seguir:

1º ponto para desenvolvimento de habilidades: traçar um perfil claro do tipo de pessoal necessário

2º ponto para desenvolvimento de habilidades: realizar o ciclo de desenvolvimento/avaliação

3º ponto para desenvolvimento de habilidades: revisar os sistemas de treinamento para estimular o desenvolvimento

O que o departamento de pessoal da Toyota advogava como o "tipo de pessoal necessário" no 1º ponto era o "tipo T" de ser humano mostrado na Figura 26.17. A barra vertical do T representa uma capacidade excelente na área específica da pessoa, enquanto a barra horizontal representa a capacidade de administrar uma gama mais ampla de atividades, incluindo os processos antes e depois daqueles pelos quais a pessoa é diretamente responsável.

Em seguida, o 2º ponto ("Realizar o ciclo de desenvolvimento/avaliação") significa seguir um ciclo consistindo em três processos: estabelecimento de objetivos, desenvolvimento do processo e avaliação dos resultados/fornecimento de *feedback*, como mostrado na Figura 26.18. A Toyota colocou este mecanismo em prática de forma sistemática.

Aqui, "estabelecimento de objetivos" significa determinar a competência dos indivíduos e estabelecer objetivos claros para eles, "desenvolvimento" significa treiná-los e qualificá-los para que atinjam os objetivos estabelecidos para si no processo de estabelecimento de objetivos, e "avaliação dos resultados/fornecimento de *feedback*" significa a avaliação por parte de seus gerentes quanto ao cumprimento de seus objetivos, o repasse de feedback a eles e o uso dos resultados no estabelecimento de seus objetivos para o período seguinte.

"Exigências de competência" denotam os padrões que determinam as competências necessárias para cada qualificação. Eles se resumem na forma de pontos específicos das competências exigidas para cada qualificação e para cada tarefa (montagem, pintura, soldagem, usinagem, etc.). Eles são usados não apenas para avaliar as

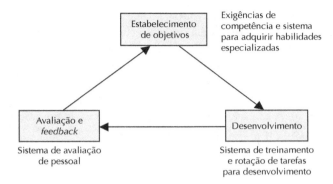

FIGURA 26.18 Ciclo de desenvolvimento e avaliação da Toyota.

competências das pessoas e para estabelecer seus próximos objetivos, mas também para estimativas como a determinação de seus salários e de promoções. Se uma pessoa, por exemplo, conseguiu cumprir com todas as exigências de competência para a graduação como especialista, ela terá satisfeito as exigências para promoção à próxima graduação (especialista-sênior). É nisso que consiste o "sistema de qualificação vocacional" da Toyota.

O ponto de desenvolvimento final, o 3º ponto ("Revisar os sistemas de treinamento para estimular o desenvolvimento") significava a passagem para um currículo de treinamento focado na aquisição de capacidade *kaizen* (isto é, capacidade de resolução de problemas). Este é o tipo de alteração de currículo que costuma ser visto em universidades e em outras instituições em que atuei como membro, tendo em vista mudanças nas necessidades educacionais da sociedade.

O "Sistema de Discussão" usando fichas de avaliação de desempenho

A partir daqui, descreverei aquilo que a Toyota chama de "Sistema de Discussão", parte do novo sistema de pessoal da empresa, que usa fichas de avaliação de desempenho para focar em avaliação e desenvolvimento.

As fichas de avaliação de desempenho (também chamadas de "Fichas de Discussão") são usadas para conduzir entrevistas anuais entre o início do ano financeiro em abril e o final de maio com todos os funcionários técnicos, da graduação de especialista-sênior para baixo. Essas entrevistas duram pelo menos 30 minutos e são conduzidas pelo "chefe de posto" do entrevistado, tendo uma qualificação um grau acima do seu. Os entrevistados preenchem as fichas com suas próprias avaliações sobre o seu nível de domínio da cada uma de suas exigências específicas de competência e com suas próprias avaliações sobre os resultados e esforços de suas tarefas (o quanto se esforçaram), e seus objetivos para o ano seguinte são discutidos com o seu superior. Em seguida, eles fazem uma reavaliação, entre o final de agosto e o final de setembro, dos resultados e do nível de seus esforços.

A cada ano, os superiores realizam uma *avaliação absoluta* a fim de mensurarem os resultados do trabalho e o nível de esforço de cada indivíduo ao longo do ano. Isso se dá porque há objetivos para o desenvolvimento das competências da cada indivíduo. Contudo, para avaliar a pessoa e suas chances de promoção e de bônus usando fichas, é realizada uma *avaliação relativa*.

27
Subsistema de respeito pelo ser humano no sistema de produção JIT

§ 1 RESPEITO PELO SER HUMANO COM BASE NA ERGONOMIA

O sistema japonês de produção JIT é eficiente em aumentar a produtividade da manufatura. Ele é capaz de eliminar práticas dispendiosas na planta tais como excesso de estoque e de mão de obra, e é capaz de abreviar o tempo de atravessamento (*lead time*) de produção, fazendo com que a companhia consiga reduzir custos e oferecer produtos com agilidade para acompanhar a demanda de mercado.

No entanto, o sistema JIT já foi muito criticado por negligenciar o fator humano. Quando trabalhadores excedentes são eliminados, por exemplo, o sistema JIT força os trabalhadores restantes a trabalharem mais, criando uma grande pressão. Portanto, um desânimo dos trabalhadores pode resultar de tais aumentos de produtividade.

Desde o surgimento dos princípios de administração científica de Frederick W. Taylor, o conflito entre produtividade e respeito pelo ser humano passou a ser reconhecido como um problema constante que precisa ser enfrentado.

Para lidar com ele, o departamento de engenharia de produção da Toyota Motor Corporation deu início a um sistema aprimorado de respeito pela pessoa. Este capítulo explica o sistema recentemente desenvolvido pela Toyota. Também analisados são os sistemas convencionais de respeito no sistema JIT, as limitações desses sistemas, de que modo o departamento de engenharia de produção pode promover tal respeito com investimentos em instalações e um modelo para mensurar a carga de trabalho de cada indivíduo.

§ 2 SISTEMAS JIT CONVENCIONAIS PARA E O RESPEITO PELAS PESSOAS

Os quadros de gestão de produção e de melhoria contínua da Toyota passaram a incorporar o respeito pela humanidade ao Sistema Toyota de Produção das seguintes maneiras (ver Figura 27.1):

1. Todos os tipos de desperdícios são eliminados do chão de fábrica, mesmo aqueles que envolvem as operações manuais. Estas são substituídas por operações que agregam valor, reduzindo assim o tempo total de operações-padrão e o número de trabalhadores. Tarefas valiosas são atribuídas às pessoas, elevando assim seu moral e, ao mesmo tempo, aumentando a produtividade.
2. As linhas de produção podem ser interrompidas pelos trabalhadores quando ocorrerem problemas. Como mencionado anteriormente, esta prática é chamada de *jidoka*, que é um sistema autônomo de controle para detecção de defeitos. No mundo ocidental, ele é referido como delegação de poder (*empowerment*).
3. Grupos pequenos como os de CQ realizam atividades de melhoria contínua e instalam dispositivos de controle autônomo de detecção de defeitos. Além disso, há um sistema de sugestões que os trabalhadores podem usar.

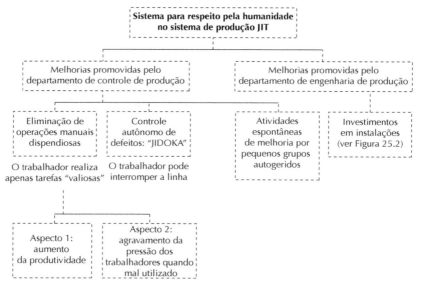

FIGURA 27.1 Respeito pelo ser humano no sistema JIT.

Entretanto, a eliminação de atividades dispendiosas acaba criando alguns problemas. Medidas tomadas para aumentar a produtividade muitas vezes acabam redundando em trabalho mais duro ou em pressão, e, consequentemente, em desânimo dos trabalhadores. Existe muitas vezes um mal-entendido, por exemplo, de que as melhorias nas operações dos trabalhadores devem ser alcançadas introduzindo-se o máximo possível de tarefas dentro de um determinado *takt time*, em vez de substituir-se as operações dispendiosas por operações que agregam valor. Os trabalhadores precisam realizar mais tarefas numa linha em formato de U, junto a qual muitos tipos de máquinas são dispostos. Isso força os trabalhadores a trabalharem mais, o que às vezes acaba suscitando críticas ao Sistema Toyota de Produção.

No entanto, o Sistema Toyota de Produção encontra-se em constante evolução, e foi modificado recentemente a fim de melhorar de forma substancial o seu respeito pelo ser humano. Essas melhorias são descritas a seguir.

§ 3 MELHORIAS NO PROCESSO

Existem duas categorias de investimentos em instalações que podem ser feitas para aprimorar os processos (veja a Figura 27.2):

1. Investimentos em instalações que incorporam automação, e
2. Investimentos em instalações que incorporam respeito pela humanidade.

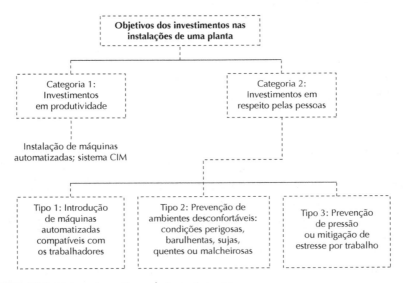

FIGURA 27.2 Categorias e tipos de investimento.

Investimentos em instalações que incorporam automação

O investimento em instalações aumenta a produtividade das pessoas. A instalação de máquinas ajuda a compensar a falta de trabalhadores jovens do sexo masculino e ajuda a satisfazer a carga horária de trabalho anual menor que é exigida no Japão.

Durante os anos 80, este tipo de investimento predominou no Japão. A Manufatura Integrada por Computador (CIM – Computer Integrated Manufacturing) combina uma inovadora tecnologia informatizada com as necessidades de aumento de produtividade dos trabalhadores. Embora a CIM seja flexível, não se adapta bem a alterações de modelos de automóvel. Além disso, este tipo de investimento faz com que os trabalhadores se sintam alienados. Quando, por exemplo, linhas de submontagem *automatizadas* são instaladas na forma de linhas separadas e passam a ser conectadas com linhas de montagem operadas por *pessoas*, os trabalhadores tendem a achar que estão recebendo ordens e que estão sendo usados por máquinas. Se ocorrer um problema nas máquinas, os trabalhadores também precisam interromper suas tarefas e esperar até que o problema seja consertado.

Por causa desses problemas, o sistema CIM acabou perdendo popularidade no Japão a partir de 1990.

Investimentos em instalações que incorporam respeito pelas pessoas

Desde 1990, investimentos que incorporam respeito pelas pessoas e que melhoram o ambiente de trabalho ganharam espaço entre as montadoras japonesas. O objetivo é colocar o ser humano em primeiro lugar na fábrica. As categorias de investimento podem ser subdivididas em três tipos:

1. Instalação da máquinas que são compatíveis com os trabalhadores.
2. Melhoria das condições de trabalho, incluindo a eliminação de condições de risco, barulho, sujeira e altas temperaturas.
3. Medidas para evitar pressão sobre os trabalhadores.

Máquinas adequadas aos trabalhadores

Máquinas localizadas fora da linha ficam isoladas, não sendo aceitas pelos trabalhadores. As máquinas devem ser incorporadas à linha e operadas sincronizadamente com os trabalhadores que as controlam. Os trabalhadores devem considerá-las simples, altamente confiáveis e facilmente aperfeiçoadas quando necessário. Num processo de instalação das rodas, por exemplo, os trabalhadores preparam as porcas e a máquina as atarraxa automaticamente. No processo de instalação do eixo traseiro, os trabalhadores preparam as porcas no eixo e a máquina os atarraxa. No processo de instalação do motor, os trabalhadores preparam os parafusos ou as porcas na máquina, que se encarrega de atarraxá-los.

Melhoria das condições de trabalho

Pode-se fazer investimentos para melhorar o ambiente de trabalho dentro e fora da planta. A planta Toyota Motor Kyushu, Inc.-Miyata, referida aqui como planta Toyota Kyushu, foi aberta em dezembro de 1992 com 2.000 trabalhadores, 1.650 dos quais na seção de fabricação.

Dois preceitos básicos se seguiram durante o projeto da planta. O primeiro era coordená-la com o ambiente natural e a comunidade ao seu redor. As cores exteriores da planta, por exemplo, são compatíveis com a natureza, isto é, azul claro e verde sobre uma base de branco acinzentado. Aproximadamente 730.000 árvores forma plantadas, incluindo 1.500 cerejeiras, e derramamentos e vazamentos de óleo não fluem para o açude de irrigação usado para fins agrícolas. Dentro da planta de prensagem, por exemplo, foram instalados controles sonoros e de vibrações. Para absorvê-los, uma mola à prova de vibração com 372 milímetros e um forro à prova de som foram instalados numa prensa de 4.000 toneladas. Outro exemplo de melhoria envolve os métodos de remoção de poeira e vazamento de óleo a fim de reduzir problemas com a máquina de estampagem.

O segundo preceito reconhece a importância das pessoas no ambiente de trabalho. O Parque de Montagem Miyata, por exemplo, é uma ala de informações onde as atividades em círculos CQ e o desempenho de cada linha são exibidos. Alas de descanso são locais onde os trabalhadores da linha de componentes podem se comunicar uns com os outros. Estações de conforto (lavatórios) ficam localizadas convenientemente ao redor da planta. A ala de alimentação inclui máquinas automáticas de lanches, refrigerantes e lugares para sentar. A ala de treinamento mostra onde todas as peças da linha de componentes são instaladas na carroceria dos carros. Além disso, também foram realizadas melhorias ergonômicas. A altura da prateleira de partes foi rebaixada para 1,5 m para que os trabalhadores conseguissem enxergar a planta inteira facilmente. O painel de alarme elétrico (*andon*) e o painel de controle de procedimentos da linha têm um formato arredondado e ficam suspensos a partir do teto para facilitar sua visualização. Os condicionadores de ar apresentam um fluxo de ar horizontal a fim de abranger toda a zona de caminhada dos trabalhadores, substituindo a liberação de ar anterior que se concentrava em cada ponto de trabalho (Figura 27.3).

Procedimentos para evitar a pressão

As tentativas de evitar pressão e sobrecarga são parte do respeito pelas pessoas no ambiente de trabalho, e também podem levar a aumentos de produtividade. O Japão enfrentará uma falta de jovens trabalhadores do sexo masculino e está reduzindo a carga horária média anual. A meta nacional é alcançar uma média de 1.800 horas por ano. Para atingir essas demandas, é necessário empregar métodos para aliviar a pressão e evi-

432 Seção 4 • Sistemas de produção humanizados

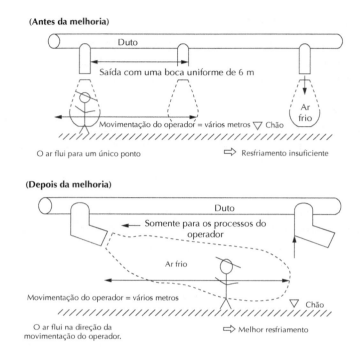

FIGURA 27.3 Sistema de resfriamento da linha de montagem.

tar a sobrecarga. Para manter igual, ou até aumentar, a quantidade de trabalhadores, o ambiente de trabalho precisa acomodar trabalhadores mais velhos e do sexo feminino.

A seguir é apresentada uma descrição das práticas da Toyota Motor Company para eliminar a pressão, a carga horária exagerada e certos trabalhos que causavam fadiga na linha de montagem.

Os fatores a seguir influenciam o nível de carga de trabalho e o índice de fadiga (ver Figura 27.4):

1. Postura de trabalho
2. Movimentação de peças ou ferramentas pesadas
3. Montagem com força muscular (movimentos de empurrar, puxar e encaixar)
4. Tempo de manutenção da operação

Postura de trabalho

O fator que mais influencia o índice de fadiga é a postura. As possíveis melhorias são descritas a seguir:

Capítulo 27 • Subsistema de respeito pelo ser humano no sistema de produção JIT

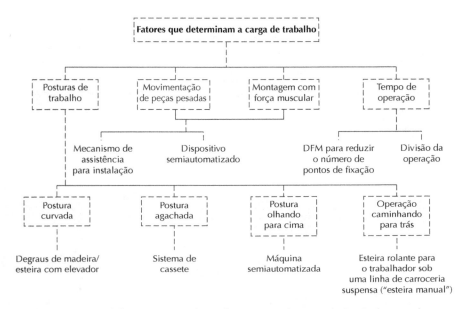

FIGURA 27.4 Medidas (sistemas) de melhoria para determinação de fatores de carga de trabalho.

Postura curvada. A fim de alinhar a posição vertical da carroceria do carro com a postura do trabalhador, a Toyota instalou degraus de madeira ao lado da linha de montagem (veja a Figura 27.5), um investimento de baixo custo. Os degraus têm alturas de 300 mm, 150 mm e 50 mm, dependendo das diferenças nas posturas de trabalho. Na linha final, o degrau com altura de 300 mm é utilizado para a estação de instalação do limpador de para-brisa, enquanto a estação de instalação de portas requer um degrau de 50 mm. A altura desses degraus de madeira toma por base a altura média dos trabalhadores da planta, podendo não se adequar exatamente às necessidades de cada trabalhador.

Esteiras rolantes com um dispositivo de elevação também podem ajudar na postura do trabalhador. Esses dispositivos ajudam os trabalhadores a elevar facilmente a carroceria de um carro e a ajustar a sua altura.

Conforme mostrado na Figura 27.6, o piso da linha de montagem da Toyota é movimentado pela fricção gerada entre a borda do piso e uma esteira de fricção, que é alimentada por um motor. Neste piso móvel há um elevador que ergue automaticamente a carroceria de um carro até uma altura máxima de 600 mm.

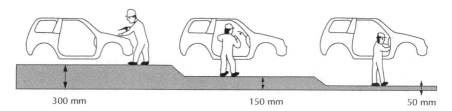

FIGURA 27.5 Degraus de madeira com alturas variáveis, cada uma delas adequada à certas tarefas realizadas no carro.

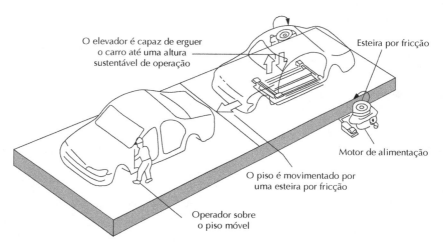

FIGURA 27.6 Piso movido por fricção equipado com elevadores.

Postura agachada. Na Toyota, peças como uma porta ou um painel de instrumentos são chamadas de cassetes. Antes dos cassetes serem instalados, ocorre um processo pré-montagem dos componentes do cassete, fora da carroceria do carro. Quando um cassete é instalado na carroceria, a maioria das porcas é atarraxada automaticamente, restando somente duas a serem atarraxadas pelo trabalhador, que se certifica de que a instalação está adequada (Figura 27.7).

Postura olhando para cima. Na linha de chassis da Toyota, as tarefas que exigem uma postura olhando para cima cobram caro da musculatura das costas. Por isso, instalações automatizadas ou semiautomatizadas foram instaladas (ver Figura 27.8).

Postura de caminhada para trás. Esteiras suspensas exigem que os trabalhadores caminhem para trás, acompanhando a movimentação dos carros. A

Capítulo 27 • Subsistema de respeito pelo ser humano no sistema de produção JIT   **435**

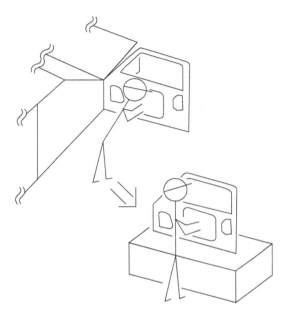

FIGURA 27.7 Sistema cassete para instalar a porta.

instalação de uma esteira que movimenta o trabalhador e o carrinho de peças alivia a pressão. (ver Figura 27.9).

Movimentação de peças pesadas e montagem com uso de força

Movimentação de peças pesadas e a montagem com uso de força muscular também afetam o índice de fadiga e a carga de trabalho. A Toyota conta com um dispositivo de assistência para instalações na linha, com o qual peças pesadas como painéis de instrumentos ou canos de escapamento são instalados na carroceria do carro. Assim, os trabalhadores não precisam carregar as peças pesadas desde o palete até a carroceria. Eles só precisam empurrar a parte suspensa até o seu local apropriado na carroceria, reduzindo, assim, o desgaste braçal. Além disso, um dispositivo semiautomatizado é usado para reduzir a pressão dos trabalhadores associada a operações como a retirada de uma porta ou a instalação de uma direção (ver Figura 27.10).

Tempo de operação sustentada

O tempo necessário para realizar uma operação também é outro fator que afeta o índice de fadiga e a carga de trabalho. A redução do tempo de operação pode ser providenciada já na fase de projeto de um modelo de carro. A ideia de Projeto de

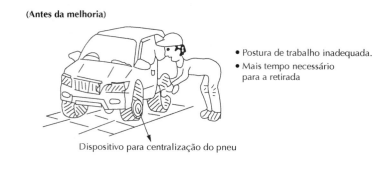
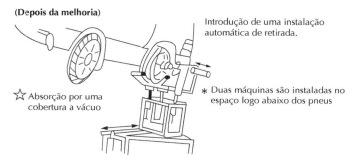

FIGURA 27.8 Instalação completamente automatizada para desatarraxar o parafuso centralizador da roda.

Manufaturabilidade (DFM – Design for Manufacturability) envolve a alteração da própria estrutura do carro na fase de projeto a fim de reduzir a quantidade de pontos de fixação ou para que uma nova estrutura de fixações seja desenvolvida. Outra maneira de reduzir o tempo de operação é dividir operações e/ou processos em diversas operações paralelas. Se o tempo de operação (medido geralmente em segundos) for relativamente longo, a carga ou o índice de fadiga será proporcionalmente alto. Portanto, a duração de cada operação deve ser tal que não chegue a atingir o seu índice máximo de fadiga.

§ 4 NECESSIDADE DE UMA AVALIAÇÃO OBJETIVA DA CARGA DE TRABALHO

Melhorias nas instalações muitas vezes representam custos consideráveis, e é difícil realizar tal medida de investimento para todas as operações na linha de montagem. É necessário avaliar objetiva e quantitativamente a carga de trabalho de cada operação para conseguir um aprimoramento efetivo dos processos. Para atender as reclama-

Capítulo 27 • Subsistema de respeito pelo ser humano no sistema de produção JIT   437

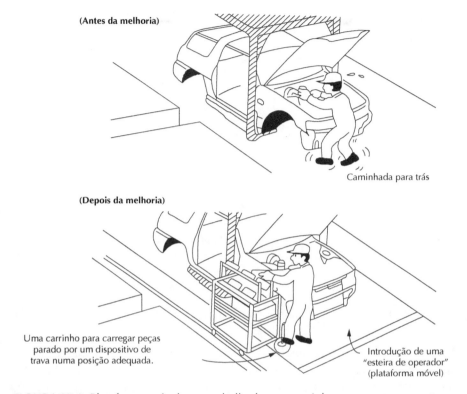

FIGURA 27.9 Plataforma móvel para trabalhadores e carrinhos para carregar partes.

ções e solicitações de um trabalhador alegando que suas operações são muito mais difíceis que a dos outros, é necessário dispor de métodos para a verificação objetiva de valores de carga de trabalho e índice de fadiga. Depois que esses valores são encontrados, é possível atribuir prioridades às operações que precisam se aprimoradas.

A Toyota Motor Corporation elaborou um método deste tipo para descobrir quais são os valores de carga de trabalho e de índice de fadiga. Ele é chamado de método de Verificação Toyota de Linha de Montagem (Toyota Verification of Assembly Line, ou TVAL), e é descrito em detalhe no apêndice deste capítulo.

§ 5 CONCLUSÃO

O sistema de produção JIT está em permanente evolução, e dispositivos ou sistemas aprimorados são constantemente propostos para melhorar as condições de trabalho.

438 Seção 4 • Sistemas de produção humanizados

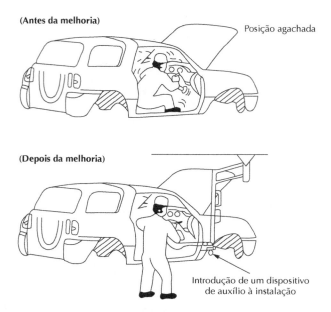

FIGURA 27.10 Dispositivo auxiliar para a instalação de uma barra de direção pesada.

Ainda que o pessoal de engenharia de produção motive para a realização de melhorias, as ideias e as propostas dos trabalhadores também são importantes. O próprio envolvimento com a melhoria do ambiente de trabalho representa a maior fonte para uma melhor qualidade de vida para os trabalhadores.

§ 6 APÊNDICE: MODELO TVAL PARA MENSURAR A CARGA DE TRABALHO

O modelo

O departamento de engenharia de produção da Toyota desenvolve diversos aprimoramentos em processos da linha de montagem a fim de mitigar a carga de trabalho dos operadores. Para determinar a prioridade dos processos para tais aprimoramentos, este departamento precisa avaliar objetivamente a carga de trabalho ou o índice de fadiga de cada processo. E para estimar essas informações, a Toyota desenvolveu o método de Verificação Toyota de Linha de Montagem (TVAL – Toyota Verification of Assembly Line).

As equações a seguir são usadas para medir a carga de trabalho ou o índice de fadiga de cada operação da linha de montagem:

$$L = 27,03 \log t + 53,78 \log M - 48,76 \qquad (27.1)$$

onde
L = a carga psicológica ou o índice de fadiga (%) e é o percentual para o tempo máximo sustentável de operação humana além do qual o trabalhador não consegue continuar trabalhando sob uma determinada *intensidade*.

M = o índice de Força Eletromotriz (FEM) em relação ao seu valor máximo quando o músculo em questão está mais contraído por uma certa operação manual. A FEM precisa ser medida por um medidor de FEM. M é um tipo de expressão de intensidade de trabalho na definição de L.

t = tempo sustentável da operação em questão.

Sabe-se que a equação 27.1 continuará válida qualquer que seja a posição do músculo, a postura de operação, e assim por diante:

$$L = d_1 \log t + d_2 \log W - 162,00 \qquad (27.2)$$

onde W = à carga da tarefa. Esta é outra expressão de intensidade de trabalho na definição de L. Essa intensidade de trabalho é determinada pela movimentação de peso, pela postura de operação, pela potência muscular de montagem, pela direção do empurrão e d_2 coisas do tipo.

Num experimento de ergonomia de exercício de pedalada, os seguintes valores de d_1 e são bem conhecidos:

$$L = 25,51 \log t + 117,60 \log M - 162,00 \qquad (27.2b)$$

onde W = à carga do pé que pedala a bicicleta.

Agora, quando o L da equação 27.1 é equivalente ao L da equação 27.2b durante um determinado tempo de trabalho t, a equação a seguir será verdadeira:

$$27,03 \log t + 53,78 \log M - 48,76 = 25,51 \log t + 117,60 \log M - 162,00$$

A partir desta equação:

$$W = 9,311 t^{0,0129} M^{0,457} \qquad (27.3)$$

Usando-se a equação 27.3, a carga de trabalho do exercício de pedalada W (equivalente à carga de trabalho de montagem) pode ser determinada quando o índice de FEM M (%) de uma determinada operação na linha de montagem de carros é medido pelo medidor de FEM durante um certo tempo t continuado.

Então, a carga de trabalho W, determinada pela equação 27.3, quando substituída no item W do lado direito da equação 27.2b, produzirá a carga psicológica ou índice de fadiga L (%) da operação de montagem em questão.

O procedimento recém descrito para medir o índice de fadiga L é fácil, porque só requer a medição dos valores M e t para cada operação de montagem. Tal simplicidade provém do fato de que as equações 27.1 e 27.2b terem se originado de estudos prévios em ergonomia.

Aplicação do modelo TVAL nas operações de montagem

Para medir o índice de FEM, M, durante um tempo continuado, $t = 5$ segundos, para diversas operações de montagem, a Toyota faz uma classificação das operações de montagem em 400 padrões, de acordo com a combinação de posturas de operação (posições), potência muscular de montagem, movimentação de peso, direções de empurrão e coisas do tipo.

A Figura 27.11 exibe tais padrões onde o termo *carga* engloba tanto a potência muscular (em operações para empurrar, puxar em encaixar) quanto a movimentação de peso.

Medidas para o índice M, são tomadas em 20 músculos corporais para cada um dos 400 padrões de operação de montagem. Ao aplicarmos o M, na equação 27.3, obtemos os valores W, do movimento de pedalada. Por fim, a ordem relativa (ou seja, o número ordinal) da carga psicológica L, para várias operações de montagem é comparada com o índice de fadiga real que os trabalhadores sentem em cada operação do chão de fábrica. O resultado apresenta uma equivalência de 80%.

Com base nos valores de L na Figura 27.11 (chamados de valores TVAL) para cada planta, o valor-alvo de $L = 35$ foi estabelecido, de tal modo que qualquer operação que exceda $L = 35$ não possa mais existir sob os aprimoramentos analisados neste capítulo. Estas atividades de melhoria continuam a evoluir na Toyota.

Comentário do autor sobre o modelo

Os seguintes problemas estatísticos existem no modelo TVAL:

1. Existe multicolinearidade em várias análises de regressão. Os coeficientes de regressão parcial da equação 27.1 não são confiáveis se o valor de M flutuar bastante, dependendo na alteração no valor de t. O mesmo problema ocorre na equação 27.2 caso o valor W for bastante afetado pela alteração no valor de t. Tais correlações entre M e t e também entre W e t inclusive já foram relatadas.

Capítulo 27 • Subsistema de respeito pelo ser humano no sistema de produção JIT   **441**

Postura / Direção do empurrão, etc. / Carga		A Para trás					B Para cima	C Para baixo	D Para frente
		Nível 1	Nível 2	Nível 3	Nível 4	Nível 5			
1.	Olhando para cima	31	32	35	39	45			
2.	Em pé	28	30	32	34	36			
3.	Agachado	34	35	36	40	45			

FIGURA 27.11 Resultados da transformação para a carga de pedalada L.

No entanto, se tais correlações formem pequenas, as equações 27.1 e 27.2 ainda podem ser usadas. A Toyota considera que uma equivalência de 80% entre o valor L computado pelas equações e o nível real de fadiga dos operadores é boa o suficiente para aplicar o seu modelo na prática.

2. Como L nas equações 27.1 e 27.2 é uma percentagem, ele só assume valores entre 0 e 100. Porém, como variáveis dependentes no modelo de regressão devem ter valores entre $-\infty$ a $+\infty$, seria melhor converter o lado esquerdo das equações de L para $L/(1 - L)$.

AGRADECIMENTOS

O autor agradece aos seguintes colaboradores pela contribuição a este apêndice: K. Imayoshi, Y. Eri e S. Ogata. (1993). Kumitate sagyo futan no teiryo hyoka-hou TVAL no kaihatsu (Development of quantitative evaluation method, TVAL, for assembly workload). *Toyota Technical Review*, 43(1), 84–89.

442 Seção 4 • Sistemas de produção humanizados

As seguintes pessoas da Toyota Motor Company fornecerem contribuições para este capítulo em julho de 1994: Sr. Kiyotoshi Kato, diretor gerente e gerente da planta Toyota Kyushu; Sr. Hironori Shiramizu, diretor e gerente de engenharia de produção da Toyota, e Sr. Hitoshi Tanaka, do departamento de RP da Toyota. Agradeço bastante à permissão concedida pela Toyota de usar as Figuras 27.3 e 27.5 até 27.10, exibidas como pôsteres nas plantas.

28
Efeitos das linhas autônomas de produção sobre motivação e produtividade

§ 1 POR QUE AS LINHAS DESMEMBRADAS PODEM ELEVAR O MORAL E A PRODUTIVIDADE?

O objetivo deste capítulo é examinar os efeitos do desmembramento de uma planta automotiva em *linhas autônomas funcionalmente diversificadas*.

Uma linha de montagem convencional é projetada de tal modo que peças de funções diferentes são montadas na carroceria de um carro sem uma classificação rigorosa de suas funções. Na verdade, mesmo na linha de montagem tradicional de uma planta automotiva, há quatro seções de funções diferentes (veja a Figura 28.1):

1. A linha de acabamento, também chamada de linha de acabamento anterior, é onde as peças elétricas – a fiação elétrica, o painel de instrumentos, a unidade de ar condicionado, e assim por diante – são montadas.
2. A linha de chassi é onde as peças da tração – sistema motorizado, cano de escapamento, e assim por diante – são instaladas.
3. A linha final, também chamada de linha de acabamento posterior, é onde as peças relacionadas com a carroceria – para-choque, para-brisa dianteiro e traseiro, lataria e rodas, e assim por diante – são afixadas na carroceria.
4. A linha de inspeção final é onde o carro inteiro é inspecionado.

No entanto, peças que são funcionalmente similares e que devem ser montadas na seção apropriada da linha não são montadas na carroceria como o esperado. Elas não são classificadas rigorosamente conforme suas categorias funcionais apropriadas.

Por outro lado, a linha autônoma funcionalmente diversificada, ou *linha desmembrada*, para abreviar, é uma parte da linha de montagem. Peças funcionalmente similares do ponto de vista da estrutura automotiva são agrupadas rigorosamente e

FIGURA 28.1 Esboço da linha de montagem tradicional.

montadas em conjunto. Com base neste conceito, a linha de acabamento, por exemplo, pode ser dividida em três linhas independentes – a linha relacionada à fiação, a linha do painel de instrumentos e a linha relacionada à exaustão.

Os efeitos dessas linhas funcionalmente diversificadas são duplos. A moral do trabalhador é elevada, e a produtividade é aumentada por toda a planta de montagem.

As seções a seguir descrevem como a Toyota Motor Company implementou essas mudanças.

§ 2 PROBLEMA COM A LINHA DE MONTAGEM CONVENCIONAL

Em geral, a linha de montagem tradicional também pode ser vista como se consistisse em seções funcionalmente diferentes. Contudo, o número de peças e de funções de peças aumentou acentuadamente nos últimos anos. Inovações técnicas e necessidades mais amplas de segurança automotiva levaram a um aumento no número de dispositivos eletrônicos e de segurança.

Por exemplo: a organização original da planta Motomachi da Toyota era projetada para produzir o carro Publica durante os anos 60. No entanto, o modelo atual de carro da Toyota, o RAV4 (um pequeno veículo recreativo), possui dez vezes mais peças do que o Publica. Isso dificultou a categorização rigorosa das peças de acordo com suas similaridades funcionais, e a sua montagem acabou ficando confusa.

Além disso, o RAV4 utiliza aproximadamente 100 vezes mais fiação do que o Publica utilizava. Este estoque fica armazenado na entrada da planta. Existem muitas variedades de unidades de vidro automotivo e o estoque não é pequeno, mesmo quando disposto em sequência. Motores e transmissões também são dispostos de forma sequencial, mas como são bastante espaçosos, eles precisam ser montados a partir da lateral da via de caminhada.

Como resultado, a linha de montagem apresenta os seguintes problemas:

1. *Um projeto de linha que não leva em consideração a classificação funcional de peças.* Na verdade, as operações de montagem realizadas na linha de acabamento são mescladas com outras operações da linha de chassis. As operações ligadas à fiação, por exemplo, ficam localizadas em pontos dispersos da planta de montagem. Além disso, o para-choque que deveria ser afixado na carroceria na linha final, é montado na linha de acabamento anterior, por causa de falta de espaço. Isso pode representar um obstáculo para as tarefas subsequentes de montagem, resultando por vezes em danos a algumas peças
2. *As operações elementares para a montagem de peças como a instalação, o torção de parafusos e a coleta de peças processadas são separadas entre vários processos na linha de montagem.* Como resultado, trabalhadores com múltiplas habilidades não conseguem compreender como as tarefas pelas quais eles são responsáveis se relacionam umas com as outras, nem tampouco conseguem identificar seu papel na estrutura de fabricação automotiva como um todo.
3. *Condições difíceis de trabalho.* Como as peças de grande porte como motores e transmissões ficam dispostas junto à via de passagem da planta, a linha de inspeção fica posicionada no centro da planta de montagem. Portanto, acaba ocorrendo emissão de gás, vazamento de água e produção de barulho, e o espaço de trabalho em si é estreito. Tudo isso perturba o ambiente de trabalho. Por causa do pequeno espaço de trabalho, os trabalhadores encontram dificuldade em movimentar os materiais, e a linha acaba sendo interrompida com bastante frequência. Por sua vez, quando a linha é interrompida, a luz de alarme (*andon*) é acesa, e a sirene (que emite uma alarme sonoro) é disparada. No entanto, como a barulheira da operação de inspeção está simultaneamente ocorrendo, não tem como escutar a sirene. Portanto, é preciso usar um alarme ainda mais barulhento para que os trabalhadores consigam ouvi-lo. Para evitar estes problemas, as operações de inspeção devem ocorrer em separado da linha de montagem e ser colocadas em outro lugar. Isso também liberaria mais espaço no local de trabalho. No entanto, isso é apenas um primeiro passo.

Uma reorganização fundamental da linha de montagem é necessária e passa a ser descrita a seguir.

§ 3 ESTRUTURA DA LINHA AUTÔNOMA FUNCIONALMENTE DIVERSIFICADA

Esta seção descreve a estrutura da planta Toyota Motor Kyushu Miyata (chamada de Toyota Kyushu) como um exemplo típico de uma linha autônoma funcionalmente diversificada.

Estrutura física das linhas desmembradas

As linhas de montagem convencionais da Toyota geralmente consistem em cerca de três ou quatro linhas, cada uma com aproximadamente 300 metros de comprimento, e todas são conectadas entre si. A estrutura arquitetônica desse tipo de planta, que apresenta um estreito formato retangular, está apresentada na Figura 28.2.

Já a planta de montagem Toyota Kyushu, construída em dezembro de 1992, é diferente. Seu formato é quase quadrado (leste-oeste: 280 m, norte-sul: 265 m), e a linha de montagem inteira está dividida em 11 linhas funcionais desmembradas. As divisões se baseiam sobretudo nas diferenças funcionais das peças de um ponto de vista do projeto dos carros e parcialmente nas diferenças entre as funções operacionais dos trabalhadores (similaridade operacional). Na Toyota, essas linhas funcionalmente diversificadas são identificadas como *linhas autocontidas* (*Jiko-kankentsu rain*, em japonês). Isso significa literalmente a linha onde tudo está contido e integrado.

O leiaute dessas linhas é uma formação em paralelo, cada uma das quais com cerca de 100 metros de comprimento. O esboço dessas linhas desmembradas é mostrado na Figura 28.3. A letra t representa as linhas de acabamento (*trimmming*), a letra C representa as linhas de chassi, a letra F representa as linhas finais e as letras AI representam a linha de inspeção de montagem (*assembly inspection*).

A quantidade total de linhas desmembradas pode variar dependendo da quantidade total de unidades fabricadas, da variedade de modelos de carro e do *takt time*. No entanto, uma linha com pelo menos 15 estações de trabalho é capaz de ser flexível, mesmo que aumente ou diminua o número de trabalhadores em resposta a mudanças na demanda.

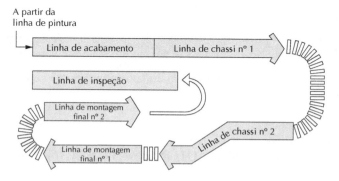

FIGURA 28.2 Leiaute da linha de montagem convencional na planta Toyota Motomachi. (A linha de acabamento e a linha de chassi nº 1 foram separadas, e um estoque de segurança foi colocado entre elas.)

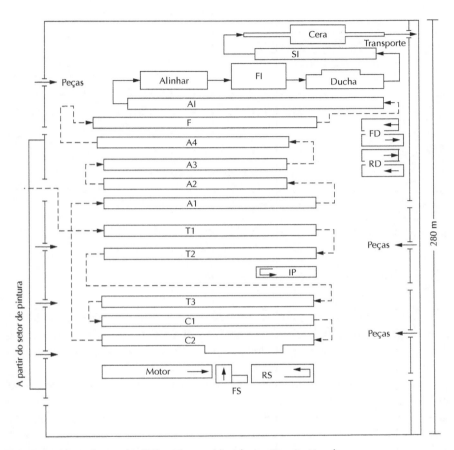

FIGURA 28.3 Leiaute das linhas desmembradas na Toyota Kyushu.

Além das linhas desmembradas, esta nova planta conta com cinco linhas separadas de submontagem. Três delas são para submontagem de motores, submontagem de suspensão dianteira e submontagem de suspensão traseira, todas as quais ficam situadas perto das linhas de chassi.

As outras duas linhas de submontagem dizem respeito à montagem das portas dianteiras e à montagem das portas traseiras. Essas linhas de submontagem geralmente contam com dez membros que constituem uma equipe.

Estrutura de pessoal das linhas desmembradas

A estrutura de pessoal da planta de montagem Toyota Kyushu com relação às linhas autônomas diversificadas está resumida na Figura 28.4.

448 Seção 4 • Sistemas de produção humanizados

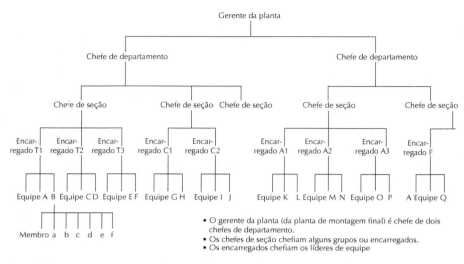

FIGURA 28.4 Organização de pessoal na planta Toyota Kyushu.

Em cada linha desmembrada, as tarefas funcionalmente similares ou idênticas são agrupadas entre si. O pessoal na linha dividida trabalha como um grupo, chamado de unidade *Kumi*, que é chefiado pelo gerente do grupo (ou encarregado), chamado *Kumi-Cho*.

A quantidade média de membros em um grupo é de 15, embora alguns deles contem com apenas 12 membros ou com até 20. Além do mais, cada grupo é constituído por duas ou três equipes, e cada equipe possui cinco ou seis membros chefiados por um líder de equipe chamado de "Hancho". Em contraste, as linhas de submontagem (como, por exemplo, a linha de submontagem de motor) contam com dez membros constituindo uma equipe, em vez de um grupo. A linha desmembrada com pelo menos 15 estações de trabalho é flexível em termos de variação do número de trabalhadores dependendo das mudanças na demanda por produtos. Embora isso não seja surpreendente no mundo ocidental, é raro encontrar uma mulher trabalhando na linha de montagem final de uma companhia automotiva japonesa.

Treinamento dos trabalhadores da linha e o papel do encarregado

Cada linha desmembrada é designada a um capataz, que é responsável pelo seu gerenciamento, pela supervisão do controle de qualidade e pelo treinamento dos trabalhadores de sua linha. Além disso, os encarregados têm a autoridade de estabelecer uma rotação dos trabalhadores entre os diversos processos na linha.

Os encarregados possuem suas próprias mesas ao lado de suas linhas. As informações a seguir ficam afixadas na parede em frente a suas mesas:

1. Um tabela de *status* de procedimento, que mostra como a linha está cumprindo com as exigências do dia
2. Uma tabela de processos designados, que lista o processo designado a cada trabalhador da linha para aquele dia
3. Uma tabela dos processos dominados, que exibe as tarefas que cada trabalhador da linha domina

Os encarregados utilizam as tabelas de processos designados e de processos dominados para alocar as tarefas ou os processos dos trabalhadores para o dia seguinte.

Os trabalhadores podem aprender outros processos manuais em suas linhas depois que passam a dominar seus processos atuais. A meta é que cada trabalhador tenha experiência em todos os processos da sua linha, se possível. Como cada linha está dedicada a uma única função (como, por exemplo, tarefas relacionadas a escapamento ou relacionadas a fiação), os trabalhadores se tornam profissionais depois que passam a dominar todos os processos da função em questão.

Os trabalhadores podem até mesmo aprender tarefas de outras linhas se assim desejarem e também se seus supervisores (líderes de equipe e encarregados) verificarem sua habilidade corrente. Um trabalhador que domina habilidades em múltiplos processos é chamado de *trabalhador multi-habilidades*, ao passo que um trabalhador que é versado em várias linhas é chamado de *trabalhador multifuncional*.

Os trabalhadores nunca são forçados a aprenderem as tarefas de diversas linhas, porque a vontade do trabalhador sempre vem em primeiro lugar. Em outras palavras, os supervisores não promovem agressivamente um treinamento cruzado entre as linhas.

Local de treinamento e o programa-mestre de habilidades de montagem

Cada linha desmembrada na planta Toyota Kyushu conta com a seu próprio local de treinamento para os trabalhadores. O objetivo desse local de treinamento é tornar a linha compreensível para os trabalhadores. A linha T1 (relacionada com a fiação) ilustrada na Figura 28.5 é um exemplo. Todas as peças para montagem relacionadas a fiação são exibidas à esquerda, e a carroceria do carro é colocada à direita. O líder da equipe e o encarregado podem, então, mostrar facilmente como as peças devem ser montadas no local apropriado da carroceria.

A Toyota também lançou um programa doméstico de treinamento e educação chamado de *programa-mestre de habilidades profissionais*. Existem quatro graduações de trabalhadores nas linhas de montagem:

450 Seção 4 • Sistemas de produção humanizados

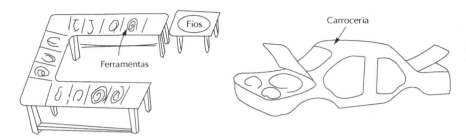

FIGURA 28.5 Local de treinamento na linha T1 (relacionada a fiação).

1. Trabalhadores de *Grau C* têm um bom domínio de todas as operações em sua atual linha desmembrada. A meta para esta graduação é o domínio de todas as operações dentro de um prazo de dois anos depois da entrada para a companhia.
2. Trabalhadores de *Grau B* são capazes de dar conta de pelo menos três linhas desmembradas. A meta para esta graduação é o domínio das operações dentro de um prazo de cinco anos.
3. Trabalhadores de *Grau A* podem fazer qualquer tipo de operação em qualquer linha desmembrada da planta de montagem. São poucos os trabalhadores de Grau A.
4. Trabalhadores de *Grau S* são aqueles com o mais alto nível de habilidades profissionais, similares aos *meisters* alemães. Em julho de 1994, não existia nenhum trabalhador de Grau S na Toyota Kyushu.

Os nomes dos trabalhadores de Grau B e C são postados no quadro de avisos para estimular o moral e encorajar a ambição. Além disso, cada linha desmembrada também conta com uma ala de descanso onde os trabalhadores podem compartilhar informações.

§ 4 AS VANTAGENS DAS LINHAS AUTÔNOMAS DESMEMBRADAS

Após entrevistar os gerentes das plantas Toyota Kyushu e Motomachi, dois efeitos principais das linhas desmembradas ficaram aparentes:

1. Motivação dos trabalhadores
2. Aumento da produtividade e da autonomia com base na dispersão do risco

Motivação dos trabalhadores

As linhas desmembradas afetam a motivação dos trabalhadores de diversas formas.

Os trabalhadores reconhecem seu próprio papel (suas tarefas) na fabricação de carros

Eles consideram suas conquistas como valiosas e podem usufruir de suas vidas profissional. Numa nova linha desmembrada, por exemplo, somente funções relacionadas a fiação numa equipe voltada para fiação são agrupadas entre si. Em outra linha desmembrada, somente funções relacionadas a escapamento são agrupadas entre si. Com tais agrupamentos, os trabalhadores compreendem claramente sua própria função ou papel no processo inteiro da fabricação de carros. Como se não bastasse, os trabalhadores acabam se familiarizando com a parte que lhes foi designada dentre as tarefas da linha desmembrada, e eles aprendem a reconhecer as tarefas em que não são proficientes e para as quais precisam de treinamento adicional. Do ponto de vista do treinamento, todas as tarefas na linha desmembrada são fáceis de aprender, de entender e de dominar, já que são todas similares. Ademais, fica mais fácil para os trabalhadores compartilharem informações a respeito das tarefas na mesma linha dividida.

As tarefas numa linha desmembrada ficam mais fáceis para os trabalhadores

Ainda que o trabalhador precise contar com múltiplas habilidades e se veja envolvido em múltiplas tarefas, todas elas são similares. A postura do trabalhador não é repentinamente alterada dentro do tempo de ciclo. Sendo assim, as tarefas são cumpridas num ritmo estável, o que torna as operações mais fáceis para os trabalhadores.

Algumas linhas podem ser facilmente preparadas para certas classes de trabalhadores – por exemplo, trabalhadores do sexo feminino e idosos

Linhas funcionalmente separadas possibilitam que as tarefas de uma linha sejam atribuídas aos trabalhadores mais adequados para realizá-las. Na Toyota, isso é chamado de *correspondência justa*.

Gerentes de grupo podem reconhecer suas próprias áreas de responsabilidade dentro da planta de montagem como um todo

A linha desmembrada é estabelecida agrupando-se tarefas similares entre si. Isso também ajuda o gerente de grupo a ensinar qualquer tarefa na linha desmembrada aos trabalhadores.

Trabalhadores, gerentes de grupo e líderes de equipe compartilham a consciência de propriedade pela linha devido ao caráter autocontido delas

É por isso que a linha desmembrada é chamada de linha autônoma, ou *descentralizada*, do ponto de vista da identidade coletiva humana.

Produtividade e autonomia baseadas em dispersão de risco

As linhas desmembradas afetam a produtividade e a autonomia de diversas formas.

A linha desmembrada possui uma característica autônoma, ou independente, causada pelo fenômeno da dispersão de risco

Tipicamente, uma linha de montagem convencional não passa de uma única linha. Em caso de problemas numa posição ou num processo da linha, todas as seções são paralisadas. Já as linhas desmembradas não são paralisadas automaticamente quando outras linhas param suas operações. Cada uma pode continuar suas operações de modo independente por um tempo, mesmo quando outra linha é paralisada. Isso se baseia no efeito de dispersão de risco gerado pelas linhas diversificadas com estoques de emergência entre si. O estoque de segurança é mantido em pontos de armazenamento entre as linhas desmembradas, de tal maneira que pode ser ativado de forma autônoma quando outra linha é paralisada, mantendo, assim, a capacidade de produção da planta de montagem como um todo. Estoques de emergência são descritos em mais detalhes mais adiante neste capítulo.

Vantagem produtiva medida pelo tempo de produção da planta de montagem

O tempo de produção (*throughput time*) de uma planta compreende o período de tempo para que uma unidade do produto flua desde o início até o final da linha de montagem. Ele compreende os três segmentos de tempo a seguir:

Tempo de produção = tempo de processamento + tempo de estoque de segurança + tempo de parada da planta em que o tempo de processamento equivale ao tempo total de montagem de todas as linhas.

No caso de um sistema de linha única, isso é equivalente ao tempo total de montagem de todas as estações de trabalho na linha. Portanto, se o *takt time* de uma unidade for de 2 minutos, e o número-padrão de estações de trabalho for 150 (que é equivalente ao número médio de trabalhadores), o tempo de processamento é o seguinte:

$$2 \text{ minutos} \times 150 = 5 \text{ horas}$$

Se a frequência de paralisações da linha ou a frequência de problemas for relativamente alta, o tempo de produção de cada unidade de produto através da planta de montagem será mais curto no sistema de linhas desmembradas com muitas linhas do que num sistema sem linhas desmembradas ou mesmo do que num sistema de linhas desmembradas com poucas linhas. No entanto, se a frequência de paralisações da linha for relativamente baixa, o tempo de produção (ou o tempo total de atravessamento)

Capítulo 28 • Efeito das linhas autônomas de produção sobre motivação ... 453

será mais longo no sistema de linhas desmembradas. Além do mais, o tempo de produção será mais longo para sistemas de linhas desmembradas com muitas linhas do que para aqueles com poucas linhas.

Os estoques de emergência entre as linhas desmembradas requerem um constante tempo de estoque de segurança mesmo sem paralisações de linha

Quando não acontece nenhuma paralisação na linha durante um dia inteiro, o sistema de linha única de montagem só tem a computar o tempo de processamento como o *throughput time* (tempo de produção). Já o sistema de linhas desmembradas precisa computar o tempo de processamento mais o tempo de estoque de segurança como seu tempo de produção.

A linha única de montagem precisa inevitavelmente ser paralisada quando ocorrem problemas

A planta de montagem com múltiplas linhas desmembradas não é paralisada como um todo caso o tempo de parada em qualquer linha desmembrada ficar dentro do tempo de estoque de segurança. Portanto, o tempo de produção de uma linha única de montagem aumenta proporcionalmente com o aumento dos problemas diários, devido ao aumento do tempo de paralisação da linha. O tempo de produção do sistema de linhas desmembradas é sempre constante sob a mesma condição.

As relações entre o tempo total de produção e a frequência de problemas estão ilustradas na Figura 28.6. Nela, a taxa de problemas representa o número de problemas que ocorrem dentro de um certo período de tempo, que é também um substituto para a frequência média de problemas.

Em geral, uma linha de montagem como um todo sempre enfrenta problemas – defeitos, incapacidade de fazer a montagem dentro do *takt time*, e assim por diante – mesmo sob situações que tenha passado por melhorias substanciais. A Toyota, contudo, acredita que o tempo total de produção seja mais curto no sistema de linhas desmembradas do que no sistema de linha mais longa quando se leva em consideração tanto o tempo de interrupção de linha quanto o tempo de estoque de segurança. Esta vantagem é mostrada na Figura 28.6 no local indicado pela taxa real de problemas no eixo da taxa de problemas. Observe que se supõe um mesmo quadro de trabalhadores para esses dois sistemas.

O tempo de produção é o tempo de atravessamento (*lead time*) de produção gasto para uma unidade de produto. O inverso do tempo de produção, portanto, é uma medida de produtividade, supondo-se que o tamanho do quadro de trabalhadores é equivalente entre os dois sistemas comparativos. A Figura 28.7 demonstra a vantagem em termos de produtividade do sistema de linhas desmembradas.

454 Seção 4 • Sistemas de produção humanizados

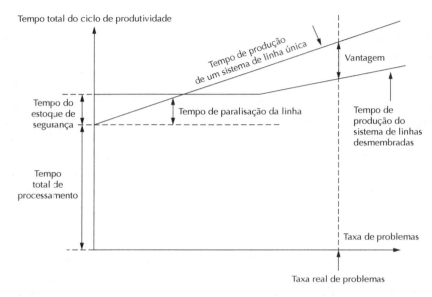

FIGURA 28.6 Relação entre tempo total de produção e a taxa de problemas.

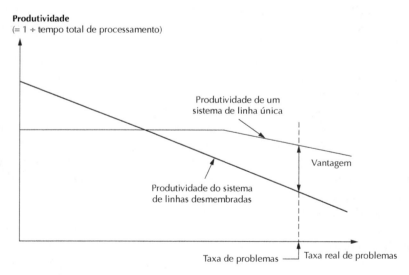

FIGURA 28.7 Relação entre a produtividade e a taxa de problemas.

Exemplo de tempo de paralisação para a planta de montagem como um todo

Para este exemplo, utilizaremos a montagem do modelo de carro MARK II. A planta Toyota Motomachi produzia o modelo de carro MARK II usando 4 linhas separadas, excluindo-se a linha de inspeção final. O MAK II foi posteriormente transferido para a planta Toyota Kyushu, onde dez linhas desmembradas, excluindo-se a linha de inspeção final, foram estabelecidas, aumentando o número de linhas desmembradas de 4 para 10. (No entanto, a planta Motomachi atual, bem como as outras plantas de montagem da Toyota contam agora com cerca de 10 linhas desmembradas.)

Cada uma das 10 linhas desmembradas contava com algumas unidades como estoque de segurança. Em junho de 1994, o estoque de segurança na Toyota Kyushu era de 5 minutos. Caso uma linha desmembrada fosse paralisada durante 5 minutos, as outras continuavam com a produção por pelo menos 5 minutos. Como resultado, a planta de montagem como um todo diminuía o tempo total de paralisação.

Se cada linha passar por um tempo de paralisação de 5 minutos 6 vezes ao dia, a linha será paralisada por um total de 30 minutos durante um dia (6 paradas × 5 minutos).

Sob esta suposição, examinemos o leiaute anterior da Toyota Motomachi. Quando o número total de linhas era de 4 e cada linha era paralisada sem qualquer sobreposição, o tempo total de paralisação ainda era de 30 minutos. A linha desmembrada final é paralisada 6 vezes ao dia, mas a paralisação em qualquer outra linha nada tem a ver com a paralisação da planta como um todo.

Suponhamos agora que a planta de montagem Toyota Kyushu como um todo paralise a linha o mesmo número de vezes que a planta Toyota Motomachi, e suponhamos também que a paralisação de cada linha não se sobreponha a nenhuma outra. Então, cada linha desmembrada da planta Toyota Kyushu apresenta 6 × *(4 linhas ÷ 10 linhas)* paralisação de linha em média. Segue-se daí que esta nova planta como um todo é paralisada durante apenas 12 minutos:

$$6 \times (4 \text{ linhas} \div 10 \text{ linhas}) \text{ paralisações} \times 5 \text{ minutos}$$

Isso também se deve apenas às paralisações da linha final. O tempo de paralisação, portanto, cai de 30 para 12 minutos.

Neste exemplo, assumimos que cada problema ocorre a intervalos de mais do que 5 minutos. Entretanto, se assumirmos que um determinado problema ocorre a intervalos inferiores a esse, não apenas a linha com o problema será paralisada como o problema também acabará paralisando a linha subsequente. Nestas situações, a probabilidade de paralisações de linha em todas as linhas subsequentes acaba aumentando quando há um número menor de linhas como na planta Toyota Motomachi.

Este fenômeno pode ser verificado fazendo-se uma simulação com linhas desmembradas alternativas, cada uma com um número diferente de linhas.*

Tamanho dos estoques de segurança

O tamanho do estoque de segurança depende da duração máxima normal do tempo de paralisação de cada linha e do *takt time* da planta de montagem como um todo. Ou seja,

Número de unidade em estoque = Duração máxima normal do tempo de paralisação de cada linha ÷ *Takt time* da planta de montagem como um todo

O *takt time* da planta de montagem, por exemplo, era de 1,7 minuto por unidade (ou 102 segundos) em 27 de julho de 1994, e o tempo máximo de paralisação da linha sob condições normais era de 5 minutos. Portanto, para que qualquer linha desmembrada fosse independente ou tolerasse paralisações de 5 minutos por peça de qualquer outra linha, ela precisaria contar com 3 unidades em estoque de segurança *(5 minutos ÷ 1,7 minuto)*. Se o *takt time* fosse de 2,5 minutos, 2 unidades em estoque de segurança *(5 minutos ÷ 12,5 minuto)* seriam suficientes para a autonomia de uma linha individual.

Causas para as paralisações de linha

As causas das paralisações de linha determinam a duração máxima normal do tempo de paralisação de cada linha. Portanto, se algumas das causas forem eliminadas ou reduzidas e se a linha for estabilizada, o tempo de paralisação da linha também será reduzido, o que permitirá um número menor de unidades em estoque.

Na Toyota Kyushu, três são as causas para uma paralisação de 5 minutos em uma linha:

1. Um problema que pode ser resolvido imediatamente interrompendo-se a linha durante um minuto ou menos é identificado como um problema menor. Se o tempo de paralisação da linha exceder um minuto, como, por exemplo, quando um painel de instrumento para de funcionar, o estoque de segurança não é capaz de absorver o problema. Paralisações menores de linha são descritas em mais detalhes mais adiante neste capítulo.

---

* Muito embora cada linha possuísse um problema independente sob sua própria distribuição de probabilidade, a distribuição de probabilidade da paralisação da planta como um todo, que ocorreria como o acúmulo de todos os problemas em cada linha, será a distribuição normal baseada no teorema central do limite. Usando-se tal distribuição normal de probabilidade, a média e o desvio padrão do tempo de paralisação da planta como um todo acabará sendo medido. Então, se o valor do tempo de paralisação de uma certa planta for normalizado aplicando-se essa média e esse desvio padrão, será possível estimar o tempo de paralisação da planta.

2. No ponto final da cada linha desmembrada, há uma verificação de qualidade do trabalho de montagem do grupo. Quando uma inspeção revela um defeito, leva de dois a três minutos para uma ação como a troca de um cano.
3. Cada instalação numa linha desmembrada também recebe um minuto para resolução de problemas.

Quando os três fatores de paralisação de linha são analisados em conjunto, a suposição é que cada paralisação de linha é de no máximo cinco minutos. Além disso, as unidades correspondentes ao estoque de segurança são mantidas ao final da linha a fim de garantir que a linha desmembrada subsequente não interrompa a operação.

As paralisações menores de linha

As paralisações menores de linha costumam durar menos de um minuto, sobretudo porque um trabalhador não consegue completar todas as tarefas dentro do *takt time*. Em parte, isso acontece devido a uma falta de treinamento com relação à operação da tarefa, e em parte se deve a atribuições inapropriadas de tarefas dentre diversos processos na planta de montagem como um todo.

Estrutura das paralisações menores de linha

Numa linha de montagem convencional, não existe uma classificação bem definida das peças em categorias funcionais. Como resultado, o tempo de montagem acaba variando para diferentes processos na mesma linha. Logo após o processo de montagem do motor, por exemplo, segue-se o processo de acabamento do interior. Quando são introduzidos continuamente na linha carros que requerem um tempo mais longo de montagem, a linha acaba sendo paralisada porque os trabalhadores não conseguem completar as tarefas dentro do *takt time*. Para evitar este tipo de paralisação numa linha de montagem de modelos mistos, a sequência de programação sincroniza ou equaliza o tempo ou a especificação de montagem das peças.

Linhas de montagem que são desmembradas em muitas linhas, atribuindo-se a cada uma delas somente processos ou peças funcionalmente similares, não apresentam variação em seus tempos de montagem. Assim, já não é mais preciso levar em consideração a sincronização da linha de montagem, embora isso ainda seja parte da preparação da programação. O nivelamento ainda ocorre, por exemplo, no caso dos freios ABS, porque sua montagem acaba criando um gargalo.

Aspecto mental das paralisações menores de linha

Numa linha de montagem convencional, um trabalhador pode não querer paralisar a linha quando ocorre um problema, porque isso pode incomodar outros trabalhadores. No entanto, quando a linha é desmembrada em diversas seções, o trabalhador se sente mais seguro para paralisar sua linha, já que ela é menor e é a única que será paralisada. Já os encarregados responsáveis por linhas, porém, relutam em paralisar sua linha, porque suas áreas ficam claramente definidas pela separação da esteira rolante no sistema de linhas desmembradas.

Estoque desnecessário eliminado como desperdício

O Sistema Toyota de Produção jamais se propôs a ser um sistema de zero estoque, ainda que alguns escritores o caracterizem equivocadamente como tal. As informações fornecidas neste capítulo ilustram claramente este fato.

O sistema *kanban* requer uma quantidade específica em estoque no armazém de cada processo precedente, para que os transportadores dos processos subsequentes possam recolher as peças usando seus cartões *kanban* de retirada e com suas caixas da peças vazias.

Na Toyota, estoque desnecessário é considerado desperdício. A companhia cria um fluxo sincronizado de produção desde os fornecedores até as revendas autorizadas ao adaptar suas plantas de fabricação às mudanças na demanda no mercado final. Como os estoques de emergência mantidos nos pontos de armazenagem entre as linhas desmembradas evitam que a planta de montagem inteira seja paralisada, eles são bastante necessários e não são considerados como desperdício.

29
Minicentrais de lucro e o sistema JIT

§ 1 POR QUE AS MINICENTRAIS E OS SISTEMAS JIT SE ENCAIXAM TÃO BEM?

As fabricantes japonesas *cada vez mais* vêm adotando o sistema de *minicentral de lucros* (MPC – *mini profit center*). Entre essas empresas estão Kyocera Corporation, Sumitomo Denki Kogyo, NEC Saitama, Sony Koda, Sony Minokamo, Sanyo Kasei, Taiyo Kogyo, Maekawa Seisakusho e 3D. Elas também estão usando o sistema JIT de produção ou o Sistema Toyota de Produção. Assim, parece que ambos os sistemas são mutuamente benéficos e se encaixam bem.

Este capítulo investiga as *vantagens* provenientes da combinação dos sistemas MPC e JIT, e os impactos em cada sistema. Para verificação lógica, usaremos o exemplo do mundo real do sistema MPC da Kyocera como um modelo teórico de MPC. Além disso, o sistema de "empresa em linha" da NEC, que é outro tipo de sistema de minicentral de lucros, será comparativamente observado. Um literatura prévia explica os sistemas JIT e MPC, respectivamente (para MPC, veja Inamori [1998], [2006], Fuse et al. [2000], Monden and Hamada [1989], Kunitomo [1985], Mitsuya et al. [1999], Mitsuya [2000], and Cooper [1995]), mas até o momento nenhuma pesquisa foi conduzida para analisar as relações entre os dois. Os tópicos a seguir serão explorados:

1. Comparação e extensão mútua dos benefícios entre o sistema de produção JIT e o sistema MPC
2. Declaração de renda da MPC
3. Sistema de produção JIT enquanto um prerrequisito para a mensuração de lucro da MPC

§ 2 COMPARAÇÃO E EXTENSÃO MÚTUA DOS BENEFÍCIOS ENTRE OS SISTEMAS JIT E MPC

As metas ou os efeitos tanto do sistema JIT quanto do MPC são similares e comuns em muitos aspectos, mas também há muitos itens-alvo *novos* no sistema MPC. Além disso, os meios para alcançar tais metas nos sistemas JIT e MPC também são comuns em algumas áreas, mas há muitos meios novos neste último. Essas metas e essas meios estão resumidos na Tabela 29.1.

Como as metas e os meios do Sistema de Produção JIT listados na Tabela 29.1 agora já são bem conhecidos, as seções a seguir explicarão principalmente os vários aspectos do sistema MPC em relação ao sistema JIT. Os benefícios mútuos do sistema JIT e da MPC serão explorados em detalhe.

TABELA 29.1 Metas e meios dos sistemas JIT e MPC

	Sistema JIT	Sistema MPC
Grupo Pequeno	Círculo ou equipe de CQ para melhorias contínuas	Minicentral de lucro para melhorias contínuas
Metas	Redução de custos Redução de tempo de atravessamento Garantia da qualidade Respeito pela humanidade	Captação de lucros Redução de custos Aumento da receita bruta Redução de tempo de atravessamento Garantia da qualidade Motivação dos funcionários

Meios	1. Meios para a redução de custos e de tempo: para eliminar excesso de estoque e de mão de obra
	   Sistema de puxar por *kanban*
	   Sincronização da produção
	   Produção de lotes pequenos
	   Produção em fluxo unitário de peças
	   Leiaute em forma de U
	   Trabalhador multifuncional
	   Operações-padrão
	2. Meios para a garantia da qualidade
	   Controle autônomo de defeitos (*jidoka*)
	3. Meios para melhorias para a humanidade
	   Atividades *kaizen* em pequenos grupos
		1. Motivação das pessoas por meio da meta única do lucro
		   As cinco metas acima só podem ser alcançadas quando a meta do lucro é perseguida
		2. Delegação de autoridades mais amplas
		   Autoridade para substituições flexíveis de trabalhadores entre MPCs
		   Autoridade no conhecimento do mercado
		3. Estabelecimento de lucro-alvo

Motivando as pessoas numa MPC por meio da meta única do lucro

O sistema MPC, também chamado de "sistema de central de lucros em pequenos grupos", divide uma companhia em diversas unidades organizacionais minúsculas. Cada unidade possui até dez membros e precisa arrecadar lucros mediante seus próprios esforços, como se fosse uma companhia independente. É por isso que cada unidade é chamada de *minicentral de lucros*.

Como um efeito de cerca de dez membros é o mesmo que o de uma filial de uma loja numa cidade, a gestão pelo sistema MPC é semelhante à administração de um grupo empresarial que abrange várias empresas minúsculas e independentes. O líder de cada MPC é similar ao presidente de uma pequena empresa, e precisa aumentar os lucros junto com os membros da equipe através de seus diversos esforços.

Por outro lado, o sistema JIT também utiliza atividades de melhoria contínua em pequenos grupos chamados de "círculos CQ" (círculo de Controle de Qualidade). O número de seus membros e sua localização como uma unidade na estrutura organizacional oficial também são semelhantes a uma MPC. No entanto, os círculos CQ diferem da MPC nos seguintes aspectos:

Em primeiro lugar, enquanto a MPC é uma central de lucros, o círculo CQ é uma central de custos. Além disso, os tópicos ou os temas de um círculo CQ são muitos. Ainda que a redução de custos, a garantia da qualidade, a pronta entrega e o controle de qualidade sejam fundamentalmente importantes para os círculos CQ, eles também se encarregam de manutenção das máquinas, segurança, limpeza, proteção ambiental, elevação do moral, etc. Todos estes tópicos também estão na pauta das MPCs. Embora esses tópicos ou temas sejam selecionados ou abordados separadamente nas atividades dos círculos CQ, eles podem ser integrados numa única meta de aumento de lucro numa MPC. Os resultados do cumprimento dessas várias metas acabarão repercutindo nas cifras de lucros de uma MPC. Como a contribuição de esforços para o cumprimento da cada tópico pode ser mostrada muito claramente na cifra de lucros, o sistema MPC é capaz de motivar as pessoas, estimulando sua conscientização sobre os lucros.

Foi a Kyocera Corporation que criou o sistema MPC no Japão. A Kyocera foi fundada em 1959, produzindo inicialmente materiais cerâmicos (pacotes de Circuitos Integrados, ou CI), e depois ampliou seus negócios para peças semicondutoras, peças elétricas, instrumentos de comunicação e instrumentos ópticos de precisão. Atualmente, a Kyocera é uma das companhias líderes no Japão nas áreas de eletrônicos e produtos de comunicação, e alcança lucros cada vez mais altos a cada ano.

Na Kyocera, uma MPC é chamada de *ameba*. A cada ameba é atribuída uma única meta de "lucro por hora" (mais precisamente, valor agregado por hora). Para elevar a cifra propriamente dita de lucro por hora, três abordagens podem ser adotadas: (a) aumento das vendas, (b) diminuição dos custos e (c) diminuição do tempo despendido. Entre elas, o aumento das vendas inclui não apenas uma melhoria da quantidade de vendas em si, mas também a melhoria da qualidade dos produtos e a redução do tempo de entrega. A diminuição do tempo inclui a redução do quadro de trabalhadores e diversos outros aprimoramentos nos métodos de fabricação, aumentando, assim, a produtividade.

Delegação de autoridades mais extensas e amplas

Autoridade para a substituição flexível de trabalhadores entre várias MPCs

Uma ameba da Kyocera representa uma típica MPC. Uma ameba por ser voltada para um tipo de produto se a organização for por variedade de produtos. Ela também pode ser voltada para um único processo funcional de fabricação se a organização for por processo de fabricação. Esta é uma ameba "tipo linha de tarefas". Algumas podem ter todos os processos como um conjunto, que é uma ameba "tipo fluxo de produtos". A Kyocera contava com cerca de 13.000 funcionários no ano 2000, e com cerca de 1.200 amebas. Sendo assim, cada ameba possui em média dez membros. Embora a ameba tipo fluxo de produtos seja consistente com o leiaute JIT, os leitores devem atentar para o fato de que a MPC também pode assumir uma forma de ameba alheia ao JIT, que é estabelecida para processos funcionais. Isso porque a MPC na Kyocera foi desenvolvida originalmente e introduzida quando o sistema JIT da Toyota ainda não havia sido desenvolvido e se tornado preponderante no Japão. Por isso, a MPC não estava necessariamente vinculada ao JIT em sua forma original.

A ameba também tem uma característica comum de flexibilidade em termos efetivos, assim como acontece com qualquer MPC. Na Kyocera, quando o volume de produção é aumentado, o tamanho das amebas é expandido. Já se o volume é diminuído, o tamanho das amebas acaba encolhendo. Quando a ameba A solicita trabalhadores adicionais, a ameba B transfere trabalhadores para ela, e vice-versa. Embora tanto o sistema MPC quanto o JIT compartilhem da possibilidade de transferência flexível de trabalhadores entre as centrais, o sistema JIT transfere os trabalhadores com base nas instruções provenientes do departamento de controle de produção, ao passo que o sistema MPC o faz com base no julgamento individual e independente de cada MPC.

Autoridades descentralizadas de cada MPC

Diversas MPCs negociam entre si para comprar e vender qualquer produto intermediário. Os itens de negociação são o preço (isto é, o preço de transferência), a quantidade e o tempo de entrega. No caso de um pacote CI, as MPCs do tipo linha de tarefas (baseadas num leiaute alheio ao JIT) são formuladas na Kyocera, e elas negociarão entre processos de matérias-primas, etiquetagem, impressão, soldagem, e assim por diante. (Ver Figura 29.1.)

A negociação começa entre a MPC de vendas e a MPC de soldagem. As encomendas recebidas junto ao mercado pela MPC de vendas serão repassadas à MPC de soldagem com seu preço e quantidade. Embora a taxa de comissão para a MPC de vendas seja predeterminada num certo nível percentual, o preço da encomenda em si será examinado pela MPC de soldagem para verificar se algum preço mais alto é possível, e a MPC de vendas será estimulada a obter uma encomenda de preço mais alto no mercado.

As três decisões a seguir serão tomadas por MPCs individuais por meio de negociações. (Consulte a Figura 29.1 para as seguintes autoridades decisórias descentralizadas.)

Determinação de preço de transferência: Encomendas de produtos intermediários serão expedidas da MPC de processo final para as MPCs precedentes

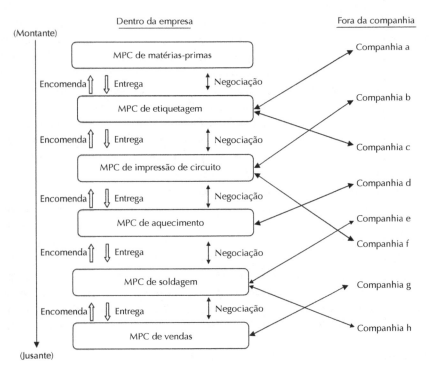

FIGURA 29.1 Competição no sistema MPC. (Adaptado de Kunitomo, 1985, p. 73, com revisões.)

de maneira contínua, para as quais o preço de transferência e a quantidade também são negociados. Cada MPC tem jurisdição própria em suas negociações. Assim, suas conversas não representam necessariamente um monopólio bilateral, em que a faixa de negociação de preço é bastante ampla e o preço acabaria ficando instável. Como resultado, um preço de transferência pode ser determinado de forma pouco razoável pela figura mais poderosa dentre os líderes das amebas individuais. No entanto, as negociações não se dão necessariamente apenas entre indivíduos, mas geralmente o preço de mercado será referenciado e os processos de suprimentos ou processos junto a clientes entrarão na negociação. Ainda assim, quando não há acordo pela negociação independente, a chefia acaba intervindo e arbitrando um preço.

No que tange a precificação de transferência para o material em processo entre as amebas, o Sr. Inamori afirma o seguinte: "Os preços de transferência serão determinados a partir do preço de venda aos consumidores finais invertendo-se aos processos predecessores a montante. Imagine, por exemplo, certos produtos cerâmicos manufaturados passando por vários processos. A margem de lucro bruta será alocada como um todo a partir do preço das vendas aos consumidores finais até o processamento final pelo cozimento, do processo de moldagem e dos processos com matérias-primas, passo a passo. A alocação da margem de lucro bruta toma por base o princípio de que praticamente a mesma quantia de "margem de lucro bruta por hora" ("valor agregado por hora", a ser explicado mais adiante) será arrecadada em cada processo. No entanto, a fim de garantir uma alocação justa de margem de lucro, o gerente superior que é ulteriormente responsável por determinar o preço de transferência precisa estar familiarizado com o "valor de cada trabalho" para as várias tarefas em uma sociedade. Tomemos o caso de um aparelho eletrônico, por exemplo: é preciso conhecer a margem de lucro necessária na venda deste produto, qual será o salário por hora pago aos trabalhadores de meio turno e qual taxa de comissão deverá ser paga se a mesma tarefa for terceirizada, etc. (Inamori, 2009, pp. 71-72).

Este método de precificação de transferência é o que eu chamo de "preço de incentivo". Trata-se do preço de transferência para uma alocação justa de lucro, e não para as decisões descentralizadas baseadas no mecanismo de mercado. (Para mais detalhes sobre "preço de incentivo", veja Monden, 2011.)

Seleção entre os fornecedores de produtos em processamento

Concorrência entre os processos de suprimento. Caso existam dois processos que fabricam os mesmos produtos intermediários, o processo subsequente pode decidir fazer uma encomenda ao "melhor" processo em termos de qualidade, preço, tempo de entrega e serviço. Como a autoridade pela escolha está nas mãos do processo subsequente, os dois processos de suprimento precisam concorrer em suas negociações com o processo comprador.

Concorrência entre os processos de suprimento e o fornecedor externo. Como uma MPC tem o chamado direito de declinar, ou seja, o direito de rejeitar ofertas provenientes do fornecedor interno, ela pode comprar o produto intermediário no mercado. Embora a decisões de comprar bens no mercado externo seja rara, sua possibilidade acaba sendo uma pressão implícita sobre os processos de suprimento, que precisam aumentar suas vantagens competitivas continuamente.

Autoridade de vender o produto intermediário no mercado externo. Ainda que o processo de venda não possa se negar a vender seus produtos ao processo subsequente, ele também pode vender alguns produtos intermediários para outras empresas do mercado. Quais tipos de medidas podem ser tomadas quando a demanda corporativa desaquece, fazendo com que nenhum processo possa aceitar uma quantidade excessiva de trabalhadores? Sob o sistema JIT, os trabalhadores em excesso (quando não há qualquer processo capaz de absorvê-los devido a uma recessão em âmbito corporativo) passam a ser envolvidos em atividades de círculos CQ, a conduzirem manutenção de máquinas e a fabricarem peças que normalmente são terceirizadas para empresas parceiras. No entanto, a decisão de conduzir tais atividades não é tomada por nenhum círculo CQ de forma independente, e sim sugerida pelos gerentes da planta. Por outro lado, o líder da MPC pode ir ao mercado externo por sua iniciativa própria a fim de encontrar algumas encomendas junto a novos clientes em situações assim ociosas, solicitando, então, que o departamento de vendas negocie com o cliente. Este é o ponto em que o sistema MPC difere do JIT em termos de aumento de lucros. A redução de custos por JIT é capaz de proporcionar aumento de lucros sob um preço de venda estável, mesmo quando o volume de vendas em si não cresce. Já o sistema MPC é capaz de aumentar o volume de vendas em si ao vender produtos adicionais ao mercado. Era exatamente isso que o pequeno grupo JIT não deveria fazer.

Melhoria contínua de diversos métodos de fabricação para reduzir custos: como o sistema JIT estende os benefícios do sistema MPC: embora o sistema MPC tenha sido introduzido inicialmente pela Kyocera num ambiente não JIT, conforme explicado anteriormente, hoje em dia cada MPC utiliza todas as técnicas JIT listadas na Tabela 29.1 como seus meios de reduzir custos sob o sistema JIT. Portanto, o sistema MPC usa ou incorpora o sistema JIT para as suas importantes ferramentas de melhoria. Isso implica que o JIT está beneficiando o sistema MPC. Para saber mais sobre como o JIT é capaz de reduzir custos, veja Aigbedo (2000), Funk (1989), Miltenburg (1993), e outros.

Implantação de lucro-alvo

Segundo o modo japonês convencional de planejamento corporativo, as metas em âmbito corporativo são decompostas em várias metas-alvo a cada nível hierárquico da companhia. Tal sistema de decomposição de metas foi chamado de *implantação de diretrizes* (ou planejamento *Hoshin*, ou ainda estabelecimento de metas) no CQT (Controle de Qualidade Total, ou TQC – Total Quality Control) ou GQT (Gestão de Qualidade Total, ou TQM – Total Quality Management). O *balanced scorecard* (tabela ponderada de desempenho), que teve origem nos Estados Unidos, também enfatiza a relação de causa e efeito na implantação de objetivos corporativos (ver Kaplan e Norton, 1996).

Suponha que a estrutura organizacional da companhia seja composta pelas seguintes camadas:

Da corporação a/de UEN a/de divisão a/de departamento a/de seção a equipe (que é uma minicentral de lucro)

As diretrizes anuais do presidente, anunciadas em janeiro, formarão a base para que o gerente da unidade estratégica de negócios prepare seu plano anual de lucros nos negócios, que inclui planos anuais de lucros para múltiplas divisões. Em seguida, este plano de lucros divisional será, por sua vez, decomposto em planos mensais de lucro para cada departamento e para as seções que pertencem a cada divisão em questão. Os planos mensais incluem as seguintes programações:

1. Lucro-alvo mensal
2. Despesas mensais totais
3. Alvo mensal de valor agregado
4. Total de horas de trabalho por mês
5. Alvo mensal de valor agregado por hora

O gerente da seção, por sua vez, solicita a cada líder de MPC sob sua orientação que prepare as mesmas programações recém mencionadas. As cifras planejadas de

TABELA 29.2 Declaração de Renda da MPC (1.000 ienes)

Vendas totais	A = B + C	25.000
Vendas extracorporativas	B	5.000
Vendas intracorporativas	C	20.000
Compras intracompanhia	D	2.200
Margem bruta de contribuição	E = A − D	**22.800**
Despesas totais	F = a + b + c + ... + m	11.000
Custos com materiais diretos	a	
Custos com ferramentas e suprimentos	b	
Custos com processamento subcontratuais	c	
Custos de manutenção	d	
Custos de energia	e	
...	...	
Custos com depreciação e juros	i	
Gastos gerais alocados pelas divisões	j	
Gastos gerais alocados na planta	k	
Royalties por tecn. intracompanhia	l	
Gastos gerais alocados pelo dep. de vendas	m	
Valor agregado	G = E − F	**11.800**
Total de horas de trabalho	H = x + y + z	2.000
Tempo regular	x	
Horas extras	y	
Tempo alocado do dep. de serviço	z	
Valor agregado por hora (¥/h)	I = G ÷ H	**5.900**
Margem bruta de contribuição por hora (¥/h)	J = E ÷ H	**11.400**

Adaptado de Inamori (2006) 142-143, Inamori (1998) 125, e Kunitomo (1985) 85.

cada MPC precisam ser capazes de cumprir com o alvo seccional de valor agregado estabelecido previamente. Os líderes das MPCs precisam incorporar diversos planos de ação para não apenas aumentar a taxa de rendimentos e o volume de produção e diminuir as despesas, etc., mas também para melhorar as receitas brutas de vendas em seus planos mensais. Os planos mensais costumam ser preparados com base numa rolagem mensal.

§ 3 FÓRMULA PARA CALCULAR O LUCRO DAS MPCS

Como o sistema MPC trata a menor unidade organizacional como uma central de lucros, ele emprega um sistema especial de medição de lucros para cada MPC.

Analisemos novamente o sistema de amebas da Kyocera Corporation. Um exemplo de declaração de renda de uma determinada ameba (neste caso, um processo de montagem de instrumentos metálicos a serem instalados nas cerâmicas aquecidas no processo precedente) é mostrado na Tabela 29.2.

Conforme mostrado na Tabela 29.2, a fórmula de medição de renda de uma ameba é a seguinte:

Vendas totais = vendas extracorporativas + vendas intracorporativas
Margem bruta de contribuição = vendas totais − compras intracompanhia
Valor agregado = margem bruta de contribuição − despesas totais
Valor agregado por hora = valor agregado ÷ total de horas de trabalho

Dentre todas, a variável mais importante é o *valor agregado por hora*, que deve ser maximizado pela MPC. O valor agregado por hora pode refletir a eficiência administrativa de qualquer MPC, qualquer que seja o seu tamanho. Como os custos com mão de obra não são subtraídos da margem bruta de contribuição, a margem bruta de contribuição menos as despesas totais é equivalente ao chamado *valor agregado*, ainda que não seja o valor agregado no sentido estrito, já que os custos com juros referentes às instalações mantidas pela ameba também são incluídos nas despesas totais.

Os motivos pelos quais os custos com mão de obra não são incluídos nas despesas ao se computar o valor agregado por hora são os seguintes: (1) os salários variam entre os membros de uma MPC, e se o líder de uma MPC conhecer as diferenças salariais, isso pode deixá-lo mais propenso a retirar da MPC aqueles membros mais bem pagos. Ou o líder pode não conseguir transferir tais membros quando necessário. (2) A cifra de horas de trabalho proporciona informação suficiente para mensurar a produtividade da MP. (3) A MPC deve criar valor agregado, e é daí que sairá o salário dos seus membros. A quantia mínima de valor agregado por hora da MPC precisa ser igual à média *corporativa* de salário por hora (e não à média salarial dentro da MPC em questão). Suponhamos, por exemplo, que a média salarial corporativa por hora é de 2.500 ienes e que o valor agregado por hora de uma certa MPC é de apenas 1.600 ienes. Segue-se daí que a MPC está dando generosamente 900 ienes (2.500 − 1.600) ao cliente sempre que seus membros trabalham 1 hora. Em outras palavras, esta MPC está perdendo dinheiro a uma taxa de 1.600 ienes por hora.

Vários custos com serviço na planta e no escritório da planta são alocados para cada MPC com base no nível de utilização de tais serviços. Contudo, os custos administrativos centrais da companhia não são alocados para as MPCs, já que nenhuma base razoável de alocação foi encontrada. Ainda que o Custeio Baseado em Atividades (ABC – Activity-Based Costing) não seja utilizado, os custos incorridos com as operações (isto é, as atividades) em cada departamento de serviço são mensurados e alocados para as várias amebas de fabricação com base em seu nível de utilização. Os custos com material nas MPCs da Kyocera incluem todos os custos referentes a "compras" de materiais. Ademais, não somente os custos de fabricação, como também os custos com vendas e administração, são reunidos nessa declaração de renda. Essa contabilidade é tão simples que qualquer membro de uma ameba consegue entendê-la muito facilmente.

A fim de maximizar o valor agregado por hora, as vendas precisam ser maximizadas e as despesas enquanto as horas de trabalho precisam ser minimizadas. Os meios para se chegar a tais maximizações e minimizações foram explicados na seção anterior.

§ 4 OUTRO TIPO DE MINICENTRAL DE LUCROS

A companhia em linha da NEC

Examinemos outro tipo de minicentral de lucros que difere daquele usado pela Kyocera em termos de leiaute e fórmula de cálculo dos lucros. Plantas da NEC como a planta NEC-Saitama e a NEC-Nagano são companhias legalmente independentes da corporação NEC, e são responsáveis pela produção dos produtos eletrônicos da NEC. A NEC-Saitama, por exemplo, fabrica telefones celulares e PHS (Personal Handyphone System, ou Sistema Pessoal de Telefone Portátil). Ela aplica o sistema de produção JIT e o sistema de minicentral de lucros ao mesmo tempo. Cada minicentral de lucros, chamada de *empresa em linha*, conta com cerca de 20 membros e forma um leiaute tipo fluxo de produto (JIT) para as séries similares de telefones portáteis. O formato deste leiaute é uma espécie de U popular no sistema de produção JIT e não possui qualquer esteira rolante.

A empresa em linha da NEC trabalha com uma declaração especial de lucros e prejuízos (declaração de renda), que contém os seguintes itens de custo enquanto despesas (Mitsuya 200):

1. Custo com mão de obra direta e custo com horas extras
2. Custos com dependências e custos com chão de fábrica
3. Custos com terceirização de peças

Os custos com mão de obra são computados da seguinte maneira. Os custo com mão de obra direta são medidos por [(número de trabalhadores regulares ± incremento ou decréscimo no número de trabalhadores) × custos médios com mão de obra por pessoa]. O custo com horas extras é calculado por [total de horas extras × taxa salarial de hora extra por hora]. Os custos com trabalhadores em meio período são calculados por [número real de trabalhadores em meio período × custos com mão de obra por pessoa]. Quanto aos custos com dependências, eles serão computados como uma redução se uma máquina na linha for eliminada. Os custos com chão de fábrica também são computados como reduzidos se o espaço da linha for reduzido. Os custos com terceirização, para processamento de peças por companhias externas, são medidos por [custo com processamento por terceirização por unidade × número de unidades terceirizadas].

Entretanto, a NEC não introduz quaisquer custos com material direto (custos com peças adquiridas) em sua declaração de renda. Assim, ela se atém a introduzir "custos rastreáveis de processamento da linha" que consistem em custos com mão de obra direta, custos diretos com dependências e custos diretos com terceirização.

O preço de venda de cada linha é uma espécie de taxa de comissão por processamento, o que faz a quantia de vendas ser computada como [(número de unidades completadas × horas-padrão por unidade) × taxa de comissão por processamento]. Como cada linha é uma linha de fluxo de produtos para cada série de produtos, a taxa de comissão por processamento acaba sendo determinada ao se levar em consideração o preço dos produtos em questão no mercado, os custos de processamento orçados para a linha, o volume referente limiar de rentabilidade, e assim por diante. Sendo assim, esse preço de venda é um tipo de custo-alvo a ser recuperado pela linha em questão. Em outras palavras, se a linha não conseguir incorrer em custos reais de processamento que fiquem abaixo do custo-alvo, ela não conseguirá arrecadar lucros positivos. Esse preço é determinado pelo departamento de contabilidade da NEC--Saitama, e não pelo gerente da companhia em linha.

Dessa maneira, como o preço de transferência da NEC é determinado pelo departamento de contabilidade, mas não pela negociação dos gerentes das companhias em linha, e como ele visa ser uma espécie de custo-alvo a ser alcançado, este preço não representa um instrumento para as decisões descentralizadas (ou uma ferramenta de mercado). A bem da verdade, a NEC está usando este preço como um "preço de incentivo" para motivar o gerente e os membros da companhia em linha a perseguirem melhorias contínuas.

Na NEC, os itens de controle são similares aos da Kyocera e aos de muitas outras companhias que aplicam sistemas de produção JIT. Os lucros acabam sendo arrecadados pela redução dos custos. Por isso, a redução de custos é o principal objetivo das minicentrais de lucros da NEC. Com este propósito, atividades de melhoria contínua são conduzidas. (1) Se as vendas da linha decrescente, o "presidente" da companhia em linha em questão tem de reduzir o número de trabalhadores na linha a fim de arrecadar lucros. Assim, a declaração de renda da linha acabará sendo uma poderosa ferramenta de motivação para enxugar o quadro de trabalhadores. Assim como acontece na Kyocera, os líderes de linha da NEC também negociam com gerentes de outras linhas para transferirem trabalhadores. (2) O sistema JIT promove a eliminação do desperdício em forma de tempo de transporte, de tal modo que máquinas desnecessárias e espaço sobressalente no chão de fábrica sejam abandonados e seus custos sejam reduzidos. (3) A terceirização é substituída por fabricação interna. Elas tomam essa decisão ao comparar os custos com terceirização com os custos diretos de processamento da linha (excluindo-se os custos administrativos e com desenvolvimento), já que estes últimos não variam quaisquer que sejam as peças fabricadas.

§ 5 OTIMIZAÇÃO LOCAL E OTIMIZAÇÃO GLOBAL

O conceito de MPC parece se concentrar no lucro da central, e não na coordenação do processo inteiro de fabricação, que é um fator importante para o bom uso do JIT. No entanto, ambos os sistemas contam com alguns esquemas para coordenação ou otimização global (total). Em companhias como a Kyocera e as plantas da NEC, eles aplicam o MRP (Material Requirement Planning, ou Planejamento das Necessidades de Materiais) para alcançarem uma coordenação no âmbito da companhia ou do grupo empresarial como um todo com base na comunicação vertical para controle direto.

No sistema JIT, o sistema *kanban* ou sistema de puxar acaba alcançando automaticamente tal otimização total durante o período. O *kanban* também é uma espécie de sistema de gestão descentralizada, já que cada processo só pode produzir tantas unidades quanto as retiradas de seu armazém por peça do processo subsequente sem saber quaisquer outras condições processuais, de tal modo que todos os processos ao longo da companhia, incluindo os fornecedores, só podem produzir o número necessário de unidades do início ao fim do processo. Tal coordenação autônoma é realizada meramente no âmbito de um certo percentual limitado do total de unidades necessárias de produção, determinado pelo sistema MPR.

O preço de transferência interna é usado tanto na Kyocera quanto na NEC. Porém, os seus preços de transferência não servem para tomar as decisões racionalmente corretas em suas resoluções descentralizadas de problemas, tal como as decisões "Fabricar ou Comprar" ou "Fabricar ou Terceirizar" pela unidade descentralizada (isto é, a ameba da NEC e a companhia em linha da NEC), porque seus preços de transferência não se baseiam no custo "incremental" para a companhia como um todo. Na verdade, os custos "incrementais" domésticos (mas não os custos "integrais") precisam ser comparados com os preços terceirizados.[1] Na Kyocera, os custos ou despesas diárias em cada ameba incluem os custos de depreciação e os custos em juros internos das dependências de cada ameba, que representam custos fixos. Já na NEC, os "custos diretos com processamento" para a companhia em linha incluem os

---

[1] Os valores incrementais para decisões descentralizadas que derivam decisões ótimas/totais para a companhia como um todo ou são os custos variáveis quando a capacidade para a fabricação doméstica é suficiente (desvinculados) ou os custos variáveis mais os custos de oportunidade quando a capacidade para a fabricação doméstica não é suficiente (vinculados). Esta proposição foi descoberta pela primeira vez por Schmalenbach (1948) e mais tarde a mesma proposição foi explicada por Shillinglaw (1961), Capítulo 22, e Horngren (1977), Capítulo 2, e por muitos outros pesquisadores nos Estados Unidos.

custos fixos diários com mão de obra e os custos com instalações (depreciação), que também representam custos fixos.

Não obstante esses problemas, a cifra referente à margem de lucro bruta pode servir para motivar os membros de uma equipe MPC a realizarem melhorias contínuas a fim de maximizá-la.

§ 6 O SISTEMA DE PRODUÇÃO JIT COMO UM PRERREQUESITO PARA A CONTABILIDADE MPC

A base da contabilidade MPC é "pecuniária"

A fórmula para computar o valor agregado por uma MPC é enganosamente simples, quase igual ao que se usa em finanças caseiras, de tal modo que qualquer pessoa em cada MPC é capaz de compreendê-la facilmente. Uma MPC mede seu valor agregado a cada dia e a cada mês com o auxílio da divisão de controle da companhia.

Cabe ressaltar que a contabilidade MPC não necessariamente chega a usar alguma contabilidade tradicional de custos em meio ao período financeiro-contábil anual, e, assim, ela sequer se dispõe a avaliar o estoque de materiais, o estoque de material em processo e o estoque de produtos durante o período. Tal sistema contábil é equivalente ao *back-flush costing* cunhado nos Estados Unidos (para mais sobre o *back-flush costing* veja Horngren et al. [1999, 2000]).

Ela encara o fluxo de custos da seguinte forma:

(a) valor de todos os fatores produtivos *adquiridos* durante um dia ou mês
   = quantias de fatores *usados* durante o mesmo período
(b) valor de todos os fatores produtivos *usados* durante o período
   = custo dos bens *fabricados* durante o mesmo período
(c) valor dos bens *fabricados* durante o período
   = custo dos bens *vendidos* durante o mesmo período

Nas três fórmulas recém citadas, o caso excepcional é o dos custos de depreciação das instalações de MPC.

Porém, ao final do período financeiro contábil, a contabilidade das MPCs precisa avaliar o estoque por acabar de material em processo e de produtos, a fim de obedecer a padrões contábeis costumeiramente aceitos. Também é interessante que a Kyocera esteja aplicando o assim chamado método de redução de preço de varejo para a avaliação desses estoques. Isto é, o montante de estoque mensurado pelo preço de venda será multiplicado por um certo índice de custo predeterminado para as vendas.

A contabilidade MPC recém analisada pelas fórmulas (a), (b) e (c) poderia ser chamada de contabilidade *em base pecuniária* dos locais de fabricação. tais características pecuniárias só serão válidas quando a situação ideal da produção JIT é alcançada. Em outras palavras, o sistema JIT dará uma enorme vantagem à contabilidade MPC, e constitui um prerrequisito para ela, já que a contabilidade MPC tem como base as seguintes suposições:

1. O tempo de atravessamento (*lead time*) do processo de fabricação é bem curto.
2. Os fatores de produção usados para os produtos que foram fabricados durante o período são todos adquiridos no mesmo dia das vendas.

Essas duas suposições são plenamente satisfeitas no sistema de produção JIT, que minimiza o tempo de atravessamento de produção mediante a produção e o transporte JIT de peças em fluxo unitário de peças, ou mediante lotes pequenos e entregas frequentes, e sincronização da produção, etc., cumprindo, assim, com as fórmulas (a), (b) e (c) citadas anteriormente. Como resultado, quando o custo de depreciação é excluído, todas as despesas incorridas no período são equivalentes às saídas de caixa no mesmo período.

§ 7 CONTABILIDADE MPC ACABA MOTIVANDO A REDUÇÃO DO EXCESSO DE ESTOQUE

De acordo com o custeio tradicional por absorção (contabilidade de custos integrais), os custos fixos são agregados aos custos com produtos e se tornam ativos no balanço financeiro caso reste estoque não vendido ao final do período; portanto, parte dos custos fixos não aparecerá na forma de uma despesa na declaração de renda do período em questão. Isso pode levar os gerentes a não diminuírem o excesso de estoque. Tal motivação adversa não será induzida pela contabilidade MPC.

Embora esta desvantagem do custeio por absorção possa ser removido pelo custeio direto ou pelo custeio variável, a contabilidade MPC funcionará bem melhor do que esses métodos de custeio em termos de corte de estoque. Isso porque, segundo a contabilidade MPC na Kyocera, os custos com materiais incluídos no custo com bens vendidos não ficam restritos aos materiais dos produtos que foram vendidos, abrangendo, isso sim, todos os materiais adquiridos durante o período em questão. Portanto, se o gerente de uma MPC comprou um material que pode vir a exceder a necessidade para fabricação e vendas, então ele precisará dispor de estoque remanescente ao final do período. Essa quantidade final de estoque também aparece na declaração de renda da MPC como peça das despesas, e, consequentemente, as despesas ficarão mais elevadas e o lucro (valor agregado) ficará menor quando comparados aos de uma MPC que tenha comprado apenas a quantidade necessária de materiais. Graças a este sistema contábil singular, o gerente da MPC ficará motivado a reduzir o excesso de estoque de material.

§ 8 CONCLUSÃO

Este capítulo explica as vantagens mútuas a serem obtidas se o sistema MPC for combinado ao sistema JIT. A Tabela 29.1 exibe resumidamente as metas e os meios de ambos os sistemas, comparativamente. Embora as metas de ambos os sistemas sejam similares, o principal objetivo do sistema MPC é aumentar os lucros não apenas pela redução de custos, mas também pela elevação das receitas com vendas, ao passo que o principal objetivo do sistema JIT é reduzir os custos (ainda que possa *indiretamente* aumentar os lucros).

Quantos aos meios para se chegar a esses objetivos, o sistema MPC faz bom uso de autoridades bem mais amplas investidas nos líderes de MPCs em comparação ao sistema JIT, ainda que o líder de um círculo CQ no sistema JIT possa demostrar sua autoridade apenas nas atividades de melhoria contínua, sobretudo para a redução de custos como um líder de central de custos.

O líder de uma MPC, no entanto, também precisa se envolver em melhoria contínua (*"kaizen"*) para reduzir despesas, a fim de aumentar o lucro (ou o valor agregado) da sua MPC. Nesta situação, o líder da MPC poderá colocar em bom uso todas as técnicas do sistema JIT, o que permite que cada MPC possa alcançar uma estrutura financeira "enxuta" sem excesso de trabalhadores ou de estoque. Esta é exatamente a vantagem concedida pelo sistema JIT ao sistema MPC. Em outras palavras, *o sistema MPC é um sistema descentralizado de gestão que motiva as pessoas a partir de uma conscientização sobre os lucros, e que estimula o uso de diversas técnicas JIT para fazer melhorias contínuas visando a maximização dos lucros. Em resumo, a MPC representa uma força motriz poderosa para a implementação do sistema JIT, e o JIT oferece uma ferramenta poderosa para a MPC.*

Do ponto de vista da contabilidade, o sistema contábil MPC, ao contrário da contabilidade de custos tradicional, precisa ser bem simples e ingênuo, sem realizar qualquer avaliação sobre materiais em processo, para que todo mundo numa MPC consiga entender esse sistema tão facilmente quanto uma contabilidade caseira. Isso é necessário porque o principal objetivo do sistema MPC é motivar as pessoas em toda a companhia a participarem da sua administração.

Sendo assim, a contabilidade dos rendimentos no sistema MPC precisa assumir uma "base pecuniária" como a de um livro-caixa (anotações de recebimentos e pagamentos) de finanças caseiras. Para que a avaliação dos rendimentos seja equivalente à contabilidade com base pecuniária, uma condição *sine qua non* para o sistema MPC é que ele consiga abreviar completamente o tempo de atravessamento de produção aplicando o JIT. Porém, a contabilidade MPC também acaba motivando as pessoas a eliminarem o excesso de estoque.

Apêndice: reforçando o sistema JIT depois do terremoto de março de 2011 no Japão

Muitas críticas foram feitas ao sistema JIT, afirmando que seus estoques mínimos só ajudaram a piorar a situação quando o leste do Japão foi acometido por um grande terremoto, seguido de um tsunami, em 11 de março de 2011. Embora a competitividade do JIT em termos de coordenação de oferta e procura ainda continue, permita-me descrever algumas medidas corretivas para reforçar o sistema JIT frente a grandes terremotos. Estas são as ações que muitas fabricantes japonesas estão realizando. De que forma podemos reforçar o sistema JIT para que a cadeia de suprimentos não acabe parando em decorrência da paralisação repentina de locais parciais na cadeia? Há duas abordagens principais.

A PRIMEIRA ABORDAGEM

A primeira abordagem diz respeito à dispersão de risco. De acordo com ela, todas as montadoras devem contar com vários fornecedores diferentes para as peças que necessita (ver Figura A.1). É bom ficar atento, pois isso pode gerar alguns problemas:

1. SERÁ QUE A TOYOTA CONSEGUE TERCEIRIZAR OS MESMOS COMPONENTES OU PEÇAS PARA DIFERENTES FORNECEDORES?

Isso pode ser feito junto aos fornecedores do primeiro nível, mas às vezes é difícil de garantir junto aos fornecedores do segundo e do terceiro nível. Isso é especialmente válido no caso das peças de alto nível funcional como as "Mi-con" (microcomputadores na forma de um dispositivo de controle eletrônico para freios e eixos, etc., de automóveis) fabricadas pela Renesas Electronics Corporation, cuja reposição dificil-

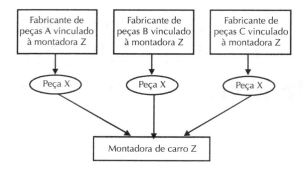

FIGURA A.1 Fornecedores diferentes das mesmas peças.

mente pode ser feita com peças de outros fornecedores. Ela fornece peças sob medida para cada montadora e também para cada modelo de carro de cada montadora.

Além disso, as montadoras japonesas costumavam reduzir, no passado, o número de fornecedores de peças contratadas a fim de reduzir os custos das peças adquiridas (isto é, os custos variáveis de fabricação). Quando o número de fabricantes de peças contratadas é reduzido, a taxa de utilização da capacidade ou o volume de produção dos fornecedores restantes acaba aumentando, seu custo fixo por unidade pode ser reduzido e, assim, os preços das peças acabam baixando.

No entanto, do ponto de vista da dispersão de risco, tal medida não pode ser recomendada. Este é o preço pago pelos "custos de dispersão de risco", que pode garantir a sustentabilidade da empresa no longo prazo.

2. OUTRO MÉTODO DE DISPERSÃO DE RISCO

Outro método se resume a solicitar que um determinado fornecedor instale diferentes fábricas em vários locais, no Japão e no exterior, garantindo que a montadora compre peças de diferentes locais ao mesmo tempo (veja a Figura A.2)

De acordo com essa abordagem, mesmo os fabricantes de peças sob encomenda, como a Renesas Electronics Corporation, podem suprir as peças comuns em muitos locais para montadoras concorrentes ao mesmo tempo. Neste caso, a Renesas Electronics Corporation precisaria instalar fábricas em todo o Japão a fim de dispersar os riscos, e isso pode acabar aumentando os custos, por uma possível taxa mais baixa de utilização da capacidade de cada uma das novas fábricas, mas seus custos adicionais podem ser compensados pelo custo reduzido com o aumento de produção baseado nas peças comuns.

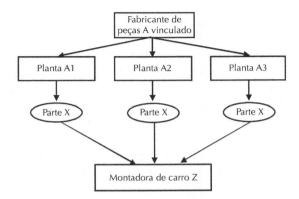

FIGURA A.2 Um determinado fornecedor instalar diferentes fábricas em vários locais.

Diluindo a produção entre as fábricas situadas no exterior

Se os fornecedores de peças levarem suas fábricas e seus departamentos de projetos para o exterior, eles podem dar continuidade à produção mesmo que as unidades instaladas no país sejam danificadas. Isso é especialmente válido para as peças de alto nível funcional, como os microcomputadores da Renesas, que eram fabricadas no Japão e tiveram sua produção transferida para o exterior.

Isso pode enfraquecer o poderio japonês, já que a produção externa pode aumentar o risco de uma fuga de tecnologia para outros países, o que em tese diminuiria a vantagem competitiva das fabricantes japonesas. Ademais, como a taxa de utilização da capacidade baseada na centralização da produção no Japão acabará caindo, os custos unitários de fabricação acabarão aumentando. Além disso, a produção no exterior pode promover um vácuo industrial no Japão.

O segundo motivo pelo qual isso pode enfraquecer o poderio do Japão é que mesmo que peças similares sejam fabricadas por diferentes fornecedores, a singularidade entre eles será perdida quando suas peças passarem por uma "comunização"; como resultado, pode-se prever que o fracasso do princípio da concorrência para produzir peças melhores. Além disso, há problemas a serem solucionados para assegurar que as funções necessárias possam ser fornecidas aos clientes anteriores com as peças comuns, e para assegurar que os fabricantes japoneses consigam manter sua força superior em relação aos concorrentes dos países emergentes.

A SEGUNDA ABORDAGEM

A segunda abordagem diz respeito à instalação de uma "rede interligada" de cadeia de suprimentos, ao invés de uma "rede interempresas". Isso é o que eu recomendo fortemente. A ideia original da "Internet" de tecnologia da informação era de uma "rede interligada" (*inter-network*). Nos anos 60, durante a Guerra Fria, os Estados Unidos tentaram estabelecer uma sólida rede de comunicação que pudesse conectar o governo, o Pentágono e os principais institutos de pesquisa, e que não pudesse ser destruída. Mesmo que uma determinada linha de comunicação fosse destruída por bombardeio, a Internet poderia usar as outras linhas como contorno. Tais aplicações de linhas de contorno se tornaram possíveis pelo desenvolvimento da técnica do "pacote de informação". A Internet é constituída por muitas redes independentes, e mesmo que uma parte da rede seja danificada, as redes remanescentes ainda podem ser conectadas de forma autônoma e continuar a se comunicar com os endereços-alvo.

Contar com uma única rede para cada fabricante automotivo é arriscado num cenário de desastre, mas uma rede interligada de cadeias de suprimentos que se conecte a várias cadeias de suprimentos concorrentes pode ser sustentável. Mesmo se partes específicas da rede forem danificadas, outras redes de contorno podem ser imediatamente utilizadas (ver Figura A.3).

Entretanto, essa rede interligada está aliada a fabricantes concorrentes e ela pode ser difícil de instalar para certos componentes fundamentais fabricados sob medida, como motores, transmissões, etc. Contudo, um acordo poderia muito bem ser estabelecido com tal rede interligada no caso de partes e módulos padronizados. A "comunicação" do projeto de partes citada anteriormente é necessária e também útil para introduzir nossa cadeia de suprimentos em rede interligada.

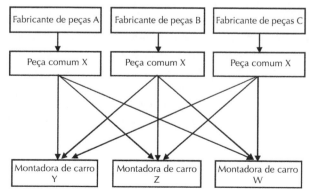

FIGURA A.3 Rede interligada de cadeias de suprimentos.

Projeto comum, projeto-padrão e módulos das peças automotivas

Como as peças feitas sob medida são populares na indústria automotiva japonesa, é difícil para uma montadora adquirir as mesmas peças junto a múltiplos fornecedores. Por isso, o ministro da Economia, Comércio e Indústria do Japão passou a promover o uso de um projeto comum para autopeças. Mediante essa promoção, os fabricantes automotivos podem utilizar mais de um fornecedor de autopeças se não conseguirem obter as peças junto a fabricantes afetados por um eventual desastre.

Veja a seguir alguns exemplos de cooperação em rede interligada entre cadeias de suprimentos individuais foi colocada em prática no recente terremoto do leste do Japão.

CASOS DA REDE INTERLIGADA DE CADEIAS DE SUPRIMENTOS

CASI 1: ECONOMIA DE ELETRICIDADE PELA REALIZAÇÃO DE FERIADOS SIMULTÂNEOS EM TODA A INDÚSTRIA AUTOMOBILÍSTICA

A Associação dos Fabricantes de Automóveis do Japão decidiu que as empresas membro realizarão feriados simultâneos todas as quintas e sextas-feiras dos meses de julho e setembro deste ano. Da mesma forma, os funcionários trabalharão todos os sábados e domingos durante esses meses. Isso é uma tentativa de reduzir o uso de energia elétrica durante os picos do meio de semana. As 13 maiores fabricantes automotivas que são membros dessa associação acatarão a essa decisão. Ao mesmo tempo, muitas de suas divisões indiretas (escritórios) como a sede central, e os departamentos de P&D também realizarão feriado nos mesmos dias da semana. Além disso, muitos dos fabricantes de autopeças que não pertencem à Associação Japonesa dos Fabricantes de Autopeças também obedecerão a essa decisão.

CASO 2: TODAS AS FABRICANTES AUTOMOBILÍSTICAS CONCORRENTES USUÁRIAS DOS DISPOSITIVOS ELETRÔNICOS DE CONTROLE ENVIARAM APOIO PARA A UNIDADE DANIFICADA

A planta Naka, localizada no município de Ibaraki e pertencente à Renesas Electronics Corporation, foi afetada pelos terremotos, e cerca de 2.500 funcionários de apoio foram enviados para participar da restauração da planta, cumprindo três turnos por dia.

CASO 3: A REDE INTERLIGADA DE CADEIAS DE SUPRIMENTO DA INDÚSTRIA DO PETRÓLEO

As redes de cadeia de suprimento de gasolina também foram cortadas e interrompidas com esse desastre no leste do Japão. Apenas dois locais de armazenagem de óleo de duas grandes companhias petrolíferas continuaram funcionando. Eles foram compartilhados com as cinco grandes companhias petrolíferas para que elas pudessem entregar a gasolina e o querosene aos distritos afetados.

CASO 4: O MINISTRO DA ECONOMIA, COMÉRCIO E INDÚSTRIA DO JAPÃO PASSOU A PROMOVER O USO DE UM PROJETO COMUM PARA AUTOPEÇAS

Este movimento ajudará na promoção de nossa rede interligada de cadeias de suprimentos.

Referências

EM INGLÊS

AIAG and APICS. *Proceedings of the Production and Inventory Control Conference*, Fall 1981. Sponsored by Detroit chapter of APICS and Automotive Industry Action Group.

Aghdassi, M. and Monden, Y. 1993; 1998. Quantitative Analysis of Stocks in a JIT Multistage Productions System Using the Constant Order Cycle Withdrawal Method, In Monden, Y. 1993; 1998. *Toyota Production System*, 2nd and 3rd Editions, Institute of Industrial Engineering. Appendix 3.

Aghdassi, M. and Monden, Y. 1993; 1998. Quantitative Analysis of Lot Size in a JIT Production System Using Constant Order Quantity Withdrawal Method, In Monden, Y. 1993; 1998. *Toyota Production System*, 2nd and 3rd Editions, Institute of Industrial Engineering. Appendix 4.

Aghdassi, M. 1988. A Quantitative Analysis of Just-In-Time Production, PhD dissertation, The University of Tsukuba.

Aigbedo, H. and Monden, Y. 1996. A Simulation Analysis for Two Level Sequence-Scheduling for Just-in-Time (JIT) Mixed Model Assembly Lines, *International Journal of Production Research*, 34(11):3107–3124.

Aigbedo, H. and Monden, Y. 1997. A Parametric Procedure for Multicriterion Sequence Scheduling for Just-In-Time (JIT) Mixed Model Assembly Lines, *International Journal of Production Research*, 35(9):2543–2564.

Aigbedo, H. 2000. Just-In-Time and Its Cost Reduction Framework, in: Monden, Y. (ed.), *Japanese Cost Management*, Imperial College Press, London, UK. 205–228.

Aigbedo, H. and Monden, Y. 2001. Just-In-Time and Kanban Scheduling, Kjell B. Zandin (ed.), *Maynard's Industrial Engineering Handbook*, 5th Edition, H. B. Maynard and Company.

Akter, M., Lee, J. Y. and Monden, Y. 1999. Motivational Impact of the Type and Tightness of Target Cost Information: A Laboratory Experiment, *Advances in Management Accounting*, 8:159–171.

American Machinist. Kanbans Are Discovered, February 1981, 222.

American Production and Inventory Control Society. Pittsburgh Chapter, *Proceedings from Productivity: The Japanese Formula*. October 1980.

Ashbuen, A. 1977. Toyota's "Famous Ohno System." *American Machinist*, 120–123.

Berggren, K. 1997. *The Volvo Experience, Alternative to Lean Production in the Swedish Auto Industry*, Macmillan, 1993.
Berggren, K. 1993. The Volvo Uddevalla Plant: Why the Decision to Close It Is Mistaken, *Journal of Industry Studies*, 1(1): 75–87.
Bodek, N., ed. 1980. Kanban: The Coming Revolution? *Productivity News Letter* 1(7): December 1–2.
Bodek, N., ed. 1981. Productivity: Three Practical Approaches, *Proceedings of the Productivity Seminar*, held by Productivity, Inc. February 23, 1981, Chicago.
Buffa, E. S. 1984. *Meeting the Competitive Challenge: Manufacturing Strategy for U.S. Companies*, Irwin.
Butt, D. 1981. Just-in-Time in Lincoln, Nebraska: Why and How. In Bodek (1981), ibid.
Chandler, A D. Jr. 1977. *The Visible Hand: The Managerial Revolution in American Business*, The Belknap Press of Harvard University Press.
Cho, F. and Makise, K. 1980. Toyota's Kanban, the Ultimate in Efficiency and Effectiveness. *Proceedings of American Production and Inventory Control Society*.
Cooper, R. 1995. *When Lean Enterprises Collide: Competing through Confrontation*, Harvard Business School Press, Boston, MA.
Cyert, R. M. and March, J. G. 1963. *A Behavioral Theory of the Firm*, Prentice-Hall, Englewood Cliffs, NJ.
Ellegard, K. 1995a. The Creation of a New Production System at the Volvo Automobile Plant in Uddevalla, Sweden, in: Sandberg (1995a).
Ellis, H. B. 1981. U.S. Production, Japanese Style: Kawasaki Motorcycle Plant in Nebraska, *The Christian Science Monitor*, p. 1.
Engstrom, T. and Medbo, L. 1994. Intra-Group Work Patterns in Final Assembly of Motor Vehicles, *International Journal of Operations and Production Management*, 101–113.
Engstrom, T. and Medbo, L. 1995. Production System Design—A Brief Summary of Some Swedish Design Efforts, in: Sandberg (1995), 61–73.
Engstrom, T., Jonsson, D., Medbo, L. and Medbo, P. 1995. Inter-Relations between Product Variant Codifications and Assembly Work for Flexible Manufacturing in Autonomous Groups, *Journal of Materials Processing Technology* 52:133–140.
Feigenbaum, A. V. 1961. *Total Quality Control*. New York: McGraw-Hill.
Fujimoto, K. 1980. Serving the Big Manufacturers: How to Cope with Short Lead Time and Changing Delivery Schedules, *American Production and Inventory Control Society*.
Funk, J. 1989. A Comparison of Inventory Cost Reduction Strategies in a JIT Manufacturing System, *International Journal of Production Research*, 27:1065–1080.
Galbraith, J. R. 2002. *Designing Organization: An Executive Guide to Strategy, Structure, and Process*, New and Revised Edition, John Wiley & Sons.
Hall, R. W. and Vollman, T. W. 1978. Planning Your Material Requirement, *Harvard Business Review*.
Hall, R. W. 1981. *Driving the Productivity Machine: Production Planning and Control in Japan*, American Production and Inventory Control Society.
Hamada, K. and Monden, Y. 1989. Profit Management at Kyocera Corporation: The Amoeba System, in: Monden, Y. and Sakurai M. (eds.), *Japanese Management Accounting*, Productivity Press, Cambridge, MA, 197–210.
Horngren, C., Foster, G. and Datar, M. 1997. *Cost Accounting: A Managerial Emphasis*, 9th Edition, Prentice-Hall, Upper Saddle River, NJ.
Horngren, C., Foster, G. and Datar, M. 2000. *Cost Accounting: A Managerial Emphasis*, 10th Edition, Prentice-Hall, Upper Saddle River, NJ.

Hoque, M. and Monden, Y. 2000. Effects of Designers' Participation and Evaluation Measures on Simultaneous Achievement of Quality and Costs of Product Development, *International Journal of Innovation Management*, 4(1):77–96.

Hoque, M., Akter, M. and Yamada, S. 2000. How QFD and VE should be Combined for Achieving Quality & Cost in Product Development, in: Monden, Y. (ed.) *Japanese Cost Management*, Imperial College Press.

Hoque, M. and Monden, Y. 2002. An Empirical Study on Simultaneous Achievement of Quality, Cost and Timing in Product Development, *International Journal of Manufacturing Technology and Management*, 4(1–2): 1–20.

Hoque, M., Akter, M. and Monden, Y. 2005. Concurrent Engineering: A Compromising Approach to Develop a Feasible and Customer-Pleasing Product, *International Journal of Production Research*, 43(8):1607–1624.

Hoshi, N. and Monden, Y. 2000. Profit Evaluation Measure for the Divisional Managers in Japanese Decentralized-Company—Focusing on Controllable Costs and Central Headquarters Costs, in: Monden, Y. (ed.), *Japanese Cost Management*, Imperial College Press.

Imai, M. 1986. *KAIZEN—The Key to Japan's Competitive Success*, Random House Business Division.

Japan Management Association. 1980. *Proceedings of the International Conference on Productivity and Quality Improvement: Study of Actual Cases*, Tokyo.

Japan Productivity Center for Socio-Economic Development Tokyo, 1995. *Practical Kaizen for Productivity Facilitators II*.

Kaplan, R. 1993. Research Opportunities in Management Accounting, *Journal of Management Accounting Research*, Fall. 5:1–14.

Kaplan, R. and Norton, D. 1996. *The Balanced Scorecard: Transplanting Strategy into Action*, Harvard Business School Press, Boston, MA.

Karlson, C. and Ahlstrom, P. 1966. Assessing Changes toward Lean Production, *International Journal of Operations and Production Management*, 16(2):24–41.

Kasanen, E., Lukka, K. and Siitonen, A. 1993. The Constructive Approach in Management Accounting Research, *Journal of Management Accounting Research*, 5:223–264.

Kimura, O. and Terada, H. 1981. Design and Analysis of Pull System: A Method of Multi-Stage Production Control. *International Journal of Production Research* 19(3): 241–253.

Koch, H. 1958. Zur Discussion über den Kostenbegriff, Zeitschrift für handelswirtschaftliche Forshung, 355–399.

Lawrence, P. R. and Lorsch, J. W. 1967. *Organization and Environment: Managing Differentiation and Integration*. Harvard University Press.

Lee, J. Y. and Monden, Y. 1996. An International Comparison of Manufacturing-Friendly Cost Management Systems, *The International Journal of Accounting*, 31(2): 197–212.

Lee, J. Y. and Monden, Y. 1996. Kaizen Costing: Its Structure and Cost Management Functions, *Advances in Management Accounting*, 5: 27–40.

Makido, T. 1989. Recent Trends in Japan's Cost Management Practices, Chapter 1, in Monden and Sakurai (1989), 3–13.

Miles, L. D. 1961. *Techniques of Value Analysis and Engineering*, McGraw-Hill.

Miltenburg, J. A. 1993. A Theoretical Framework for Understanding How JIT Reduces Cost and Cycle Time and Improves Quality, *International Journal of Production Economics*, 30–31:195–204.

Monden, Y. 1981. What Makes the Toyota Production System Really Tick? *Industrial Engineering* 13(1):36–46.

Monden, Y. 1981. Adaptable Kanban System Helps Toyota Maintain Just-in-Time Production, *Industrial Engineering* 13(5):28–46.

Monden, Y. 1981. Smoothed Production Lets Toyota Adapt to Demand Changes and Reduce Inventory, *Industrial Engineering* 13(8):41–51.
Monden, Y. 1981. How Toyota Shortened Supply Lot Production Time, Waiting Time and Conveyance Time, *Industrial Engineering* 13(9):22–30.
Monden, Y. 1982. The Transfer Price Based on a Shadow Price for Resource Transfers among Departments, in: Sato, Sakate, Mueller, and Radebauch (eds.), *Accounting and Information for Management Decision and Control in Japan,* American Accounting Association:55–71.
Monden, Y. 1983. *Toyota Production System*, First Edition, Industrial Engineering and Management Press, Norcross, GA.
Monden, Y. 1993. *Toyota Production System,* 2nd Edition, Industrial Engineering and Management Press. Norcross, GA.
Monden, Y. 1998. *Toyota Production System*, 3rd Edition, Industrial Engineering and Management Press, Norcross, GA.
Monden, Y., ed. 1985. *Applying Just In Time: The American/Japanese Experience,* Industrial Engineering and Management Press, Norcross, GA.
Monden, Y., Shibakawa, R., Takayanagi, S. and Nagao, T., eds. 1986. *Innovations In Management: The Japanese Corporation.* Industrial Engineering and Management Press, Norcross, GA.
Monden, Y. and Nagao, T. 1987/88. Full Cost-Based Transfer Pricing in the Japanese Auto Industry: Risk-Sharing and Risk-Spreading Behavior, *Journal of Business Administration,* 17(1–2):117–136.
Monden, Y. and Sakurai, M., eds. 1989. *Japanese Management Accounting,* Productivity Press.
Monden, M. 1993a. Japanese New-Product Development Techniques: The Target-Costing System in the Automotive Industry, *Journal of Industry Studies*, 1(1):43–49.
Monden, Y. 1993b. *The Toyota Management System: Linking the Seven Key Functional Areas*, Productivity Press.
Monden, Y., Akter, M., and Kubo, N. 1997. Target Costing Performance Based on Alternative Participation and Evaluation Methods: A Laboratory Experiment, *Managerial and Decision Economics*, 18:113–129.
Monden, Y. and Sakurai, M., eds. 1989. *Japanese Management Accounting,* Productivity Press.
Monden, Y. 1992. *Cost Management in the New Manufacturing Age: Innovations in the Japanese Automotive Industry*, Productivity Press.
Monden, Y. and Hamada, K. 1992. Target Costing and Kaizen Costing in the Japanese Automobile Companies, *Journal of Management Accounting Research*, 3:16–34.
Monden, Y. and Lee, J. Y. 1993. How Japanese Auto Maker Reduces Cost: Kaizen Costing Drives Continuous Improvement at Daihatsu, *Management Accounting* (IMA), August 22–26.
Monden, Y. 1995. *Cost Reduction System: Target Costing and Kaizen Costing*, Productivity Press.
Monden, Y. 1998. *Toyota Production System: An Integrated Approach to Just-In-Time*. 3rd Edition. Engineering and Management Press, Norcross, GA.
Monden, Y. and Hoque, M. 1999. Target Costing based on QFD, *Controlling*, Heft 11:525–534.
Monden, Y. 2000. Management Accounting for Productivity Improvement in Administrative Departments: Monden's Kaizen System, in: Monden, Y. (ed.) *Japanese Cost Management*, Imperial College Press.
Monden, Y. 2002. The Relationship between Mini Profit-Center and JIT System, *International Journal of Production Economics*, 80(2):145–154.
Monden, Y. 2011. Management Control System for Inter-Firm Cooperation: Incentive Price as Profit-Allocation Scheme, in: Monden, Y. (ed.) 2011. *Management of Inter-Firm Network*, World Scientific.

Monden, Y., Miyamoto, K., Hamada, K., Lee, G. and Asada, T. 2006. *Value-Based Management of the Rising Sun (Japan)*, World Scientific.
Monden, Y., Kosuga, M., Nagasaka, Y., Hiraoka, S. and Hoshi, N. 2007. *Japanese Management Accounting Today*, World Scientific.
Mori, M. and Harmon, R. L. 1980. Combining the Best of the West with the Best of the East-MRP and KANBAN Working in Harmony, *Proceedings of American Production and Inventory Control Society*.
Mouritsen, J. and Thrane, S. 2006. Accounting, Network Complementarities and the Development of Inter-organizational Relations, *Accounting, Organizations and Society*, 31: 241–275.
Muramatsu, R. and Miyazaki, H. 1976. A New Approach to Production Systems through Developing Human Factors in Japan, *International Journal of Production Research* 14(2):311–326.
Muramatsu, R., Miyazaki, H., and Tanaka, Y. 1980. An Approach to the Design of Production Systems Giving a High Quality of Working Life and Production Efficiency, *International Journal of Production Research* 18(2):131–141.
Muramatsu, R., Miyazaki, H., and Tanaka, Y. 1981. Example of Increasing Productivity and Product Quality through Satisfying the Worker's Desires and Developing the Worker's Motivation, *AIIE 1981 Spring Annual Conference Proceedings*, Industrial Engineering and Management Press, 652–660.
Nikko Salomon Smith Barney. 2000. Auto Manufacturers: Toyota Motor (7203-TM) *Value Chain Strategy* (1):25–32.
Okamura, K. and Yamashina, H. 1979. A Heuristic Algorithm for the Assembly Line Model-Mix Sequencing Problem to Minimize the Risk of Stopping the Conveyor, *International Journal of Production Research* 17(3):233–247.
Patchin, R. 1981. Quality Control Circles, in Bodek (1981).
Rosengren L. 1981. Potential Performance of Dock versus Line Assembly, *International Journal of Production Research* 19:139–152.
Ryan, B., Scapens, R. W., and Theobald, M. 1995. *Research Method and Methodology in Finance and Accounting*, Academic Press.
Ross, D., Wamak, J. P. and Jones, D. 1990. *The Machine That Changed the World*, Macmillan.
Runcie, J. F. 1980. By Days I Make the Cars, *Harvard Business Review*.
Sakurai, M. 1989. Target Costing and How to Use It, *Journal of Cost Management*, Summer, 39–50.
Sandberg, A. ed. 1995. *Enriching Production, Perspectives on Volvo's Uddevala Plant as an Alternative to Lean Production*, Avebury.
Shingo, S. 1981. *Study of "Toyota" Production System from Industrial Engineering Viewpoint*, Japan Management Association.
Schmalenbach, E. 1947. *Pretiale Wirtshaftslenkung, Band 1: Die optimale Geltungszahl*, Industrie- und Handelsverlag Walter Dorn GmbH.
Schmalenbach, E. 1948. *Pretiale Wirtshaftslenkung, Band 2: Pretiale Lenkung des Betriebs*, Industrie- und Handelsverlag Walter Dorn GmbH.
Schonberger, R. J. 1982. *Japanese Manufacturing Techniques: Nine Hidden Lessons in Simplicity*, Free Press, New York.
Slack, N. and Wild, R. 1975. Production Flow Line and "Collective" Working: A Comparison, *International Journal of Production Research* 13(4):411–418.
Skiner, A. 1970. *The Wealth of Nations: Books 1–3/Adam Smith: With an Introduction by Andrew Skinner*, Harmondsworth, Middlesex: Penguin.
Smith, A. 1776 (1st ed.), 1789 (5th ed.). *An Inquiry into the Nature and Causes of the Wealth of Nations*. London: printed for A. Strahan; and T. Cadell, in the Strand, MDCCLXXXIX.
Solomons, D. 1965. *Divisional Performance: Measurement and Control*, Richard D. Irwin.

Stevenson, W. J. 1990. *Production/Operations Management,* 3rd Edition, Homewood, IL: Irwin.

Stewart, W. 1981. Productivity Measurement, in Bodek (1981).

Sugimori, Y., Kusunoki, K., Cho, F., and Uchikawa, S. 1977. Toyota Production System and Kanban System, Materialization of Just-In-Time and Respect-for-Humanity System, *International Journal of Production Research* 15(6):553–564.

Suzuki, H. 1993. *Introduction IPI Practical KAIZEN: Part I,* Japan Productivity Center.

Swamidass, P. M., ed. 2000. *Encyclopedia of Production and Manufacturing Management,* Kluwer.

Tompson, P. R. 1985. The NUMMI Production System, in: American Production and Inventory Control Society (ed.), *1985 Conference Proceedings,* 400.

Toyoda, A. 2010. Prepared Testimony of Akio Toyoda President, Toyota Motor Corporation, Committee on Oversight and Government Reform, U.S. Government, February 24.

Vogel, E. F. 1979. *Japan as Number One: Lessons for America,* Harvard University Press.

Vollum, R. E. 1987. Production Activity Control, in: White, J. A. (ed.), *Production Handbook,* 4th Edition, John Wiley & Sons: 3–194.

The Wall Street Journal (WSJ.com.) 2010. Crash Data Suggest Driver Error in Toyota Accidents, July 13 and 30.

Waterbury, R. 1981. How Does Just-in-Time Work in Lincoln, Nebraska? *Assembly Engineering,* April, 52–56.

Wild, N. 1975. On the selection of mass production systems, *International Journal of Production Research* 13(5):443–461.

Stevenson W. J. 1990. *Production/Operations Management,* 3rd Edition, Homewood, IL: Irwin, 354–356.

Yamada, T., Kitajima, S., and Imaeda, K. 1980. Development of a New Production Management System for the Co-Elevation of Humanity and Productivity, *International Journal of Production Research* 18(4):427–439.

Zeramdini, W., Aigbedo, H., and Monden, Y. 1988. A Two-Step Approach for Scheduling Products for JIT Mixed-Model Assembly Lines, *1998 Proceedings Asia Pacific Decision Sciences Institute Conference,* 524–526.

Zeramdini, W., Aigbedo, H., and Monden, Y. 1999. Using Genetic Algorithms for Sequencing Mixed-Model Assembly Lines to Level Parts Usage and Workload, *Proceedings of the Second Asia-Pacific Conference on Industrial Engineering and Management Systems* (APIEMS'99), Oct. 30–31, 1999, Kanazawa, Japan, 589–592.

Zeramdini, W., Aigbedo, H., and Monden, Y. 2000. Bicriteria Sequencing for Just-in-time Mixed-Model Assembly Line, *International Journal of Production Research,* 38(15):3451–3470.

EM JAPONÊS

Akao, Y. 1980. Functional management and departmental management. *Hinshitsukanri* 31(5): 14–18.

———. 1978. *Toyota, Its True Nature.* Seki Bun Sha.

Aoki, M. 2007. *Full Illustration of the Systems of Toyota Production Plants,* Nihon-Jitsugyou Shuppansha.

Aoki, S. 1981. Functional Management as Top Management-Concepts at Toyota Motor Co., Ltd. and Its Actual Execution. *Hinshitsukanri.* 32(2): 92–98; 32(3): 66–71; 32(4): 65–69.

Aona, F. 1982. *Toyota's Sales Strategy.* Diamond.

Arita, S. 1978. A Consideration of the Effect of Smoothed Production on the Reduction of Work-in-Process Inventory. *Kojokanri*. 24(13): 109–115.
Ban, S. and Kimura, O. 1986. Toyota's Manufacturing Departments: Complete Implementation of Basic Principles and Incorporation of Flexibility. *JMA Production Management*, October, 13–22.
Cho, F. 2010. Inventory Reduction was not Compromised between Manufacturing and Sales Departments Before, *Nikkei Economic Journal*, June 1.
Delphys IT Works, ed. 2001. *Toyota and Gazoo: Strategic Business Model as a Whole*, Chuoh Keizai-sha.
Endo, K. 1978. Toyota System-Image and True Nature. *Kojokanri*, 24(13): 141–145.
Fujimoto, K. 1983. *American Kanban System: Plant Revolution through MPR*, Diamond-sha.
Fujimoto, T. 1997. *Evolution of Production System*, Yuhikaku.
Fujimoto, T. 2004. *Japanese Manufacturing Philosophy*, Nihon Keizai Shinbunsha.
Fujimoto, T., Nishiguch, T. and Ito, H. 1998. *Readings of Supplier System: Forming the New Inter-Firm Relations*, Yuhikaku.
Fujita, A. 1978. Merits and Faults of Toyota Production System. *Kojokanri*, 24(13): 120–124.
Fukunaga, M. 1986. Control System for Corresponding to Multi-model Production. *IE Review*, 27(1).
Fukuoka, Y. 1990. The New ALC System at Toyota, in: Fujitsu Co. (ed.) *Proceedings of Fujitsu CIM Symposium in Osaka*, pp. 44–71.
Fukushima, S. 1978. Toyota's Parts-Integration from Product-Planning Stage. *IE*, March: 58–63.
Furukawa, Y. 1981. System Theory of Quality Control. *Operations Research*, August: 443–450.
Fuse, M., Miyoshi, K., and Higuchi, H. 2000. Line-Company System of Sumitomo Denko, *Kojokanri*, 46(11).
Harazaki, I. 1981. Multi-Functioned Worker Role in Many Varieties, Short-Run Production. *Kojokanri*, 27(2): 86–87.
Hasegawa, M., Tanaka, T., and Sugie, K. 1981. In-Process Quality Control for Each Job Position Realized Zero Delivery Claim at Akashi Kikai Co. Ltd. *Kojokanri*, 27(1): 15–24.
Hashimoto, F. 1981. Assignments to Realize the Unmanned Plant from Software Viewpoints. *Kojokanri*, 27(4): 6–36.
Hatano, T. 1982. Vendor's Online Delivery System Correspond to the Line Balanced Production. *IE*, January: 30–34.
Hattori, M. 1981. Production System Adaptable to Changes—An Example of Nippon-Denso's Mixed-Model High-Speed Automatic Assembly Line. *IE*, January: 22–27.
Hayashi, Y. 1987. *Ningen Kougaku (Ergonomics)*. Nihon Kikaku Kyokai.
Hino, S. 2002. *Research in Toyota Management System*, Diamond-sha.
Hirano, H. 1983. Why Is the Kanban-MRP Combination Useful Today? *Kojokanri*, 29(1).
Hirano, H. ed. 1990. *5S Guidance Manual*, Nikkan-Kogyo Shinbunsha.
Hirano, H., ed. 1984. *Handbook of Factory Rationalization*. Nikkankogyo Shinbun-Sha.
Hirano, H. 1989. *100 Q&A for JIT Introduction*, Nikkan Kogyo Shinbun.
Hitomi, K. 1978. A Consideration of the Toyota Production System. *Kojokanri*, 26(13): 116–119.
———. 1979. GT System for Many Varieties, Short-Run Production. *Kojokanri*, 25(18): 111–119.
———. 1987. *Text Book of Production for Many Variety with Short Run*. Nikkankogyo Shinbun-Sha.
Honda, J. 1988. *5S Animation: Seiri, Seiton, Seiketsu, Seiso, and Shitsuke*. Nikkankogyo Shinbun-Sha.
Honjo, J. 1988. *Toyota's Marketing Power: Secret of Its Strength*. Nisshin-Houdo.
Iijima, A. 1981. Implementation of Company-Wide Quality Control at Toyota Auto Body Co., Ltd. *Hinshitsukanri*, 32(1): 20–26.

Ikari, Y. 1981. *Comparative Study, Japan's Automotive Industry—Production Technology of Nine Advanced Companies*. Nippon Noritsu Kyokai.
———. 1983. *Development No. 179—The Road to Corolla*. Bungei-Shunjie.
———. 1985. *Toyota vs. Nissan: The Front of New Car Development*. Diamond.
Ikeda, M. 1980. *Informal History of Toyota—Sakicht, Risaburo, Kiichiro, Ishida, and Kamiya*. Sancho Co., Ltd.
Imai, K., Itami, H. and Koike, K. 1982. *Economics of Internal Organization*, Toyo Keizai Shinposha.
Inamori, K. 1998. *Practical Learning of Kazuo Inamori: Management and Accounting*, Nihon Keizai Shinbunsha.
Inamori, K. 2006. *Amoeba Management,* Nihon Keizai Shinbunsha.
Ishikawa, K. 1981. *Japan's Quality Control*. Nikka Giren.
Ishikawa, K. and Isogai, S. 1981. Introduction and Promotion of TQC: Functional Management. *Hinshitsukanri*, 32(11): 88–96.
Ishitsubo, T. 1978. Reduction of the Die-Change Time for the Washer Outside-Frame. *Kojokanri*, 24(7): 40–44.
Itami, H. 1982. *Beyond Japanese Management*. Toyokeizai Sinpo Sha.
Ito, T. 1979. Complete Change in Thinking Lets Arai Seisakusho, Ltd. Promote Production Smoothing. *Kojokanri*, 25(8): 157–163.
Iwai, M. 1981. How the No. 1 Improvement Proposers Are Making Their Ideas. *President*, December: 146–166.
Iwamuro, H. 2002. *Cell Production System*, Nikkan Kogyo Shinbunsha.
Japan Management Association and Monden, Y. 1986. *New Edition: Toyota's Factory Management*. Japan Management Association.
Just-In-Time Production System Research Workshop, ed. 2004. *Just-In-Time Production*. Nikkan-Kogyo Shinbunsha.
Kanpo. 1982. Questions by Ms. Michiko Tanaka to the Ministers of State. *Proceedings of the House of Representatives*, no. 4. October 7: 62–66.
Katayama, O. 2002. *How Did Toyota Cultivate the Strongest Employee*? Shodensha.
Kato, J. 1982. Introduction of Robotics to the Manufacturing Floor—Japanese Industrial Relations Will Not Break. *Nihon Keizai Shinbun*, May 3.
Kato, N. 1984. Mixed Production of Agricultural Four Wheel Tractor. *Kojokanri*, 30(11).
Kato, T. 1981 and 1982. Revolutional Management of Punchpress Process—From the Introduction of Kanban System to the Scheduling by Microcomputer (1–14). *Press Gijutsu*, 19(1–2, 4–13); 20(1–3).
———. 1981. New Production Management for the Punchpress Process. *IE*, December: 77–80.
Kawada, S. 2004. *Toyota System and Managerial Accounting*, Chuoh Keizaisha.
Kawaguchi, H. 1980. Visual Control at Toyoda Gosei's Cutting Operation Process. *Kojokanri*, 26(13): 26–33.
———. Basic Promotion Method of Toyota Production System. 1990. In: Chubu Industrial Engineering Association (ed.) *Seminar Text of Toyota Production System Practice*. November: 11–20.
Kawamura, T., Niimi, A., Kubo, S. and Katsuhara, T. (1993). Human-centered design of assembly line in the coming age. *Toyota Technical Review*, 43(2), 87–91.
Kawashima, Y. 1980. Overseas Strategy of Honda, a Pioneer Company Which Extended to America. *Kojokanri*, 26(7): 40–47.
Kestler, A. 1983. Translated by Tanaka, M. and Yashioka, Y. *Holonic Revolution*. Kosakusha.
Kikuchi, H. 1978. Recent Problems Concerning the Subcontract Transactions. *Kosei-Torihiki*. November: 11–18.

Kobayashi, I. 1978. Remarkable Reduction Time and Workforce by Applying the Single-Setup at Machining and Pressing Operations. *Kojokanri*, 24(7): 45–52.
Kohno, T. 1987. *Strategy for the New Product Development*. Diamond.
Kojima, A. 1980. Productivity Arguments in the United States (1 and 2). *Nihon Kezai Shinbun*, June 10–1.
Kojokanri, 1978a. Standard Operations and Process Improvements at Toyoda Gosei Co., Ltd. 24(13): 70–82.
———. 1978b. Multi-process Holdings at the Casting Processes of Aisin Seiki Co., Ltd. 24(13): 83–88.
———. 1980. A Case of the Auto-Parts Maker Who Realized Small Lot, Short-Cycle Delivery via MRP. 26(12): 61–67.
———. 1981a. Production Revolution at Reviving Toyo Kogyo Co., Ltd. 27(6): 17–37.
———. 1981b. Practices of the Small Lot, Mixed-Model Production System-Seven Cases. 27(7): 17–64.
———. Special Issue, 1994. This Is the "New" Toyota Production System, *Kojokanri*, 43(4).
———. Special Issue, 1995. Production Innovation Movement of All NEC, *Kojokanri*, 40(14).
———.Special Issue, 1998. Why Does Single-Person Production System Pay? Kojokanri, 43(4).
Kotani, S. 1982. On the Sequencing Problem of the Mixed Model Line. *Japan Operations Research Society Spring Conference Proceedings*. pp. 149–150.
Kotani, S. 2008. *Understandable Toyota Production System from Theory to Techniques*, Nikkan-Kogyou Shinbunsha.
Kotani, S. 2009. *"Kaizen Capability" Cultivated by Toyota Production System*, Nikkan Kogyo Shinbunsha.
Koura, K. 1981. Quality and Economy. *Operations Research*, August: 437–442.
Kubo, N. 1979. Production Control at Yammer Diesel Co., Ltd. Synchronizes with the Master Schedule. *Kojokanri*, 25(8): 149–156.
Kumagai, T. 1978. Characteristics of Toyota Production System. *Kojokanri*, 24(13): 152–157.
Kunitomo, 1985. Kyocera's Amoeba Management, Paru Shuppan.
Kurabayashi,T T. 1988. Line Profit Management of Nagano Kenwood, *Kojokanri*, 43(4).
Kuroiwa, M. 1995. Efforts to Upgrade Parts Distribution Based on the Toyota Production System, ICLS95 B-3, 117–22.
Kurokawa, F. 2008. *Automobile Industry Strategy of 21st Century*, Zeimukeiri Kyoukai.
Kuroyanagi, M. 1980. Visual Control of Aisan Kogyo's Machining Line. *Kojokanri*, 26(13): 15–25.
Kusaba et al. 1981. Report of the 11th Overseas Quality Control Observation Team. (2) *Hinshitsukanri*. 32(10): 58–64.
Maeda, S. 1982. FMS without Failure—A Case of Tokyo Shibaura Electric Co., Ltd. *Nihon Keizai Shinbun*, August 9.
Makido, T. 1979. Recent Tendency of Cost Management Practices in Japan. *Kigyo Kaike*, March: 126–132.
Masuyama, A. 1983. Idea and Practice of Toyota's FMS. In: Ohno, T. and Monden, Y. (eds.) *New Development of Toyota Production System*. Japan Management Association. 13–27.
Matsumae, H. 1978. Toyota Production System and VE. *Kojokanri*, 24(13): 149–152.
Matsuura, M. 1979. *Secret of Toyota's Sales Power*. Sangyo Noritsu Tanki Daigaku Publishing Division.
Matsuura, T., Ojima, T., and Ohmori, K. 1978. Single-Setup at Punch Press and Resin-Molding Lines. *Kojokanri*, 24(7): 53–58.
Minato, T. 1984. Japan's Subcontracting System Is Noticed in Overseas. *Nihon-Keizai Shinbun*, August 14.

Mitsuya, H., Tani, T. and Kagono, T. 1999. *Amoeba Management Can Change Your Company*, Diamond.
Mitsuya, H. 2000. Line-Company System of NEC Saitama, in: Tani, T. and Iwabuchi, Y., *Management Accounting of Competitive Excellence*, Chuoh Keizaisha, Chapter 14.
Monden, Y. 1978. Integrated System of Cost Management. *Sangyo Keiri*, December: 21–26.
Monden, Y. 1985. *Toyota System*, Kodansha.
———. 1987. *Just In Time: Toyota Production System Going Across the Ocean*. Japan Productivity Center.
———. 1989a. *Cases of JIT Production System of Automobile Industry*. Japan Management Association.
———. 1989b. *Foundation of Transfer Pricing and Profit Allocation*. Dobunkan.
———. 1991a. *Toyota Management System*. Japan Management Association.
———. 1991b. *Cost Management of Automobile Companies*. Dobunkan.
———. 1991c. *New Toyota System*. Kodansha.
———. 1991d. *Development of Transfer Price and Profit Allocation*. Dobunkan.
———. 1991e. Optimize the Small Lot and Frequent Deliveries for Mitigating the Congestion and Drivers' Shortage, *Nihon Keizai Shinbun (Nikkei Economic Journal)*, August 7: 23.
Monden, Y. and Ohno, T. 1983. *New Development of Toyota Production System*. Japan Management Association.
Monden, Y. and Hiraoka, S. 1989. Financial Management of Automobile Company: Case Study of Toyota, *Keiei Kodo*, 4(1).
Monden, Y. 1994. *Target Costing and Kaizen Costing for Price Competitiveness*, Toyo-Keizai Shinposha.
Monden, Y. 2006. *Toyota Production System*, Diamond.
———. 2009a. *Management Change for Overcoming Depression*, Zeimukeiri Kyoukai.
———. 2009b. *Incentive Price (Profit-Allocation Price) for the Inter-Firm Cooperation*, Zeimukeiri Kyoukai.
Mori, K. 1978. The Negative and the Positive of Toyota Production System for My Standpoint. *Kojokanri*, 4(13): 145–148.
Mori, M. and Yui, N. 1982. Comparison of Production Systems of Japan–U.S. Auto Makers—Productivity Improvement Strategy and System of U.S. Automobile Industry. *Kojokanri*, 28(8): 17–65.
Morimatsu, T. 1988. Setup Improvements, in: Japan Management Association, *Seminar Text of Toyota Production System: Its Systematic Examination and Practical Application*. October 26–28.
Morita, T. 1981. Small Group Activities of Manufacturing Department: Toyota Honsha Plant That Emphasizes Quality Management, *Kojokanri*, 27(13).
Muramatsu, R. 1978. Basic Concepts and Structure of Toyota Production System. *Kojokanri*, 24(13): 162–165.
———. 1979b. *Foundation of Production Control, a New Edition*. Kunimoto Shobo.
Nagata, T. 1985. Let's Promote Medical Control of Facilities by Applying 5S, in: Kojokanri Editorial Dept. (ed.) *5S Technique, Kojokanri*. 31(11): Special issue, October.
Nakai, S. 1978. Toyota's Unique Vitality and Practicing Ability Developed Its Own System. *Kojokanri*, 24(13): 158–161.
Nakamori, K. 1986. Cost Management at the Design Department (1 and 2). *IE*, November: 65–70; December: 58–64.
Nakane, M. 1981. Mixed-Model Production System at the Body Assembling Line. *Kojokanri*, 27(7): 59–64.

Nakata, I. 1978. Complete Master of the Basic Concepts of Toyota System. *Kojokanri*, 24(13): 128–130.
Nakata, Y. and Monden. Y. 1985. Marketing Strategy of Automobile Companies—Theoretical Analysis of Toyota's Case. *Keieikoudo*, 4(11): 92–116.
Nihon Keizai Shinbun. 1981. Office Rationalization by Applying Kanban. November 7.
———. 1982a. Experimentation of Life-Time Employment System—Tentative Agreement between Ford and UAW. February 15.
———. 1982b. Teach Me the Kanban System—Request by U.S. Bendix Company to Jidosha Kiki Co., Ltd. March 2.
———. 1982c. Shock by the Alliance of Giant Automotive Companies, (1 and 2) March 9–10.
———. 1982d. Cooperative Movement in U.S. Industrial Relations Is for Real? June 7.
———. 1982e. (News Colloq.) Acceleration to the Effective Management of New Toyota. Mr. Toyoda, President of Toyota Motor Corporation. July 5.
———. 1982f. CAD/CAM System of Toyota—Body Development Process. August 5.
Nihon-keizai-shinbunsha, ed. 2002. *Panasonic: Bet for Revival*, Nihon-Keizai-Shinbun-sha.
Nikkan Kogyo Shinbun Sha. 1980a. Kojokanri editorial division, ed. *Honda's Small Group Activities*. Nikkan Shobo.
Nikkan Kogyo Shinbun Sha. 1980b. *Business Group for Support of Toyota*.
Nikko Research Center, ed. 1979. *Toyota in the 1980s—Its Growth Strategy Invested by Analysts*. Nihon Keizai Shinbun Sha.
Nikkei Business. 1996. Line-Company System of NEC (November 4, No. 864).
Nishibori, E. 1985. Morale Must Come Out from the Bottom of Heart, in: Kojokanri Editorial Dept. (ed.) *5S Technique, Kojokanri*, 31(11): 92–116.
Nissan Motor Company. 1981. *Annual Report (Financial Security Report)*. 1991 March. Ministry of Finance, July.
Noboru, Y. and Monden, Y. 1983. Total Cost Management in Japanese Auto Industry. *Kigyo Kaikei*. February, 35(2): 104–112.
———. 1988. Cost Management of an Automobile Company: Daihatsu Motor, in: Okamoto, K., Miyamoto, M., and Sakurai, M. (eds.) *High Tech Accounting*. Doyukan.
Noguchi, H. 1994. Toyota Motor Kyushu: Miyata Plant, *Kojokanri*, 40(11).
Noguchi, H. 1994. Functional Split Assembly-Line of Toyota Motomachi Plant That Realized Coexistence of Human and Machine, *Kojokanri*, 40(11).
Noguchi, H. 1995. Challenge of NEC Nagano That Achieved Production Innovation Based on Its Business Crisis, *Kojokanri*, 40(14).
Noguchi, H. 2005. New Systems Installed in the Mixed-Model Assembly Line at Toyota Tsutsumi Plant, *Kojokanri,* 51(1) 16–33.
Ochiai, T. 1991. Automobile Sequence Scheduling for the Assembly Line by Use of AI. Handout presented at the seminar of Japan Industrial Management Association, February 9.
Ohno, T. 1978. *Toyota Production System*, Diamond.
Ohno, T. 1982. *Field Management by Taiichi Ohno*, Japan Management Association.
Ohno, T. 1990. Multi-process Holding Is an Effective Method for Preventing Over-production. *Kojokanri*, 36(9).
Ohno, T. and Monden, Y., eds. 1983. *New Development of Toyota Production System*. Japan Management Association.
———. 1978a. Companies Gap Will Be Determined by the Productivity Gap When the Quantity Decreases. *IE*, March: 4–9.
———. 1978b. *Toyota Production System—Beyond Management of Large Scale Production*. Diamond.

Ohsai, T. 2004. Reformation of Economy by Each Functional Unit, Nihon-Keizai-Shinbun, May 17.
Ohshima, K. 1984. *Japan-U.S. Automobile Conflict—Investigation for the Strategy of Coexistence.* Nihon-Keizai-Shinbun-Sha.
Okada, Y. and Sasaki, T. 1986. Practice of Production Information Management at Matsuda. *JMA Production Management*, July.
Okamura, M. 1979. Toyota's Energy Conservation Prevailing throughout the Shop Floor. *IE*, September: 18–24.
Okano, M. and Yamamoto, K. 1986. New Technology of Assembly, Machining, and Inspection Systems, in: Watanabe, S. and Akiyama, Y. (eds.) *Production System and New Automation Technology*. Nikkan-Kogyo Shinbun-sha. 167–190.
Ozaki, R. and Morita, T. 1979. TQC and Toyota Production System Applied Together to the Production Control of Akashi Kikai Co., Ltd. *Kojokanri*, 25(8): 174–181.
Ryokaku, T. 1990. How the New Model Will Be Developed—Case Study of Celica. *Motor Fan*, Vol. 33, January.
Saito, S. 1978. *Secret of Toyota Kanban System*. Kou Shobo.
Satake, H. 1998. *Toyota Production System: Its Emergence, Development and Changes*, Toyokeizai Shinposha.
Sekine, K. 1978a. Steps toward Single-Setup: Procedures and Practices for Reducing the Setup Time in Half. *Kojokanri*, 24(7): 59–64.
———. 1978b. Toyota Kanban System, the Practical Manual. *Kojokanri*, 24(13): 2–52.
———. 1981. *Practical Toyota Kanban System—How to Make a Profit by Eliminating Waste*. Nikkan Shobo.
Senju, S., Kawase, T., Sakuma. A., Nakamura, Z. and Yata, H. 1987. *Motion Study: Determinate Edition*. JIS.
Shibata, F., Imayoshi, K., Eri, Y. and Ogata, S. 1993. Development of Quantitative Evaluation Method, TVAL, for Assembly Workload. *Toyota Technical Review*, 43(1), pp. 84–89.
Shibata, Y. and Hasegawa, N. 1981. Software Package for Support of Kanban, New Production Control System at Kyoho Seisaku Co., Ltd. *Kojokanri*, 27(4): 17–25.
Shimada, H. 1981. U.S. Industry Is Enthusiastic about Its Restoration Efforts for Improving the Quality of Labor. *Nihon Keizai Shinbun*, October 26.
———. 1984. Changing Labor Union of America: New Labor Contract in Automobile Industry. *Nihon-Keiai-Shinbun*, December 11.
Shimokawa, K., Fujimoto, T., Kuwashima, K. and Shimayama, Y. 2001. What I Learned from Mr. Taiichi Ohno: Oral Interview Document of Mr. Michikazu Tanaka, Former President of Daihatu Motor, in Shimokawa, K. and Fujimoto, T., Eds. 2001. *Origins and Evolution talked by Key Persons*, Chapter 3, 21–57.
Shimokawa, K. and Fujimoto, T. 2001. *Origin of Toyota System*, Bunshindo.
Shimokawa, K. 2009. *Is There Any Prospective Future in the Automobile Business?* Takarajima-sha.
Shingo, S., et al. 1978a. Single-Setup Will Change the Business Constitution. *Kojokanri*, 24(7): 1978a, 20–24.
Shingo, S. 1978b. Revolution of Setup Time Development to the Single-Setup. *Kojokanri*, 24(7): 20–24.
———. 1980. *Study of Toyota Production System from Industrial Engineering Viewpoint—Development to the Non-Stock Production*. Nikkan Kogyo Shinbun Sha.
Shinozawa, S. 1987. *Toyota's Chief-Engineer System of Automobile Development*. Kodansha.
Shioka, K. 1978. Toyota Production System and Work. *Kojokanri*, 24(13): 124–127.
Shishido, T. and Nikko Research Center, eds. 1980. *Japanese Companies in USA—Investigation in the Possibility of Japanese-Style Management*. Toyokeizai Shinpo Sha.

Shomura, O. 1981. Contemporary Auto Workers and Their Job Discontent—An Examination of the International Comparative Study by William H. Form. *Rokkodai Ronshu*, 28(2): 90-106.
Shukan-Diamond. 2003. Panasonic: Revolution 1000 Days, Vol. 91, No. 10, March 8, 28-47.
Shukan Toyokeizai. 1982. Toyota Kanban System Greets the New Stage, in: *The Toyota in 1990*. (Extra issue) July 1: 21-25.
Soukura, T. 1987. Setup-Time Reduction of Tandem-Press, in: *Setup-Time Improvement Manual. Kojokanri*, August, special issue, pp. 82-93.
Sugiyama, T. 1985. Floor Improvement Should Begin with 5S Application, in: Kojokanri Editorial Dep. (ed.), *5S Technique, Kojokanri*, special issue, 31(11): 38-67.
Suitsu, K. 1978. What We Learn from the Toyota Production System. *Kojokanri*, 24(13): 89-101.
———. 1979. Eight Articles of Basic Knowledge for Introducing the Toyota Production System. *Kojokanri*, 25(8): 202-220.
Suzuki, Y. 1980. Multi-functioned Worker and Job-Rotation Can Make Flexible Workshop. *IE*, May: 22-28.
Tagiri, I. 1981. "The Vitalities" Are Making Lively Activities around Mr. H.—A Case of Toyota's QC Circle. *Kojokanri*, 27(13): 139-144.
Takahashi, M., Kondo, J. and Tsuihiji, T. 1981. Fuji Heavy Industries, Ltd.—The Present Condition and Purpose of the Automation at Its Body Welding Plant. *Kojokanri*, 27(4): 37-45.
Takahashi, M. and Kondo, J. 1981. Microcomputer Aided Lamprey Type, Model Discriminating System for Supporting the Flexibility of Mixed-Model Production. *IE*, February: 28-30.
Takahashi, H. and Kubota, H. 1990. Assembly Line Control (ALC) System, in: Tokyo Management Association, *Seminar Text of Toyota Production System*, December 12: 1-16.
Takahashi, Y. 1989. Mixed Production of Tractor Plant. *Kojokanri*, 35(1).
Takano, I. 1978. *Complete Information of the Toyota Group*. Nippon Jitsugyo.
Takao, T. 1990. Toyota's Kaizen Budget: Original Feature of Japanese Style Budgeting. *Kigyokaikei*, 42(3).
Takeshita, S. and Mori, M. 1983. New Production Control System PYMAC of Yamaha, *Kojokanri*, 29(1).
Takeuchi, T. 1986. *Automobile Sales*. Nihon-Keizai-Shinbun-Sha.
Tanaka, H. 1978. *Employment Conventions in Japan and U.S*. Nihon Seisansei Honbu (Japan Productivity Center).
Terayama, S. 1989. Can Toyota Overcome a Large Company Sickness of Demeritmark System? *Nikkei-Business*, October 9.
Toda, M. 2006. *Toyota Information Systems Supporting the Toyota Way*, Nikkankogyou-Sinbun.
Tohno, H. 1978. Toyota System Lets Today's Production Follow Yesterday's Sales. *Kojokanri*, 24(13): 134-136.
Tokyo Shibaura Electric Co., Ltd., ed. 1977. *Promotion of Management by Objective*. Aoba Shuppan.
Tonouch Kogyo PCS Group. 1980. Computer-Aided Dispatching for the Mixed Body-Models at an Assembly Painting Maker. *Kojokanri*, 26(12): 68-72.
Toyota Motor Corporation. 1987. *Unlimited Creation: 50 Year History of Toyota*. Toyota Motor Corp.
———. 1987. *Unlimited Creation: 50 Year History of Toyota Materials*. Toyota Motor Corp.
———. 1991. *Annual Report (Financial Security Report): June 1991*. Ministry of Finance.
Toyota Motor Co., Ltd. 1964. Suggestion Committee Office, ed. *Manual of Suggestion System*.
———. 1966. QC Promoting Office. Promotion of Quality Control at Toyota Motor Co., Ltd. *Hinshitsukanri*, 17(1): 14-17.
———. 1973. *Toyota Production System for Cost Reduction* (unpublished), 1st and 2nd Editions (1975).
Urabe, K. 1984. *Japanese Style Management Can Evolve*. Chuo-Keizaisha.

Wada, R. 1979. Machining Automation in the Flexible Manufacturing System. *Kojokanri*, 25(8): 29–41.
Washida, A. 1978. A Commitment on the Toyota Manufacturing Methods. *Kojokanri*, 24(13): 131–134.
Yamada, Y. 1979. Points of Community and Difference between MRP and Toyota Production System. *Kojokanri*, 25(8): 96–110.
Yasuda, Y. 1989. *Suggestion Activities of Toyota*. Japan Management Association.
Yonezawa, N. 1983. Subcontractors under Their Reorganization in Industry. *Nihon-Keizai-Shinbun*. May 24.
Yoshikawa, A. and Minato, A. 1980. Total Optimization by Integrating the Design and Manufacturing Technologies. *IE*, April: 20–22.
Yoshimura, M., Miyamoto, T. and Hori, E. 1982. Optimal Sequencing Algorithm for the Assembly Line of the Medium Variety–Medium Quantity Models, in: Japan Operations Research Society (ed.) *Proceedings of Abstracts of 1982 Spring Research Conference*, pp. 147–148.
Yoshiya, R. 1979. Management Revolution by Means of MRP. *Diamond Harvard Business*. March–April:85–90.
Yoshiya, R. and Nakane, J. 1977. *MRP System—New Production Control in the Computer Age*. Nikkan Kogyo Shinbuh Sha.
———. 1978. Toyota Production System Viewed from the Standpoint of the MRP System Researchers. *Kojokanri*, 24(13): 102–108.
Yutani, M. 1990. Reduction of Set-Up Time, in: Tokyo Management Association (ed.) *Seminar Text of Toyota Production System* (unpublished).

Índice

A
ABC, *ver* Custeio Baseado em Atividades
AGVs, *ver* Veículos guiados automatizados
AI, *ver* Inteligência artificial
Alteração diária, 107
Ameba, 461
Análise de valor (AV), 254
Andon, 17, 51, 175
    linha de carroceria, 178
    luz vermelha acesa, 228-229
    manutenção de máquinas, 230-231
    painéis de controle de produção, 276
Andon de manutenção de máquinas, 230-231
ANX, *ver* Rede de Intercâmbio Automotivo
Aplicação no exterior do Sistema Toyota de Produção, 292-307
    comitê de segurança empregatícia UAW-GM, 306-307
    concorrência, 295-296
    condições ambientais, 292, 294
    condições para a internacionalização do sistema japonês de produção, 293-294
    inovações nas relações industriais, 301-307
        características dos contratos de trabalho, 303-307
        prerrequisitos para melhorias no local de trabalho, 303
        prerrequisitos para sistemas com mão de obra flexível, 301-303
    negociações contratuais, 297-298
    relacionamento entre a gestão e os trabalhadores, 304
    reorganização dos fabricantes externos de peças nos Estados Unidos, 295-299
    sistema de oportunidades de trabalho, 306-307
    solução para os problemas geográficos envolvendo as transações externas, 298-300
    tecnologia especial, 295-296
    teoria da contingência, 293
    transações externas da NUMMI, 299-302
    vantagens das relações entre montadoras e fornecedores japoneses, 294-296
Armazém de chapas, 276
Atividade de limpeza, *ver* Seiri, Seiton, Seison, Seiketsu e Shitsuke
Atividades de melhoria, 397-426
    apresentações da planta como um todo, 419
    aprimoramentos de tarefas e respeito pela humanidade, 406-407
        atribua tarefas úteis aos trabalhadores, 406
        mantenha sempre abertas as vias de comunicação dentro da organização, 406-407
    aprimoramentos na operações manuais, 398-400
    aprimoramentos nas máquinas, 404-405
    avaliação absoluta, 426
    avaliação relativa, 426
    capacidade de resolução de problemas, 421, 422
    círculo unido, 415
    círculos de CQ, 397, 415-419
        estrutura, 415
        sistemas de elogios, 417-419
        sistemas educacionais, 419
        tópicos e conquistas, 415-416
    competência essencial, 421
    diretrizes na promoção de jidoka, 404-405
    especialista técnico, 420
    exigências em termos de competência, 425

Fichas de Avaliação de Desenvolvimento, 425
geração de ideias, 408
kanban e atividades de melhoria, 412-414
melhorias no chão de fábrica, 414
minicírculo, 415
novo sistema de RH para o pessoal técnico, 420-426
    introdução de especialistas técnicos, 420-421
    novo sistema de pessoal para pessoal técnico, 423-425
    Programa Levante-se e Faça, 422-423
    Sistema de Aquisição de Habilidades Especializadas, 421-422
    Sistema de Discussão usando Fichas de Avalição de Desenvolvimento, 425-426
    Sistema de gestão de mão de obra para os técnicos da fábrica da Toyota, 420
operações manuais, exame das, 402
premiações de elogios por temas, 417
prêmio de consultor, 417
redução do quadro de trabalhadores, 400-403
resolvendo conflitos entre produtividade e fatores humanos, 397-398
sistema de qualificação vocacional, 425
sistema de quórum, 405
sistema de sugestões, 407-412
tempo de espera, 401
treinamento na própria tarefa, 422
Automação com dispositivo de *feedback*, 17
Automação com inteligência humana, 162-163
Automação com um toque humano, 220
Automação por Feedback, 220
Autonomação, 162-163, 219
    alcançando a, 162-163
    barreiras para, 161-162
AV, *ver* Análise de valor

B

Balanced scorecard, 466
Base de dados BOM globalmente integrada, 378
Base de dados da lista de materiais, 376
Base de dados UNIS, 376
Base para melhorias, *ver* Seiri, Seiton, Seison, Seiketsu e Shitsuke
Besouro d'água, 46
Bilhete de entrega, 382

C

CAD, *ver* Desenho assistido por computador
Campanha GO GO, 29, 30

Célula flexível de usinagem (FMC – *flexible machining cell*), 138-139
CIM, *ver* Fabricação Integrada por Computador
5S, *ver* Seiri, Seiton, Seison, Seiketsu e Shitsuke
Círculo CQ, *ver* Círculo de Controle de Qualidade
Círculo de controle de qualidade (CQ), 17, 397, 415-419
    atividades de promoção, 29
    conflitos resolvidos por meio de, 397
    controle autônomo de defeitos, 231-233
    estrutura, 415
    minicentrais de lucro, 461
    redução do tempo de preparação, 185-186
    sistemas de elogios, 417-419
    sistemas educacionais, 419
    temas e conquistas, 415-416
    tempo de preparação, 185-186
Círculo unido, 415
Coeficiente de atraso na entrega, 361-362
Comissão de Comércio Justo do Governo Japonês, 76-77
Comitê de custo *kaizen*, 254
Comitê de segurança empregatícia UAW-GM, 306-307
Companhia em linha, 22, 468-469
Companhia em linha da NEC, 469-471
Compartilhamento de trabalho, 23
Competência fundamental, 421
Conceito de periodicidade (*phasing*) de tempo, 100-101
Contabilidade pecuniária, 472
Controle autônomo de defeitos, qualidade dos produtos garantida por, 216-235
    amostragem estatística, 219
    andon de manutenção das máquinas, 230-231
    Automação por Feedback, 220
    autonomação, 219-222
    autonomação e o Sistema Toyota de Produção, 222-233
    andon e luzes de chamada, 228-230
    controles visuais, 228-233
    folhas de operações-padrão e cartões kanban, 229-232
    método combinado, 226-227
    método de contato, 226-227
    método do passo de ação, 226-229
    métodos para paralisar a linha, 222-224
    painéis com visores digitais, 231-232
    placas indicadoras de armazenamento e estoque, 231-233
    sistemas à prova de erros para paralisar a linha, 225-229

verificações mecânicas como auxílio ao julgamento humano como, 224
controle de qualidade estatístico, 218-219
controle de qualidade na companhia como um todo, 233-235
    CQ totalmente integrado com outras funções relacionadas da companhia, 235
    todos os departamentos participam do CQ, 234-235
    todos os funcionários participam do CQ, 235
custos com mão de obra, economias em, 233-234
desenvolvimento de atividades de gestão de qualidade, 216-217
desvio da média dos dados, 219
dispositivo de sinalização, 225
instrumento de detecção, 225
jidoka, 219
nível aceitável de qualidade, 218
paralisações de linha, relacionamento entre causas de, 223
redução de custos, 221
respeito pela humanidade, 222
robótica, 231-234
sincronização, 216
Controle de continuação, 326
Controle de defeitos, *ver* Controle autônomo de defeitos, qualidade dos produtos garantida por
Controle de intervalo, 326
Controle de ponderação, 327
Controle de Qualidade (TQC – Total Quality Control), 233-234, 466
Controle de qualidade, na companhia como um todo, 233-235
    CQ totalmente integrado com outras funções relacionadas na companhia, 235
    todos os departamentos participam do CQ, 234-235
    todos os funcionários participam do CQ, 235
Controle de Qualidade na Companhia como um Todo (CWQC – Company-Wide Quality Control), 234-235
Correspondência justa, 451
Covisint, 117
CQT, *ver* Controle de Qualidade Total
Custeio Baseado em Atividades (ABC – Activity--Based Costing), 468-469
Custo, *ver* Custo *kaizen*
Custo alvo, 238
Custo *back-flush*, 472
CWQC, *ver* Controle de Qualidade na Companhia como um Todo

D

Declarações Se, Então, 333
Decomposição de objetivos, 260
Delegação de poder (*empowerment*), 428-429
Desenho assistido por computador (CAD – *computer-aided design*), 136-138
Desperdícios organizacionais, 194
Desvio da média dos dados, 219
Direito de declinar, 465
Dispersão para entregas sincronizadas, 286

E

EDI, *ver* Intercâmbio eletrônico de dados
e-kanban (*kanban* eletrônico), 66
    de entrega avançada, 67
    de reabastecimento posterior, 67
    kanban de fornecedor substituído por, 39
    planta de montagem, 268
    subsistema de contas a pagar e contas a receber, 381-382
e-kanban, novos desenvolvimentos em, 365-374
    e-kanban de entrega avançada, 367
    e-kanban de método de retirada sequencial, 365-367
        e-kanban, 366-367
        evolução do kanban, 365-366
    e-kanban de reabastecimento prévio, 365, 366
    e-kanban passando através da central de coleta, 373-374
    entrega cross-dock, 374
    entrega via central de coleta, 374
    informação sequencial para linhas principais, linhas de unidades e linhas de componentes, 370-373
    item básico de planejamento de produção, 368
    item de demanda independente, 368
    regras de controle de índice de aparecimento, 368
    regras de controles de continuação/intervalo, 368
    sistema de reabastecimento posterior, 365, 368-370
    tipos de e-kanban, 365
E-kanban de entrega prévia, 367
E-kanban de reabastecimento prévio, 365, 366
Eliminação de erros, 17, 227-228
Engenharia de valor (EV), 254
Entrega *cross-dock*, 374
Entrega via central de coleta, 374
Estabelecimento de metas, 466
Estoque de segurança, 343, 347

Estoque(s)
  central de distribuição, 113
  de segurança, 138-139
  desnecessário, 145-146, 200
  em processo, 193
  excessivo, 4
  material em processo, 194
  método de redução de preço de varejo, 472
  minimizado, 47
  produtos acabados, excesso, 102-103
  segurança, 343, 347
Estoques de segurança, 138-139
EV, *ver* Engenharia de valor
Exigências de competência, 425

F

Fabricação Integrada por Computador (CIM – Computer Integrated Manufacturing), 430
Fabricantes de peças, *ver* Sistema informatizado para gestão de cadeia de suprimento
Famílias de itens, 149-150
Famílias de peças, 149-150
FEM, *ver* Força Eletromotriz
Ferramenta inferente, 333
Fichas de Avaliação de Desempenho, 425
FIFO, *ver* Primeiro a Entrar, Primeiro a Sair
Fluxo de custos, 472
FMC, *ver* Célula flexível de usinagem
FMS, *ver* Sistemas flexíveis de fabricação
Folga, reduzindo a, *ver* Seiri, Seiton, Seison, Seiketsu e Shitsuke
Folha de capacidade de produção de peça, 170
Força Eletromotriz (FEM), 439
Funções como fim, 239
Funções como meios, 239

G

Garantia da qualidade, 6, 216, 237, *ver também* Gestão interfuncional
Gestão de cadeia de suprimento, sistema informatizado para, 104-121
  alteração diária, 107
  Covisint, 117
  Intercâmbio eletrônico de dados, 115
  intranet, 115
  plano mestre de produção, 105
  Rede de Intercâmbio Automotivo, 116
  rol de materiais, 105
  sistema de planejamento de produção na Nissan, 117-121
    encomenda diária, 120
    encomenda especial, 121
    encomenda para 10 dias, 120-121
    encomenda sincronizada, 121
    sistemas de encomenda da Nissan junto a fornecedores de peças, 120-121
  sistema de reabastecimento posterior, 108
  sistema de Rede de Valor Agregado, 111
  Sistema em Rede da Toyota, 112-117
    estabelecimento da Operadora Tipo II pela Toyota, 113-115
    novo TNS da Toyota, 115-116
    redes de aquisição de peças (JNX e WARP), 116-117
  sistema informatizado de ordem de entrada, 104-109
    plano mestre de produção e previsão de necessidade de peças, 104-105
    programação de entrega de produtos e a sequência de programação, 105-107
    sequência de programação de produção, 108
    sistema de produção diária, 105-107
    sistema de produção mensal, 104-105
    sistema online no estágio de distribuição, 108-109
  sistema informatizado entre a Toyota e os fabricantes de peças, 109-113
    sistema de distribuição de peças, 112-113
    sistema em rede dentro do grupo Toyota usando VAN, 111-112
    tabela de previsão de exigência de peças, 109-111
  Sistema Informatizado Estratégico, 112
  tabela de previsão de necessidade de peças, 109, 110
Gestão de custos, *ver* Gestão interfuncional
Gestão de Qualidade Total (GQT), 466
Gestão funcional, *ver* Gestão interfuncional
Gestão interfuncional, 236-252
  custo alvo, 238
  custo kaizen, 238
  funções como fim, 239
  funções como meios, 239
  garantia da qualidade, 237-238
  gestão de custos, 238-244
  gestão funcional, 236, 237
  introdução, 236-237
  Kinohbetsu Kanri, 236
  manutenção de custos, 238
  organização do sistema de gestão interfuncional, 244-252
    considerações críticas para a gestão funcional, 250-251

desenvolvimento da política de negócios, 249-250
política de negócios e gestão funcional, 247-249
vantagens da gestão funcional, 251-252
papel na companhia como um todo, 236
política de longo prazo, 248
política fundamental, 247
relações entre os departamentos, medidas nas atividades de negócios e funções, 239-244
resumo da gestão de custos, 242-243
reunião funcional, 236
reuniões departamentais, 246
reuniões funcionais ampliadas, 247
slogan anual, 248
Gestão por objetivos, custo *kaizen* por, 259-261
GQT, *ver* Gestão de Qualidade Total
Grupo Toyota, formação do, 77-78
Grupos de defeito zero, 185-186

H
Hancho, 447-448

I
Implantação da política, 466
Índice de atividade para movimentação de material, 205, 206
Inteligência artificial (IA), 332
Inteligência artificial, sequência de programação usando, 331-336
    base de conhecimento, 333
    cinco padrões para a decisão da sequência de programação, 334-336
    ferramenta inferente, 333
    proposições "se, então", 333
    sistema inteligente, 333
Intercâmbio eletrônico de dados (EDI – *electronic data interchange*), 81, 115
Interconexão em Sistema Aberto (OSI – Open System Interconnection), 109
Intervalo de encomenda, 349
Intervalo de retirada, 349
Intervalo de transporte, 349
Item de demanda independente, 368

J
Jidoka, 219, 428-429
JNX, *ver* Rede Japonesa de Intercâmbio Automotivo

K
Kaizen
custo, 238, 253-265
    comitê de custo kaizen, 254
    conceito, 253
    decomposição de objetivos, 260
    determinação montante-alvo de redução de custos, 258-259
    engenharia de valor, 254
    gestão por objetivos, 259-261
    mensuração e análise das variâncias do custo kaizen, 262-265
    montante de racionalização mensal, 262
    preparação orçamentária, 255-257
    produto específico, 254
    tipos, 254-255
    variância de especificações, 262
    variância orçamentária, 262
mentalidade, ver Mentalidade kaizen espontânea, cultivo da
princípio por trás da, 194
Kanban, cálculo do número de cartões, 341-364
    alterações no número de cartões kanban, 360-362
    alterações no número de cartões kanban de fornecedor, 361-362
    cálculo do número de cartões kanban, 341
    cálculo do número de cartões kanban de fornecedor, 348-352
        cálculo de cartões kanban de fornecedor, 348-352
        exemplo numérico, 350-352
        sistema de retirada em ciclo constante, 348
    cálculo do número de cartões kanban de produção, 355-360
        bola de pingue-pongue como kanban de produção, 356-358
        kanban de sinalização do processo de estampagem, 359-360
        sistema de retirada em ciclo constante, 355-357
        sistema de retirada em quantidade constante, 356-357
        uso de kanban de produção como um sistema de dois contenedores, 357-359
    cálculo do ponto de reencomenda, 359-360
    certa carga admissível, 360-361
    ciclo kanban, 349
    coeficiente de atraso de kanban, 349
    coeficiente de atraso na entrega, 361-362
    determinação do tamanho do lote, 359-361

esteira invisível, 356-357
estoque de segurança, 343
intervalo de encomenda, 349
intervalo de retirada, 349
intervalo de transporte, 349
kanban de encomenda de pintura, 346
manutenção do número necessário de cartões kanban, 362-364
   descoberta de cartões kanban perdidos, 364
   números máximo e mínimo das caixas de peças na placa indicadora na prateleira de peças, 362-364
   sistema automático para descartar cartões kanban em excesso, 363-364
modelo de Quantidade Econômica de Encomenda, 360-361
número de critério, 359-360
painel porta-kanban de produção, 358-359
painel porta-kanban de sinalização, 359-360
período de reabastecimento, 342
plano mestre de produção, 362-363
sistema de dois contenedores, 358-359
sistema de produção em ciclo constante, 341
sistema de produção em quantidade constante, 341
sistema de retirada em ciclo constante, 342-348
   estoque de segurança, 343, 347
   exemplo numérico, 343-348
   período de reabastecimento, 342
   tempo de atravessamento de produção, 346
sistema de retirada em ciclo constante para cálcular o número de cartões kanban de retirada entre processos, 352-356
   efeito da redução do tempo de atravessamento por meio de atividades kaizen sobre o número de cartões kanban, 354
   efeito do aumento da capacidade das caixas de peças devido a um menor tamanho das peças, 354-356
   exemplo numérico, 353-354
   fórmula geral, 352-353
tamanho do lote, 359-360
tempo de atravessamento de kanban de sinalização, 359-360
tempo de atravessamento de produção, 342
Kanban, ver também Sistemas informatizados, de apoio ao *kanban*
   baldeação, 53-54
   carrinho de transporte ou caminhão como um kanban, 54-55
   ciclo, 349

coeficiente de atraso de, 349
comum, 54
definição de, 36-44
   como usar diversos tipos de kanban, 41-43
   métodos para utilizar kanban de produção, 43-44
eletrônico, 56
em processo, 36
emergencial, 53
encomenda de ferramentas, 279-281
encomenda de pintura, 346
encomenda de tarefa, 53
expresso, 51-53
fornecedor, 37, 38, 59
leitor, 81
Moeda, 78-79
posto de armazenamento, 277
posto de correio, 289
produção, 36
produção, 9, 10, 36, 59
regras, 45-51
   besouro-d'água, 46
   regra 1 (processo subsequente deve retirar os produtos necessários do processo precedente nas quantidades necessárias e no momento necessário), 45-47
   regra 2 (o processo precedente deve produzir os seus produtos nas quantidades retiradas pelo processo subsequente), 47-48
   regra 3 (produtos defeituosos nunca devem ser transportados para o processo subsequente), 48
   regra 4 (o número de cartões kanban deve ser minimizado), 48-49
   regra 5 (os cartões kanban devem ser usados para se adaptar a pequenas flutuações na demanda), 49-51
   sistema de ciclo constante e de cargas mistas em circuito fechado, 46-47
requisição de material, 40
retirada, 9, 78-79
sinalização, 273, 277
sinalização, 273, 359-360
sincronia de coleta, 284
tabela-mestre, 378
túnel, 53
Kanban "moeda", 78-79
Kanban comum, 54
Kanban de emergência, 53
Kanban de encomenda de ferramenta, 279-281
Kanban de encomenda de tarefa, 53

Kanban de fornecedor e a sequência de programação usada pelos fornecedores, 59–87
  circulação de kanban de fornecedor na fabricante mãe, 78-83
  como a Toyota está lidando com as críticas, 74–78
  companhia mãe, 76-77
  crítica do Partido Comunista contra o Sistema Toyota de Produção, 70–72
  diferenças, 75
  e-kanban, 66, 67
  entrega única, 82
  estações, 86
  exemplos práticos de sistema de entrega e ciclo de entrega, 83–87
    número de viagens de suprimento e cronograma de entregas de cada planta, 83–86
    sistema kanban adaptação a emergências, 86-87
  informações mensais e informações diárias, 60–61
  kanban de produção, 59
  kanban de retirada, 78-79
  kanban eletrônico de reabastecimento posterior, 67
  kanban eletrônico de reabastecimento prévio, 67
  Kanban em forma de moeda, 78-79
  leitor de kanban, 81
  orientação pela Comissão de Comércio Justo com base na Lei dos Subfornecedores e na Lei Antimonopólio, 72–78
  principais produtos, 68-69
  problemas e medidas corretivas na aplicação do sistema kanban junto aos fornecedores, 70–72
  quantidade de peças adquiridas em estoque, 82–83
  rede de valor agregado, 66
  sindicatos trabalhistas, 70
  sistema de reabastecimento posterior por kanban, 61–64
    como o kanban de fornecedor deve ser aplicado junto ao fornecedor, 61–63
    como o kanban em processo circula pelo planta do fornecedor, 63–64
  sistema de retirada sequenciada por sequência de programação, 65–70
    como o kanban de fornecedor deve ser aplicado junto ao fornecedor, 68-69–70
    espaço de armazenagem e variedade de produtos, 67–69
  sistema de táxi, 80

sistema de transporte, vantagens do, 63
tabela de encomenda de unidades, 66
tempo de ciclo, 60
trem-bala, 83
troca de dados eletrônicos, 81
Kanban de requisição de material, 40
Kanban de retirada, 9, 78-79
Kanban de sinalização, 273, 277
Kanban de sinalização, 273, 359-360
Kanban eletrônico, *ver e-kanban*
Kanban em processo, 36
Kanban em túnel, 53
Kanban expresso, 51–53
Kinohbetsu Kanri, 236

L

Lei Antimonopólio, 72–78
Lei dos Subfornecedores, 72–78
Leiaute ao estilo *job-shop* (linha de tarefas), 126
Leiaute de linha em fluxo (*flow shop*), 126, 164-165
Leiaute de máquinas, trabalhadores multifuncionais e rotação de tarefas, 141–157
  alcançando a shojinka por meio de trabalhadores multifuncionais, 149-157
    desenvolvendo trabalhadores multifuncionais por meio de rotação de tarefas, 150-156
    importância do chefe de linha, 157
    rotação de supervisores, 150-152
    rotação de tarefas diversas vezes ao dia, 154–156
    rotação de trabalhadores no âmbito de cada linha, 151-153
    vantagens adicionais da rotação de tarefas, 156–157
  estoque desnecessário, 145-146
  famílias de itens, 149-150
  famílias de peças, 149-150
  leiautes lineares, 146-147
  plano de rotação de tarefas, 153
  processo em curva em U, 147-149
  projeto de leiaute (leiaute em curva U), 142–150
    combinando linhas em forma de U, 146-149
    fabricação em células, 147-150
    leiautes em forma de gaiola, 144–145
    leiautes em ilhas isoladas, 145–146
    leiautes impróprios, 144–147
    leiautes lineares, 145-147
  rotação de tarefas, 142, 150-151
Shojinka (acompanhar a demanda por meio da flexibilidade), 141–142

sincronização entre estações, 145
sistema de fabricação em células, 147-150
tecnologia de agrupamento, 149-150
tempo de ciclo de processo, 147-148
Leiaute em ilhas isoladas, 145
Leiautes em forma de gaiola, 144
Leitor de código de barras, 39
LIFO, *ver* Último a Entrar, Primeiro a Sair
Linha autônoma, 451
Linha de montagem, *ver também* Linha de montagem de múltiplos modelos, método de sequenciamento para
    carga de trabalho compartilhada, 159
    diferença entre motor e veículo, 368
    F-3, Folha de sequência de programação, 97
    mini, 444
    ponto terminal, 124
Linha de montagem de múltiplos modelos, método de sequenciamento para, 311-324
    abordagem da Toyota (algoritmo simplificado), 320-323
    coeficiente de variância, 319
    cumprimento simultâneo de duas metas simplificadas, 323-324
    desenvolvimento da sequência de programação na prática, 322-323
    metas para controlar a linha de montagem, 311-313
        agilização da carga de trabalho, 312
        modelo de sequenciamento para agilizar o uso de peças, 312-313
    método de perseguição de metas (exemplo numérico), 314-320
    otimização, 318
Linha descentralizada, 451
Linhas em células, 165
Linhas flexíveis, *ver* Disposição do máquinas, trabalhadores multifuncionais e rotação de tarefas

M

Mão de obra flexível, 8
Mão de obra
    custos, cálculo dos, 469-470
    mínima, ver Sindicatos com operações-padrão, 70
    relacionamento da gestão com, 304
Material em processo (WIP – *work-in-process*), 29
    estoques, 194
    meta de redução, 394
    quantidade-padrão de, 168
    redução da quantidade, 29
Média salarial corporativa por hora, 468-469

Medidas para a implementação, 25-32
    campanha GO GO, 29, 30
    introdução do JIT na Toyo Aluminum (estudo de caso), 29-32
    material em processo, 29
    passos introdutórios para o Sistema Toyota de Produção, 25-28
        ordem de aplicação das técnicas JIT, 26-28
        1º passo (a alta gerência cumpre um papel-chave), 25
        2º passo (constitua uma equipe de projetos), 26
        3º passo (prepare um cronograma de implementação e estabeleça metas a serem cumpridas dentro do cronograma), 26
        4º passo (selecione um projeto-piloto), 26
        5º passo (migre de um processo a jusante para um processo a montante), 26
    produção em fluxo unitário de peças, 28
    zona de passagem de bastão, 26
Melhorias, fotografia de, 214
Mentalidade *kaizen* espontânea, desenvolvimento da, 387-396
    como Taiichi Ohno virou consultor da Daihatsu, 388
    escolas de ensino, 396
    rumo a implementação do STP, 387-388
    sistema takt, 391
    conclusões, 392-396
        fazer as pessoas chegarem por conta própria às suas
        fazer as pessoas exercitarem sua engenhosidade, 392-394
        oferecer uma mão amiga, 394-396
        próprias estratégias de aprimoramento, 394
    criar uma situação difícil e dar um problema para as pessoas resolverem, 388-392
    desenvolvimento do sistema Preparar, Apontar, Fogo no processo de soldagem da carroceria, 390-391
    montagem mista do carro popular Starlet da Daihatsu, 389
    "você não deve pensar: 'o que eu vou ensinar a eles?'", 391-392
Método da Coordenação da Metas, 102-103
Método da redução do preço de varejo, 472
Método da zona de passagem de bastão, 26, 339
Método de perseguição de metas, 313, 325
Método de perseguição de metas II, 320
Método de sequenciamento, *ver* Linha de montagem de múltiplos modelos, método de sequenciamento para

Método de Verificação Toyota de Linha de Montagem (TVAL – Toyota Verification of Assembly Line), 437, 440-441
Minicentrais de lucro e o sistema JIT, 459–474
   ameba, 461
   balanced scorecard, 466
   círculo de Controle de Qualidade, 461
   companhia em linha, 469-470
   companhia em linha da NEC, 469-471
   Comparação e extensão mútua dos benefícios entre os sistemas JIT e MPC, 460–466
      autoridade para a substituição flexível de trabalhadores entre várias MPCs, 462
      autoridades descentralizadas de cada MPC, 462–466
      delegação de autoridades mais extensas e amplas, 462-466
      implantação de lucro-alvo, 466
      motivando as pessoas numa MPC por meio da meta única do lucro, 461–462
   contabilidade, 472–473
   contabilidade MPC com "base pecuniária
   contabilidade MPC gera motivação para reduzir o excesso de estoque, 473
   Controle de Qualidade Total, 466
   custo back-flush, 472
   Custo Baseado em Atividade, 468-469
   custo pecuniário, 472
   custos com mão de obra, cálculo dos, 469-470
   direito de declinar, 465
   fluxo de custos, 472
   fórmula para calcular o lucro das MPCs, 467-469
   Gestão de Qualidade Total, 466
   implantação de metas, 466
   implantação de política, 466
   média corporativa de salário por hora, 468-469
   medida de valor agregado por hora, 468-469
   método de redução de preço de varejo, 472
   otimização local e otimização global, 470-472
   outro tipo de minicentral de lucros, 469-471
   planejamento Hoshin, 466
   por que os sistemas MPC e JIT se encaixam tão bem, 459
   preço de incentivo, 470-471
   relação de causa e efeito, 466
   sistema de central de lucros em pequenos grupos, 461
   sistema de produção JIT como prerrequisito para a contabilidade MPC, 472-473
   valor de cada ofício, 464

Minicentral de lucros (MPC – *mini profit center*), 22, 459
Modelo de Quantidade Econômica de (EOQ – Encomenda Economic Order Quantity), 360-361
Modelo EOQ, *ver* Modelo de Quantidade Econômica de Encomenda
Montante de racionalização mensal, 262
Moral dos trabalhadores, *ver* Atividades de melhoria
Motivação, *ver* Planta de montagem, linhas desmembradas autônomas em
Movimentação de material, *ver* Planta de montagem, movimentação de material em
Movimento de ajuda mútuo, 132-134
MPC, *ver* Minicentral de lucros
MRP, *ver* Planejamento das necessidades de materiais

N

NAQ, *ver* Nível aceitável de qualidade
Nissan, sistema de planejamento de produção na, 117–121
   encomenda diária, 120
   encomenda especial, 121
   encomenda para 10 dias, 120–121
   encomenda sincronizada, 121
   sistema de encomenda da Nissan para os fornecedores de peças, 120–121
Nível aceitável de qualidade (NAQ), 218
Nota sobre pontos-chave das operações, 182
Número de critério, 359-360

O

OJT, *ver* Treinamento na própria tarefa
Operação de múltiplos processos, 14, 126
Operação em várias máquinas, 126
Operações-padrão, 168–183
   andon, 175, 178
   componentes, determinação de, 169–182
      folha de operações-padrão, preparação da, 181–182
      preparação em uma rodada, 179–180
      quantidade-padrão de material em processo, 180–181
      rotina de operações-padrão, 172–175
      sistema Yo-i-don, 175–178
      tempo de conclusão por unidade, 170–172
      tempo takt, 170
   fábrica de lâminas de metal, 175
   folha de capacidade de produção de peça, 170

medidas corretivas, 182
metas e elementos, 168-169
nota de orientação para as operações, 182
nota sobre pontos-chave das operações, 182
painel de exibição de conclusão de processos, 178
preparação em uma rodada, 180
processo na parte de baixo da carroceria, 175, 177
processos nas laterais da carroceria, 175
quantidade-padrão de material em processo, 168
rotina de operações-padrão, 168
sistema takt, 178
tempo de operação manual, 170
tempo de processamento automático de máquinas, 170
tempo takt, 173
treinamento e acompanhamento, 182-183
troca de unidades, 172
OSI, *ver* Interconexão em Sistema Aberto, 4, 6

P

Painel de controle de ordem de estampagem, 277
Painel de exibição de conclusão de processos, 178
Peças em fluxo unitário, 270
Período de reabastecimento, 342
Pilha necessária, 197
Planejamento das necessidades de materiais (MRP – *material requirement planning*), 100-101
　comparação do sistema kanban com, 100-102
　item de demanda independente, 368
　minicentrais de lucro, 471-472
　plano mestre, 100-101, 105
　pulmão de tempo (time bucket), 366
Planejamento *Hoshin*, 466
Plano de carga dos processo, 380
Plano mestre de produção, 105, 362-363
Planta de montagem, General Motors, 297-298
Planta de montagem, linhas autônomas desmembradas em, 443-458
　condições difíceis de trabalho, 444-445
　correspondência justa, 451
　encarregado, 447-448
　estrutura de uma linhas autônoma funcionalmente diversificada, 445-450
　　estrutura de pessoal das linhas desmembradas, 447-448
　　estrutura física das linhas desmembradas, 445-447
　　local de treinamento e programa-mestre de habilidades profissionais, 449-450
　　treinamento dos trabalhadores das linhas e o papel do encarregado, 447-449
　Hancho, 447-448
　linha autônoma, 451
　linha descentralizada, 451
　linha desmembrada, 444
　linhas autocontidas, 445-446
　linhas autônomas funcionalmente diversificadas, 443
　por que as linhas desmembradas são capazes de elevar o moral e a produtividade, 443-444
　problema com a linha de montagem convencional, 444-445
　programa-mestre de habilidades profissionais, 449
　trabalhador com múltiplas habilidades, 449
　trabalhador multifuncional, 449
　unidade Kumi, 447-448
　vantagens das linhas autônomas desmembradas, 450-458
　　causas das paralisações de linha, 456-458
　　estoque desnecessário eliminado como desperdício, 457-458
　　motivação dos trabalhadores, 450-451
　　produtividade e autonomia baseadas em dispersão de risco, 452-455
　　tamanho dos estoques de emergência, 456-457
Planta de montagem, movimentação de material em, 266-273
　carrinhos com kits de peças, 267
　e-kanban, 268
　peças unitárias, 270
　Sistema de Peças em Conjuntos, 266-269
　　lógica, 268-269
　　sistema, 266-267
　sistema de suprimento de peças, 266
　transporte de mão vazias, 270-273
　　movimentação do transportador responsável pelo armazém, 270-271
　　movimentação dos motoristas dos fabricantes de peças, 273
　　recebimento racionalizado de peças terceirizadas e remoção de caixas vazias, 270
　veículos guiados automatizados, 267
Posto vermelho, 51
Prêmio de consultor, 417
Prêmios de elogios por tema, 417
Preparação em menos de um dígito, 184
Preparação em um único toque, 184
Preparação em uma rodada, 179-180
Preparação externa, 14

Preparação interna, 14
Primeiro a Entrar, Primeiro a Sair (FIFO – First--In, First-Out), 204, 363-364
Princípio da quantidade constante e do ciclo inconstante, 96
Processo em forma de U, 147-149
Processos sob as carrocerias, 175, 177
Produção, *ver também* Produção *just-in-time*; Produção em fluxo unitário de peças
    fluxo contínuo de, 6
    kanban, 36
    kanban de, 36, 59
    lote, 130-131
    lote, 94, 130-131
    múltiplos processos, 123, 124
    nivelada, ver Operações-padrão
    orientada por ordem de tarefas, 184
    painéis de controle, 276
    painel suspenso, 358-359
    sequência de, 12
    sequenciada em processos, 165
    sincronização, 88, ver também Produção suavizada
    sintonia fina da, 50
    tempo de atravessamento, 342
Produção com sintonia fina, 50
Produção de peças em fluxo unitário, 13, 125,158-167
    ação de restrição, 163-164
    automação com inteligência humana, 162-163
    autonomação, 162-163
    barreiras para a autonomação, 161-165
    como alcançar a autonomação, 162-165
    exemplo de aprimoramento de fluxo em peças individuais, 166
    fabricação em células, 165
    fluxo unitário de peças, 159
    instalação de rodinhas, 164-165
    leiaute flow shop, 164-165
    linhas em célula, 165
    melhorias no chão de fábrica, 165
    montagem de múltiplos modelos, 165
    necessidades, 158-159
    produção sincronizada, 165-166
    rendimento per capita, 160
    resistência a adoção de múltiplas habilidades, 161-162
    resistência a trabalhar de pé, 159-160
    takt time, 165
    velocidade instantânea, 160
Produção de unidades em fluxo unitário, *ver* Produção de unidades em fluxo unitário

Produção em lotes, 130-131
Produção JIT, *ver* Produção *just-in-time*
Produção *just-in-time* (JIT), 35, *ver também* Minicentrais de lucro e o sistema JIT; Subsistema de respeito pela humanidade no sistema de produção JIT
    condição mais importante do, 74
    contabilidade MPC, 472-473
    distribuição física, 282-283
    sistema de puxar, 35-36
Produção *just-in-time*, manutenção adaptável por *kanban*, 35-58
    andon, 51
    contrapesos (balance weights), 50
    definição de kanban, 36-44
    como usar os diversos tipos de kanban, 41-43
    métodos para utilizar o kanban de produção, 43-44
    kanban de baldeação, 53
    kanban de fornecedor, 37, 38
    kanban de produção, 36
    kanban de produção, 36
    kanban de requisição de material, 40
    kanban de retirada, 41
    kanban de sinalização, 39
    kanban de sinalização, 39, 41
    kanban eletrônico, 56
    kanban em processo, 36
    kanban expresso, 52
    kanban túnel, 53
    leitor de código de barras, 39
    lugar reservado, 55
    outros tipos de *kanban*, 51-58
    carrinho de transporte ou caminhão como um kanban, 54-55
    etiqueta, 55
    kanban comum, 54
    kanban de baldeação, 53-54
    kanban de encomenda de tarefa, 53
    kanban emergencial, 53
    kanban expresso, 51-53
    sistema de trabalho integrado, 55-58
    palete de reencomenda, 43
    posto vermelho, 51
    produção com sintonia fina, 50
    regras de kanban, 45-51
    besouro-d'água, 46
    regra 1 (processo subsequente deve retirar os produtos necessários do processo precedente nas quantidades necessárias e no momento necessário), 45-47

regra 2 (o processo precedente deve produzir os seus produtos nas quantidades retiradas pelo processo subsequente), 47–48
regra 3 (produtos defeituosos nunca devem ser transportados para o processo subsequente), 48
regra 4 (o número de cartões kanban deve ser minimizado), 48–49
regra 5 (os cartões kanban devem ser usados para se adaptar a pequenas flutuações na demanda), 49–51
sistema de ciclo constante e de cargas mistas em circuito fechado, 46–47
sistema de ciclo constante e de cargas mistas em circuito fechado, 47
sistema de empurrar, 35
sistema de puxar a produção JIT, 35–36
tempo de ciclo, 48
Produção orientada por encomendas, 184
Produção perdida, 94, 130-131
Produção sequenciada em processos, 165
Produção sincronizada, 88–103
comparação do sistema kanban com o sistema MRP, 100-102
conceito de periodicidade (phasing) de tempo, 100-101
desperdício entre processos, 90
máquina dedicada, 98-99
método de produção em lotes, 94
períodos desnivelados de demanda, 89
plano mestre, 100-101
princípio da quantidade constante e ciclo inconstante, 96
pulmão de tempo, 100-101
quantidade total de produção, 89
resumo do conceito de sincronização da produção, 101-103
sincronização da carga de trabalho com peças, 102-103
sincronização da carga de trabalho com produtos, 102-103
sincronização da quantidade de produção de cada modelo, 92–101
duas fases da sincronização da produção, 98-99
exemplo de folha de sequência de programação, 96
máquina flexível apoiando a produção sincronizada, 98-101
retirada sequencial de motores, 96–99
sequência de programação para a introdução de modelos, 93–96

sincronização da quantidade total de produção, 88–92
adaptação à quedas da demanda, 92
adaptação ao aumento da demanda, 91
flutuação da demanda e o plano de capacidade de produção, 91–92
sincronização do uso de peças, 101-102
sistema de empurrar, 101-102
sistema de fabricação flexível, 99-100
sistema de puxar, 101-102
suavização da taxa de vendas de produtos, 102-103
Produtividade, *ver* Planta de montagem, linhas desmembradas autônomas em
Produto
-leiaute em fluxo de, 126
qualidade, ver Controle autônomo de defeitos,
qualidade dos produtos garantida por, 102-103
sincronização da carga de trabalho, 102-103
sincronização mesclada, 12
Programa Levante-se e Faça, 422–423
Programa-mestre de habilidades profissionais, 449
Pulmão de tempo, 100-101

Q

Quadro de trabalhadores
flexível, 8
redução do, 400–403
Quadro de trabalhadores reduzido, *ver* Atividades de melhoria

R

Rede de agregação de valor (VAN), 66, 111
Rede de Intercâmbio Automotivo (ANX – Automotive Network Exchange), 116
Rede Japonesa de Intercâmbio Automotivo (JNX – Japan Automotive Network Exchange), 116
Redes de contorno, 478
Redução de custos, eliminação de desperdício para, 5
Registro fotográfico, 214–215
Regras de controle de índice de aparecimento, 368
Rendimento *per capita*, 160
Retorno às cegas, 207
Retorno sobre o investimento (ROI – *return on investment*), 18, 249
Retorno sobre os ativos (ROA – *return on assets*), 18
Reunião funcional, 236
Reunião funcional ampliada, 247

Revendas, *ver* Sistema computadorizado para a gestão da cadeia de suprimento
ROA, *ver* Retorno sobre os ativos
ROI, *ver* Retorno sobre o investimento
Rotação de tarefas, 150-151, *ver também* Leiaute de máquinas, trabalhadores multifuncionais e rotação de tarefas

S

Seiri, Seiton, Seison, Seiketsu e Shitsuke (5S), 194-215
   arrancadas e freadas bruscas, 211
   controle visual, 197-203
      código do item e sua quantidade, 201-202
      decisão do local de um item, 201
      materiais separados em pilhas, 197
      placa indicadora para Seiton visual, 200-203
      posição para cada item, 201
      preparação do recipiente, 201
      Seiri visual, 198-199
      tornando o Seiton um hábito, 202
   critérios de etiquetagem, 198
   desperdício organizacional, remoção do, 194-197
      áreas de trabalho desarrumadas, 195
      componentes do 5S, 195-196
      condições inseguras, 195
      materiais/produtos defeituosos, 195
      prazos de entrega não cumpridos, 195
      tempo de preparação excessivo, 195
   endereço do local, 201
   endereço do local, 201
   falhas óbvias, 196
   ferramentas delicadas, atenção com, 208
   índice de atividade para movimentação de material, 205, 206
   instrumentos de corte, manutenção dos, 210
   kaizen, princípio por trás, 194
   motivação para a melhoria, 213
   muda, 194
   pilha desnecessária, 197
   pilha necessária, 197
   placa de código do item, 201, 203
   Primeiro a Entrar, Primeiro a Sair, 204
   promoção do sistema 5S, 213-215
   registro fotográfico, 214-215
   regras práticas para Seiton, 204-211
      considerar o espaço de estoque como parte da linha de fabricação, 205-207
      controles visuais para padrões limitantes, 210-211
      preparação para fácil movimentação, 204-205
      Primeiro a Entrar, Primeiro a Sair, 204
      Seiton de gabaritos e ferramentas, 207
      Seiton de instrumentos de corte, medidas e óleo, 208-209
      Seiton de material em processo (WIP – work-in-process), 204-207
   retorno às cegas, 207
   Seiso, Seiketsu, Shitsuke, 211-213
   sujeira, 194
   Último a Entrar, Primeiro a Sair, 204
Sequência de programação, *ver* Sincronização, novo método de sequência de programação para; *Kanban* de fornecedor e sequência de programação usado por fornecedores
Sincronização, novo método de sequência de programação para, 325-339
   controle de continuação, 326
   controle de intervalos, 326
   controle de ponderação, 327
   controle do índice de aparecimento, 325
   ferramenta inferente, 333
   inteligência artificial, 332
   lógica básica da sequência de programação, 325-331
      controle de continuação, 326
      controle de ponderação, 327-329
      controle dos intervalos, 326
      índice de aparecimento, 325
      regras auxiliares, 327-331
      viabilidade de implementação, 330
   método da zona de passagem de bastão, 339
   método de perseguição de metas, 325
   proposições do tipo se, então, 333
   reduzindo as diferenças entre os tempos de atravessamento de produção, 336-339
      linha dedicada, 338
      linha-pulmão, 336
      lugar não reservado, 338
      operações excepcionais, 337
      ordem de trabalho prioritária, 336
      processo de ultrapassagem, 337
      ultrapassagem interior, 337
      zona de passagem de bastão, 338-339
   sequência de programação usando-se inteligência artificial, 331-336
      base de conhecimento, 333
      cinco padrões para a decisão da sequência de programação, 334-336
      ferramenta inferente, 333

proposições do tipo se, então, 333
sistema especialista, 333
sistema especialista, 333
ultrapassagem anterior, 337
ultrapassagem posterior, 337
Sincronização da carga de trabalho com peças, 102-103
Sincronização do uso de peças, 12, 23, 101-102
Sincronizando a coleta de cartões *kanban*, 284-291
    classificador de cartões kanban de fornecedor, 285
    classificador de cartões kanban de fornecedor de saída, 286
    distribuição para entregas sincronizadas, 286
    entrega de peças, 285-286
    invenções de postos kanban no local de produção, 288-239
    linha de montagem múltiplos de modelos, 284
    local de armazenamento de peças em fábrica de montagem, 288-289
    movimentação de peças, 285
    obstáculos, 284
    posto de correio kanban, 289
    posto de correio para kanban de fornecedor de partida, 289-291
    sincronização da programação para a coleta de kanban, 286-288
Sindicato dos Trabalhadores Automotivos Unidos (UAW – United Auto Workers Union), 300-301, 303
Sindicato empresarial, 15
SIS, *ver* Sistema de Informações Estratégicas
Sistema de Aquisição de Habilidades Especializadas, 421-422
Sistema de banco de oportunidades de trabalho, 306-307
Sistema de central de lucros em pequenos grupos, 461, *ver também* Minicentrais de lucros e o sistema JIT
Sistema de controle de trabalho integral, 134-135
Sistema de controle visual, 17
Sistema de Discussão, 425-426
Sistema de empurrar, 35, 101-102
Sistema de fabricação celular, 147-150, 165
Sistema de Gestão de Especificações (SMS – Specifications Management System), 377
Sistema de Informações Estratégicas (SIS – Strategic Information System), 112, 114
Sistema de Peças em Conjuntos (SPC), 266-269
    lógica, 268-269
    sistema, 266-267

Sistema de ponto de venda (POS), 109
Sistema de posições finitas embutidas, 188-189
Sistema de produção em ciclo constante, 341
Sistema de produção em quantidade constante, 341
Sistema de puxar, 9, 36, 101-102, 138-139
Sistema de qualificação vocacional, 425
Sistema de quórum, 405
Sistema de reabastecimento posterior, 60, 108, 365
Sistema de sugestões, 412
Sistema de táxis, 80
Sistema em Rede da Toyota (TNS – Toyota Network System), 104, 113-117
    estabelecimento da Operadora Tipo II pela Toyota, 113-115
    novo TNS da Toyota, 115-116
    redes de compra de peças (JNX e WARP), 116-117
Sistema especialista, 333
Sistema Ford, 3, 24, 124
Sistema informatizado para gestão da cadeia de suprimento, 104-121
    alteração diária, 107
    Covisint, 117
    Intercâmbio eletrônico de dados, 115
    intranet, 115
    lista de materiais, 105
    plano mestre de produção, 105
    Rede de Intercâmbio Automotivo, 116
    sistema de planejamento de produção na Nissan, 117-121
    encomenda diária, 120
    encomenda especial, 121
    encomenda para 10 dias, 120-121
    encomenda sincronizada, 121
    sistemas de encomenda da Nissan junto a fornecedores de peças, 120-121
    sistema de reabastecimento posterior, 108
    sistema de Rede de Agregação de Valor, 111
    Sistema em Rede da Toyota, 112-117
    estabelecimento da Operadora Tipo II pela Toyota, 113-115
    novo TNS da Toyota, 115-116
    redes de aquisição de peças (JNX e WARP), 116-117
    sistema informatizado de ordem de entrada, 104-109
    plano mestre de produção e previsão de necessidade de peças, 104-105
    programação de entrega de produtos e sequência de programação, 105-107

sequência de programação de produção, 108
sistema de produção diária, 105-107
sistema de produção mensal, 104-105
sistema online no estágio de distribuição, 108-109
sistema informatizado entre a Toyota e os fabricantes de peças, 109-113
  sistema de distribuição de peças, 112-113
  sistema em rede dentro do grupo Toyota usando VAN, 111-112
  tabela de previsão de necessidade de peças, 109-111
Sistema Informatizado Estratégico, 112
tabela de previsão de necessidade de peças, 109, 110
Sistema JIT, reforço após os desastres de 03/11/2011 no Japão, 475-480
  custos de dispersão de risco, 476
  Mi-con, 475
  primeira abordagem, 475-477
    dispersão de risco, 476-477
    terceirização de componentes ou peças da Toyota para múltiplos fornecedores, 475-476
  redes de desvio, 478
  segunda abordagem, 478-478
    projeto comum, 479
    rede interligada de cadeias de suprimento, 478, 479
    redes de desvio, 478
    técnica de comunicação por "pacotes de informação, 478
Sistema *kanban*, estudo avançado do, 273-283
  andon, 276
  armazém de chapas, 277
  controle de ferramentas e gabaritos por meio do sistema kanban, 279-281
  distribuição física JIT, 282-283
  kanban de encomenda de ferramentas, 279-281
  kanban de sinalização, 273
  kanban de sinalização e kanban de requisição de material na linha de prensagem, 276-278
  número máximo de cartões kanban de produção a serem armazenados, 273-276
  painéis de controle de produção, 276
  painel de controle de encomenda de estampagem, 277
  ponto de reencomenda, 277
  posto de armazenamento de kanban, 277
  posto de kanban de produção, 274
  sistema de dois contenedores, 274

sistema de entrega JIT pode aliviar o congestionamento e a falta de mão de obra, 280-283
  o ambiente externo para a distribuição física deve ser racionalizado, 282-283
  o sistema JIT contribui pra a racionalização da distribuição física, 280-282
  um sistema JIT genuíno depende de condições indispensáveis, 281-283
sistema de roleta, 277-278
transporte de unidades em fluxo unitário de peças, 273
Sistema Mundial de Compras Automotivas em Tempo Real (WARP - Worldwide Automotive Real-Time Purchasing System), 117
Sistema POS, *ver* Sistema de ponto de venda
Sistema *takt*, 178, 391
Sistema Taylor, 3, 70
Sistema Toyota de Produção (STP)
  aplicação no exterior, 292-307
  crítica ao, 70
  desenvolvedor original do, 77-78
  esboço geral do, 3-24
  meta do, 18-23
    efeitos motivacionais do parâmetro fluxo de caixa JIT, 21-23
    fluxos de caixa JIT, 20
    medidas de controle no âmbito dos operadores de chão de fábrica, 23
    o tempo de atravessamento precisa ser reduzido, 19-20
    objetivo final do STP, 18-20
    os custos precisam ser reduzidos, 18-19
    parâmetro de controle na alta gerência sobre toda a cadeia de suprimento, 21-22
    parâmetro de controle no âmbito dos gerentes e supervisores do chão de fábrica, 22
  passos para a implementação do, 25-32
  robôs e, 233-234
  sistemas informatizados de apoio ao, 375-376
Sistema Toyota de Produção, autonomação e, 222-233
  controles visuais, 228-233
    andon e luzes de aviso, 228-230
    folhas de operações-padrão e cartões kanban, 229-232
    painéis com visores digitais, 231-232
    placas indicadoras de armazenamento e estoque, 231-233
  métodos para paralisar a linha, 222-224
  sistemas à prova de erros para paralisar a linha, 225-229
    andon e luzes de chamada, 228-230

método combinado, 226-227
método de contato, 226-227
método do passo de ação, 226-229
verificações mecânicas em auxílio ao julgamento humano, 224
Sistemas flexíveis de fabricação (FMS – flexible manufacturing systems), 99-100, 138-139
Sistemas informatizados, de apoio ao *kanban*, 375-383
   base de dados BOM globalmente integrada, 378
   base de dados da lista de materiais, 376
   base de dados UNIS, 376
   bilhete de entrega, 382
   contas a pagar e contas a receber via kanban eletrônico, 381-382
   planejamento de carregamento de processos, 380
   Sistema de Gestão de Especificações, 377
   Sistema Toyota de Produção, 375-376
   Subsistema de mensuração de desempenho prático, 382-383
   subsistema de planejamento de carregamento de processos, 380-381
   subsistema para plano mestre de kanban, 378-379
      peças produzidas externamente, 379
      peças produzidas internamente, 379
      utilização de material, 379
   subsistema para quantidade necessária de material, 376-378
   tabela-mestres de kanban, 378
   unidades defeituosas, 377
SMS, *ver* Sistema de Gestão de Especificações
SPC, *ver* Set Sistema de Peças em Conjuntos
STP, *ver* Sistema Toyota de Produção
Subsistema de desempenho prático, 381
Subsistema de respeito pela humanidade no sistema JIT de produção, 427-442
   cassetes, 434
   delegação de poder, 428-429
   jidoka, 428-429
   melhorias dos processos, 429-436
      aprimorando as condições de trabalho, 431
      investimentos em instalações incorporando automação, 429-430
      investimentos em instalações incorporando respeito pela humanidade, 430-436
      máquinas compatíveis com o trabalhador, 430
      para evitar a pressão dos trabalhadores, 431-436

Método de Verificação Toyota de Linha de Montagem, 437, 440-441
Modelo TVAL para mensurar a carga de trabalho, 438-441
   aplicando o modelo TVAL para operações de montagem, 440-441
   comentário do autor sobre o modelo, 440-441
   modelo, 438-441
   necessidade de avaliação objetiva da carga de trabalho, 436-437
   posição agachada, 434
   postura caminhado para trás, 435
   postura curvada, 433
   pressão dos trabalhadores, eliminação da, 432
   sistemas JIT convencionais para a realização do respeito pela humanidade, 427-430
   visando o respeito pela humanidade com base na ergonomia, 427-428

T

Tabela de ordem de encomendas, 66
Tabela de previsão de necessidades de peças, 109, 110
Takt time, 11, 165
Takt time unitário, 12
Tamanho do lote, 359-360
TDC, *ver* Toyota Digital Cruise por meio de *kanban*, 53-54
Técnica de comunicação em pacotes, 478
Tecnologia de agrupamento, 149-150
Tempo de atravessamento, tipos de, 140
Tempo de atravessamento de produção, abreviação, 122-140
   abordagem ampla, 136-139
   célula de máquinas flexível, 138-139
   cinco princípios para automação ideal de uma fábrica, 136-139
   componentes do tempo de atravessamento de produção em sentido estrito, 123
   estoques de segurança, 138-139
   forja e prensa, 130-131
   leiaute em fluxo de produtos, 126
   leiaute flow-shop, 126
   leiaute job-shop, 126
   leiautes excessivamente rápidos, 138-139
   linha de montagem final, 130-131
   montagem de peças, 130-131
   movimento de ajuda mútua, 132-134
   operação de múltiplos processos, 126
   operação em várias máquinas, 126

produção aos lotes, 130-131
produção de múltiplos processos, 123, 124
produção e transporte de unidades em fluxo unitário, 125
produção em fluxo unitário de peças, 125
produção em lotes, 130-131
projeto auxiliado por computador, 136-138
redução do tempo de espera e do tempo de deslocamento, 132-136
    como equilibrar cada processo, 132-135
    duas medidas para melhorar os deslocamentos, 135-136
    redução do tempo de espera causado por tamanho de lote pré-processo, 134-136
redução do tempo de processamento por meio da produção e transporte em unidades em fluxo unitário, 124-134
    comparação entre divisão funcional de processos e operação em várias máquinas, 126-130
    divisão funcional da mão de obra usando trabalhadores especializados com produção e deslocamento de "lotes", 126
    esboço das plantas da Toyota, 130-131
    gráfico de controle da redução do tamanho dos lotes, 132-134
    leiaute de fluxo de produtos com trabalhadores com habilidades múltiplas para produção de peças em fluxo unitário, 126
    redução do tempo de processamento mediante a produção de lotes reduzidos, 130-132
    vantagens de pequenos lotes na produção de diferentes produtos, 131-132
sistema de controle de trabalho integrado do, 134-135
sistema de puxar, 138-139
soldagem da carroceria, 130-131
tempo de atravessamento, tipos de, 140
tempo de espera, 126
tempo de reação química, 138-139
usinagem de peças, 130-131
vantagens de reduzir o tempo de atravessamento, 122-123
Tempo de operação manual, 170
Tempo de preparação, redução do, 184-193
    aplicação do conceito, 189-193
        padronização apenas de peças necessárias da máquina, 189
        padronização das ações de preparação externa, 189
        uso de ferramenta suplementar, 191

        uso de operações paralelas, 192
        uso de sistema de preparação mecânica, 193
        uso de um sistema de fixação rápido, 189-190
    círculos de controle de qualidade, 185-186
    conceitos de preparação, 185-189
        conversão da preparação interna o mais possível em preparação externa, 185-187
        eliminação do processo de ajuste, 186-189
        eliminando o tempo de preparação em si, 188-189
        separação da preparação interna e da preparação externa, 185-186
    efeitos, 184-186
    grupos de defeitos zero, 185-186
    preparação em menos de um dígito, 184
    preparação em um único toque, 184
    produção orientada por ordem de tarefas, 184
    sistema de posições finitas embutidas, 188-189
    sistema em cassete, 190
Tempo de processamento automático por máquina, 170
Tempo de reação química, 138-139
Teoria da contingência, 293
TNS, *ver* Sistema em Rede da Toyota
Toyota Digital Cruise (TDC), 115
Trabalhador com múltiplas habilidades, 449
Trabalhadores multifuncionais, 14, 449, *ver também* Leiaute de máquinas, trabalhadores multifuncionais e rotação de tarefas
Transporte com "mãos vazias", 271
Transporte de peças em fluxo unitário, 273
Treinamento na própria tarefa (OJT – *on-the-job training*), 422
TVAL, *ver* Método de Verificação Toyota de Linha de Montagem

U

UAW, *ver* Sindicato dos Trabalhadores Automotivos Unidos
Último a Entrar, Primeiro a Sair (LIFO – Last-In First-Out), 204
Ultrapassagem anterior, 337
Ultrapassagem anterior, 337
Unidade Kumi, 447-448
Unidades de troca, 172

V

VAN, *ver* Rede de agregação de valor
Variação de especificações, 262
Veículos guiados automatizados (AGVs – *automated guided vehicles*), 267

Visão geral do sistema Toyota, 3-24
　andon, 17
　atividades de melhoria, 17
　automação com dispositivo de feedback, 17
　autonomação, 16-17
　　sistema de controle visual, 17
　　sistema de detecção autônoma de defeitos, 16-17
　círculo de controle de qualidade, 17
　companhia em linha, 22
　compartilhamento de trabalho, 23
　custos de processamentos pagos pelo caixa, 20
　disposição de processos para tempo de atravessamento encurtado e produção em peças em fluxo unitário, 14-15
　eliminação de desperdício, 5
　eliminação de erros, 17
　esteira rolante invisível, 16
　estoques em excesso, 4
　investimento de capital desnecessário, 4
　minicentral de lucros, 22
　número médio diário, 12
　objetivo do STP, 18-23
　　efeitos motivacionais do parâmetro fluxo de caixa JIT, 21-23
　　fluxos de caixa JIT, 20
　　medidas de controle no âmbito dos operadores de chão de fábrica, 23
　　o tempo de atravessamento precisa ser reduzido, 19-20
　　objetivo final do STP, 18-20
　　os custos precisam ser reduzidos, 18-19
　　parâmetro de controle na alta gerência sobre toda a cadeia de suprimento, 21-22
　　parâmetro de controle no âmbito dos gerentes e supervisores do chão de fábrica, 22
　objetivo principal, 3-9
　　quadro flexível de trabalhadores, originalidade e engenhosidade, 8
　　controle de qualidade, garantia da qualidade, respeito pela humanidade, 6
　　lucro por meio de redução de custos, 3-4
　　eliminação da superprodução, 4-6
　　just-in-time e autonomação, 6-
　　produção JIT, 8-9
　opereção de múltiplos processos, 14
　padronização das operações, 15-16
　preparação externa, 14
　preparação interna, 14
　produção em fluxo unitário de peças, 13
　quadro de trabalhadores flexível, 8
　reduzindo o tempo de preparação, 13-14
　resumo, 23-24
　retorno sobre o investimento, 18
　retorno sobre os ativos, 18
　sequência de produção, 12
　sincronização da produção, 11-13
　　adaptação à variedade de produtos por máquinas universais, 13
　　determinação da sequência diária de produção, 12
　　produção de acordo com a demanda de mercado, 11-12
　sincronização do mix de produtos, 12
　sincronização do uso de peças, 12, 23
　sindicato empresarial, 15
　sistema de controle visível, 17
　sistema de puxar, 9
　sistema kanban, 9-11
　　adaptação a mudanças na quantidade de produção, 10-11
　　informações via kanban, 10
　　mantendo o JIT pelo sistema kanban, 9
　superprodução, 4, 6
　takt time, 11
　takt time unitário, 12
　trabalhador multifuncional, 14

W

WARP, *ver* Sistema Mundial de Compras Automotivas em Tempo Real
WIP, *ver* Material em processo

X

Xintoísmo, 294